"十二五"普通高等教育本科国家级规划教材

大学物理学

(下)

主编 陆培民 陈美锋 曾永志

参编 王松柏 江云坤 陈永毅
　　 苏万钧 张晓岚 杨开宇
　　 钟志荣 翁臻臻 夏　岩
　　 龚炎芳 黄春晖 黄碧华
　　 曾晓萌 曾群英 蒋夏萍

清华大学出版社
北京

内容简介

《大学物理学》分为上、下两册，本书为下册，从第8章到第14章。第8章和第9章属于热学内容，讲述气体动理论和热力学基本定律；第10章到第12章属于电磁学内容，讲述静电场、稳恒电流磁场、电磁感应和电磁波的基本概念；第13章和第14章属于量子物理基础内容，讲述量子物理基本概念、原子中电子的状态和分布规律，并简单介绍固体的结构及其组成粒子之间的相互作用与运动规律。上、下册都开设专题阅读，介绍物理前沿和现代物理思想。

本书涵盖《理工科非物理类专业大学物理课程教学基本要求》的所有A类内容，B类内容有的带"＊"号出现，有的写成专题形式；适合中等学时的大学物理教学。

版权所有，侵权必究。举报：010-62782989，beiqinquan@tup.tsinghua.edu.cn。

图书在版编目（CIP）数据

大学物理学（下）/陆培民等主编. —北京：清华大学出版社，2011.8（2024.7重印）
ISBN 978-7-302-26277-0

Ⅰ. ①大… Ⅱ. ①陆… Ⅲ. ①物理学—高等学校—教材 Ⅵ. ①O4

中国版本图书馆 CIP 数据核字（2011）第 141706 号

责任编辑：朱红莲
责任校对：刘玉霞
责任印制：宋　林

出版发行：清华大学出版社
网　　址：https://www.tup.com.cn，https://www.wqxuetang.com
地　　址：北京清华大学学研大厦A座　　　　邮　编：100084
社 总 机：010-83470000　　　　　　　　　　邮　购：010-62786544
投稿与读者服务：010-62776969，c-service@tup.tsinghua.edu.cn
质 量 反 馈：010-62772015，zhiliang@tup.tsinghua.edu.cn

印 装 者：三河市铭诚印务有限公司
经　　销：全国新华书店
开　　本：185mm×260mm　　　　印　张：16　　　　字　数：386千字
版　　次：2011年8月第1版　　　　　　　　　印　次：2024年7月第14次印刷
定　　价：45.00元

产品编号：040000-04

前言

物理学是研究物质的基本结构、相互作用和物质运动最基本、最普遍的形式及其相互转化规律的科学。物理学的研究对象具有极大的普遍性，它的基本理论渗透在自然科学的一切领域，并广泛地应用于生产技术的各个部门。以物理学的基础知识为内容的"大学物理学"课程，它所包括的经典物理、近代物理以及它们在科学技术上应用的初步知识是理工科学生进一步学习专业知识的基础。为了很好地完成"大学物理学"课程的教学任务，目前有大量的相关教材。不同的教材是根据不同的实际情况编写的，这是因为随着高校招生规模的扩大，高等教育正在从精英教育向大众教育过渡，分层次办学以及人才培养多样化的趋势日渐突出。

本书编写的初衷，是为中等学时的大学物理教学提供一套难度合适、篇幅精练、易教易学的教材。本书是根据教育部最新制定的《理工科非物理类专业大学物理课程教学基本要求》，在福州大学邱雄等人主编的《大学物理》（上、下册，2002版）基础上进行编写的。它涵盖《理工科非物理类专业大学物理课程教学基本要求》的所有 A 类内容；B 类内容有的带"＊"号出现、有的写成专题形式。

在本书编写初衷的指导下，本书具备以下特色：(1)强调物理思想和物理图像，简约推导，能够用物理图像解释清楚的，尽量不用复杂的数学推证；(2)精心设计问题，引导读者学习，体现引导式、研究性学习理念；(3)注重物理学知识与科学技术相结合、与自然现象相结合、与生活相结合，以增强物理学理论的真实感和生动感；(4)注重科学思维和方法的培养，把物理学方法论中所涉及的一些基本原理介绍给读者；(5)在近代物理学内容的叙述上力求通俗、生动，突出物理学图像，以近代物理学发展的历史为主线编写近代物理；(6)开设专题阅读，介绍物理前沿和现代物理思想，以激发读者学习物理的兴趣；(7)版面设计美观，写作语言朴实流畅、通俗易懂。

本书分上、下两册。上册包括质点力学、刚体定轴转动、狭义相对论、振动波动和光学等内容，下册包括热学、电磁学、量子物理基础和固体物理简介等内容。在保证大学物理教学体系的整体性和系统性的基础上，章节的编排适当地考虑了教学上的方便。例如，狭义相对论虽然属于近代物理内容，但本书把它排在质点力学和刚体定轴转动之后，目的是在经典时空观之后紧接着全新的狭义相对论时空观，形成鲜明的对比；又如，由于振动和波动是波动光学的基础，所以把光学安排在上册。

本书编写参考了许多资料和兄弟院校的教材，在此一并表示真诚的谢意。

由于水平所限，加上时间紧，书中的错误和不足在所难免，请读者提出宝贵意见，以期再版时作进一步的修改。

物理常量表

名　　称	符　号	计 算 用 值
引力常量	G	6.67×10^{-11} N·m²/kg²
真空中的光速	c	3.00×10^{8} m/s
电子静质量	m_e	9.11×10^{-31} kg
质子静质量	m_p	1.67×10^{-27} kg
中子静质量	m_n	1.67×10^{-27} kg
阿伏伽德罗常量	N_A	6.023×10^{23} mol⁻¹
玻耳兹曼常量	k	1.38×10^{-23} J/K
元电荷	e	1.60×10^{-19} C
真空介电常量	ε_0	8.85×10^{-12} F/m
真空磁导率	μ_0	1.26×10^{-6} N/A²
普朗克常量	h	6.63×10^{-34} J·s
电子康普顿波长	λ_C	2.43×10^{-12} m
玻尔磁子	μ_B	9.27×10^{-24} J/T
里德伯常量	R	1.10×10^{7} m⁻¹
玻尔半径	a_0	5.29×10^{-11} m

目 录

第8章 气体动理论 ... 1

8.1 热学的基本概念 ... 1
- 8.1.1 热力学系统　平衡态 ... 1
- 8.1.2 热力学第零定律 ... 2
- 8.1.3 理想气体状态方程 ... 4

8.2 理想气体的压强和温度 ... 5
- 8.2.1 理想气体的压强 ... 5
- 8.2.2 理想气体的温度 ... 8

8.3 能量均分原理 ... 10
- 8.3.1 自由度 ... 10
- 8.3.2 能量按自由度均分原理 ... 11
- 8.3.3 理想气体的内能 ... 11

8.4 麦克斯韦速率分布律 ... 12
- 8.4.1 速率分布函数 ... 13
- 8.4.2 麦克斯韦速率分布函数 ... 14
- 8.4.3 麦克斯韦速率分布函数的实验验证 ... 15

*8.5 玻耳兹曼分布律 ... 17

8.6 碰撞及输运过程 ... 19
- 8.6.1 气体分子的碰撞和平均自由程 ... 19
- *8.6.2 气体分子的输运过程 ... 21

*8.7 实际气体的状态方程 ... 23

习题 ... 27

第9章 热力学基础 ... 30

9.1 热力学第一定律 ... 30
- 9.1.1 内能、功和热量 ... 30
- 9.1.2 热力学第一定律 ... 33

9.2 几个典型的热力学过程 ... 34
- 9.2.1 等体过程 ... 35
- 9.2.2 等压过程 ... 35
- 9.2.3 等温过程 ... 36

9.2.4 绝热过程和多方过程 ·· 37
　9.3 循环过程 ··· 40
　　　9.3.1 准静态的循环过程 ·· 41
　　　9.3.2 卡诺循环 ··· 42
　　　9.3.3 循环过程的应用 ··· 43
　9.4 热力学第二定律　熵 ·· 47
　　　9.4.1 热力学过程的方向性 ··· 47
　　　9.4.2 热力学第二定律 ··· 48
　　　9.4.3 热力学第二定律的微观意义 ······································ 49
　　　9.4.4 克劳修斯熵公式 ··· 52
　　　9.4.5 熵增加原理 ·· 53
专题 C 熵概念的扩展 ··· 56
专题 D 耗散结构简介 ··· 60
习题 ·· 63

第 10 章 静电场 ·· 67

　10.1 真空中的静电场 ·· 67
　　　10.1.1 库仑定律 ··· 67
　　　10.1.2 电场　电场强度 ··· 69
　10.2 真空中的高斯定理及其应用 ·· 73
　10.3 环路定理　电势 ··· 78
　　　10.3.1 静电场的环路定理 ·· 78
　　　10.3.2 电势与电势差 ··· 79
　　　10.3.3 电势的计算 ·· 80
　　　10.3.4 电场强度与电势的微分关系 ···································· 81
　10.4 静电场中的导体 ··· 83
　　　10.4.1 导体的静电平衡 ··· 83
　　　10.4.2 静电屏蔽 ··· 84
　10.5 静电场中的电介质 ·· 86
　　*10.5.1 电介质的极化 ··· 87
　　　10.5.2 电介质中的高斯定理 ··· 88
　10.6 电容与电容器 ··· 90
　　　10.6.1 孤立导体的电容 ··· 90
　　　10.6.2 电容器的电容 ··· 90
　10.7 静电场的能量 ··· 92
　　　10.7.1 电容器的能量 ··· 93
　　　10.7.2 电场的能量 ·· 93
习题 ·· 96

第 11 章 稳恒电流磁场 ... 100

- 11.1 稳恒电流 电动势 ... 100
  - 11.1.1 稳恒电流 电流密度 ... 100
  - 11.1.2 电源 电动势 ... 101
- 11.2 稳恒电流的磁场 ... 102
  - 11.2.1 磁场 磁感应强度 ... 102
  - 11.2.2 毕奥-萨伐尔定律 ... 103
- 11.3 磁场的高斯定理 ... 107
- 11.4 磁场的安培环路定理及应用 ... 109
  - 11.4.1 磁场的安培环路定理 ... 109
  - 11.4.2 安培环路定理的应用 ... 111
- 11.5 磁场中的磁介质 ... 112
  - *11.5.1 磁介质的磁化 ... 112
  - 11.5.2 磁介质中的安培环路定理 ... 114
- 11.6 磁场对运动电荷及电流的作用 ... 115
  - 11.6.1 磁场对运动电荷的作用——洛伦兹力 ... 115
  - 11.6.2 磁场对电流的作用——安培力 ... 121
  - 11.6.3 磁场对载流线圈的作用 ... 122
  - *11.6.4 磁力的功 ... 123
  - 11.6.5 磁力的应用 ... 124
- 习题 ... 125

第 12 章 电磁感应 ... 130

- 12.1 电磁感应定律 ... 130
  - 12.1.1 电磁感应现象 ... 130
  - 12.1.2 法拉第电磁感应定律 ... 130
- 12.2 动生电动势 ... 132
- 12.3 感生电动势和感生电场 ... 134
- 12.4 自感和互感 ... 137
  - 12.4.1 自感和自感系数 ... 137
  - 12.4.2 互感和互感系数 ... 139
- 12.5 磁场能量 ... 140
  - 12.5.1 自感磁能 ... 140
  - 12.5.2 磁场能量 ... 140
- 12.6 位移电流 ... 142
- 12.7 麦克斯韦方程组及电磁波 ... 144
  - 12.7.1 麦克斯韦电磁场基本理论 ... 144
  - 12.7.2 电磁波 ... 145

专题 E　巨磁电阻效应 147
专题 F　等离子体 150
习题 153

第 13 章　量子物理基础 156

13.1　经典物理的困难 157
13.1.1　黑体辐射 157
13.1.2　光电效应 159
13.1.3　原子的线状光谱和原子的结构 160

13.2　量子论的诞生 163
13.2.1　普朗克的能量子理论 163
13.2.2　爱因斯坦的光电效应方程 168
13.2.3　康普顿散射 170

13.3　玻尔氢原子模型 173
13.3.1　玻尔的三个假设 173
13.3.2　玻尔的氢原子理论 174
*13.3.3　弗兰克-赫兹实验 176
*13.3.4　对应性原理 179

13.4　微观粒子的波粒二象性 182
13.4.1　德布罗意物质波的假设 182
13.4.2　德布罗意假设的实验验证 183

13.5　波函数　不确定关系 186
13.5.1　波函数 186
13.5.2　波函数的统计诠释 187
13.5.3　粒子的力学量的平均值 191
13.5.4　不确定关系 194
13.5.5　不确定关系的物理意义 196

13.6　薛定谔方程及其应用 197
13.6.1　薛定谔方程 198
13.6.2　薛定谔方程的简单应用 200

*13.7　氢原子结构 208
13.7.1　氢原子中电子的定态薛定谔方程 208
13.7.2　三个量子数及其物理意义 209
13.7.3　概率密度和电子云 211

*13.8　原子的壳层结构 213
13.8.1　自旋 213
13.8.2　元素周期表 217

专题 G　量子光学 220
习题 223

第14章 固体物理简介 228

- 14.1 晶体结构 228
- 14.2 晶体的结合 231
- 14.3 晶体的能带及其应用 233
  - 14.3.1 固体能带 233
  - 14.3.2 导体、绝缘体和半导体的能带论解释 235
  - 14.3.3 半导体 PN 结 237
- 14.4 超导电性 239
  - 14.4.1 超导体的两个基本特征 239
  - 14.4.2 超导的基本理论 240
  - 14.4.3 高温超导 241
  - 14.4.4 超导体的应用 241
- 习题 242

参考文献 244

第 8 章　气体动理论

我们知道,宏观物体是由大量微观粒子组成,这些微观粒子以各自的方式作永不停息的无规则运动。粒子无规则运动的剧烈程度取决于温度。习惯上人们把与温度有关的现象统称为热现象,如水结成冰等。就其本质而言,热现象就是热运动的宏观表现。

热学就是研究热现象的规律及其应用的学科。历史上,人们通过两种途径来研究热现象,一种是热力学,另一种是统计物理学。

热力学是研究热现象的宏观理论。它的特点是:不涉及物质的微观结构,不需要任何假设,只从普遍成立的基本实验定律出发,应用数学方法,通过逻辑推理及演绎,得出宏观物质系统的各种宏观性质间的关系、宏观物理过程进行的方向和限度等。热力学的优点在于,它得出的结论具有普遍性和可靠性,其局限性是无法由热力学理论导出具体物质的具体特性,且不能解释宏观性质的涨落。

统计物理学是研究热现象的微观理论。它从物质是由大量微观粒子组成这一事实出发,运用统计的方法,把物质的宏观性质看作是由大量微观粒子无规则热运动的统计平均值所决定,由此找出宏观性质与微观运动间的关系,从而揭示物质宏观现象的微观本质。其局限性在于,由于统计物理需要对物质微观结构作出简化假设,因此由它所得到的理论结果往往只是近似的,与实验不能完全符合。

总之,热力学对热现象从宏观上给出普遍而又可靠的结论,而统计物理学则从物质的微观结构出发,能深入到热现象的本质,使人们知其然并知其所以然。因此热学研究往往是这两种方法的综合,相互补充,相得益彰。

本章我们讨论气体动理论,它是统计物理学中最简单最基本的内容,它从力学规律和大量分子杂乱无章的运动所呈现出的统计规律出发,解释气体的宏观热性质,从而揭示气体宏观热性质的微观本质。

8.1　热学的基本概念

8.1.1　热力学系统　平衡态

1. 热力学系统

热学研究的对象是由大量微观粒子组成的宏观物质系统,称为热力学系统(简称系统),与系统发生相互作用的其他物体称为外界。根据系统与外界相互作用的情况,可以对系统作如下划分：与外界不发生任何能量和物质交换的系统称为孤立系；与外界有能量交换，但无物质交换的系统称为封闭系；与外界既有能量交换，也有物质交换的系统称为开放系。当然，绝对意义下的孤立系是不存在的，因为与外界隔绝的系统在物理学中是无法被测量、被认识的。实际上，当系统与外界间的相互作用能量远小于系统内部能量时，就可以把系统当作孤立系来处理。

2. 系统状态的描述

系统确定后，需要定义一些量来描述系统所处的状态以及状态随时间的变化。由于热学的研究方法有两种，所以对系统状态的描述方法也有两种：一种是热力学所采取的宏观描述法，即用一些可以直接测量的量来描述系统的宏观性质，如体积、压强、温度等，这些物理量称为宏观量；另一种是气体动理论或统计物理所采用的微观描述法，即给出系统中每个微观粒子的力学参量，如质量、速度、位置等，这些物理量称为微观量。微观量一般无法直接测量，但我们可以通过气体动理论和统计物理学分析微观态与宏观态的内在联系，从而得到微观量与宏观量间的统计关系。

3. 平衡态

经验指出，在不受外界条件影响下，一个系统不管其初态如何，经过足够长时间后，总会达到这样的一种状态：系统中的一切宏观性质都不随时间而发生变化，这样的状态称为热力学平衡态，简称平衡态。本书中我们主要对热力学系统的平衡态进行研究。由平衡态的定义可知，平衡态仅指系统的宏观性质不随时间改变，从微观上看，组成系统的大量微观粒子仍处于不断的运动中，保持不变的只是运动的平均效果，所以热力学平衡态是一种动态平衡，称为热动平衡。

处于平衡态的系统，由于其宏观性质不随时间变化，因而可以引进一些描述系统宏观性质的独立参量来描述系统的状态，这组互相独立的宏观量称为状态参量。状态参量的选择通常是可以任意的，如可选压强、体积为状态参量，也可选温度、体积为状态参量等。选定状态参量后，系统的其他宏观量就可以表示为状态参量的函数，称为态函数，例如内能就是一个态函数。

状态参量可以按不同的方式进行分类，在热学中比较重要的一种分类法是按参量与系统质量的关系来分类。把和系统质量成正比的参量称为广延量，如体积、内能等；把另一类和系统质量无关的参量称为强度量，如压强、密度等。广延量的最大特点是：系统的任何广延量均可视为由系统中各部分相应的量相加而得。例如系统的内能可看成是系统各部分能量之和。

8.1.2 热力学第零定律

在描述系统的状态参量中，温度是热力学所特有的一个状态参量。通常我们说热的物体温度高，冷的物体温度低，然而这种感觉往往是不准确的。例如，同样的一盆温水，如果我们先把手放到冰上，再把手放到温水里，会感觉它比较热；反之如果先把手放到热水里，再放到温水中，就会感觉它比较冷。所以必须对温度给予严格而科学的定义。为此，我们需要来了解一下热平衡定律。

如图 8-1 所示，考察 A、B、C 三个各自处于平衡态的系统，现在令 A 和 C 热接触，B 和 C 也热接触，但 A 和 B 本身并不直接热接触。实验表明，A、B、C 原来的平衡态均要被破坏，给予足够长时间后，A、B、C 将处于共同的平衡态。这时，如果把 C 轻轻地移走（即整个系统不受外界影响），再让 A 和 B 接触后，会发现它们的状态都不会发生变化。即：在不受外界影响的情况下，如果 A 和 B 同时和 C 处于热平衡，则 A 和 B 彼此也必处于热平衡，这就是热平衡定律，也称为热力学第零定律，它是大量实验事实的总结，是一个实验规律。

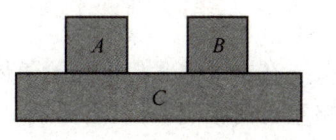

图 8-1 热力学第零定律说明

由热力学第零定律可以看出，两个系统是否热平衡，并不依赖于它们是否有热接触，而是由系统本身的固有属性决定，因此处于同一热平衡态的系统，必然具有一个共同的特征，我们把表征这种特征的物理量称为温度，即：处于同一热平衡态的系统具有相同的温度。换句话来说，处于不同热平衡态的系统温度应该是不一样的，那么它们的温度分别是多少，如何来测量呢？

第零定律不仅给出了温度的概念，而且也指出了比较温度的方法。由于互为热平衡的物体具有相同的温度，不需要两物体直接进行热接触，因此我们只需取一个标准物体分别与这两个物体进行热接触就行了，这个作为标准的物体就是温度计。但是为了定量地确定温度，还必须给出温度的数值表示法——温标。确定一种温标需要三个要素：测温物质、测温属性和固定标准点。通常同一温度在不同的温标中具有不同的数值。在日常生活中使用的温标是摄氏温标，用 t 表示，其单位为 ℃（摄氏度），它用酒精或水银作为测温物质，以液柱高度为测温属性，取水的冰点为 0℃，沸点为 100℃，将两点间均分为 100 等份，每 1 等份代表温差 1℃。另一种常用的温标，称为热力学温标，也称为开氏温标，用 T 表示，其单位为 K（开[尔文]）。一般在热学中所说的温度皆指热力学温度。热力学温标与摄氏温标间的换算关系为

$$T = 273.15 + t \tag{8-1}$$

即摄氏温标和热力学温标之间只是计算温度的起点不同，温度间隔是一样的。表 8-1 给出了一些典型的温度值。

表 8-1 一些典型温度值　　　　　　　　　　　　　　　　　　　　　K

大爆炸后的宇宙温度	10^{39}
实验室内已获得的最高温度	10^{8}
太阳中心的温度	1.5×10^{7}
地球中心的温度	4×10^{3}
水的三相点温度	273.16
星际空间	2.7
两种方法在实验室已获得的最低温度 　核自旋冷却 　激光制冷	2×10^{-10} 2.4×10^{-11}

8.1.3 理想气体状态方程

在本章中我们仅讨论气体系统的热力学性质。对于一定量的气体,在平衡态下,如果忽略重力的影响,可以用体积 V、压强 p 和温度 T 这三个状态参量来描述它的状态。这里的体积是指气体分子所能达到的空间,单位用 m^3(立方米)。压强是气体作用在容器壁单位面积上的正压力,单位用 Pa(帕[斯卡]),即 N/m^2,有时用 atm(标准大气压)和 cm·Hg(厘米汞高)等单位。

$$1\text{ atm} = 1.013 \times 10^5 \text{Pa} = 76 \text{ cm} \cdot \text{Hg}$$

实验事实表明,表征气体平衡态的三个状态参量 p、V、T 之间存在着一定的关系,其关系式称为气体的状态方程,可表示为

$$f(p, V, T) = 0 \tag{8-2}$$

一般,气体在压强不太大(与大气压比较)和温度不太低(与室温比较)的范围内,遵守玻意耳-马略特定律、盖-吕萨克定律和查理定律。我们把任何情况下绝对遵守这三条实验定律的气体称为理想气体。由这三条实验定律可知,对于理想气体而言

$$\frac{p_1 V_1}{T_1} = \frac{p_2 V_2}{T_2} = \cdots = 常量 \tag{8-3}$$

上式对任意平衡态(p、V、T)都成立。所以,当一定量的理想气体处于标准状态(p_0、V_0、T_0)和处于另一平衡态(p、V、T)时,有

$$\frac{p_0 V_0}{T_0} = \frac{pV}{T}$$

利用标准状态条件:$p_0 = 1$ atm,$T_0 = 273.15$ K 以及 1 mol 任何理想气体的体积均为 $V_{0\text{mol}} = 22.4 \times 10^{-3}$ m³,再考虑到对于质量为 M、摩尔质量为 μ 的理想气体,其摩尔数为 $\nu = M/\mu$,在标准状态下,理想气体的体积为 $V_0 = \nu V_{0\text{mol}}$,因此

$$\frac{pV}{T} = \frac{p_0 V_0}{T_0} = \frac{M}{\mu} \frac{p_0 V_{0\text{mol}}}{T_0}$$

令

$$R \equiv \frac{p_0 V_{0\text{mol}}}{T_0} = 8.31 \text{ J/(mol} \cdot \text{K)}$$

R 称为气体的普适常量,代入则有

$$pV = \frac{M}{\mu} RT = \nu RT \tag{8-4}$$

这就是理想气体的状态方程。各种实际气体,在通常的压强和不太低的温度下,都近似遵守这个状态方程,而且压强越低,近似程度越高。

由于摩尔数 ν 除了等于 M/μ 外,还可表示成下面形式

$$\nu = N/N_A$$

其中,N 表示体积 V 中的气体分子总数,N_A 为阿伏伽德罗常数(其值为 6.023×10^{23},表示 1 mol 的任何气体中有 6.023×10^{23} 个分子)。于是,式(8-4)可改写为

$$p = \frac{\nu RT}{V} = \frac{NRT}{N_A V} = nkT \tag{8-5}$$

其中,$n = N/V$ 为单位体积内的气体分子数,称为分子数密度,$k = R/N_A$ 称为玻耳兹曼常

数,其值为 1.38×10^{-23} J/K,也是一个普适气体常量。

【例 8-1】 一个温度为 27℃、容积为 11.2×10^{-3} m³ 的真空系统,其真空度为 1.33×10^{-3} Pa。为了提高其真空度,将它放在 300℃ 的烘箱内烘烤,使吸附于器壁的气体分子也释放出来。烘烤后容器内压强为 1.33 Pa,问器壁原来吸附了多少个分子?

解 烘烤前容器内单位体积内的分子数为

$$n_1 = \frac{p_1}{kT_1} = \frac{1.33\times 10^{-3}}{1.38\times 10^{-23}\times 300} = 3.2\times 10^{17}$$

烘烤后容器内单位体积内的分子数为

$$n_2 = \frac{p_2}{kT_2} = \frac{1.33}{1.38\times 10^{-23}\times 573} = 1.68\times 10^{20}$$

器壁原来吸附的分子数为

$$N = (n_2 - n_1)V = 1.88\times 10^{18}$$

8.2 理想气体的压强和温度

前面我们介绍了热学的一些基本概念,知道微观量与宏观量之间存在着联系,下面就以理想气体为例,从微观上来说明宏观量压强和温度的微观意义。

8.2.1 理想气体的压强

为了从微观上解释压强,必须先知道物质的微观结构,因此需要根据实验事实对理想气体分子的表现做出合理假设,在假设的基础上建立一定的微观模型,从而进行理论推导。

1. 理想气体的微观模型和统计假设

根据实验现象的归纳和总结,首先我们可以对理想气体的个体表现作如下假设:

(1) 气体分子本身的线度比起各个分子之间的平均距离小很多,可以忽略不计,因此可以认为气体分子是质点。

(2) 除碰撞的瞬间外,分子与分子之间以及分子与容器壁之间均无相互作用。

(3) 每个分子都在不停地运动着,分子与分子之间以及分子与容器壁之间频繁地发生碰撞,这些碰撞都是完全弹性碰撞。

(4) 每个分子都遵从经典力学规律。

根据以上假设,可知理想气体的微观模型为:理想气体分子就是一个个极小的彼此间无相互作用的弹性质点。

其次,对于理想气体分子集体可以作如下统计规律假设:

什么是统计规律呢?大量偶然事件在整体上所呈现出来的规律,就称为统计规律。

为了对统计规律有个感性上的认识,我们来看一个模拟实验——伽耳顿板实验。如

图 8-2 所示,顶部有一漏斗状入口的平板竖直放置,平板上部是一排排等间隔的铁钉,所有钉子裸出相同的长度,下面是用隔板隔开的等宽狭槽。首先,使小钢球从入口一个一个落下去,可以看到单个钢球落在哪个槽中是随机、不可预见的。随着钢球数的增加,最后我们看到钢球在各槽中的分布如图 8-3 所示。然后,一次性地把所有钢球同时投入,其分布还是和原来几乎一样。多次重复实验得到的结果均相同。由此可见,虽然小钢球在与任一钉子碰撞后是向左还是向右运动都是随机的,有偶然性,但最终大量小钢球的总体在各槽内的分布却有一定的分布规律,这种规律就称为统计规律。

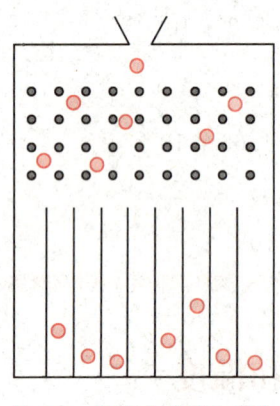

图 8-2 某个小球落入哪个小槽是随机的

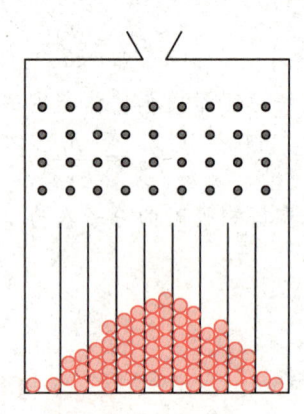

图 8-3 大量小球在槽中的分布具有统计规律性

由于气体系统内有大量分子,分子间的频繁碰撞使得每个分子的运动毫无规律可言,即单个分子运动是随机事件,而大量分子的运动必然要遵循统计规律,也就是说单个分子运动遵从力学规律,分子集体遵从统计规律。因此,对于处于平衡态的理想气体系统,可以认为:

(1) 若忽略重力的影响,气体系统中每个分子在容器内任一位置出现的机会(几率)是一样的,或者说,分子按位置的分布是均匀的。

(2) 每个分子的速度方向沿任何方向的机会(几率)也是一样的,或者说,分子速度按方向的分布是均匀的。

上述两条实际上就是对分子集体无规则运动的假设,是一种统计假设,只适用于大量分子组成的系统。根据以上假设,可知:

(1) 如以 V 表示容器体积,以 N 表示容器内的分子总数,则容器内的分子数密度 n 应处处一样,即

$$n = dN/dV = N/V \tag{8-6}$$

(2) 由速度方向分布的均匀性,有:速度的每个分量的平均值应该相等,且都等于 0,而速度的每个分量的平方的平均值应该相等,即

$$\overline{v_x} = \overline{v_y} = \overline{v_z} = 0$$
$$\overline{v_x^2} = \overline{v_y^2} = \overline{v_z^2} \tag{8-7}$$

其中各速度分量的平方的平均值定义为

$$\overline{v_x^2} = \frac{v_{1x}^2 + v_{2x}^2 + \cdots + v_{Nx}^2}{N}$$

由于

$$\overline{v^2} = \overline{v_x^2} + \overline{v_y^2} + \overline{v_z^2}$$

所以

$$\overline{v_x^2} = \overline{v_y^2} = \overline{v_z^2} = \frac{1}{3}\overline{v^2} \tag{8-8}$$

2. 理想气体压强公式推导

在上述假设的基础上,下面定量推导理想气体的压强公式。

我们知道,压强是单位面积上受到的压力。从微观上看,气体对容器壁的压力应是所有气体分子对容器壁频繁碰撞的集体效果,就像是密集的雨点打在伞上所产生的压力一样,器壁所受到的气体压强应是单位时间内大量气体分子碰撞器壁单位面积的平均总冲量。根据这样的思路,下面我们来推导压强公式。具体做法是这样:先计算一个分子一次碰撞对器壁的冲量,然后计算全部分子对器壁碰撞的冲量之和,最后利用压强定义给出压强。

如图 8-4 所示,设长方体容器内贮有一定量理想气体,容器边长分别为 x_0、y_0、z_0,容器内的分子

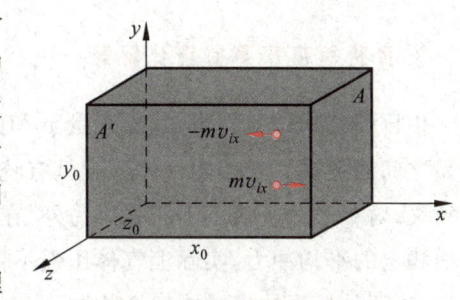

图 8-4 气体压强公式推导

总数为 N,每个分子的质量为 m,容器的 A 面和 A' 面与 x 轴垂直,面积为 $S_A = S_{A'} = y_0 z_0$。容器内的分子数密度为

$$n = \frac{N}{x_0 y_0 z_0} \tag{8-9}$$

首先考虑速度为 v_i、质量为 m 的第 i 个分子对 A 面的碰撞,由于碰撞为弹性碰撞,并且分子质量远小于器壁质量,所以碰撞前后该分子的动量增量为 $-2mv_{ix}$,根据动量定理,这就是该分子在一次碰撞过程中 A 面对它的冲量,由牛顿第三定律可知,A 面受到该分子的冲量为 $2mv_{ix}$,方向与 A 面垂直。

由于第 i 个分子与 A 面碰撞后,要向 A' 面运动,与 A' 面碰撞后又返回到 A 面,与 A 面再次碰撞。因此它与 A 面碰撞一次所需时间为 $2x_0/v_{ix}$,所以在 Δt 时间内第 i 个分子与 A 面碰撞的次数为 $v_{ix}\Delta t/2x_0$。于是,在 Δt 时间内 A 面受到第 i 个分子的冲量为

$$I_i = 2mv_{ix} \frac{v_{ix}\Delta t}{2x_0} = \frac{mv_{ix}^2 \Delta t}{x_0}$$

因此,Δt 时间内容器内所有分子作用到 A 面的冲量为

$$I = \sum_{i=1}^{N} I_i = \frac{m\Delta t}{x_0} \sum_{i=1}^{N} v_{ix}^2 = \frac{Nm\Delta t}{x_0} \frac{\sum_{i=1}^{N} v_{ix}^2}{N} = \frac{Nm\Delta t}{x_0} \overline{v_x^2} \tag{8-10}$$

由压强的定义

$$p = \frac{F}{S} = \frac{I}{\Delta t} \frac{1}{S} = \frac{I}{\Delta t y_0 z_0}$$

所以

$$p = \frac{Nm}{x_0 y_0 z_0}\overline{v_x^2} = nm\overline{v_x^2} \tag{8-11}$$

由式(8-8)得

$$p = \frac{1}{3}nm\overline{v^2} \tag{8-12}$$

上式就是理想气体的压强公式。令

$$\overline{\varepsilon_t} = \frac{1}{2}m\overline{v^2} \tag{8-13}$$

称为气体分子的平均平动动能,则有

$$p = \frac{2}{3}n\overline{\varepsilon_t} \tag{8-14}$$

3. 理想气体压强的统计解释

由压强公式(8-14)可知,宏观量 p 和微观量的统计平均值 $\overline{\varepsilon_t}$ 相关联,展示了宏观量和微观量之间的关系。它表明气体压强具有统计意义,即它只对由大量气体分子组成的系统才有意义,对单个分子谈不上压强。另外,在推导时,认为气体压强是大量分子碰撞在器壁单位面积上的平均冲力,实际上气体压强不仅存在于器壁,也存在于气体内部,对于理想气体而言,这两种压强的表达式完全相同。

8.2.2 理想气体的温度

将上面推导得到的压强公式(8-14)与理想气体的状态方程 $p=nkT$ 对比,可得

$$p = \frac{2}{3}n\overline{\varepsilon_t} = nkT$$

于是

$$\overline{\varepsilon_t} = \frac{3}{2}kT \tag{8-15}$$

式(8-15)指出,宏观量 T 和微观量的统计平均值 $\overline{\varepsilon_t}$ 相关联,即温度具有统计意义。只有对大量分子的集体,温度才有意义。对单个分子,我们可以说它的动能多少,无所谓温度多少。同时该式还表明,温度标志着物质内部分子无规则热运动的剧烈程度,温度越高,物质内部分子无规则热运动就越剧烈。需要注意的是,关于温度本质的这个结论不仅适用于理想气体,也适用于任何其他物体。

由于气体分子的平均平动动能由气体的温度唯一确定,所以不论什么样的理想气体,只要温度一样,都具有相同的平均平动动能。由式(8-13)和式(8-15)我们还可得到

$$\sqrt{\overline{v^2}} = \sqrt{3kT/m} \tag{8-16}$$

$\sqrt{\overline{v^2}}$ 称为气体分子的方均根速率,是分子速率的一种统计平均值,代入 $k=R/N_A$ 以及 $m=\mu/N_A$,气体分子的方均根速率又可表示为

$$\sqrt{\overline{v^2}} = \sqrt{3RT/\mu} \tag{8-17}$$

即：对于同一种气体，温度越高，方均根速率越大；而在同一温度下，气体的摩尔质量越大，其方均根速率就越小。

【例 8-2】 设系统由不同气体组成。每一种气体的质量分别为 $M_1, M_2, \cdots, M_i$；摩尔质量分别为 $\mu_1, \mu_2, \cdots, \mu_i$。试计算温度为 T 时混合理想气体的压强。

解 设各种气体单独存在时对器壁产生的分压强分别为 $p_1, p_2, \cdots, p_i$；它们的分子平均平动动能分别为 $\overline{\varepsilon_{t1}}, \overline{\varepsilon_{t2}}, \cdots, \overline{\varepsilon_{ti}}$；分子数密度分别为 $n_1, n_2, \cdots, n_i$。考虑到同一温度下不论何种理想气体，它们的分子平均平动动能都相等，都是 $3kT/2$，于是有

$$p_i = \frac{2}{3} n_i \overline{\varepsilon_{ti}} = n_i kT$$

而

$$p = \sum \frac{2}{3} n_i \overline{\varepsilon_{ti}} = \sum n_i kT$$

所以

$$p = \sum p_i$$

这一规律称为道尔顿分压定律。又因为

$$n_i = \frac{M_i}{\mu_i} \frac{N_A}{V}$$

所以

$$p = \sum \frac{M_i}{\mu_i} \frac{RT}{V}$$

上式就是混合理想气体的状态方程。

【例 8-3】 求 0℃时氢分子和氧分子的平均平动动能和方均根速率。

解 $\mu_{H_2} = 2 \times 10^{-3} (\text{kg/mol})$

$\mu_{O_2} = 32 \times 10^{-3} (\text{kg/mol})$

$T = 273.15 \ (\text{K})$

$(\overline{\varepsilon_t})_{O_2} = (\overline{\varepsilon_t})_{H_2} = \frac{3}{2} kT = 5.65 \times 10^{-21} (\text{J})$

$(\sqrt{\overline{v^2}})_{O_2} = \sqrt{\frac{3RT}{\mu_{O_2}}} = 461 \ (\text{m/s})$

$(\sqrt{\overline{v^2}})_{H_2} = \sqrt{\frac{3RT}{\mu_{H_2}}} = 1840 \ (\text{m/s})$

此结果说明在常温下，理想气体分子的方均根速率与声波在空气中的传播速率的数量级相同。

8.3 能量均分原理

前面的讨论,都是将气体分子当作质点,而不考虑分子内部的结构以及分子的转动和内部原子的振动。实际上,气体分子具有各种结构,如:按每个分子含有原子数的多少可将气体分为单原子分子气体(如 He、Ne 等)、双原子分子气体(如 H_2、O_2 等)和多原子分子气体(如 CO_2、H_2O 等),不同类型的气体分子运动情况不同,即气体分子的运动除了有平动外,还可能有转动和内部振动,因此为了用统计的方法计算它们的平均转动动能和平均振动动能,需要引入自由度的概念。

8.3.1 自由度

在力学中,我们把决定一物体的空间位置所需要的独立坐标的数目,称为该物体的自由度,自由度用 i 表示。

如图 8-5(a)所示,单原子分子可当作质点处理,确定一个自由质点的位置需要 3 个独立坐标(如直角坐标 x、y、z),因此单原子分子的自由度为 3,这 3 个自由度称为平动自由度,以 t 表示,即对于单原子分子 $i=t=3$。

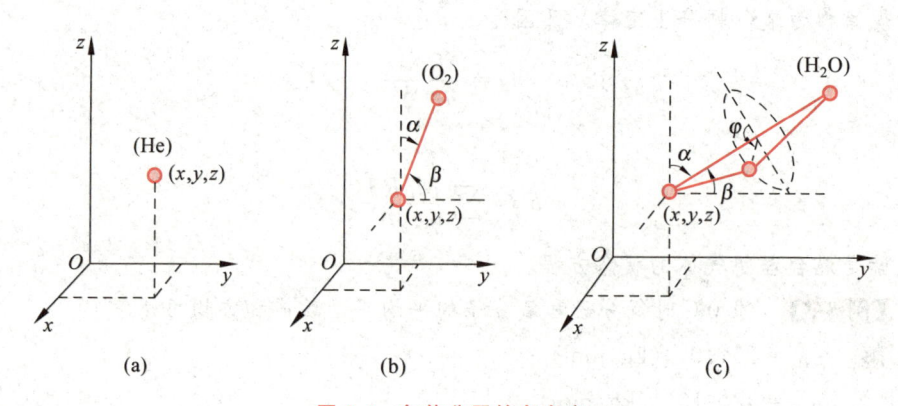

图 8-5 气体分子的自由度

对于双原子分子,如不考虑其内部原子的振动,即认为分子是刚性的,类似于一个哑铃,如图 8-5(b)所示。确定这种分子的位置,除了需要 3 个独立坐标确定其质心位置(相当于 3 个平动自由度)外,还需要确定两个原子的连线方向。由于一条直线在空间的方向可用它与 x、y、z 轴的 3 个夹角 α、β、γ 确定,而这 3 个角之间满足:$\cos^2\alpha+\cos^2\beta+\cos^2\gamma=1$,所以只有两个角是独立的,这两个独立的角坐标是用来确定转轴方位的,称其为转动自由度,以 r 表示,则 $r=2$。于是对于刚性双原子分子,其总自由度 $i=t+r=5$。

对于多原子分子,如果仍将其认为是刚性的,则确定这种分子的位置,除了需要 3 个独立坐标确定其质心位置,两个独立坐标确定通过质心的任意轴的方位外,还需要一个角坐标来说明分子绕转轴转过的角度,所以对于刚性多原子分子其转动自由度 $r=3$,总自由度 $i=t+r=6$,参见图 8-5(c)。

需要指出的是，以上我们把气体分子都看作是刚性的，实际的双原子气体分子和多原子气体分子都是非刚性的，分子内部还存在原子的振动，因此还应有振动自由度。但是，由于在常温下常见气体（如 O_2、N_2 等）的振动自由度被冻结，所以常温下可以不考虑分子内部原子的振动，而认为气体分子都是刚性的。

8.3.2 能量按自由度均分原理

由式(8-8)和式(8-15)

$$\overline{v_x^2} = \overline{v_y^2} = \overline{v_z^2} = \frac{1}{3}\overline{v^2}$$

$$\overline{\varepsilon_t} = \frac{1}{2}m\overline{v^2} = \frac{3}{2}kT$$

可得

$$\frac{1}{2}m\overline{v_x^2} = \frac{1}{2}m\overline{v_y^2} = \frac{1}{2}m\overline{v_z^2} = \frac{1}{2}kT \tag{8-18}$$

上式表明，分子的平均平动动能在 3 个平动自由度上平分，每个平动自由度分到 $kT/2$ 的能量。那么其他自由度（如转动自由度）的情况如何呢？根据经典统计物理学可以严格证明：在温度为 T 的平衡态下，物质分子每个自由度的平均动能都相等，而且都等于 $kT/2$。这一结论称为能量按自由度均分原理，简称能量均分原理。根据能量均分原理，如果一个分子的总自由度是 i，则它的平均动能就是

$$\overline{\varepsilon} = \frac{i}{2}kT \tag{8-19}$$

这样，对于各种类型的气体分子有：

单原子分子 $\overline{\varepsilon} = 3kT/2$，其中，$\overline{\varepsilon_t} = 3kT/2$，$\overline{\varepsilon_r} = 0$；
刚性双原子分子 $\overline{\varepsilon} = 5kT/2$，其中，$\overline{\varepsilon_t} = 3kT/2$，$\overline{\varepsilon_r} = kT$；
刚性多原子分子 $\overline{\varepsilon} = 6kT/2$，其中，$\overline{\varepsilon_t} = 3kT/2$，$\overline{\varepsilon_r} = 3kT/2$。

需要强调：①能量均分原理只有在平衡态下才能应用；②能量均分原理不仅适用于理想气体，一般也可用于液体和固体；③能量均分原理本质上是关于热运动的一条统计规律，是对大量分子统计平均的结果。各自由度的平均动能都相等，是由于大量气体分子在无规则运动中不断发生碰撞的结果。对个别分子来说，在某一瞬时各个自由度上不一定分配到相等的能量，但由于碰撞是无规则而又频繁的，所以经过大量的频繁碰撞后，动能不仅在不同分子之间进行交换，还可以在不同自由度之间进行交换。由于各个自由度中并没有哪一个自由度具有特别的优势，都是等权的，因而平均来讲，能量就按自由度平均分配了。

8.3.3 理想气体的内能

一定量气体的内能是指它所包含的所有分子的动能和分子间相互作用势能的总和。理想气体由于忽略了分子间的相互作用力，所以没有分子间相互作用势能，因而其内能就是组成它的所有分子的动能总和。

以 N 表示一定量理想气体的分子总数,由于每个分子的平均动能是 $\bar{\varepsilon}=ikT/2$,所以理想气体的内能

$$E = N \cdot \frac{i}{2}kT$$

由于 $k=R/N_A$,$\nu=N/N_A$,所以上式可写为

$$E = \frac{i}{2}\nu RT \tag{8-20}$$

对于各种类型的理想气体,它们的内能分别为

单原子分子理想气体: $E=3\nu RT/2$

刚性双原子分子理想气体: $E=5\nu RT/2$

刚性多原子分子理想气体: $E=6\nu RT/2$

以上结果说明:一定量理想气体的内能仅是温度的单值函数,与体积和压强无关,是个状态量。这是经典统计物理的结果,在与室温相差不大的温度范围内与实际气体的实验近似地符合。

当温度变化 ΔT 时,理想气体内能的变化为

$$\Delta E = \frac{i}{2}\nu R\Delta T$$

应该注意,内能的概念与力学中的机械能有明显的区别,静止在地球表面的物体的机械能(动能和重力势能)可以等于零,但物体内部的分子仍然在不停地运动着,因此内能永远不会等于零。

【例 8-4】 一个能量为 1.6×10^{-7} J 的宇宙射线粒子射入氖管中,氖管中含有氖气 0.01 mol,如射线粒子能量全部转变成氖气的内能,氖气温度升高多少?

解 氖气是惰性气体,分子式是 Ne,只有平均平动动能,自由度为

$$i = t = 3$$

当射线粒子能量全部转变成氖气的内能时,由公式

$$\Delta E = i\nu R\Delta T/2$$

可得气体升高的温度为

$$\Delta T = \frac{2\Delta E}{3\nu R} = 1.28\times 10^{-6} \text{(K)}$$

8.4 麦克斯韦速率分布律

由前面对理想气体压强公式和温度公式的讨论可知,宏观量压强和温度都是相应微观量的统计平均值,它们与气体分子速率平方的统计平均值成正比,而已知平衡态时气体的温度和压强不随时间改变,这就意味着尽管气体分子可沿不同方向运动,速率可取从 0~∞ 的任意值,但速率平方的统计平均值却是稳定不变的,因此若能求得气体分子按速率的

分布情况，就能利用统计规律得到这些统计平均值，这无论在理论上还是实用上都是意义重大的。

8.4.1 速率分布函数

什么是速率分布呢？

从经典力学的观点看，气体分子的速率 v 可以连续地取 $0\sim\infty$ 中的任何数值。因此，所谓速率分布就是把速率划分成若干相等的区间，然后说明各区间的分子数目。例如，可以把速率以 $10\ \mathrm{m/s}$ 的间隔划分为：$0\sim10$、$10\sim20$、$20\sim30$、$\cdots(\mathrm{m/s})$ 的区间，然后说明各区间的分子数目。所取区间越小，有关分布的信息就越详细，对分布情况的描述也就越精确。

设一定量的理想气体，总分子数为 N，如果以 $\mathrm{d}v$ 来划分速率，设速率在 $v\sim v+\mathrm{d}v$ 区间内的分子数为 $\mathrm{d}N_v$，则 $\mathrm{d}N_v/N$ 表示这一速率区间内分子数占总分子数的百分比。容易看出，这一百分比在各速率区间是不相同的，它应是速率 v 的函数，同时，在速率区间 $\mathrm{d}v$ 足够小的情况下，这一百分比还应和区间的大小成正比，即有

$$\frac{\mathrm{d}N_v}{N}=f(v)\mathrm{d}v \tag{8-21}$$

式中函数 $f(v)$ 就称为速率分布函数，由上式有

$$f(v)=\frac{\mathrm{d}N_v}{N\mathrm{d}v} \tag{8-22}$$

速率分布函数 $f(v)$ 的物理意义为：速率在 v 附近的单位速率区间内的分子数占总分子数的百分比。

将 $\mathrm{d}N_v/N=f(v)\mathrm{d}v$ 对所有速率区间积分，可得

$$\int_0^N\frac{\mathrm{d}N_v}{N}=\int_0^\infty f(v)\mathrm{d}v=1 \tag{8-23}$$

这一关系式称为速率分布函数的归一化条件。如果以 v 为横坐标，以 $f(v)$ 为纵坐标，可画出速率分布曲线。归一化条件的几何意义是：速率分布曲线与 v 轴所包围的面积为 1。

同样地，如果我们研究气体系统的能量分布，也需要把能量分成若干相等的区间，然后说明各区间的分子数。若能量在 $E\sim E+\mathrm{d}E$ 区间内的分子数为 $\mathrm{d}N_E$，则 $\mathrm{d}N_E/N$ 同样也是能量 E 的函数，且在 $\mathrm{d}E$ 足够小时与区间 $\mathrm{d}E$ 的大小成正比，即有

$$\frac{\mathrm{d}N_E}{N}=f(E)\mathrm{d}E \tag{8-24}$$

式中函数 $f(E)$ 称为能量分布函数，其物理意义是：能量在 E 附近的单位能量区间内的分子数占总分子数的百分比。

同样，能量分布函数 $f(E)$ 也满足归一化条件

$$\int_0^N\frac{\mathrm{d}N_E}{N}=\int_0^\infty f(E)\mathrm{d}E=1 \tag{8-25}$$

利用气体的速率分布函数或能量分布函数，可以很方便地求得气体系统的平均速率、平均能量等统计量。

设速率在 $v\sim v+\mathrm{d}v$ 区间内的分子数为 $\mathrm{d}N_v$,则 $v\mathrm{d}N_v$ 表示该速率区间内所有分子的速率之和。于是,气体系统的速率总和为 $\int v\mathrm{d}N_v$。根据平均速率的定义,有

$$\bar{v}=\frac{\int v\mathrm{d}N_v}{N}=\int v\frac{\mathrm{d}N_v}{N}=\int_0^\infty vf(v)\mathrm{d}v \tag{8-26}$$

同理可得,速率平方的平均值为

$$\overline{v^2}=\frac{\int v^2\mathrm{d}N_v}{N}=\int v^2\frac{\mathrm{d}N_v}{N}=\int_0^\infty v^2 f(v)\mathrm{d}v \tag{8-27}$$

8.4.2 麦克斯韦速率分布函数

麦克斯韦于 1859 年应用统计方法导出了一定量理想气体在无外力场的情况下,处在温度为 T 的平衡态时的速率分布函数为

$$f(v)=4\pi\left(\frac{m}{2\pi kT}\right)^{3/2}v^2\exp\left(-\frac{mv^2}{2kT}\right) \tag{8-28}$$

这个分布函数就称为麦克斯韦速率分布函数(也称为麦克斯韦速率分布律)。式中,m 是一个分子的质量,k 是玻耳兹曼常数,T 为热力学温度。

由式(8-28)可知,对于确定的气体(m 一定),麦克斯韦速率分布函数只和温度 T 有关。如果以 v 为横坐标,以 $f(v)$ 为纵坐标,可画出麦克斯韦速率分布曲线如图 8-6 所示。图中曲线下宽度为 $\mathrm{d}v$ 的小长方形窄条的面积 $f(v)\mathrm{d}v$,就是该速率区间内的分子数占总分子数的百分比 $\mathrm{d}N_v/N$。

从分布曲线可以看出,遵从麦克斯韦速率分布的气体系统,速率很大或很小的分子所占的比率都很小,而中等速率的分子却很多,同时在分布曲线上有一个最大值,与这个最大值相应的速率称为最概然速率,用 v_p 表示,它可以由下式求出

$$\left.\frac{\mathrm{d}f(v)}{\mathrm{d}v}\right|_{v_\mathrm{p}}=0$$

将上式代入式(8-28)计算可得

$$v_\mathrm{p}=\sqrt{\frac{2kT}{m}}=\sqrt{\frac{2RT}{\mu}} \tag{8-29}$$

最概然速率的物理意义是:在一定温度下,在速率 v_p 附近单位速率区间内的分子数占总分子数的百分比最大。由式(8-29)可知,同一种气体,当温度增加时,v_p 向 v 增大的方向移动,如图 8-7 所示;在温度相同的条件下,不同气体的 v_p 随分子质量的增大而减小。

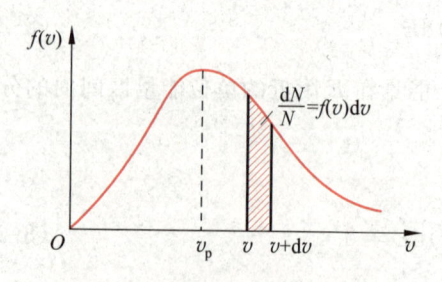

图 8-6 麦克斯韦速率分布曲线

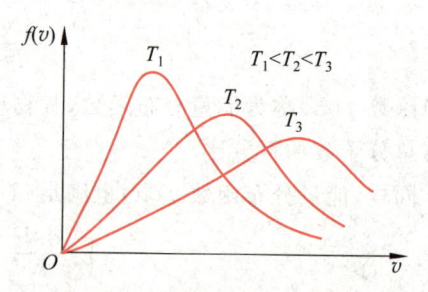

图 8-7 不同温度下速率分布曲线

将麦克斯韦速率分布函数式(8-28)代入式(8-26),可求出平衡态下理想气体分子的平均速率为

$$\bar{v} = \sqrt{\frac{8kT}{\pi m}} = \sqrt{\frac{8RT}{\pi \mu}} \tag{8-30}$$

同样,利用式(8-27)可求得 v^2 的平均值为

$$\overline{v^2} = \frac{3kT}{m} = \frac{3RT}{\mu}$$

因而方均根速率 $\sqrt{\overline{v^2}}$ 为

$$\sqrt{\overline{v^2}} = \sqrt{\frac{3kT}{m}} = \sqrt{\frac{3RT}{\mu}} \tag{8-31}$$

式(8-31)与式(8-16)给出的结果相同。而式(8-16)是在假定理想气体在平衡态时需满足两条统计假设的前提下得到的。这两个结果相同表明,我们对理想气体在平衡态下所作的两条统计假设是合理且正确的。

至此,我们求得了平衡态下理想气体系统的三种统计速率:v_p、$\bar{v}$ 和 $\sqrt{\overline{v^2}}$。这三种速率都是在统计意义上的典型平均值,只对大量分子组成的气体系统成立。它们在不同的问题中各有自己的应用。例如,在讨论速率分布,比较两种不同温度或不同分子质量的气体的分布曲线时常用最概然速率;在计算分子的平均平动动能时要用到方均根速率;在讨论分子的碰撞次数、平均自由程时则要用到平均速率。在同一温度下这三种速率的相对大小关系是:$v_p < \bar{v} < \sqrt{\overline{v^2}}$,如图 8-8 所示。

最后需要说明,麦克斯韦速率分布律是一个统计规律,它只适用于平衡态下由大量分子组成的理想气体系统。式中 dN_v 表示在速率 $v \sim v + dv$ 区间内分子数的统计平均值,区间 dv 必须是宏观小而微观大,如果区间是微观小,则 dN_v 的数值将十分不确定,因而失去实际意义。

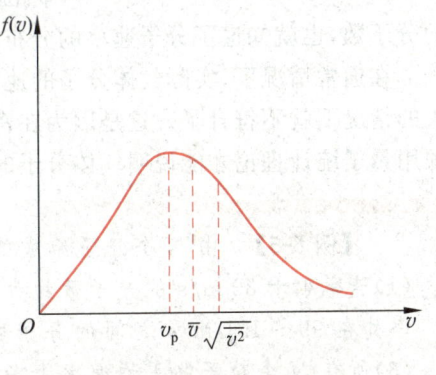

图 8-8 三种气体分子速率

8.4.3 麦克斯韦速率分布函数的实验验证

由于高真空技术的落后,在麦克斯韦导出速率分布律的当时,还不能用实验验证。历史上最早用实验测定气体分子速率的是德国物理学家斯特恩,1920年斯特恩及其同事做了分子射线束实验来测定分子射线束中的分子速率分布曲线。以后又不断地有人改进设计,其中包括我国物理学家葛正权于1934年测定了铋蒸汽分子束的速率分布。实验结果都与理论预计的分布曲线极为吻合。

图 8-9 所示为斯特恩测定分子速率分布所用的装置示意图。金属银在小炉 O 中熔化并蒸发,通过窄缝 S_1 和 S_2 进入抽真空区域,圆筒 G 可绕中心轴 A 旋转,转速约为每秒 100 转。通过窄缝 S_3 进入圆筒的分子束将投射并沉积在弯曲状的玻璃板 G 上。由于圆筒不断地顺时针旋转,进入窄缝 S_3 的分子将按不同速率射向 G 板。速率越小的分子越向 G 板的左侧沉积,这样玻璃板变黑的程度就是分子束的"速率谱"。取下玻璃板,用自动记录的测微光度计测定玻璃板上变黑的程度,就可以确定到达玻璃板上任一部分的分子数。通过适当的计算就可以得到分子速率的分布情况。

计算的方法是:速率为 v 的分子从 S_3 进入圆筒,当它穿越直径 D 而射到玻璃板时,需要的时间为 $\Delta t = D/v$,这时玻璃板由于圆筒顺时针旋转,角位移为 $\Delta \theta = \omega \Delta t$,则此分子实际落在板上的位置 P 距 B 的弧长 BP 为 $L = D \cdot \Delta \theta / 2$,因此有 $L = \omega \Delta t D / 2 = \omega D^2 / 2v$,即 $v = \omega D^2 / 2L$。如果知道 ω 和 D,测出 L,则可求得 v 值。这样,沉积在不同位置的分子的速率可一一求出,再知道了这一位置处的分子数,也就知道了分子速率的分布情况。

在通常情况下,实际气体分子的速率分布和麦克斯韦速率分布能很好地符合,但在密度大的情况下就不符合了。这是因为在密度大的情况下,经典统计理论的基本假设不成立,必须用量子统计理论才能说明气体分子的统计分布规律。

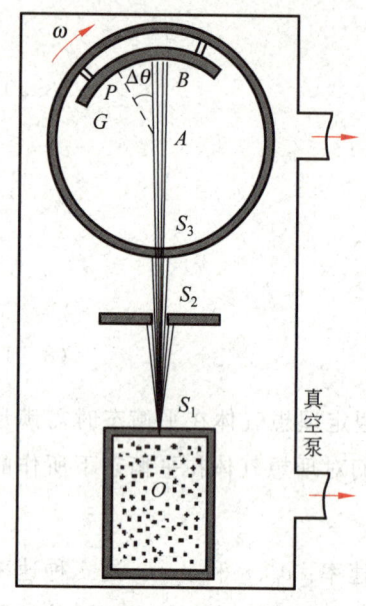

图 8-9 测定分子速率分布装置图

【例 8-5】 由 N 个分子组成的气体,其分子速率分布如图 8-10 所示。试求:(1)速率小于 30 m/s 的分子数约为多少?(2)速率处在 99~101 m/s 之间的分子数约为多少?(3)所有 N 个粒子的平均速率为多少?(4)速率大于 60 m/s 的那些分子的平均速率为多少?

解 由归一化条件

$$1 = \frac{1}{2}(30 + 120) \times a$$

得到

$$a = 1/75$$

可以写出速率分布函数的表达式

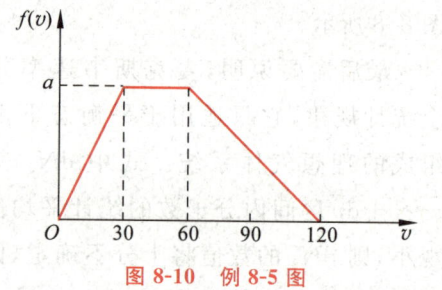

$$f(v) = \begin{cases} av/30, & 0 \leqslant v \leqslant 30 \\ a, & 30 \leqslant v \leqslant 60 \\ 2a - va/60, & 60 \leqslant v \leqslant 120 \\ 0, & v > 120 \end{cases}$$

图 8-10 例 8-5 图

(1) 速率小于 30 m/s 的分子数

$$N_1 = \frac{1}{2} \times 30 \times a \times N = 0.2N$$

(2) 速率处在 99～101 m/s 之间的分子数

$$\Delta N = N\int_{99}^{101} f(v)\mathrm{d}v = N\int_{99}^{101}\left(2a - \frac{v}{60}a\right)\mathrm{d}v = \frac{2}{3}Na$$

(3) 所有 N 个粒子的平均速率

$$\bar{v} = \int_0^\infty vf(v)\mathrm{d}v = \int_0^{30} v\frac{a}{30}v\mathrm{d}v + \int_{30}^{60} va\,\mathrm{d}v + \int_{60}^{120} v\left(2a - \frac{v}{60}a\right)\mathrm{d}v$$

$$= 54 \text{ (m/s)}$$

(4) 速率大于 60 m/s 的那些分子的平均速率

$$\bar{v} = \frac{N\int_{60}^\infty vf(v)\mathrm{d}v}{N\int_{60}^\infty f(v)\mathrm{d}v} = \frac{\int_{60}^{120} v\left(2a - \frac{v}{60}a\right)\mathrm{d}v}{\int_{60}^{120}\left(2a - \frac{v}{60}a\right)\mathrm{d}v} = 80 \text{ (m/s)}$$

*8.5 玻耳兹曼分布律

由于麦克斯韦速率分布函数讨论的是一定量理想气体,在无外力场作用下处于平衡态时的速率分布,并认为此时气体分子在空间的分布是各处均匀的,分子之间无相互作用势能。所以在这里有两个问题没有涉及:其一,如果存在外力场,则气体分子在空间的分布必不均匀,分子除了动能外还存在与外力场相互作用的势能,因此需要指明分子按空间位置的分布,即要指出位置坐标分别在 $x \sim x+\mathrm{d}x$、$y \sim y+\mathrm{d}y$、$z \sim z+\mathrm{d}z$ 区间的分子数或百分比;其二,更全面、更准确的讨论还要考虑到分子数按速度方向的分布,即需要指出在速度分量 $v_x \sim v_x+\mathrm{d}v_x$、$v_y \sim v_y+\mathrm{d}v_y$、$v_z \sim v_z+\mathrm{d}v_z$ 区间的分子数或百分比。

事实上,1859 年麦克斯韦已经对第二个问题做出了解答。他从理论上导出了平衡态下理想气体分子的速度分布律为

$$\frac{\mathrm{d}N(v_x,v_y,v_z)}{N} = f(v_x,v_y,v_z)\mathrm{d}v_x\mathrm{d}v_y\mathrm{d}v_z$$

$$= \left(\frac{m}{2\pi kT}\right)^{3/2} \cdot \exp\left(-\frac{\varepsilon_k}{kT}\right)\mathrm{d}v_x\mathrm{d}v_y\mathrm{d}v_z \qquad (8\text{-}32)$$

之后,玻耳兹曼将麦克斯韦的速度分布律加以推广,用 $\varepsilon = \varepsilon_k + \varepsilon_p$ 来代替式中的 ε_k,应用统计方法给出了处于保守力场中,温度为 T 的平衡态下任何系统在状态区间 $\mathrm{d}v_x$、$\mathrm{d}v_y$、$\mathrm{d}v_z$、$\mathrm{d}x$、$\mathrm{d}y$、$\mathrm{d}z$ 内的粒子数为

$$\mathrm{d}N = n_0\left(\frac{m}{2\pi kT}\right)^{3/2} \cdot \exp\left(-\frac{\varepsilon_k + \varepsilon_p}{kT}\right)\mathrm{d}x\mathrm{d}y\mathrm{d}z\mathrm{d}v_x\mathrm{d}v_y\mathrm{d}v_z \qquad (8\text{-}33)$$

式中 n_0 表示在零势能位置处单位体积里的分子数,这一分布律就称为玻耳兹曼分布律。玻耳兹曼分布律指出:能量越大的状态区间内的粒子数越少,也就是粒子处在能量较低状态的概率比处于能量较高状态的概率要大,而且随着能量的增大,大小相等的状态区间内的粒子数按指数规律急剧地减小。

作为玻耳兹曼分布律的应用实例,下面讨论处于重力场中的理想气体分子按高度的分

布情况。

在重力场中,温度为 T 的平衡态下,分子的无规则运动促使分子按位置的分布趋向均匀,但由于有外力场作用,分子按位置的分布将随高度增加而减小。由玻耳兹曼分布律

$$dN = n_0 \left(\frac{m}{2\pi kT}\right)^{3/2} \cdot \exp\left(-\frac{\varepsilon_k + \varepsilon_p}{kT}\right) dxdydzdv_xdv_ydv_z$$

如果要计算体积 $dxdydz$ 中的总分子数,可将上式对所有速度进行积分。由于重力场中,势能 ε_p 与速度无关,所以

$$dN' = n_0 \left(\frac{m}{2\pi kT}\right)^{3/2} \cdot \left[\iiint_{-\infty}^{+\infty} \exp\left(-\frac{\varepsilon_k}{kT}\right) dv_x dv_y dv_z\right] \cdot \exp\left(-\frac{\varepsilon_p}{kT}\right) dxdydz$$

式中

$$\varepsilon_k = m(v_x^2 + v_y^2 + v_z^2)/2$$

代入,于是可求得方括号内的积分结果为 $(2\pi kT/m)^{3/2}$,所以

$$dN' = n_0 \exp\left(-\frac{\varepsilon_p}{kT}\right) dxdydz$$

于是体积元 $dxdydz$ 内的分子数密度为

$$n = n_0 \exp\left(-\frac{\varepsilon_p}{kT}\right) \tag{8-34}$$

将 $\varepsilon_p = mgz$($z = 0$ 时,重力势能为 0)代入,即得

$$n = n_0 \exp\left(-\frac{mgz}{kT}\right) \tag{8-35}$$

上式即为由玻耳兹曼分布律给出的重力场中分子或粒子按高度分布的规律。这一规律说明气体温度一定时,粒子数密度随高度按指数规律减小(参见图 8-11)。

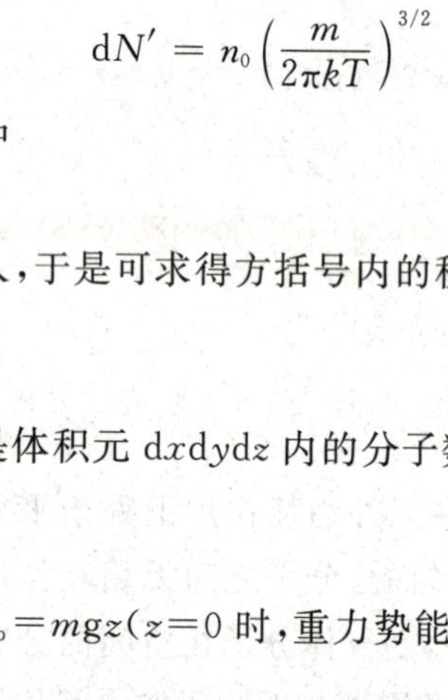

1909 年法国物理学家皮兰通过乳浊液沉积实验证实了这一分布规律,并根据实验数据求出了阿伏伽德罗常数 N_A,在物理学历史上,这个实验是证明分子真实存在的最有力证据。

下面我们应用式(8-35)确定气体压强随高度的变化关系。由于在一定温度下,理想气体的压强满足

$$p = nkT$$

所以高度为 z 处的大气压强为

$$p = n_0 \exp\left(-\frac{mgz}{kT}\right) kT$$

图 8-11 重力场中粒子数的分布

令 $p_0 = n_0 kT$,表示在高度 $z = 0$ 处的压强,得

$$p = p_0 \exp\left(-\frac{mgz}{kT}\right) \tag{8-36}$$

上式称为恒温气压公式,它表示大气压强 p 随高度 z 按指数减少。由于大气的温度随高度变化,所以式(8-36)只有在高度相差不大的范围内计算结果才与实际情况相符。

由式(8-36)还可得出

$$z = \frac{kT}{mg} \ln \frac{p_0}{p} \tag{8-37}$$

因此,应用气压公式可估算地面上空某高处的大气压强,也可通过测定大气压强随高度而减小的量值,来确定上升的高度。这就是一种高度计的原理。

8.6 碰撞及输运过程

由前面的讨论可知,气体分子间的无规则频繁碰撞对于气体中发生的过程具有重要作用。如,能量均分原理的确立,分子按速率的稳定分布等,都是通过气体分子的频繁碰撞来实现并维持的。

大量实验表明,在无外界作用的条件下,体系总会自发地由非平衡态向平衡态过渡。在过渡过程中,常常会伴随有质量、能量和动量的迁移,这些迁移过程,称为输运过程。输运过程的完成,也是通过分子间的碰撞来实现的。因此研究分子碰撞是气体动理论的重要内容之一。

8.6.1 气体分子的碰撞和平均自由程

由气体分子平均速率公式可知,常温下气体分子的平均速率约为每秒几百米。但经验告诉我们,比如打开香水瓶后,香味要经过几秒到几十秒的时间才能传出几米的距离,即气体的扩散过程实际上是相当缓慢的。如何来解释两者之间的矛盾呢?克劳修斯最早指出,其原因是气体分子的运动速率虽然很大,但在运动过程中要经历十分频繁的碰撞,碰撞使得分子行进了十分曲折的路径,因此,一个分子从一处运动到另一处,仍需要相当长的时间。

由于气体分子在气体中行进的路径非常曲折,我们把一个分子在两次相邻碰撞之间走过的路程称为自由程,用 λ 表示。由于碰撞是随机的,每个分子的自由程也是随机变化的,所以对气体系统有意义的是自由程的统计平均值,称为平均自由程,用 $\bar{\lambda}$ 表示。一个分子在单位时间内与其他分子碰撞的平均次数称为平均碰撞频率,以 $\bar{Z}$ 表示。$\bar{\lambda}$ 和 $\bar{Z}$ 的数值显然和分子碰撞的频繁程度有关。若以 $\bar{v}$ 代表气体分子运动的平均速率,则有

$$\bar{v} = \bar{\lambda} \cdot \bar{Z} \tag{8-38}$$

为了分析气体分子的平均碰撞频率,我们把气体分子看作是有效直径为 d 的刚性球,并假定只有某一分子 A 以平均相对速率 $\bar{u}$ 运动,其他分子都静止不动。

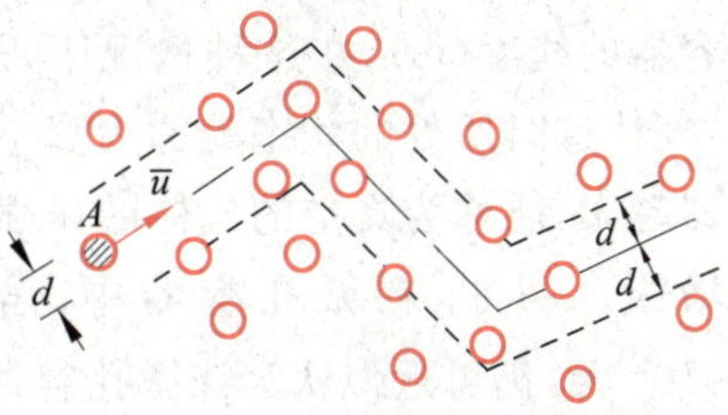

如图 8-12 所示,分子 A 在运动过程中,显然只有中心与 A 的中心间距小于或等于 d 的那些分子才有可能与 A 相碰。由此可设想,以 A 中心的运动轨迹为轴线,以 d 为半径作一曲折的圆柱体,这样,凡是中心在此圆柱体内的分子都会与 A 相碰撞。该圆柱体的

图 8-12 气体分子的碰撞示意

截面积称为分子的碰撞截面,大小为 πd^2。

因此,在 Δt 时间内,A 走过的路程为 $\bar{u}\Delta t$,相应的圆柱体的体积为 $\pi d^2 \bar{u}\Delta t$,若 n 为气体分子数密度,则此圆柱体内的总分子数为 $n\pi d^2 \bar{u}\Delta t$,这就是与 A 相撞的分子数,也就是 A 在 Δt 时间内的碰撞次数,所以平均碰撞频率 $\bar{Z}$ 为

$$\bar{Z} = \frac{n\pi d^2 \bar{u}\Delta t}{\Delta t} = n\pi d^2 \bar{u}$$

根据麦克斯韦速率分布律可以证明,分子的平均相对速率与平均速率之间满足

$$\bar{u} = \sqrt{2}\ \bar{v}$$

因此分子的平均碰撞频率

$$\bar{Z} = \sqrt{2}n\pi d^2 \bar{v} \tag{8-39}$$

分子的平均自由程

$$\bar{\lambda} = \frac{\bar{v}}{\bar{Z}} = \frac{1}{\sqrt{2}n\pi d^2} \tag{8-40}$$

由此可见,平均自由程 $\bar{\lambda}$ 与分子碰撞截面和分子数密度 n 成反比,与平均速率无关。根据理想气体的压强公式 $p=nkT$,可得

$$\bar{\lambda} = \frac{kT}{\sqrt{2}\pi d^2 p} \tag{8-41}$$

说明当温度一定时,平均自由程和压强成反比。

对于空气分子,$d \approx 3.5 \times 10^{-10}$ m,利用式(8-41)可求出在标准状态下空气分子的 $\bar{\lambda} \approx 6.9 \times 10^{-8}$ m,约为分子直径的 200 倍,这时 $\bar{Z} \approx 6.5 \times 10^9$ s^{-1},即每秒钟内一个分子要发生几十亿次的碰撞!气体分子运动的复杂情况,由此可了解其梗概。

在 0℃时,不同压强下空气分子的平均自由程计算结果如表 8-2 所示。

表 8-2 不同压强下空气分子的平均自由程

压强 p/Pa	平均自由程 $\bar{\lambda}$/m	压强 p/Pa	平均自由程 $\bar{\lambda}$/m
1.01×10^5	7×10^{-8}	1.33×10^{-2}	5×10^{-1}
133	5×10^{-5}	1.33×10^{-4}	50
1.33	5×10^{-3}		

由表 8-2 可以看出,压强低于 1.33×10^{-4} Pa 时,空气分子的平均自由程已大于一般气体容器的线度(m),在这种情况下,气体分子可以从容器的一侧出发无碰撞地运动到另一侧,气体这时所处的状态就称为真空态。由此可见,真空其实是具有相对性的。充有气体的容器越大,能称为真空的气体的压强也应越低,这是因为它要求所充气体的平均自由程也相应增大。例如,在微孔容器中,若孔的大小仅为 10^{-8} m,则即使微孔中气体压强为 1×10^5 Pa,仍可近似认为该微孔容器处于真空态,因为在此压强下气体分子的平均自由程为 10^{-8} m 数量级,与微孔孔径同数量级。

8.6.2 气体分子的输运过程

前面讨论的都是平衡态下系统的性质。实际上,还常常会遇到处于非平衡态的系统。本节我们简要讨论非平衡态系统的一些性质。当气体内各部分的物理性质如流速、温度或密度不均匀时,气体就处于非平衡态,在不受外界干预的条件下,由于气体分子频繁碰撞,气体内各部分的物理性质将趋向均匀,气体由非平衡趋向平衡,这种过程称为输运过程。

输运过程有三种:内摩擦、热传导和扩散。在实际问题中这三种输运过程往往同时存在,而且还会因为一种输运过程的存在而引起另一种输运过程。例如浓度分布不均匀可以导致温度分布的不均匀。下面分别对上述三种输运过程予以介绍。

1. 内摩擦

流动中的气体由于内部各部分流动速度的不同会发生内摩擦现象。相邻的两个气层之间,由于速度不同引起的相互作用力称为内摩擦力,也叫黏滞力。

内摩擦力所遵从的实验定律,可用图 8-13 来说明。

设流体装在两大平板 A、B 之间,下板 A 静止,上板 B 沿 x 轴以速度 u_0 匀速运动,因而板间液体也被带着沿 x 方向流动。但平行于板的各层流体的速度不同,它们的流速 u 是 z 的函数,各层流速随 z 的变化情况可用流速梯度 du/dz 表示。设想在气体内 $z=z_0$ 处有一分界平面,面积为 dS,则下面流速小的流体层将对上面流速大的流体层产生向后的黏滞力 df,上面流体层将对下面流体层产生向前的黏滞力 df',且 $df=-df'$。

实验证明:通过 dS 面相互作用的黏滞力的大小 df 与该处的流速梯度 du/dz 及面积 dS 成正比,即

$$df = \eta \left(\frac{du}{dz}\right)_{z_0} dS \tag{8-42}$$

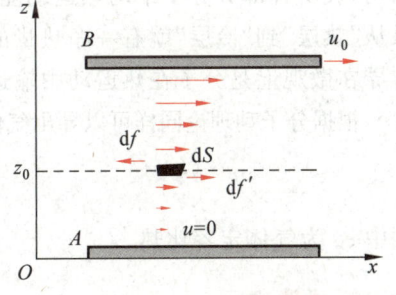

图 8-13 内摩擦现象

上式称为牛顿黏滞定律,式中比例系数 η 称为内摩擦系数或黏滞系数,它的数值与流体的性质和状态有关,单位是 Pa·s。

内摩擦现象的微观机制可用分子动理论来解释。从微观上看,气体分子流动时,除了无规则热运动的动量外还有定向运动的动量,由于气体分子的无规则热运动,在相邻流体层间交换分子对的同时,交换了相邻流体层的定向运动动量,结果使流动较快的一层流体净失去了定向动量,流动较慢的一层流体净得到了定向动量,黏滞力由此产生。因此,气体的内摩擦现象在微观上是分子在热运动中输运定向动量的过程。

根据分子动理论可以导出,气体的黏滞系数与分子运动的微观量的统计平均值有下述关系

$$\eta = \frac{1}{3}\rho \bar{v} \bar{\lambda} \tag{8-43}$$

式中，ρ 为气体密度，$\bar{v}$ 为平均速率，$\bar{\lambda}$ 为平均自由程。

2. 热传导

如果气体内各部分的温度分布不均匀时，将有热量从温度较高处传递到温度较低处，这种现象称为热传导。

设气体的温度沿 z 轴变化，dT/dz 表示气体温度沿 z 轴方向的空间变化率，称为温度梯度。设 dS 为 z_0 处垂直于 z 轴的分界平面。实验指出，在 dt 时间内通过 dS 沿 z 轴方向传递的热量为

$$dQ = -KdSdt\left(\frac{dT}{dz}\right)_{z_0} \tag{8-44}$$

上式称为一维情况下的傅里叶热传导定律。式中比例系数 K 称为导热系数，负号表示热量传递的方向总是沿着温度下降的方向进行，导热系数 K 取正值，它的国际单位是 $W/(m \cdot K)$。

热传导现象的微观机制就气体来说也和分子热运动有直接联系。气体内各部分温度不均匀，表明各部分分子平均热运动能量 $\bar{\varepsilon}$ 不同，气体分子在热运动中要不断地穿过 dS 面，结果从"热层"到"冷层"就有一净热量的输运，这在宏观上就表现为热传导。因此，气体内的热传导在微观上是分子在热运动中输运能量的过程。

根据分子动理论同样可以导出气体导热系数与分子运动的微观量的统计平均值有下述关系

$$K = \frac{1}{3}\rho c_V \bar{v} \bar{\lambda} \tag{8-45}$$

式中 c_V 为气体定容比热。

3. 扩散

如果容器内各部分的气体种类不同或同一种气体在容器中各部分的密度不均匀，则气体分子将从密度大的地方向密度小的地方运动，使容器中各部分气体的成分及气体的密度都趋向均匀，这种现象称为扩散。

为了讨论简化，我们考虑自扩散，即相互扩散的两种气体分子质量和大小极为相近（如 N_2 和 CO），相互扩散速率趋于相等的情况。设两种气体在总密度均匀和没有宏观气流的条件下发生自扩散。现在我们只需注意其中一种气体的质量传递，设这种气体的密度 ρ 沿 z 轴方向变化，$d\rho/dz$ 为密度梯度。

设 dS 为 z_0 处垂直于 z 轴的分界平面，实验指出，在 dt 时间内通过 dS 面传递的这种气体的质量为

$$dM = -DdSdt\left(\frac{d\rho}{dz}\right)_{z_0} \tag{8-46}$$

上式称为菲克扩散定律。式中 D 为扩散系数，负号表示气体质量沿密度下降的方向扩散。扩散系数 D 取正值，它的国际单位是 m^2/s。

从微观上来看，气体的扩散现象也是气体分子无规则热运动的结果。当气体内各部分的密度不均匀时，从密度大的气层扩散到密度小的气层的分子数要大于从密度小的气层扩散到密度大的气层的分子数，因而有净质量向密度小处输运，这在宏观上就表现为扩散。因此气体内的扩散在微观上是分子在热运动中输运质量的过程。

由分子动理论可以导出,在上述情况下气体的扩散系数与分子运动的微观量的统计平均值有下述关系

$$D = \frac{1}{3}\bar{v}\bar{\lambda} \tag{8-47}$$

在日常生活和工程技术中经常会遇到上述三种输运过程:如对在气体中高速飞行的物体来说,内摩擦是形成阻力的一个重要原因;对在气体中传播的声波来说,气体的黏滞性和热传导都是造成声波衰减的重要因素;杜瓦瓶等保温设备的原理之一就是利用了真空的热传导系数极小的现象;而在获得高度真空以及在分离同位素的技术中,都要用到气体的扩散现象。

*8.7 实际气体的状态方程

前面我们用气体动理论说明了理想气体的一些性质。理想气体是真实气体的一种理想化模型,它完全忽略了气体分子间的作用力,在一般情况下,只要温度不太低、压强不太高时,都可以把真实气体近似当作理想气体来处理。然而在很多时候,分子间的作用力是不能忽略的,如气液相变过程,分子力就起着重要作用,这时理想气体状态方程不再适用,需要有能反映实际气体性质的状态方程。

1. 真实气体的等温线

由理想气体状态方程可知,一定质量的理想气体在等温条件下,压强和体积的变化情况如图 8-14 所示。实验测得,实际气体的等温线在较大压强、较低温度范围内与双曲线明显背离。因此,研究真实气体的等温线就可以了解真实气体偏离理想气体的情况,通过比较认识真实气体的性质。1869 年安德鲁首先对 CO_2 气体的等温变化做了实验,得出几条等温线,如图 8-15 所示。在较高温度 48.1℃ 时,等温线与双曲线接近,CO_2 气体表现得和理想气体近似。在较低温度 13℃ 下,等温压缩气体时,在曲线 GA 部分,压强随体积减小而增加,与理想气体等温线相似。当压强增大到约 49 atm 时,进一步压缩气体,气体的压强将保持不变,AB 是一条平直线,这时 CO_2 开始液化,液化过程中液体与气体共存,而且处于平衡状态,这时的蒸汽称为饱和蒸汽。压缩只能使气体等压地向液体转变,在 B 点 CO_2 全部液化,再增大压强只能引起液体体积的微小收缩,BD 线几乎与 p 轴平行,这反映了液体不易压缩的事实。

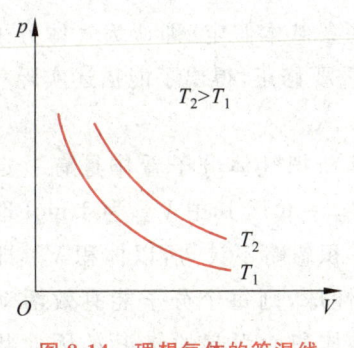

图 8-14 理想气体的等温线

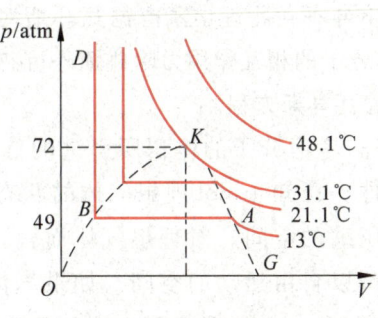

图 8-15 CO_2 气体的等温线

在稍高一些的温度下压缩气体,可以观察到同样的过程,只是平直部分较短,而饱和气压较高。随着温度逐渐升高,等温线的平直部分将逐渐缩短,相应的饱和气压也将逐渐升高。由此可见,饱和气压虽然与蒸汽体积无关,但却是温度的函数。当温度升至31.1℃时,等温线的平直部分缩成一点K,即CO_2的31.1℃的等温线是一条特殊的等温线,在这一温度下没有液汽共存的转变过程,而温度高于31.1℃时,对气体进行等温压缩,它就再不会转变为液体,我们把31.1℃对应的等温线称为临界等温线,相应的温度称为临界温度,这是区别气体能否被等温压缩成液体的温度界限。相应地,在临界等温线上,汽液转变点K是该曲线上斜率为零的一个拐点,K点所表示的状态称为临界态,对应的p_k、V_k、T_k称为临界参量。有些物质,如NH_3、H_2O的临界温度高于室温,所以在常温下压缩就可使之液化。但有些物质,如O_2、N_2、H_2、He等的临界温度都很低,所以在19世纪上半叶还没有办法使它们液化,因为当时还未发现临界温度的规律,于是人们称这些气体为"永久气体"或"真正气体"。在认识到物质具有临界温度这一事实后,人们努力提高低温技术,在19世纪后半叶到20世纪初,所有气体都能被液化,再进一步提高低温技术后,还能做到使所有的液体都凝成固体。最后一个被液化的气体是氦,它的临界温度最低,为5.3 K,它在1908年被液化,并在1928年被进一步凝成固体。

从图8-15中还可看出,临界等温线和连接各等温线上的液化开始点(如A点)和液化终了点(如B点)的曲线(图8-15中虚线)把物质的"状态空间"分成了四个区域,在临界等温线以上的区域是气体,其性质近似于理想气体;在临界等温线以下,KA曲线右侧,物质也是气态,但由于能通过等温压缩被液化而称为蒸汽或汽;AKB曲线以下是液汽共存的状态;在临界等温线和KB曲线以左的状态是液态。

2. 范德瓦耳斯方程

二氧化碳等温线实验的结果说明:实际气体的状态变化与理想气体状态方程不甚符合,尤其在高压或低温下相差更大。而在近代科学技术中,经常需要处理高压或低温下的气体问题。因此,为了获得能反映实际气体性质的状态方程,必须考虑实际气体的特征,对理想气体状态方程进行修正。实际气体不同于理想气体的主要特征是:①实际气体不是质点,占有一定体积,不能无限靠近,故在近程上气体分子间存在强排斥作用;②实际气体分子在远程上也是有相互吸引作用的。因此,对理想气体状态方程的修正就是要考虑实际气体分子间的这两种作用。

1873年荷兰物理学家范德瓦耳斯对理想气体的两条基本假定(即认为气体分子是质点,气体分子的相互作用力除碰撞外可忽略)作出两条重要修正,得出了能描述实际气体行为的范德瓦耳斯方程。

首先,考虑分子的体积所引进的修正。范德瓦耳斯把气体分子看作是有一定大小的刚性球。已知1 mol理想气体的状态方程写为$pV_{mol}=RT$,其中V_{mol}为1 mol理想气体可被压缩的空间。对理想气体而言,分子本身的体积忽略不计,所以体积V_{mol}即为每个分子可以自由活动的空间。如果气体分子是一刚性球,则每个分子能有效活动的空间不再是V_{mol},它应等于V_{mol}减去反映气体分子占有体积而引起的修正b,因此状态方

程应修正为

$$p(V_{\text{mol}} - b) = RT \tag{8-48}$$

其次，考虑分子引力引起的修正。由于气体系统是个复杂的系统，分子与分子间有相互作用的引力和斥力，称为分子力。分子力随分子间距离变化，如图 8-16 所示。图中 r_0 为分子间的平衡距离，即当两分子彼此相距 r_0 时，每个分子受到的斥力和引力相等，达到平衡，r_0 的数量级约为 10^{-10} m。当两分子的间距 $r < r_0$，分子力表现为斥力。所谓分子有"本身体积"不能无限压缩，正反映了这种斥力的存在。当 $r > r_0$ 时，分子力表现为引力，而且这种引力随 r 增大很快地趋于 0。在一般压强下，气体分子间的力是引力，在低压状态下，分子间距很大，这种引力极小，可以忽略不计。

对于理想气体来说，分子间无相互作用，各个分子都无牵扯地撞向器壁，碰撞器壁的平均总效果即表现为宏观压强。当考虑了分子间有引力时，情况又怎样呢？如图 8-17 所示。在气体内任选某一气体分子 β，以 β 为中心，选取分子间相互吸引力等于 0 的距离 r 为半径，作一球面，则对 β 有引力作用的分子都分布在这个球内。由于平衡态时分子分布均匀，所以 β 周围分子对 β 的作用是对称分布的，因此它们对 β 的引力相互抵消，即 β 好像不受引力作用一样。而对于处于器壁附近厚度为 r 的表面层内的分子如 α，情况就不同了。由于对 α 有引力作用的分子分布不对称，总的效果使得 α 受到一个指向气体内部的合力。因此，器壁附近存在一厚度为 r 的气体层，在此层外分子间的引力对气体分子的运动状态没有影响，在此层内分子间的引力将使气体分子受到指向气体内部的拉力，拉力的作用将减小气体分子撞击器壁的动量，从而使器壁实际受到的压强减小一个量值 p_i，称为内压强。因此，不考虑分子引力时，由式(8-48)可得分子对内壁的压强为

$$p = \frac{RT}{V_{\text{mol}} - b}$$

考虑分子间引力时，实际的压强应该是

$$p = \frac{RT}{V_{\text{mol}} - b} - p_i$$

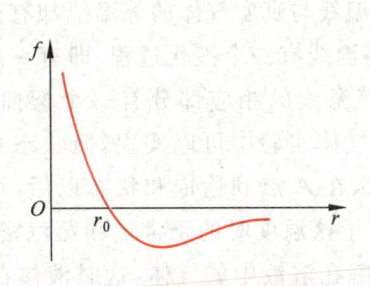

图 8-16　分子力随分子间距的变化

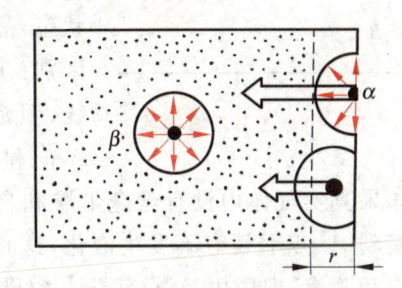

图 8-17　真实气体的内压强

由于内压强 p_i 是表面层分子受内部分子的单位面积上的作用力，所以 p_i 应与被吸引的表面层内的分子数密度 n 成正比，同时也应与施加引力的那些内部分子的分子数密度 n 成正比，而这两个 n 是一样的，所以 p_i 与 n^2 成正比，又由于 n 与气体体积 V_{mol} 成反比，所以有

$$p_i \propto n^2 \propto \frac{1}{V_{\text{mol}}^2}$$

写成等式为

$$p_i = \frac{a}{V_{\text{mol}}^2}$$

式中 a 为反映分子引力的一个常数。

于是，考虑了分子体积修正和引力作用修正后的状态方程就可以写成

$$\left(p + \frac{a}{V_{\text{mol}}^2}\right)(V_{\text{mol}} - b) = RT \tag{8-49}$$

此式适用于 1 mol 的实际气体。对于质量为 M 的任何实际气体，其体积

$$V = \frac{M}{\mu} V_{\text{mol}}$$

所以对于质量为 M 的任何气体有

$$\left(p + \frac{M^2}{\mu^2}\frac{a}{V^2}\right)\left(V - \frac{M}{\mu}b\right) = \frac{M}{\mu}RT \tag{8-50}$$

上式即为范德瓦耳斯方程。

范德瓦耳斯方程虽然比理想气体方程进了一步，但它仍然是个近似方程，它是许多真实气体方程中最简单、使用最方便的一个，这个方程最重要的特点是它的物理图像十分鲜明。我们把完全遵守范德瓦耳斯方程的气体称为范德瓦耳斯气体。

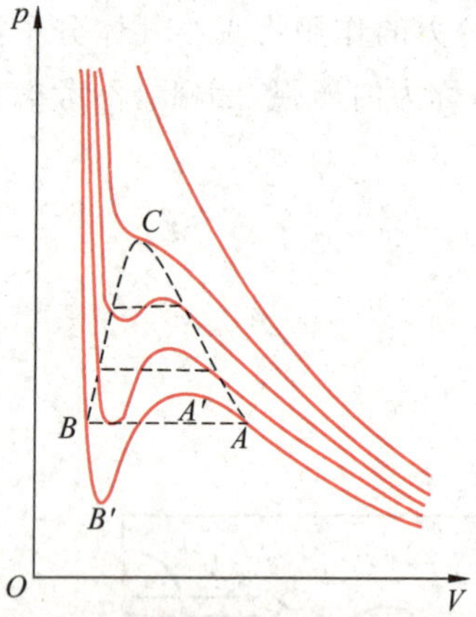

根据范德瓦耳斯方程画出的等温线称为范德瓦耳斯等温线。图 8-18 画出一系列这样的等温线。

它们和真实气体的等温线十分相似，也有一条"临界等温线"，并且在气态和液态部分，曲线的形状基本上与真实气体的一致。这说明，范德瓦耳斯方程能很好地说明真实气体（包括转化为液体后）的性质。但是，在汽液共存的状态，范德瓦耳斯等温线与真实气体的等温线却有显著的区别：真实气体的等温线有一个液化过程，即有一段平直线，但范德瓦耳斯等温线的相应部分有一个弯曲，曲线 AA' 和 BB' 在真实气体实验中可以实现，但状态并不稳

图 8-18 范德瓦耳斯等温线

定。如果真实气体内没有丝毫尘埃和自由电荷，那么在 A 点到达饱和状态以后，可以继续压缩到 A' 点而暂时不发生液化，这时蒸汽密度大于该温度时的正常饱和蒸汽密度，称为过饱和蒸汽，即图中 AA' 部分。如果先能驱尽溶解在溶液中的气体，这时液体在 B 点仍可随压强减小而继续膨胀，暂时还不汽化，这时液体的密度减小，甚至小于在较高温度时的固有密度，这种液体称为过热液体，即图中 BB' 部分。至于 $A'B'$ 部分所表示的体积随压强降低而缩小的情况实际上是不存在的。

总之，范德瓦耳斯方程给出的气体状态，除了在低温时气液共存的状态下与真实气体不符外，其他都能很好地与实际气体相符合。

习 题

8-1 设想太阳是由氢原子组成的理想气体,其密度可当成是均匀的。若此理想气体的压强为 1.35×10^{14} Pa。试估计太阳的温度。(已知氢原子的质量 $m=1.67\times10^{-27}$ kg,太阳半径 $R=6.96\times10^{8}$ m,太阳质量 $M=1.99\times10^{30}$ kg)

8-2 目前已可获得 1.013×10^{-10} Pa 的高真空,在此压强下温度为 27℃ 的 1 cm³ 体积内有多少个气体分子?

8-3 容积 $V=1$ m³ 的容器内混有 $N_1=1.0\times10^{23}$ 个氢气分子和 $N_2=4.0\times10^{23}$ 个氧气分子,混合气体的温度为 400 K,求:(1)气体分子的平动动能总和;(2)混合气体的压强。

8-4 储有 1 mol 氧气、容积为 1 m³ 的容器以 $v=10$ m/s 的速率运动。设容器突然停止,其中氧气的 80% 的机械运动动能转化为气体分子的热运动动能。问气体的温度及压强各升高多少?(将氧气分子视为刚性分子)

8-5 一个具有活塞的容器中盛有一定量的氧气,压强为 1 atm。如果压缩气体并对它加热,使温度从 27 ℃ 上升到 177 ℃,体积减小一半,则气体的压强变化多少?气体分子的平均平动动能变化多少?分子的方均根速率变化多少?

8-6 温度为 0℃ 和 100℃ 时理想气体分子的平均平动动能各为多少?欲使分子的平均平动动能等于 1 eV,气体的温度需多高?

8-7 一容积为 10 cm³ 的电子管,当温度为 300 K 时,用真空泵把管内空气抽成压强为 5×10^{-4} mmHg 的高真空,问此时:(1)管内有多少空气分子?(2)这些空气分子的平均平动动能的总和是多少?(3)平均转动动能的总和是多少?(4)平均动能的总和是多少?(将空气分子视为刚性双原子分子,760 mmHg = 1.013×10^{5} Pa)

8-8 水蒸气分解为同温度的氢气和氧气,即 $H_2O \rightarrow H_2 + \frac{1}{2}O_2$,也就是 1 mol 水蒸气可分解成同温度的 1 mol 氢气和 1/2 mol 的氧气。当不计振动自由度时,求此过程的内能增量。

8-9 已知在 273 K、1.0×10^{-2} atm 时,容器内装有一理想气体,其密度为 1.24×10^{-2} kg/m³。求:(1)方均根速率;(2)气体的摩尔质量,并确定它是什么气体;(3)气体分子的平均平动动能和转动动能各为多少?(4)容器单位体积内分子的总平动动能是多少?(5)若该气体有 0.3 mol,其内能是多少?

8-10 一容器内储有氧气,其压强为 1.01×10^{5} Pa,温度为 27.0℃,求:(1)分子数密度;(2)氧气的密度;(3)分子的平均平动动能;(4)分子间的平均距离。(设分子间均匀等距排列)

8-11 设容器内盛有质量为 M_1 和 M_2 的两种不同的单原子理想气体,此混合气体处在平衡态时内能相等,均为 E,若容器体积为 V。试求:(1)两种气体分子平均速率 $\overline{v_1}$ 与 $\overline{v_2}$ 之比;(2)混合气体的压强。

8-12 在容积为 2.0×10^{-3} m³ 的容器中,有内能为 6.75×10^{2} J 的刚性双原子分子理想气体。(1)求气体的压强;(2)设分子总数为 5.4×10^{22} 个,求分子的平均平动动能及气体的温度。

8-13 已知 $f(v)$ 是速率分布函数，说明以下各式的物理意义：

(1) $f(v)\mathrm{d}v$；　　　(2) $Nf(v)\mathrm{d}v$；　　　(3) $\int_0^{v_p} f(v)\mathrm{d}v$

8-14 图中 I、II 两条曲线是两种不同气体（氢气和氧气）在同一温度下的麦克斯韦速率分布曲线。试由图中数据求：(1)氢气分子和氧气分子的最概然速率；(2)两种气体所处的温度。

8-15 在容积为 $3.0\times10^{-2}\,\mathrm{m}^3$ 的容器中装有 $2.0\times10^{-2}\,\mathrm{kg}$ 气体，容器内气体的压强为 $5.06\times10^4\,\mathrm{Pa}$，求气体分子的最概然速率。

8-16 质量 $m=6.2\times10^{-14}\,\mathrm{g}$ 的微粒悬浮在 27℃ 的液体中，观察到悬浮粒子的方均根速率为 1.4 cm/s，假设粒子服从麦克斯韦速率分布函数，求阿伏伽德罗常数。

8-17 有 N 个粒子，其速率分布函数为 $f(v)=\begin{cases}c, & v_0\geqslant v>0 \\ 0, & v>v_0\end{cases}$。

(1) 作速率分布曲线；(2) 由 v_0 求常数 c；(3) 求粒子平均速率。

8-18 有 N 个粒子，其速率分布曲线如图所示，当 $v>2v_0$ 时 $f(v)=0$。求：(1)常数 a；(2)速率大于 v_0 和小于 v_0 的粒子数；(3)粒子平均速率。

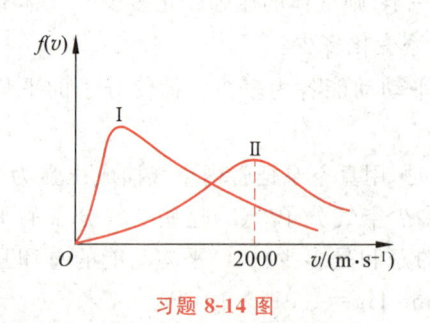

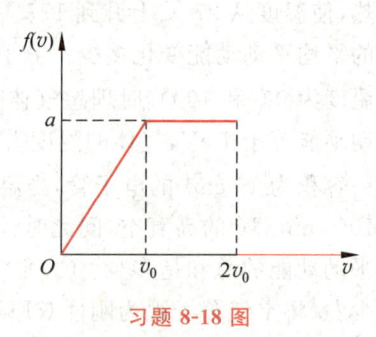

习题 8-14 图

习题 8-18 图

8-19 质点离开地球引力作用所需的逃逸速率为 $v=\sqrt{2gr}$，其中 r 为地球半径。(1)若使氢气分子和氧气分子的平均速率分别与逃逸速率相等，它们各自应有多高的温度；(2)说明大气层中为什么氢气比氧气要少。（取 $r=6.40\times10^6\,\mathrm{m}$）

8-20 试求上升到什么高度时大气压强减至地面的 75%？设空气温度为 0℃，空气的摩尔质量为 0.0289 kg/mol。

8-21 (1)求氮气在标准状态下的平均碰撞次数和平均自由程；(2)若温度不变，气压降低到 $1.33\times10^{-4}\,\mathrm{Pa}$，平均碰撞次数又为多少？平均自由程为多少？（设分子有效直径为 $10^{-10}\,\mathrm{m}$）

8-22 真空管的线度为 $10^{-2}\,\mathrm{m}$，真空度为 $1.33\times10^{-3}\,\mathrm{Pa}$，设空气分子有效直径为 $3\times10^{-10}\,\mathrm{m}$，求 27℃ 时单位体积内的空气分子数、平均自由程和平均碰撞频率。

8-23 在气体放电管中，电子不断与气体分子碰撞。因电子速率远大于气体分子的平均速率，所以可以认为气体分子不动。设气体分子有效直径为 d，电子的"有效直径"比起气体分子来可以忽略不计，求：(1)电子与气体分子的碰撞截面；(2)电子与气体分子碰撞的平均自由程。（气体分子数密度为 n）

*8-24 在标准状态下,氦气(He)的内摩擦系数 $\eta = 1.89 \times 10^{-5}$ Pa·s,求:(1)在此状态下氦原子的平均自由程;(2)氦原子半径。

*8-25 热水瓶胆的两壁间距 $L = 4 \times 10^{-3}$ m,其间充满温度为 27℃ 的氮气,氮分子的有效直径为 $d = 3.1 \times 10^{-10}$ m,问瓶胆两壁间的压强降低到多大数值以下时,氮的热传导系数才会比它在一个大气压下的数值小?

*8-26 由范德瓦耳斯方程 $(p + a/V^2)(V - b) = RT$,证明气体在临界状态下温度 T_k、压强 p_k 及体积 V_k 为

$$T_k = \frac{8a}{26bR}, \quad p_k = \frac{a}{27b^2}, \quad V_k = 3b$$

并且在理论上有如下的关系

$$p_k V_k = \frac{3}{8} k T_k$$

(提示:由范德瓦耳斯方程可写出 V 的三次方程,对于临界点,以 T_k、p_k 数据代入后对 V 求解,应得三重根的解。或由 $\left.\dfrac{\mathrm{d}p}{\mathrm{d}V}\right|_k = 0, \left.\dfrac{\mathrm{d}^2 p}{\mathrm{d}V^2}\right|_k = 0$,求证亦可。)

第 9 章　热力学基础

在第 8 章我们讨论了热力学系统,特别是气体处于平衡态时的一些性质和规律。除了说明宏观规律外,还引进统计概念说明了微观本质。本章将就热力学基础展开讨论,着重介绍热力学第一、第二定律及其应用,并从统计的角度对热力学第二定律进行讨论。应该注意的是,热力学的出发点及研究方法与气体动理论不同,它不涉及物质的微观结构,只从普遍成立的基本实验定律出发,特别是用能量守恒的实验定律,分析热力学系统状态变化时有关热功转换的关系和条件。因此,热力学是宏观理论,气体动理论是微观理论。热力学和气体动理论彼此联系,相互补充,相得益彰。

9.1　热力学第一定律

热力学第一定律就是能量转换和守恒定律。19 世纪中叶,在长期生产实践和大量科学实验的基础上,它才以科学定律的形式被确立起来。直到今天,不但没有发现违反这一定律的事实,相反,大量新的实践不断地证明这一定律的正确性,扩充着它的实践基础,丰富着它所概括的内容。

9.1.1　内能、功和热量

1. 准静态过程

在第 8 章中,我们讨论了描述热力学系统平衡态的方法,并指出,只有对于平衡态,系统的状态参量才有确定的数值和意义。而在实际问题中,系统的状态往往是在不断发生变化的。因此只有对系统状态的变化进行研究后,才能对问题给出合理的解答。例如压缩汽缸中的气体,气体的状态就会随着体积的不断减小而发生变化。当系统状态发生变化时,我们就说系统经历了一个热力学过程,简称过程。一般,在过程进行的任一时刻,系统的状态并不是平衡态。为了能利用系统处于平衡态时的性质来研究过程的规律,人们引入了准静态过程的概念。所谓准静态过程是指:在过程进行的任意时刻,系统都无限地接近平衡态。也就是说,准静态过程是由一系列依次接替的平衡态所组成的过程。

显然,准静态过程是一种理想化的过程,客观上不存在这样的过程。但是,如果实际过程进行得非常缓慢,以至于过程进行中的每个中间状态都可近似为平衡态,则此过程就可看成是准静态过程。因此准静态过程就是实际过程进行得无限缓慢的一个极限情况。

由于在 p-V、p-T、V-T 等系统的状态图中,任意一点表示系统的一个平衡态,所以一个准静态过程可以用状态图中的一条曲线来表示,称为准静态过程曲线。由于一个非平衡态不能用确定的状态参量描述,因此一个非准静态过程就不能用状态图上的一条曲线来表示。

最后要说明的是,本章中除非特别指出,所讨论的过程都是准静态过程。

2. 内能

经验表明,要使系统状态发生变化,可以通过压缩、膨胀、摩擦、搅拌(机械功)和通电流、加电磁场(非机械功)等做功方式;或者通过传热的方式。两种方式都能达到改变系统状态的效果。例如,钻头在打孔时温度会升高,放在火上烤烤温度也会升高。实验表明,在系统状态发生变化时,只要始末状态相同,不论采用做功还是传热,也不论做功和传热的方法如何,外界与系统交换的能量都是相同的。这说明系统始末两状态的能量差是定值。换言之,系统处在一定的状态应具有一定的能量,该能量就称为系统的内能。内能由系统的状态唯一确定,并随状态变化而变化。因此,内能是状态的单值函数。凡是有此性质的物理量都称为态函数。内能就是系统的一个态函数。

从气体动理论的观点来看,系统的内能就是系统中所有分子无规则热运动的能量和分子间相互作用势能的总和。对于理想气体,由于忽略了气体分子间的相互作用,所以理想气体的内能就是气体分子无规则热运动的动能总和。由第8章可以知道,理想气体在一定温度 T 时的内能为

$$E = \frac{i}{2}\nu RT$$

式中,i 为气体分子的自由度,ν 为气体的摩尔数。

上式表明,理想气体的内能是温度的单值函数。于是,内能的改变只取决于理想气体系统始末两个状态的温度差,而与系统所经历的过程无关。将理想气体系统相应的始、末平衡态的内能表示为 E_1 和 E_2,则只要过程的始末状态相同,内能的增量 $\Delta E = E_2 - E_1$ 都满足

$$\Delta E = \frac{i}{2}\nu R \Delta T \tag{9-1}$$

如果系统状态只发生微小变化,可以将上式写成全微分的形式,即理想气体内能的微小改变量为

$$dE = \frac{i}{2}\nu R dT$$

3. 准静态过程的功

对系统做功可以改变系统的内能。在准静态过程中,当没有摩擦和其他损失时,系统所做的功可以直接利用系统的状态参量来计算。这里最常见的是和系统体积变化相关的机械功(通常称为体积功)。

如图 9-1 所示,设想汽缸内的气体进行准静态的膨胀过程。以 S 表示活塞的面积,以 p 表示气体的压强。而气体对活塞的压力就是 pS。当气体推动活塞向外缓慢地移动一段位移 dl 时,气体对外界做的微量功为:$dA = pSdl$,注意到 Sdl 是气体系统体积的改变量 dV,所以有 $dA = pdV$。

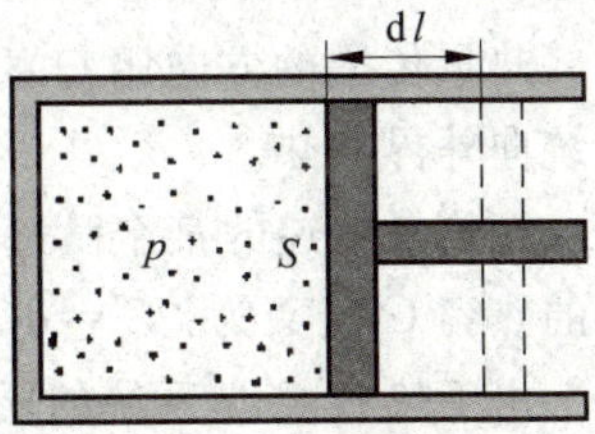

图 9-1 气体的体积功

这一公式虽然由特例导出,但可以证明它是准静态过程中"体积功"的一般计算公式。

如果 $dV>0$,则 $dA>0$,即系统体积膨胀时,系统对外界做正功。

如果 $dV<0$,则 $dA<0$,即系统体积压缩时,系统对外界做负功(实际上是外界对系统做正功)。

当系统经历了一个有限的准静态过程,体积由 V_1 变化到 V_2 时,系统对外界做的功

$$A = \int_{V_1}^{V_2} p dV \tag{9-2}$$

如果知道过程中系统的压强随体积变化的关系,就可代入式(9-2)中求出系统的体积功。

由积分的意义可知,用式(9-2)求出的功的大小等于 p-V 图上过程曲线下的面积,如图9-2 所示。

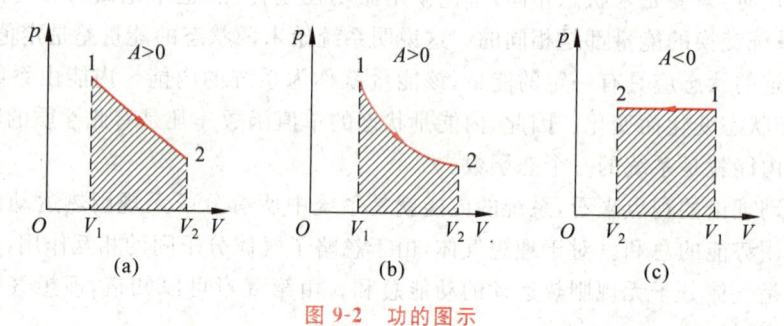

图 9-2 功的图示

比较图 9-2(a)、(b)、(c)可以看出:系统从初态 1 变化到末态 2,系统做功 A 的数值与具体进行的过程有关。只知道系统的初态和末态,并不能确定功的大小。因此,功是"过程量",不是状态的函数。

4. 热量

不通过做功也能改变系统的状态。例如,把一壶冷水放在火炉上,冷水的温度就会逐渐升高而改变了状态。这种改变系统状态的方式称为热传导。它是以系统和外界的温度不同为前提条件的。

注意,热传导是通过分子间的相互作用来传递分子无规则运动的能量,从而改变系统的状态。以火炉上的一壶水为例,水温的升高是由于水分子不断和锅的分子发生碰撞,在碰撞过程中两种分子间发生能量的传递。这种基于系统和外界温度的不同而通过分子间的相互作用所发生的能量传递过程称为热传导,所传递的能量称为热量,通常以 Q 表示。热量也是"过程量",它的量值也与具体的过程有关。

热量的单位和功的单位一样,是 J(焦)。历史上还使用过一个单位 cal(卡),它与 J 的关系是:$1 \text{ cal} = 4.186 \text{ J}$。

热量传递的方向用 Q 的正、负表示。通常规定:$Q>0$ 表示系统从外界吸热,$Q<0$ 表示系统向外界放热。

在热量传递的某个微过程中,热力学系统吸收热量 dQ,温度升高 dT,则系统在该过程中的热容 C' 定义为:$C' = dQ/dT$。热容的单位为 J/K。

由于热容 C' 与系统的质量 M(或摩尔数 ν)有关,因此把单位质量的热容称为比热容(或比热),记作 c,即:$c = C'/M$,表示单位质量的系统温度升高 1 K 时所吸收的热量。比热的

单位为 J/(kg·K)。把单位摩尔的热容称为摩尔热容，记作 C，即：$C=C'/\nu$，表示 1 mol 的系统温度升高 1 K 时所吸收的热量。摩尔热容的单位为 J/(mol·K)。

实验表明：热容和具体过程有关。对同一个系统，相应于不同的过程，其热容是不同的，其中最常用的是等体过程和等压过程中的定体摩尔热容和定压摩尔热容。

定体摩尔热容是 1 mol 物质在体积保持不变的过程中温度升高（或降低）1 K 所吸收（或放出）的热量，记作

$$C_V = \frac{1}{\nu}\left(\frac{dQ}{dT}\right)_V \tag{9-3}$$

定压摩尔热容是 1 mol 物质在压强保持不变的过程中温度升高（或降低）1 K 所吸收（或放出）的热量，记作

$$C_p = \frac{1}{\nu}\left(\frac{dQ}{dT}\right)_p \tag{9-4}$$

在热力学中，为了得到各种物质的热容，只能依靠实验中对温度和热量的测定。热容的测定不仅在工程实际中有重要意义，而且在理论上对物质微观结构的研究也有重要的意义。

最后对内能、功、热量作一综述。

功和热量都是系统与外界产生能量转化或传递的量度。那么这两种情况的微观本质是如何的呢？

首先，功总是和物体的宏观位移相联系，物体发生宏观位移（如活塞移动）时，其中所有的分子都将发生相同的位移，即所有分子在无规则运动的基础上，又具有了共同的运动，后者可称为分子的有规则运动。通过分子间的碰撞，这种有规则运动的能量会转化为无规则运动的能量。物体分子的有规则运动宏观上表现为机械能，物体分子无规则运动能量的总和在宏观上是物体的内能。因此，做功的过程就是通过分子间的相互作用，实现宏观机械能和内能的转化和传递的过程。

其次，系统和外界传递热量是由于两者温度不同，而温度不同则表示它们的分子的无规则运动的平均平动动能不同。温度高的物体，分子平均平动动能大。温度低的物体，分子平均平动动能小。通过分子间的相互作用，进行能量传递。这种无规则运动能量的传递在宏观上引起物体内能的改变。因此，传热过程实质上是通过分子间的相互作用来传递分子的无规则运动能量，从而改变物体内能的过程。

由此可见，做功和传热虽有等效的一面，但在本质上存在着区别。做功是物体的有规则运动能量与系统内分子无规则运动能量之间的转换，从而改变系统的内能；传热是外界物体分子无规则运动能量与系统内分子无规则运动能量之间的转换，从而改变系统的内能。

9.1.2 热力学第一定律

一般情况下，系统内能的改变可能是做功和传热的共同结果。设在某一过程中，系统从外界吸收热量 Q，系统对外界做功为 A，系统的内能由初始平衡态的 E_1 改变为末了平衡态的 E_2，由于能量的传递和转换应服从能量守恒定律，所以有

$$Q = E_2 - E_1 + A \tag{9-5}$$

即系统从外界吸收的热量，一部分用来使系统的内能增加，一部分用于系统对外做功。式(9-5)就是热力学第一定律的数学表达式。可见热力学第一定律是能量转换及守恒定律

在热现象中的应用。

对于状态的微小变化过程，热力学第一定律可以写成

$$dQ = dE + dA$$

应该指出，热力学第一定律适用于任何系统的任何过程，不论是否准静态过程。

对于准静态过程，体积功可由式（9-2）求出。所以，准静态过程中，热力学第一定律可写成

$$Q = E_2 - E_1 + \int_{V_1}^{V_2} p dV$$

热力学第一定律是在 19 世纪 40 年代确定了热功当量以后才建立起来的。在这之前，有人企图设计一种永动机，使系统不断地经历状态变化后回到初始状态（$\Delta E = 0$），同时在这过程中，无需外界任何能量的供给而能够不断地对外做功，这种永动机称为第一类永动机。所有这种企图，经无数次尝试，均告失败。所以热力学第一定律还有另一种表述：第一类永动机是不可能造成的。

【例 9-1】 2 mol 氧气由状态 1 变化到状态 2 所经历的过程如图 9-3 所示，(1) 沿 1→2 直线路径；(2) 沿 1→m→2 路径；(3) 沿 1→n→2 路径；分别求出这三个过程中气体吸收的热量 Q（氧气当作刚性分子）。

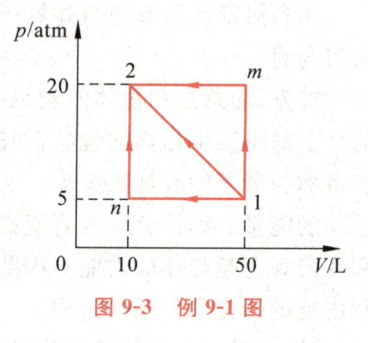

解 功可由过程曲线下的面积方便地求出。

(1) $A_{12} = \dfrac{1}{2}(p_1 + p_2)(V_2 - V_1)$

$\qquad = -5.1 \times 10^4 \text{(J)}$

$\Delta E_{12} = \dfrac{i}{2}\nu R \Delta T = \dfrac{5}{2}(p_2 V_2 - p_1 V_1)$

$\qquad = -1.3 \times 10^4 \text{(J)}$

$Q_{12} = \Delta E_{12} + A_{12} = -6.4 \times 10^4 \text{(J)}$

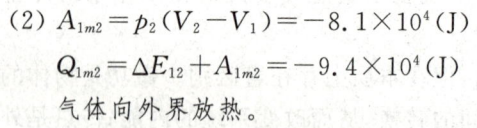

气体向外界放热。

(2) $A_{1m2} = p_2(V_2 - V_1) = -8.1 \times 10^4 \text{(J)}$

$Q_{1m2} = \Delta E_{12} + A_{1m2} = -9.4 \times 10^4 \text{(J)}$

气体向外界放热。

(3) $A_{1n2} = p_1(V_2 - V_1) = -2.0 \times 10^4 \text{(J)}$

$Q_{1n2} = \Delta E_{12} + A_{1n2} = -3.3 \times 10^4 \text{(J)}$

气体向外界放热。

图 9-3 例 9-1 图

9.2 几个典型的热力学过程

热力学第一定律确定了系统在状态变化过程中做功、传热和内能之间的相互关系，这是自然界的一条普遍定律，不论是气体、液体或固体的系统都适用。下面我们来讨论热力学第

一定律对理想气体的几种典型准静态过程的应用。

9.2.1 等体过程

理想气体等体过程的特征是气体的体积保持不变,即 $dV=0$。这样的准静态过程在 p-V 图上是一条平行于 p 轴的直线,如图 9-4 所示。

在等体过程中,由于 $dV=0$,所以 $dA=0$。根据热力学第一定律可得
$$dQ_V = dE$$
这里,我们用 Q_V 表示所计算的热量是发生在等体过程中。在等体过程中,气体从外界吸收的热量 Q_V 全部用来增加气体的内能,气体对外界没有做功。

将 $dQ_V = dE = \nu(i/2)RdT$ 与式(9-3)比较,可得理想气体的定体摩尔热容为
$$C_V = \frac{i}{2}R \tag{9-6}$$

利用内能增量计算公式(9-1)和理想气体状态方程,可得
$$Q_V = \Delta E = \nu C_V (T_2 - T_1) = \frac{i}{2}(p_2 - p_1)V \tag{9-7}$$

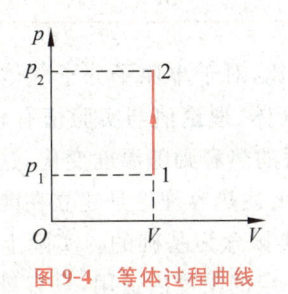

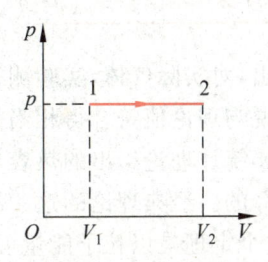

图 9-4　等体过程曲线

图 9-5　等压过程曲线

9.2.2 等压过程

理想气体等压过程的特征是气体的压强保持不变,即 $dp=0$。这样的准静态过程在 p-V 图上是一条平行于 V 轴的直线,如图 9-5 所示。

在等压过程中,由于 p 为恒量,所以
$$A = \int_{V_1}^{V_2} p dV = p(V_2 - V_1) = \nu R(T_2 - T_1)$$

根据热力学第一定律有
$$Q_p = E_2 - E_1 + A = \nu C_V (T_2 - T_1) + \nu R(T_2 - T_1)$$

即:在等压过程中,系统吸收的热量一部分用来增加系统的内能,一部分用来对外界做功。对于状态的微小变化过程
$$dQ_p = \nu C_V dT + p dV$$

将理想气体状态方程 $pV = \nu RT$ 用于等压的微小变化过程,则有 $pdV = \nu RdT$,代入上式可得
$$dQ_p = \frac{i}{2}\nu RdT + \nu RdT$$

与式(9-4)比较,可得理想气体的定压摩尔热容为

$$C_p = \frac{i+2}{2}R \tag{9-8}$$

由式(9-7)和式(9-8)可得到定体摩尔热容和定压摩尔热容的关系为

$$C_p = C_V + R \tag{9-9}$$

上式称为迈耶公式。迈耶公式指出:要使同一状态下的 1 mol 的理想气体温度升高 1 K,等压过程需要吸收的热量比等体过程需要吸收的热量多 8.31 J。这是因为两个过程中内能增量相同,但等压过程需要吸收更多的热量用于做功。

C_p 与 C_V 的比值称为热容比

$$\gamma = \frac{C_p}{C_V} = \frac{i+2}{i}$$

表 9-1 给出了理想气体的摩尔热容及热容比。

表 9-1 理想气体的摩尔热容及热容比

单原子分子	$i=3$	$C_V=3R/2$	$C_p=5R/2$	$\gamma=5/3$
刚性双原子分子	$i=5$	$C_V=5R/2$	$C_p=7R/2$	$\gamma=7/5$
刚性多原子分子	$i=6$	$C_V=3R$	$C_p=4R$	$\gamma=4/3$

必须指出,对实际气体,实验测得的摩尔热容和热容比,对于单原子分子气体及双原子分子气体来说与理论值符合得相当好;而对多原子分子气体,理论值与实验值有较大差别。同时上述经典统计理论给出的热容与温度无关,实验测得的热容则随温度变化,这是经典理论所不能解释的。经典理论的这一缺陷的根本原因在于上述热容理论是建立在能量均分定理之上,而这个定理是以粒子能量可以连续变化这一经典概念为基础的。实际上,原子、分子等微观粒子的运动遵从量子力学规律,经典概念仅在一定的限度内适用,只有量子理论才能对气体热容做出完满的解释。

9.2.3 等温过程

理想气体等温过程的特征是系统的温度保持不变,即 $dT=0$,这样的准静态过程,在 p-V 图上是一条双曲线,如图 9-6 所示。

由于理想气体的内能只是温度的函数,因此在等温过程中,理想气体的内能保持不变,于是根据热力学第一定律有

$$Q_T = A_T = \int_{V_1}^{V_2} p\,dV$$

由理想气体的状态方程,可得

$$A_T = \int_{V_1}^{V_2} \frac{\nu RT}{V}\,dV$$

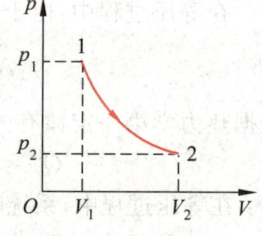

图 9-6 等温过程曲线

积分并应用等温过程方程:$p_1V_1 = p_2V_2$,可得

$$Q_T = A_T = \nu RT \ln\frac{V_2}{V_1} = \nu RT \ln\frac{p_1}{p_2} \tag{9-10}$$

即:在等温膨胀过程中,气体所吸收的热量全部用来对外界做功;反之,在等温压缩过程中,外界对气体做的功全部转换为气体向外界放出的热量。等温过程中摩尔热容

$$C_T = \frac{1}{\nu}\left(\frac{dQ}{dT}\right)_T \to \infty$$

9.2.4 绝热过程和多方过程

绝热过程是指系统在所进行的过程中和外界没有热量的交换,它的特征是 dQ=0。

用绝热壁把系统和外界隔开,则系统内进行的热力学过程就可看成是绝热过程。由于不存在理想的绝热壁,因此实际上进行的都是近似的绝热过程。如果过程进行得很快,以致在过程中系统来不及和外界进行显著的热交换,这种过程也近似于绝热过程。蒸汽机或内燃机汽缸内的气体所经历的急速压缩和膨胀,空气中声音传播时所引起的局部膨胀或压缩过程都可以近似地当成绝热过程。

1. 准静态的绝热过程

由于在状态变化过程中 dQ=0,根据热力学第一定律可知

$$\Delta E = -A_Q$$

即:绝热过程中,外界对系统做功全部用来增加系统的内能。因此在绝热过程中,系统对外界做功可以表示为

$$A_Q = -\Delta E = \nu C_V (T_1 - T_2) \tag{9-11}$$

上式表明,在气体绝热膨胀时,气体对外界做功,内能减少,温度降低,压强也减小。所以在绝热过程中,气体的 p、V、T 三个参量同时在改变。

利用式(9-11),对于理想气体准静态绝热膨胀的微过程,有

$$pdV = -\nu C_V dT$$

而对理想气体状态方程两边求微分,有

$$pdV + Vdp = \nu R dT$$

将以上两式 dT 消去,并整理后可得

$$(C_V + R)pdV = -C_V Vdp$$

注意到 $C_p = C_V + R$,$\gamma = C_p/C_V$,上式可改写为

$$\frac{dp}{p} + \gamma \frac{dV}{V} = 0$$

对上式积分,可得

$$pV^\gamma = C_1 \tag{9-12}$$

式(9-12)称为理想气体的绝热过程方程。进一步利用理想气体状态方程 $pV = \nu RT$ 与式(9-12)联立,还可得到绝热过程方程的另外两种形式

$$TV^{\gamma-1} = C_2 \tag{9-13}$$

$$p^{\gamma-1}T^{-\gamma} = C_3 \tag{9-14}$$

这些是理想气体准静态绝热过程的过程方程,对非准静态过程不适用。其中式(9-12)通常称为泊松公式。以上各式中 C_1、C_2、C_3 均为常数,其值与气体的质量及初始状态有关,并且它们的大小和单位各不相同。在解决实际问题时,可以按照问题的性质与方便,在这三个方程中取其中之一来使用。

由泊松公式可以得到准静态绝热过程中系统做功的另一表达式

$$A_Q = \int_{V_1}^{V_2} p dV = p_1 V_1^\gamma \int_{V_1}^{V_2} \frac{dV}{V^\gamma} = p_1 V_1^\gamma \frac{1}{\gamma-1}(V_1^{1-\gamma} - V_2^{1-\gamma})$$

由泊松公式 $p_1 V_1^\gamma = p_2 V_2^\gamma$，可把上式化简为

$$A_Q = \frac{1}{\gamma-1}(p_1 V_1 - p_2 V_2) \tag{9-15}$$

理想气体的准静态绝热过程在 $p\text{-}V$ 图上是一条比等温线陡的曲线，称为绝热线，如图 9-7 所示。$p\text{-}V$ 图中虚线表示同一气体的等温线。绝热线和等温线在交点 1 处的斜率分别为

绝热线斜率：　　$(dp/dV)_Q = -\gamma p_1/V_1$

等温线斜率：　　$(dp/dV)_T = -p_1/V_1$

由于 $\gamma > 1$，所以绝热线比等温线陡。

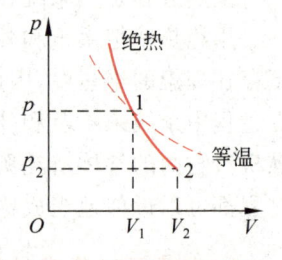

图 9-7　绝热过程曲线

从气体动理论的观点看，绝热线比等温线陡是很容易解释的。例如，同样的气体都从 V_1 出发，一次经历的是绝热膨胀，一次经历的是等温膨胀，都使其体积增大到 V_2。由压强公式：$p = 2n\bar{\varepsilon}_t/3$，在等温条件下，分子平均平动动能不变，随着体积的增大，气体分子数密度将减小，气体的压强降低。在绝热条件下，同样的体积增大，不但分子数密度要同样地减小，而且由于系统做功内能减少，温度降低，分子的平均平动动能也同时减小，所以气体的压强降低得更多，因此绝热线要比等温线陡些。

2. 绝热自由膨胀

考虑一绝热容器如图 9-8 所示。左室充以理想气体，右室抽成真空。当把中间隔板抽去后，气体将无阻碍地冲入右室。这种过程称为绝热自由膨胀过程。

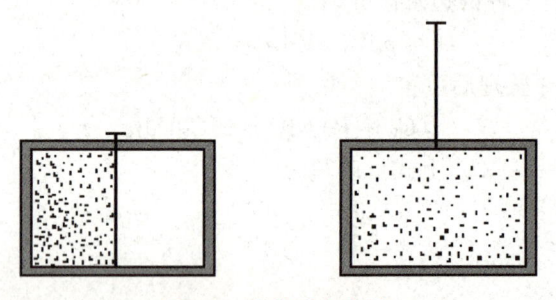

图 9-8　绝热自由膨胀

绝热自由膨胀过程不是准静态过程，不能运用准静态绝热过程的过程方程，但仍然服从热力学第一定律。由于过程绝热 $Q=0$，并且气体是向真空冲入，所以它对外界不做功，$A=0$。由热力学第一定律可知绝热自由膨胀过程中系统内能不变，温度不变。由于始、末状态均为平衡态，满足 $p_1 V_1/T_1 = p_2 2V_1/T_1$，所以 $p_2 = p_1/2$，而不是由泊松公式所算出的 $p_2 = p_1/2^\gamma$。

*3. 多方过程

理想气体在等温过程中能够实现完全的热功转换，满足过程方程：$pV =$ 恒量。在绝热过程中，系统与外界完全没有热交换，满足过程方程 $pV^\gamma =$ 恒量。但是，气体所进行的实际

过程往往既非绝热,也非等温,所以一般来说,理想气体中进行的实际过程方程可写为 $pV^n=C$(C 为恒量),称为理想气体的多方过程方程。其中 n 称为多方指数,数值随具体过程而定。多方过程在热工实际过程中有着广泛的应用。

设多方过程的摩尔热容为 C_n,则多方过程的热量应由下式计算

$$Q_n = \nu C_n(T_2 - T_1)$$

多方过程中系统做功可参照式(9-15)推导

$$A_n = \int_{V_1}^{V_2} p\mathrm{d}V = \frac{1}{n-1}(p_1V_1 - p_2V_2) = \frac{\nu R}{1-n}(T_2 - T_1)$$

系统内能增量与过程无关:

$$\Delta E = \nu C_V(T_2 - T_1)$$

由热力学第一定律 $Q = E_2 - E_1 + A$ 可得

$$Q_n = \nu C_n(T_2 - T_1) = \nu C_V(T_2 - T_1) + \frac{\nu R}{1-n}(T_2 - T_1)$$

所以多方过程的摩尔热容

$$C_n = C_V + \frac{R}{1-n} = \frac{n-\gamma}{n-1}C_V \tag{9-16}$$

不难看出,四种基本的热力学过程相应的多方指数为

对应于等压过程:　　　$n=0$,　　　$C_p = C_V + R$
对应于等温过程:　　　$n=1$,　　　$C_T \to \infty$
对应于绝热过程:　　　$n=\gamma$,　　　$C_Q = 0$
对应于等体过程:　　　$n \to \infty$,　　　$C = C_V$

由式(9-16)还可看出,若多方指数处在 1 和 γ 之间,这时的 C 为负值。因为气体沿此多方过程曲线变化时,对外做的功大于它所吸收的热量,其自身的内能必须减少,故系统虽然吸热但温度仍然降低,这样就表现为负的热容。图 9-9 是各种过程的热容和多方指数的分布情形。

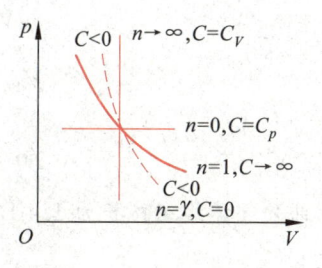

图 9-9　热容与多方指数

【例 9-2】 双原子分子理想气体从同一状态 I 出发,分别经过等体过程 a、等压过程 b、绝热过程 c,内能都增加了 100 J。试将这三个过程分别表示在同一 p-V 图上,并计算三个过程中气体系统做功 A 和吸热 Q。

解 三个过程中系统内能都增加了 $\Delta E = \frac{5}{2}\nu R(T_2 - T_1) = 100$ (J),所以三个过程的末态在同一等温线上,如图 9-10 所示。

等体过程:
$$A_V = 0$$
$$Q_V = \Delta E = 100 \text{ (J)}$$

等压过程:
$$A_p = p_1(V_2 - V_1) = \nu R(T_2 - T_1) = \frac{2}{5}\Delta E = 40 \text{ (J)}$$
$$Q_p = \Delta E + A_p = 140 \text{ (J)}$$

绝热过程：
$$Q_Q = 0, \quad A_Q = -\Delta E = -100 \text{ (J)}$$

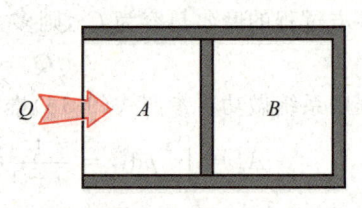

图 9-10　例 9-2 图

图 9-11　例 9-3 图

【例 9-3】　一水平放置的汽缸内有一不导热活塞。活塞将汽缸分为 A、B 两部分。两部分的体积 V_0 都为 1 L，都装有 $p_0 = 10^5$ Pa，$T_0 = 273$ K 的双原子分子理想气体。在汽缸 A 部分徐徐加热，如图 9-11 所示，直至 A 内的压强增加到初态的 2 倍为止。设除 A 部分加热处外，汽缸其他部分都有绝热材料包裹，活塞与汽缸间摩擦可以忽略，求此过程中传入 A 部分的热量。

解　A 部分徐徐加热，B 部分为准静态绝热过程，活塞无摩擦，A、B 压强相等，末态 $p_B = 2p_0$，双原子分子 $\gamma = 1.4$，由绝热过程方程

$$p_0 V_0^\gamma = p_B V_B^\gamma$$

$$V_B = \left(\frac{p_0}{p_B}\right)^{-\gamma} V_0 = 0.6 \text{ (L)}$$

$$A_B = \frac{1}{\gamma - 1}(p_0 V_0 - p_B V_B) = -50 \text{ (J)}$$

A 部分气体终态体积为 1.4 L，故有

$$\frac{p_0 V_0}{T_0} = \frac{2p_0 \times 1.4 V_0}{T_A}$$

$$T_A = 2.8 T_0$$

A 部分气体内能的增量

$$\Delta E_A = \frac{5}{2}\nu R(2.8T_0 - T_0) = 4.5 p_0 V_0 = 450 \text{ (J)}$$

A 部分气体做功

$$A_A = -A_B = 50 \text{ (J)}$$

$$Q_A = \Delta E_A + A_A = 500 \text{ (J)}$$

9.3　循环过程

我们知道，蒸汽机的发明对第一次技术革命具有划时代的意义，从蒸汽机到内燃机，科学技术日新月异，但物理原理都是利用工作物质吸收热量并且对外做功。历史上，热力学理论正是在研究热机工作过程的基础上逐步发展起来的。为了研究热机的工作原理，需引入循环过程的概念，即系统经历一系列状态变化后又回到其初始状态的过程，简称循环。由于

内能是状态的单值函数,所以经过一个循环,回到初始状态时,工质的内能没有改变,$\Delta E=0$,这是循环过程的重要特征。

9.3.1 准静态的循环过程

如果系统所经历的循环过程中各个分过程都是准静态过程,这个循环过程就可以在状态图(如 p-V 图)上用一条闭合曲线表示。图 9-12 中的闭合曲线 $abcda$ 就表示一个循环过程,其过程进行的方向如箭头所示。从状态 a 经状态 b 到状态 c 的过程中,系统对外做功,其值等于曲线 abc 下的面积。从状态 c 经状态 d 回到状态 a 的过程中,外界对系统做功,其值等于曲线 cda 下的面积。整个循环过程中系统对外做的净功就等于循环过程曲线所包围的面积(图中的阴影面积)。在 p-V 图中,循环过程沿顺时针方向进行时,系统对外做净功 $A>0$,这种循环称为正循环,工作在正循环的机器称为热机。当循环过程沿逆时针方向进行时,外界将对系统做净功 $A<0$,这种循环称为逆循环或致冷循环,工作在逆循环的机器称为制冷机。

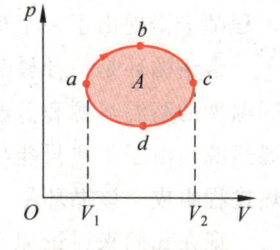

图 9-12 循环过程

1. 正循环　热机效率

在正循环过程中,能量转换和传递的一般特征是:一定量的工质在一次循环过程中从高温热源吸热 Q_1,对外做净功(指正功、负功的代数和)A,同时向低温热源放出热量 Q_2(按 9.1.1 节符号规定,系统向外界放热 Q_2 为负,但在循环这节我们将 Q_2 取绝对值,只表示数值,恒为正)。由于工质回到了初态,所以内能不变。根据热力学第一定律,工质吸收的净热量应等于它对外做的净功,即

$$A = Q_1 - Q_2$$

对于热机的正循环,实践上和理论上都很注意它的效率。正循环的效率(也称为热机效率)是用一次循环过程中工质对外做的净功占它从高温热源吸收热量的比例来计算的,以 η 表示

$$\eta = \frac{A}{Q_1} = 1 - \frac{Q_2}{Q_1} \tag{9-17}$$

2. 逆循环　致冷系数

在逆循环中能量转换和传递的特征是:在一次循环过程中,外界对工质做功 A(按 9.1.1 节符号规定,外界对工质做功 $A<0$,这里 A 取绝对值,只表示数值,恒为正),使工质从低温热源吸热 Q_2,向高温热源放热 Q_1(这里 Q_1 也取绝对值,只表示数值,恒为正)。同样由于工质回到了初态,内能不变,由热力学第一定律有 $A=Q_1-Q_2$ 或 $Q_1=Q_2+A$。即工质把从低温热源吸收的热量和外界对它所做的功一起以热量的形式传给高温热源。由于从低温物体吸热有可能使它的温度降低,所以这种循环又叫致冷循环,按这种循环工作的就是制冷机。

在致冷循环中,从低温热源吸热是我们所要求的效果,为此外界需付出代价,即要对工

质做功。因此,致冷循环效能或致冷系数,可以表示为

$$w = \frac{Q_2}{A} = \frac{Q_2}{Q_1 - Q_2} \tag{9-18}$$

9.3.2 卡诺循环

19世纪上半叶,为了提高热机效率,不少人致力于热机理论的研究。1824年法国青年工程师卡诺提出了一个理想循环,称为卡诺循环。

卡诺循环是一种最简单的循环。一般情况下,热机或制冷机的工作循环可以有多个不同温度的高温热源和低温热源,而在卡诺循环中只有两个恒温热源(一个高温热源,一个低温热源),由于工质只能与两个热源交换热量,所以卡诺循环只能由两个等温过程和两个绝热过程组成。该循环是一种准静态循环。

现在我们来讨论以理想气体为工质的卡诺循环的效率,图9-13是正向卡诺循环的 p-V 图和能流图。

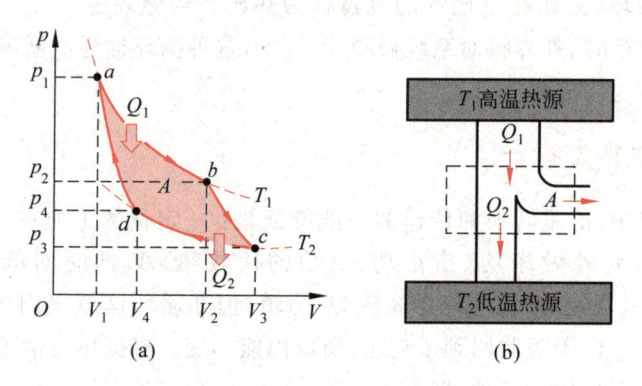

图 9-13 卡诺正循环

(a) p-V 图;(b) 能流图

$a \to b$ 过程:气体与温度为 T_1 的高温热源接触,气体等温膨胀,体积由 V_1 增大到 V_2,在这一过程中,气体吸热为

$$Q_{ab} = \nu R T_1 \ln \frac{V_2}{V_1} > 0$$

$b \to c$ 过程:气体系统离开高温热源,气体绝热膨胀,体积由 V_2 变为 V_3,温度降到 T_2;

$c \to d$ 过程:气体系统和温度为 T_2 的低温热源接触,等温压缩气体直到体积压缩到 V_4,在这一过程中,气体向低温热源放出热量为

$$Q_{cd} = \nu R T_2 \ln \frac{V_4}{V_3} < 0$$

$d \to a$ 过程:气体系统离开低温热源,绝热压缩气体,直到它回到初始状态而完成一次循环。

根据正循环效率的定义,上述理想气体卡诺循环的效率为

$$\eta_C = 1 - \frac{Q_2}{Q_1} = 1 - \frac{|Q_{cd}|}{Q_{ab}} = 1 - \frac{\nu R T_2 \ln V_3/V_4}{\nu R T_1 \ln V_2/V_1}$$

由于状态 b 和状态 c 位于同一条绝热线上,而状态 d 和状态 a 位于同一条绝热线上,由理想气体绝热过程方程,对两个绝热过程有如下关系

$$T_1 V_2^{\gamma-1} = T_2 V_3^{\gamma-1}, \quad T_1 V_1^{\gamma-1} = T_2 V_4^{\gamma-1}$$

两式相比有

$$\frac{V_3}{V_4} = \frac{V_2}{V_1}$$

代入 η_C 的计算式可得

$$\eta_C = 1 - \frac{T_2}{T_1} \tag{9-19}$$

上式说明,理想气体卡诺循环的效率只与两个热源的温度有关。可以证明,在同样两个热源之间工作的各种工质的卡诺循环的效率都相同,这是卡诺循环的一个基本特征。

现代热电厂利用的水蒸气温度可达 580℃,冷凝水的温度约 30℃,若按卡诺循环计算,其效率应为

$$\eta_C = 1 - \frac{T_2}{T_1} = 64.5\%$$

实际的热机循环效率只有 25% 左右。这是因为实际的循环和卡诺循环相差很多。例如热源并不恒温,而且它进行的过程也不是准静态过程等。尽管如此,式(9-19)仍有很重要的实际意义,它指出了提高高温热源的温度是提高热机效率的途径之一。现代热电厂要尽可能提高水蒸气的温度就是这个道理。降低冷凝器的温度虽在理论上对提高效率有作用,但要降到室温以下,实际上很困难,而且经济上不合算,所以都不这样做。

以理想气体为工质的卡诺致冷循环的 p-V 图和能流图如图 9-14 所示。参照卡诺正循环效率的计算,可求得

$$w_C = \frac{Q_2}{Q_1 - Q_2} = \frac{T_2}{T_1 - T_2} \tag{9-20}$$

从上式可以看出,在 T_1 一定的条件下,T_2 越低,w_C 也越小。这说明要从温度愈低的物体中吸热,降低它的温度,就要消耗愈多的功。因此要获得温度接近绝对零度的低温是很困难的,而要真正达到绝对零度是不可能的,这就是热力学第三定律。

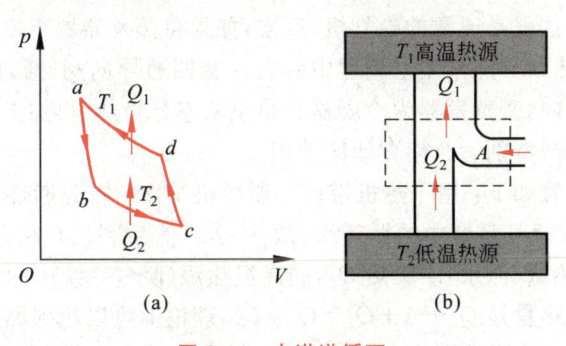

图 9-14 卡诺逆循环
(a) p-V 图;(b) 能流图

9.3.3 循环过程的应用

实际的热机和制冷机是比较复杂的,下面介绍几个例子。

1. 原子能电站的汽轮机循环

图 9-15 为核电站的原理图。其过程为原子反应堆将水加热汽化,使蒸汽达 600℃ 的温度,压强增至约 $1.7×10^7$ Pa,并将蒸汽导入汽轮机做功,做功后的蒸汽进入冷凝器放热降温后凝结成水再进入下一循环。

2. 致冷循环

目前在日常生活中普遍使用了制冷机,家庭中使用的冰箱的致冷循环如图 9-16 所示。压缩机将处于低温低压的气态制冷剂(例如氟利昂)压缩至约 $1.0×10^6$ Pa 的压强,温度升到比室温高的状态,进入冷凝器(散热器)放热,然后逐渐液化进入贮液罐;接着,制冷剂液体经干燥过滤器进入毛细管节流膨胀,降低压力和温度;低温的制冷剂液体进入蒸发器,吸热(使冰箱内物体致冷)后蒸发成气体。气体再度被吸入压缩机进行下一个循环,周而复始。

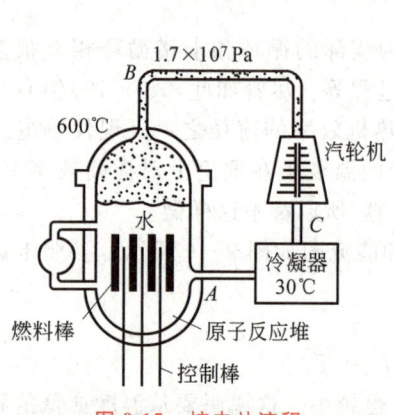

图 9-15 核电站流程

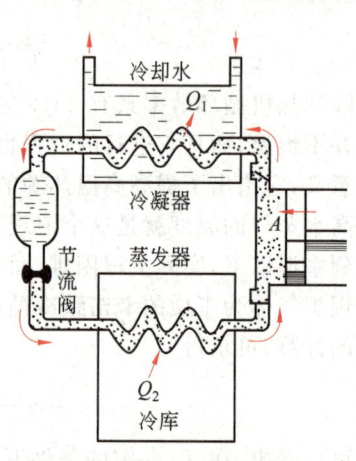

图 9-16 家用冰箱循环

空调也是制冷机。如果将制冷机的冷凝器(用于散热)置于室外,蒸发器(用于吸热)置于室内,使室内降温,这就是通常的冷气机;反之,如果将蒸发器置于室外,冷凝器置于室内,向室内供热,则叫做热泵。热泵型空调器中装有一套四通导向阀,通过导向阀的切换导向,改变制冷剂的流动方向,变蒸发器为冷凝器。热泵从室外吸热,再加上压缩机做功一起向室内供热,充分利用能量,特别适合南方地区使用。

设想有一暖气装置如下:用一热机带动一制冷机工作。首先燃烧煤向热机的高温热源供热 Q_1,向低温热源(暖气系统中的循环水)放热 Q_2。然后利用热机的功 A 驱动制冷机工作,使制冷机从低温热源(河水)中吸热 Q_2',向高温热源(暖气系统中的循环水)放热 $A+Q_2'$。暖气中的水得到的总热量是 $Q_2+A+Q_2'=Q_1+Q_2'$,理论上可以达到燃烧煤向热机提供的热量的 2~3 倍,从能量角度看非常有利。

3. 内燃机循环

汽油机和柴油机是常见的内燃机。内燃机利用液体或气体燃料在汽缸中直接燃烧而对活塞做功。

燃烧汽油的四冲程内燃机中进行的循环过程叫做奥托循环。它实际上进行的过程如下：先是将空气和汽油的混合气吸入汽缸，然后进行急速压缩。压缩至混合气的体积最小时，用电火花点火引爆。汽缸内气体得到燃烧放出热量，温度、压强迅速增大，从而推动活塞对外做功。做功后的废气排出汽缸，然后再吸入新的混合气进行下一个循环。虽然这一过程并非同一工质反复进行的循环过程，但在理论上研究上述实际过程中的能量转化关系时，总是用一定质量的理想气体进行例 9-4 的准静态循环过程来代替实际的过程。

另一种内燃机是柴油机，四冲程柴油机的循环叫做狄塞耳循环。它与汽油机不同点是吸气过程中仅吸入空气，绝热压缩的也是空气，在压缩终了时汽缸内空气达到 600℃ 的温度，然后才喷入柴油，这时柴油能自燃，且一面喷入一面燃烧，所以燃烧加热是个等压过程。其余过程与汽油机相同。

【例 9-4】 四冲程汽油机的理论循环（奥托循环）如图 9-17 所示，已知体积 V_1，V_2，求循环的效率。

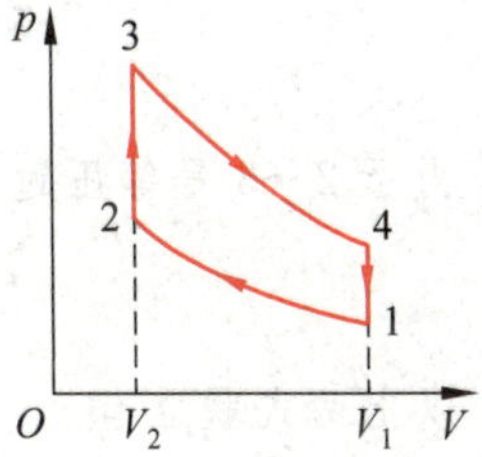

解 由图可知：1→2 为绝热压缩过程，2→3 为等体吸热过程，3→4 为绝热膨胀过程，4→1 为等体放热过程。

在 2→3 的等体过程中，气体吸收的热量为

$$Q_1 = \nu C_V (T_3 - T_2)$$

在 4→1 的等体过程中，气体放出热量的绝对值为

$$Q_2 = \nu C_V (T_4 - T_1)$$

循环效率为

$$\eta = 1 - \frac{Q_2}{Q_1} = 1 - \frac{T_4 - T_1}{T_3 - T_2}$$

由于 1→2 是绝热过程，所以有

$$T_1 V_1^{\gamma-1} = T_2 V_2^{\gamma-1}$$

由于 3→4 也是绝热过程，所以有

$$T_4 V_1^{\gamma-1} = T_3 V_2^{\gamma-1}$$

两式相减，因此有

$$(T_4 - T_1) V_1^{\gamma-1} = (T_3 - T_2) V_2^{\gamma-1}$$

则

$$\frac{T_4 - T_1}{T_3 - T_2} = \left(\frac{V_2}{V_1}\right)^{\gamma-1}$$

若定义 $\beta = V_1/V_2$ 为压缩比，则循环效率可写为

$$\eta = 1 - \frac{1}{\beta^{\gamma-1}}$$

图 9-17 例 9-4 图

由此可见，奥托循环的效率决定于压缩比 β。实际情况中，汽油内燃机的压缩比不能大于 10，否则当空气与汽油的混合气在尚未压缩到 2 状态时，温度就已升高到足以引起混合气燃烧了。若取 $\beta = 7$，空气 γ 取 1.4，则

$$\eta = 1 - \frac{1}{7^{0.4}} = 55\%$$

实际的汽油机的效率只有 25% 左右。

【例 9-5】 四冲程柴油机的理论循环（狄塞耳循环）如图 9-18 所示，已知体积 V_1,V_2,V_3 和 γ，求循环的效率。

解 由图可知：1→2 为绝热压缩过程，2→3 为等压吸热过程，3→4 为绝热膨胀过程，4→1 为等体放热过程。

在 2→3 的等压过程中，气体吸收的热量为
$$Q_1 = \nu C_p(T_3 - T_2)$$

在 4→1 的等体过程中，气体放出热量的绝对值为
$$Q_2 = \nu C_V(T_4 - T_1)$$

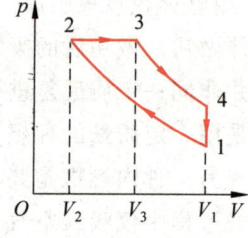

图 9-18 例 9-5 图

循环效率为
$$\eta = 1 - \frac{Q_2}{Q_1} = 1 - \frac{T_4 - T_1}{\gamma(T_3 - T_2)} = 1 - \frac{T_4/T_1 - 1}{\gamma(T_3/T_1 - T_2/T_1)}$$

由于 1→2 是绝热过程，所以有
$$\frac{T_2}{T_1} = \left(\frac{V_1}{V_2}\right)^{\gamma-1}$$

由于 2→3 是等压过程，所以有
$$\frac{T_2}{T_3} = \frac{V_2}{V_3}$$

以上两式联立有
$$\frac{T_3}{T_1} = \frac{V_3 V_1^{\gamma-1}}{V_2^\gamma}$$

由于 3→4 是绝热过程，所以有
$$\frac{T_4}{T_3} = \left(\frac{V_3}{V_1}\right)^{\gamma-1}$$

$$\frac{T_4}{T_1} = \frac{T_4}{T_3}\frac{T_3}{T_1} = \left(\frac{V_3}{V_1}\right)^{\gamma-1}\frac{V_3 V_1^{\gamma-1}}{V_2^\gamma} = \left(\frac{V_3}{V_2}\right)^\gamma$$

将 $T_2/T_1, T_3/T_1, T_4/T_1$ 代入 η 并整理，得到
$$\eta = 1 - \frac{(V_3/V_2)^\gamma - 1}{\gamma(V_1/V_2)^{\gamma-1}(V_3/V_2 - 1)}$$

狄塞耳循环的效率主要由绝热压缩比 $\beta = V_1/V_2$ 决定。绝热压缩比越大，效率就越高。由于绝热压缩的是空气，柴油内燃机的压缩比可以做到 12～20，因此柴油机的汽缸和活塞杆做得比较笨重，实际的效率可达 40% 左右，但噪声较大。故小型汽车、摩托车、飞机、快艇都装置汽油机，只有拖拉机、船舶才装置柴油机。

【例 9-6】 一个教室内有 100 位学生，假设每位学生新陈代谢产生的热量的功率为 13.0 W，漏入室内热量的速率是 3.8×10^4 kJ/h，当室外气温为 32℃ 时，用空调维持室内温度 21℃。已知空调的致冷系数为卡诺制冷机致冷系数的 60%，求空调器需要的机械功率。

解 每秒漏入室内的热量是 $(3.8\times10^7/3600)$ J，每秒新陈代谢产生的热量为 1300 J，二者之和为每秒需排到室外的热量 Q_2。由致冷系数的计算公式
$$w = \frac{Q_2}{A} = \frac{T_2}{T_1 - T_2} \times 60\%$$

空调器每秒需做功

$$A = \frac{T_1 - T_2}{0.6T_2}Q_2 = \frac{11}{0.6 \times 294}\left(\frac{3.8 \times 10^7}{3600} + 1300\right) = 739 \text{ (J)}$$

所以空调器需要的机械功率为 739 W。

如果维持室内温度 26℃，则只需 397 W，节电近一半。

9.4 热力学第二定律　熵

上面我们讨论了热力学第一定律，说明在一切热力学过程中能量必须守恒。但满足能量守恒的过程是否都能实现呢？许多事实说明，满足能量守恒的过程不一定都能实现，自发的热力学过程只能按一定的方向进行。热力学第二定律就是用于解决与热现象有关的过程进行的方向问题。它和热力学第一定律一起构成了热力学的主要理论基础。

下面我们从自然过程的方向性开始讨论。

9.4.1 热力学过程的方向性

图 9-19 是焦耳的功热转换实验装置。在该实验中，重物可以自动下落，使叶片在水中转动，水温上升，这是机械能转变为内能的过程，或通俗地说是功变热的过程。与此相反的过程，即水温降低，产生水流，推动叶片转动，带动重物上升的过程，是热自动地转变为功的过程，这一过程实际上是不可自动发生的，尽管它并不违反热力学第一定律。同样，钻头在打孔时因摩擦而温度升高的过程能自动发生，反方向过程却不可能自动发生。上面的例子说明，自然界里功热转换的过程具有方向性。功可以自动地全部转化为热，但是相反的过程却不能自动实现。

图 9-19　焦耳实验

其次，两个温度不同的物体互相接触，热量总是自动地由高温物体传向低温物体，直至两物体的温度达到相同。例如，冬天室外温度低于室内时，室内只会越来越冷，除非用暖气供暖。夏天室外温度高于室内时，室内只会越来越热，除非用空调制冷。但从未发现过与此相反的过程，即热量自动地由低温物体传给高温物体，而使两物体的温度差越来越大，虽然这样的过程并不违反能量守恒定律。这说明自然界里热量传递的过程也具有方向性。俗话说"水往低处流"也是说明过程的方向性。

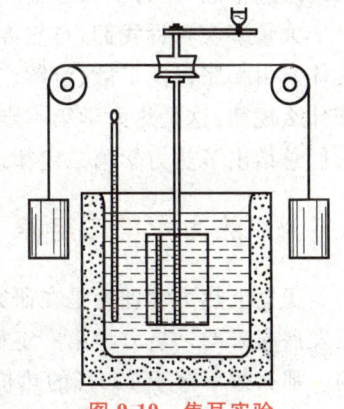

再讨论气体对真空的自由膨胀，如图 9-8 所示。一容器分左、右两室，左室中贮有理想气体，右室为真空。如果将隔板抽开，左室的气体将向右室膨胀，最后气体将均匀分布于左、右两室中，达到一个平衡态。而相反的过程，即充满容器的气体自动地收缩到左室，使右室回复真空的过程是不可能自动实现的。当然，我们可以用活塞将气体压回左室，使气体回复初始状态，但此时外界必须对气体做功。因此，气体对真空的自由膨胀过程也有方向性。

为了研究热力学过程的方向性和方便对热力学第二定律的含义进行说明，需要引入热力学中的另一个重要概念：可逆过程。它是对准静态过程的进一步理想化，是为了分析过程的方向性而引入的。

设在某一过程 R 中，一个系统从初态 A 变为末态 B，如果我们能使系统进行逆向变化，从末态 B 回复到初态 A，而且当系统回复到初态 A 时，周围一切也都同时回复原状，则过程 R 就称为可逆过程。如果系统不能回复到初态 A，或系统虽然能回复到初态 A，但却产生了其他效果，使周围不能同时回复原状，那么，过程 R 就称为不可逆过程。

例如一个单摆，如果不受空气阻力及其他摩擦力的作用，当它离开某一位置后，经过一个周期，又回到原来的位置而周围一切都无变化时，这样的单摆摆动就是一可逆过程。由此可见，单纯的无机械能耗散的机械运动过程是可逆过程。

因此，在热力学过程中，功转换为热的过程是不可逆过程。热量从高温物体传向低温物体的过程也是不可逆过程。气体的自由膨胀过程同样也是不可逆过程。

那么什么样的热力学过程是可逆过程呢？当汽缸内气体膨胀非常缓慢，又没有其他摩擦时，活塞附近的压强非常接近于气体内部的压强 p，这时气体膨胀一微小体积 ΔV 所做的功为 $p\Delta V$。那么，我们可以非常缓慢地对气体做功 $p\Delta V$，将气体压回原来体积，同时使得周围没有任何变化。因此，无摩擦的准静态过程是可逆过程。当然对于实际的自然过程这是办不到的。一个自然过程一旦发生，由于各种不可逆因素的存在（如摩擦、传热），系统和外界就不可能同时回复到原来状态，所以实际的一切自然过程都是不可逆的。可逆过程是排除了自然过程中不可逆因素的理想过程。研究可逆过程，也就是研究从实际情况中抽象出来的理想情况，是为了找寻实际过程的更精确的规律。

大量事实告诉我们，自然界一切与热现象有关的实际宏观过程，例如热传导、功热转换、气体自由膨胀以及扩散、溶解、生命现象等实际过程都是不可逆的。自然过程进行的方向遵守什么规律，这是热力学第一定律所不能概括的。正是在研究实际过程进行方向的问题中，人们总结出了热力学第二定律。

9.4.2 热力学第二定律

历史上热力学理论是在研究热机和制冷机的工作原理以及如何提高它们的效能的基础上发展起来的。热力学第一定律告诉我们，效率大于 100% 的第一类永动机是不可能实现的。那么效率等于 100% 的热机是否可能实现呢？这种热机称为第二类永动机。然而，无数事实说明，第二类永动机也是不可能实现的。

1851 年英国物理学家开尔文指出：不可能制成一种循环动作的热机，只从单一热源吸取热量，使之完全变为有用功，而不产生其他影响。这就是热力学第二定律的开尔文表述。

从单一热源吸热并将热全部变为功的第二类永动机，虽然不违反热力学第一定律，但它违反了热力学第二定律，所以它也是不可能制成的。这里首先要注意的是，开尔文表述是说在不产生其他影响的前提下，其唯一的效果是热全部转变成了功的过程不能发生。当然，热变功的过程是有的，如各种热机的目的就是使热转变为功。但实际的热机都是工质从高温热源吸热，其中一部分用来对外做功，同时还有一部分热量不能做功，而传给了低温热源，产生了其他效果。热全部转变为功的过程也是有的，如理想气体的等温膨胀过程，但这一过程中除了气体把从热源吸收的热全部用于对外做功外，还产生了其他效果，即气体的体积增大了。

在此之前，1850 年德国物理学家克劳修斯在对制冷机的工作原理进行研究时指出：热量不能自动地从低温物体传向高温物体。这就是热力学第二定律的克劳修斯表述。

值得注意的是"自动地"这几个字，就是说，在传热过程中不产生其他效果。否则，热量从低温物体传向高温物体的过程是存在的，如制冷机。但制冷机是通过外界做功而使热量从低温物体传向高温物体，由于外界做功，必然产生了其他效果。

热力学第二定律的上述两种表述表面上看来是各自独立的，其实两者是统一的、等价的。下面用反证法来证明这两种表述的等价性。

(1) 违背克劳修斯表述，也必违背开尔文表述。

(2) 违背开尔文表述，也必违背克劳修斯表述。

反证(1)：如果克劳修斯表述不成立，即热量 Q_2 能自动地经过某种假想装置从低温热源传向高温热源。这时我们再利用一个卡诺热机，从高温热源吸热 Q_1，向低温热源放出热量 Q_2，对外做功 $A=Q_1-Q_2$。当我们把该假想装置同卡诺热机看成一个整体时，它们的作用就等效于从高温热源吸取热量 Q_1-Q_2 而全部转变为对外做功 A 而不引起其他任何变化，如图 9-20 所示。这就违背了开尔文的表述。

反证(2)：如果开尔文的表述不成立，即允许有一假想装置只从高温热源吸取热量 Q_1 后使它全部转化为功 A，那么，可再用一个卡诺制冷机，利用这部分功 A，使它从低温热源吸取热量 Q_2，把 $Q_1=A+Q_2$ 的热量传递给高温热源。当我们把这一假想装置和卡诺制冷机看作一个整体时，它们的作用就等效于外界没有做功，而热量 Q_2 自动地从低温热源传递到高温热源了，如图 9-21 所示，这就违背了克劳修斯的表述。

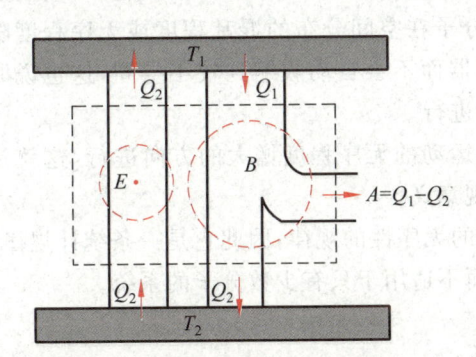

图 9-20 违背了克劳修斯的表述必违背开尔文的表述

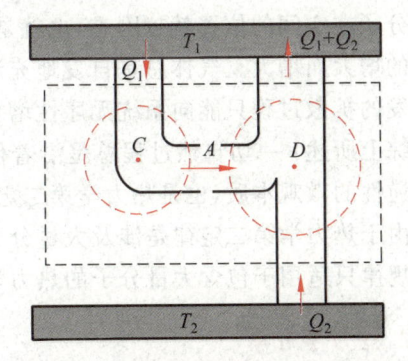

图 9-21 违背了开尔文的表述必违背克劳修斯的表述

需要说明的是，热力学第二定律还可有其他的很多种表述，这些表述都是等价的，因为它们都是自然界中热力学过程的不可逆性在不同情况下的不同表述而已。由表述的等价性可知，自然界的所有的不可逆过程其本质是相同的，它们之间是相互关联的，从一种过程的不可逆性可推断出另一种过程的不可逆性。

9.4.3 热力学第二定律的微观意义

热力学第二定律表述的一致性告诉我们，各种不可逆过程之间一定存在着某种内在的联系。要揭示这种内在的联系，单是从宏观的观察、实验是不行的。那么，如何从微观上理解热力学第二定律呢？

1. 热力学第二定律的微观意义

从微观上看,任何热力学过程总是包含着大量分子的无序运动状态的变化,热力学第一定律说明了热力学过程中能量要遵守的规律,热力学第二定律则说明大量分子运动的无序程度变化的规律。

从功热转换来看,做功是与大量分子的定向运动相联系的,而系统内能则是大量分子无序运动所具有的能量。功自动地转变为热是机械能转变为内能的过程,从微观上看,是大量分子的有序运动能量自动地向无序运动能量转化的过程,这样的过程是可能的。而相反的过程,即无序运动自动地转变为有序运动是不可能的。因此,从微观上看,在功热转换现象中,自然过程总是沿着使大量分子无序化程度增加的方向进行。

再看热传导,两个温度不同的物体放在一起,热量将自动地由高温物体传到低温物体,最后使它们温度相同。温度是大量分子无序运动平均平动动能大小的标志。初态温度高的物体分子平均平动动能大,温度低的物体分子平均平动动能小。这意味着虽然两物体的分子运动都是无序的,但还能按分子平均平动动能的大小区分两个物体。到了末态,两物体的温度变得相同,所有分子的平均平动动能都一样了,按平均平动动能区分两物体也成为不可能的了。这表明了大量分子运动的无序性由于热传导而增大了。因此从微观上看,在热传导过程中,自然过程总是沿着使大量分子运动向更加无序的方向进行。

再从气体的自由膨胀来看,气体体积越大,气体分子在空间的可能位置就越多,要确定气体分子在空间的位置就越困难,也就是说气体分子在空间分布的混乱程度或无序程度随体积的增大而增大。气体总是自发地充满整个容器而不会自动收缩到较小空间,这也说明了自发的扩散过程只能向系统无序性增加的方向进行。

综上所述:一切自然过程总是沿着使分子热运动的无序程度增大的方向进行,这就是不可逆性的微观本质,也是热力学第二定律的微观意义。

由于热力学第二定律是涉及大量分子热运动的无序性的规律,因此它是一条统计规律。统计规律只适用于包含大量分子的热力学系统,而不适用于只有少数分子的系统。

2. 热力学几率

上面我们说明了热力学第二定律的宏观表述和微观意义,下面我们进一步用数学形式把热力学第二定律表示出来。最早把热力学第二定律的微观本质用数学形式表示出来的是玻耳兹曼。他的基本思想是:从微观上看,对于系统状态的宏观描述是非常不完善的,系统的同一个宏观状态实际上可能对应于非常非常多的微观状态,而这些微观状态用粗略的宏观描述是不能加以区别的。我们以气体自由膨胀中分子的位置分布为例来加以说明。

设有一个长方形容器,中间用一隔板分成左右两个相等的部分,左面有气体,右面为真空。现在我们讨论打开隔板后容器中气体分子的位置分布。为简单起见,设容器中只有四个分子:a、b、c、d。它们在无规则运动中的任一时刻可能处于或左或右的任一侧中。要确定这个由四个分子组成的系统的微观状态,需要一一确定出各个分子处于左或右的哪一侧;而从宏观上看,由于宏观描述无法区分各个分子,因此要确定系统的宏观状态只要指出左、右两侧各有几个分子即可。所以同一宏观状态可对应很多种微观状态,如图9-22所示。

根据玻耳兹曼的等概率原理:处于平衡态时系统的每种微观状态出现的概率都相同。

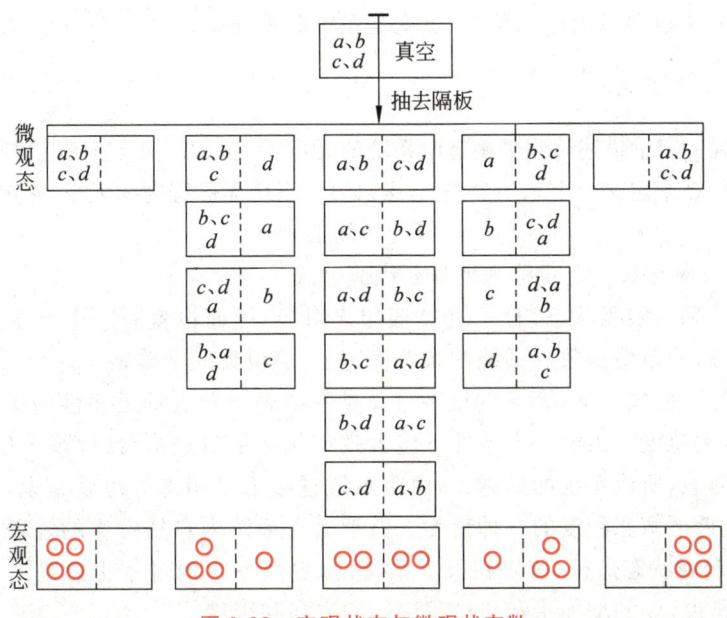

图 9-22　宏观状态与微观状态数

因此,如果某个宏观状态包含的微观状态数越多,该宏观状态出现的概率就越大。在图 9-22 中可看出,总的微观状态数有 $2^N=16$ 个,左侧有四个分子的宏观状态,对应的微观状态数是 1 个,出现的概率为 $(1/2)^4=1/16$;而左右各有两个分子的宏观态出现的概率为 6/16。如果容器中有 20 个分子,总的微观状态数有 1 048 576,可以计算出左 11 右 9 的这一个宏观状态对应有 167 960 个微观状态,而 20 个分子都在左侧的这一个宏观状态对应于 1 个微观状态,出现的概率仅为 $(1/2)^{20}$,即这种宏观状态基本上是不可能出现的。实际上,一般气体系统所包含的分子数的数量级为 10^{23},这时对应于一个宏观状态的微观状态数就非常之大了。

既然在一定的条件下,系统可能有多种宏观状态,那么,哪一种宏观状态是实际上观察到的状态呢? 很显然,对应微观态数目多的宏观状态出现的可能性(几率)就大。实际上最可能观察到的宏观状态也就是对应微观状态数最多的宏观状态。所以,包含微观状态数最多的宏观状态就是系统在一定条件下的平衡态。

为了定量说明宏观状态和微观状态的关系,我们定义:任一宏观状态所对应的微观状态数称为该宏观状态的热力学几率,用 Ω 表示。这样,对于系统的宏观状态,根据基本统计假设,我们可以得出下述结论:

(1) 孤立系统在一定条件下的平衡态对应于 Ω 最大的宏观状态;

(2) 若系统最初所处的宏观状态的微观状态数 Ω 不是最大值,那就是非平衡态。系统将随时间的推移向 Ω 增大的宏观状态过渡,最后达到 Ω 为最大值的宏观状态,即平衡态。这就是实际上自然过程进行方向的微观机制定量说明。

前面我们从微观机制上定性地分析了自然发生的过程总是沿着使分子运动向更加无序的方向进行,这里又定量地说明了自然过程总是沿着使系统热力学几率 Ω 增大的方向进行。两者相比,可知热力学几率 Ω 是分子运动无序性的一种量度。Ω 越大,该宏观状态对应的微观状态数就越多,系统分子运动的无序性就越大。Ω 为极大值的状态就是在一定条件下的系统内分子运动最无序的状态,也就是系统的平衡态。

3. 玻耳兹曼熵公式

为了在宏观上定量描述达到平衡态时系统的无序程度,1877年玻耳兹曼提出用系统平衡态的热力学几率 Ω 来定义一个态函数熵 S,用以表示系统无序程度的大小,并定义熵的大小为

$$S = k\ln\Omega \tag{9-21}$$

其中,k 为玻耳兹曼常数。上式称为玻耳兹曼熵公式。

对于系统的某一宏观状态,有一个 Ω 值与之对应,因而也就有一个 S 值与之对应。因此,熵是系统状态的单值函数。系统的状态确定了,熵也就完全确定了。

由玻耳兹曼熵公式可知,熵 S 的微观意义是系统内分子运动无序性的量度。系统的熵越大,其混乱程度越大。由于一定条件下包含微观状态数目最多(Ω 取最大值)的宏观状态即为系统的平衡态,所以系统的熵越大,说明系统越接近平衡态。也就是说,从宏观意义上讲,熵是系统接近平衡态程度的一种量度。由于孤立系统内自然发生的过程总是向热力学几率 Ω 更大的宏观状态进行,所以在孤立系统内,自然发生的过程也总是沿着熵增加的方向进行。也就是说,熵的增加指示出过程进行的方向和限度。

最后,我们将熵与内能进行比较:内能的变化可以从量的方面显示出过程中的能量转换,任何过程中能量必须守恒;而熵的变化可认为从质的方面显示出能量转换上的差异:能量的转换以不可逆的形式在进行。将二者结合起来,就能完全地描述物质运动形式和能量相互转换的复杂图景。

9.4.4 克劳修斯熵公式

玻耳兹曼熵公式中的熵 S 可以指示出过程进行的方向,从微观上说明了热力学第二定律的意义。而实际上对热力学过程的分析,总是用宏观状态量的变化说明的。这节讨论如何从系统的宏观状态参量的改变求出熵的变化。

1. 卡诺定理

前面我们讨论过卡诺循环,它是一个理想的准静态循环。在计算卡诺循环效率时认为,工质所做的功全部对外输出为"有用功",这意味着工质做功过程没有摩擦等损耗。所以那里讨论的卡诺循环是准静态无摩擦的可逆循环。

从热力学第二定律可以证明热机理论中非常重要的卡诺定理(证明从略),它的内容是:

(1) 在相同的高温热源(温度为 T_1)与相同的低温热源(温度为 T_2)之间工作的一切可逆热机(即工质的循环是可逆的),不论用什么工质,其效率相等,即

$$\eta_C = 1 - \frac{T_2}{T_1}$$

(2) 在相同的高温热源和低温热源之间工作的一切不可逆热机(即工质的循环是不可逆的)的效率,不可能高于可逆热机的效率,即

$$\eta'_C \leqslant 1 - \frac{T_2}{T_1} \quad \text{(可逆机取等号)} \tag{9-22}$$

卡诺定理指出了提高热机效率的方向。就过程而论,应当使实际的不可逆机尽量地接

近可逆机,即要减少各种耗散力(如摩擦力)做功,避免漏气、漏热等情况出现。从理论上讲,应尽量提高高温热源温度和降低低温热源的温度。但降低低温热源的温度是不经济的,通常采用和环境温度很接近的冷凝器作为低温热源。

2. 克劳修斯熵公式

根据卡诺定理,对可逆卡诺循环,有

$$\eta_C = 1 - \frac{Q_2}{Q_1} = 1 - \frac{T_2}{T_1}$$

于是有

$$\frac{Q_2}{Q_1} = \frac{T_2}{T_1}$$

式中,Q_1 为卡诺热机从高温热源吸收的热量,Q_2 为卡诺热机向低温热源放出的热量的绝对值,它们均为正值。按 9.1.1 节对热量的符号规定:吸热为正、放热为负,系统从低温热源吸热应为 $-Q_2$,上式可改写为

$$\frac{Q_1}{T_1} + \frac{Q_2}{T_2} = 0$$

上式说明,在可逆卡诺循环中,系统与温度为 T 的热源交换的热量 Q(吸热正、放热负)与热源相应的温度 T 之比(称为热温比)的代数和等于零!对于一个任意的可逆循环,我们总可以将其划分为若干个微小的可逆卡诺循环(见图 9-23),并用 ΔQ_i 表示在第 i 个小卡诺循环中系统从温度为 T_i 的热源吸收的热量,则有

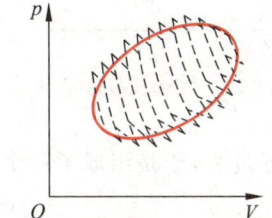

图 9-23 可逆循环划分为若干个微小的卡诺循环

$$\sum \frac{\Delta Q_i}{T_i} = 0 \quad \text{或} \quad \oint \frac{\mathrm{d}Q_{可逆}}{T} = 0 \tag{9-23}$$

上式称为克劳修斯等式,该式说明:热温比沿可逆循环过程的积分为零。

与保守力的功沿闭合路径积分为零类似,热温比沿可逆循环过程积分也为零,说明热温比的积分与过程无关。由此可见,必然存在一个只与系统状态有关的函数(类似势能函数),其增量等于热温比在相应状态之间的积分。克劳修斯把这个只与系统状态有关的函数称为熵,用 S 表示,则它的增量满足如下关系

$$\Delta S = S_B - S_A = \int_A^B \frac{\mathrm{d}Q_{可逆}}{T} \tag{9-24}$$

上式称为克劳修斯熵公式。应该强调的是:积分必须沿可逆过程进行。由于熵是状态函数,与具体过程无关,所以在计算熵增时可以任意设计一个可逆过程把 A、B 状态连接起来即可。当然设计巧妙的可逆过程会使计算变得简单。

统计物理可以证明,克劳修斯熵公式和玻耳兹曼熵公式中的熵 S 是同一个物理量。熵的单位是 J/K。

9.4.5 熵增加原理

下面讨论如何通过熵的变化导出热力学第二定律的数学表达式。

1. 熵增加原理

对于不可逆卡诺循环,由卡诺定理有

$$\eta'_C = 1 - \frac{Q_2}{Q_1} < 1 - \frac{T_2}{T_1}$$

Q_2 为卡诺热机向低温热源放出的热量的绝对值(为正值)。按 9.1.1 节对热量的符号规定:吸热为正、放热为负,系统从低温热源吸热应为 $-Q_2$,上式可改写为

$$\frac{Q_1}{T_1} + \frac{Q_2}{T_2} < 0$$

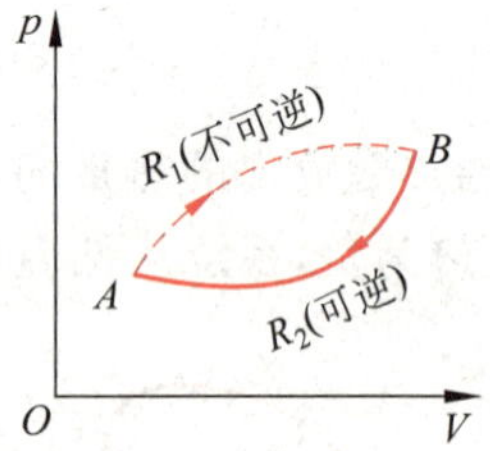

由于任意的不可逆循环也可以分成许多微小的不可逆卡诺循环之和,于是有

$$\sum \frac{\Delta Q_i}{T_i} < 0 \quad \text{或} \quad \oint \frac{dQ_{\text{不可逆}}}{T} < 0 \quad (9\text{-}25)$$

上式称为克劳修斯不等式,该式说明:热温比沿不可逆循环过程的积分小于零。

图 9-24 熵增加原理推导

在图 9-24 中,设 A、B 分别为系统的初态和终态,R_1 为由 A 变化到 B 的一个不可逆过程,而 R_2 为由 B 变化到 A 的一个可逆过程,于是组成了一个不可逆循环 AR_1BR_2A。由式(9-25)可得

$$\oint \frac{dQ_{\text{不可逆}}}{T} = \int_A^B \frac{dQ_{\text{不可逆}}}{T} + \int_B^A \frac{dQ_{\text{可逆}}}{T} < 0$$

交换第二项积分上下限,即

$$\int_A^B \frac{dQ_{\text{不可逆}}}{T} - \int_A^B \frac{dQ_{\text{可逆}}}{T} < 0$$

$$\int_A^B \frac{dQ_{\text{不可逆}}}{T} < \int_A^B \frac{dQ_{\text{可逆}}}{T}$$

与式(9-24)联立,可得

$$\Delta S > \int_A^B \frac{dQ_{\text{不可逆}}}{T}$$

应该注意,对不可逆过程来说,系统的温度和热源温度不相同,所以上式中的 T 必须是热源的温度而不是系统本身的温度。

最后,将可逆过程和不可逆过程的公式结合在一起有

$$\Delta S \geq \int_A^B \frac{dQ}{T}$$

式中等号对应可逆过程,不等号对应于不可逆过程。对孤立系统,由于系统和外界没有热量交换,任一微小过程都有 $dQ = 0$,所以 $\Delta S \geq 0$,这就表明:孤立系统内发生的一切不可逆过程都将导致系统熵的增加,而在孤立系统内发生的一切可逆过程,系统的熵保持不变。这一结论称为熵增加原理,其表达式 $\Delta S \geq 0$ 就是热力学第二定律的数学表述。它告诉我们:孤立系统内发生可逆过程时,系统的熵保持不变;发生不可逆过程时,系统的熵增加。也就是说,一个孤立系统的熵永远不会随着时间的推移而减少。由于自然界中一切真实过程都是不可逆的,所以孤立系统中所发生的实际过程总是向着熵增加的方向进行。这与用玻耳兹曼熵得到的结论是相同的。值得注意的是,熵增加原理是对整个孤立系统而言的,对系统内

部的个别物体,熵值可以增加、不变或减少。

2. 熵变的计算

一般情况下,有意义的不是某状态的熵值(这与零点选取有关),而是系统熵的变化。由于熵是系统的状态函数,熵变只与系统初末状态有关,而与过程无关,所以我们可以在初、末状态间设计恰当的可逆过程,利用式(9-24)计算系统的熵变。

【例 9-7】 理想气体由初态(p_1, V_1, T_1),经过某一过程达到末态(p_2, V_2, T_2),求熵变。(设气体的摩尔热容为恒量)

解 将热力学第一定律在准静态的微小过程的表达式 $dQ = dE + pdV$ 代入熵增计算式(9-24)

$$\Delta S = \int_{(1)}^{(2)} \frac{dQ_{可逆}}{T} = \int_{(1)}^{(2)} \frac{\nu C_V dT + pdV}{T} = \int_{T_1}^{T_2} \frac{\nu C_V dT}{T} + \int_{V_1}^{V_2} \frac{\nu R dV}{V}$$

$$= \nu C_V \ln \frac{T_2}{T_1} + \nu R \ln \frac{V_2}{V_1} \tag{9-26}$$

理想气体平衡态满足: $p_1 V_1 / T_1 = p_2 V_2 / T_2$,式(9-26)可以改写为

$$\Delta S = \nu C_V \ln \frac{T_2}{T_1} + \nu R \ln \frac{p_1 T_2}{p_2 T_1} = \nu C_p \ln \frac{T_2}{T_1} - \nu R \ln \frac{p_2}{p_1} \tag{9-27}$$

同样的理由,式(9-26)还可以改写为

$$\Delta S = \nu C_V \ln \frac{p_2 V_2}{p_1 V_1} + \nu R \ln \frac{V_2}{V_1} = \nu C_p \ln \frac{V_2}{V_1} + \nu C_V \ln \frac{p_2}{p_1} \tag{9-28}$$

对理想气体,若始末态的状态参量为已知,则可直接代入式(9-26)、式(9-27)或式(9-28)计算熵变。

【例 9-8】 求 1 mol 理想气体从体积 V_1 绝热自由膨胀到体积 V_2 的熵变。

解 由于绝热自由膨胀在初、末态的温度相同,可以设计一个可逆的等温过程,利用式(9-24)计算系统的熵变,即

$$\Delta S = \int_{(1)}^{(2)} \frac{dQ_T}{T} = \int_{(1)}^{(2)} \frac{dA_T}{T} = \int_{(1)}^{(2)} \frac{pdV}{T} = \int_{V_1}^{V_2} \frac{R dV}{V}$$

$$= R \ln \frac{V_2}{V_1}$$

或直接代入式(9-26)也可得到相同的结果。

由于 $V_2 > V_1$,所以有 $\Delta S > 0$。孤立系统在不可逆过程中熵总是增加的。这个结果说明绝热自由膨胀是不可逆过程。

【例 9-9】 设绝热容器中 A、B 两物体相接触,$T_A > T_B$。证明:有限温差热传导 $\Delta S > 0$。

证 设微小时间内 A、B 两物体间传热 dQ,由热力学第二定律的克劳修斯表述,A 必放热,B 必吸热,则 A 的熵变 $-dQ/T_A$,B 的熵变 dQ/T_B,系统熵变 $dS = -dQ/T_A + dQ/T_B = dQ(1/T_B - 1/T_A) > 0$。

由此我们看到:只要 $T_A > T_B$,就必有 $dS > 0$。孤立系统内所发生的热传导这一不可逆过程的方向沿 $\Delta S > 0$ 进行,直到两物体温度相同为止。

【例 9-10】 利用重物下降使水温升高的焦耳实验（图 9-19）中，当水温由 T_1 升到 T_2 时，求水和重物组成的系统的熵变。（设水的质量为 M，水的定压比热为 c，水置于绝热容器内。）

解 设计一个可逆的等压过程，设想把水依次与一系列温度逐渐升高、但一次只升高无限小温度 dT 的热库接触，则水升温 dT 吸收的热量 $dQ = cMdT$，温度从 T_1 升高到 T_2

$$\Delta S = \int_{(1)}^{(2)} \frac{dQ}{T} = \int_{T_1}^{T_2} \frac{cMdT}{T} = cM\ln\frac{T_2}{T_1} > 0$$

重物下落只是机械运动，熵不变。水和重物一起可视为一个孤立系统，总的熵增为 $\Delta S > 0$，说明这一孤立系统在这个过程中总的熵是增加的，该过程是不可逆过程。

专题 C

熵概念的扩展

玻耳兹曼熵公式 $S = k\ln\Omega$ 不仅给热力学熵 S 以统计解释，使人们对熵的微观本质有了进一步理解，而且由于在社会生活、生产和科学实验中存在大量的概率事件以及由概率所描述的不确定性问题，因此熵的应用范围已经远远超出热力学范围，熵的概念和意义也有了新的发展，涉及诸如信息论、控制论、宇宙论以及生命科学、人文科学等许多方面。这是克劳修斯在提出熵函数和玻耳兹曼给予统计解释时所不曾料到的。

1. 熵与能量

热力学第一定律描述了自然界中各种形式的能量转换过程中能量的守恒，并未指出不同形式能量的品质的差异。而热力学第二定律告诉我们，能量的品质是有差别的：有序运动的能量可以通过做功完全转变为无序运动的能量；而无序运动的能量不能完全转变为有序运动的能量（$\eta = 100\%$ 的热机是不能实现的）。或者说，有序运动的能量转化为其他形式能量的能力强，能被充分利用来做功，品质较高；而无序运动的能量转化能力弱，做功能力差，品质较低。

根据热力学第二定律，高品质的能量转变为低品质的能量的过程是不可逆的。高品质的能量转变为低品质的能量后，就有一部分不能再用来做功了。我们把这样的过程称为能量的退化，而变得不能再用来做功的那部分能量称为退化的能量。因此热力学第二定律也可叙述为，孤立系内发生的任何自然过程必然导致熵恒增，能量贬值。下面通过一个例子来说明二者的关系。

设有三个热源 A、B、C，温度分别为 T_1、T_2 和 T_0（$T_1 > T_2 > T_0$）。在不可逆传热过程中，热量 Q 由 A 传到 C，由 B 传到 C。根据卡诺定理，如果这份能量 Q 在 A 内，借助温度为 T_0 的低温热源，Q 可以做功的最大值为

$$A_m = Q(1 - T_0/T_1)$$

而当这份能量在 B 内时，借助温度为 T_0 的低温热源，Q 可以做功的最大值为

$$A'_m = Q(1 - T_0/T_2)$$

由于 $T_1 > T_2$,所以 $A_m > A'_m$,可见低温热源 B 比高温热源 A 可以用来做功的能量减少了,其减少的能量值为

$$A_m - A'_m = T_0\left(\frac{Q}{T_2} - \frac{Q}{T_1}\right) = T_0 \Delta S$$

这个例子说明了能量的不可用程度与熵的产生量有关。也就是说,虽然一切实际过程中能量是守恒的,但其可利用的程度总会随着不可逆过程的进行而降低,使能量退化。被退化能量的多少与不可逆过程引起的熵增成正比,这就是熵的宏观意义。所以,所谓能源危机实质上是熵的危机。我们要解决能源问题,关键是找到一种途径,用较低的熵增来维持和推进我们的文明。

2. 熵与时间

时间是宇宙的一个基本属性,时间的起点、终点,就意味着宇宙在时间上的界限;时间的指向,则意味着宇宙的演化。也就是说,根据宇宙演化的历史,时间是有方向性的,总是从过去向将来流动,称之为"时间之箭"。那么时间为什么具有单向性?时间箭头究竟从何而来呢?这是科学发展一百多年来没有根本解决的问题。

当我们用物理学知识来寻找确切的证据回答这些问题时,却发现无论是经典的、量子的,还是在相对论的动力学中,时间本质上都只是描述可逆运动的一个外部参量,这些领域的基本方程都是时间反演对称的,即我们既可以用这些基本方程来确定未来,也可以用它们来说明过去。如根据哈雷彗星所满足的牛顿方程,我们可以准确地推算出未来的某时刻可以观察到它;根据太阳、月亮所满足的牛顿方程,我们可以准确地说明在过去某时刻曾经发生过日蚀,如此等等。也就是说,这些自然界中基本的力和相互作用的定律,均给不出时间的指向,无法对时间的指向做出回答。

为此,人们试图从其他方面去探讨时间的单向性问题,因此形成各种说法。其中一种看法认为,时间之箭体现在各种不可逆过程中。

由热力学第二定律可知,由大量分子组成的体系的热力学过程是有方向的,一切实际过程都不可逆转地向着孤立系熵增大的方向进行,因而熵增与时间的方向就发生了密切的关系。无序度或熵的增加给出了一个时间箭头,可以将过去和将来区分开来,我们可以依据热力学规律来确定未来,却无法用它来说明过去。例如,如果一根与外界绝热的金属杆上最初温度是不均匀的,我们可以预料它最后一定达到温度均匀分布的平衡状态,但在平衡态实现以后,我们却无法由平衡态倒推出平衡前的温度分布,因为解答可以有许多许多。

当然,由熵所定义的热力学时间指向并不能包容一切社会、生物的事实上秩序增加并趋于复杂的变化。热力学时间指向只是我们对时间认识的一个层面。当代物理学家史蒂芬·霍金曾指出:"至少存在有三个时间箭头将过去和将来区分开来,它们是热力学箭头,这就是无序度增加的时间方向;心理学箭头,即在这个时间方向上,我们能记住过去而不是将来;还有宇宙学箭头,在这个方向上宇宙在膨胀,而不是在收缩。"霍金证明了这三个时间箭头所指的方向是一致的。

3. 熵与信息

1871年,麦克斯韦给热力学第二定律出过一个难题。麦克斯韦提出了一个有趣设想,

即可能存在一个无影无形的精灵(称为麦克斯韦妖),它可以破坏热力学第二定律。设想有一个盒子被一个没有摩擦、密封的门分隔为两部分。最初两边气体温度、压强分别相等,门的开关由小精灵控制(如图C-1)。它只允许A中速度快的分子通过闸门到达B,而不允许A中速度慢的分子通过闸门到达B;同样,它也只允许B中速度慢的分子到A。这样,将在不消耗功的情形下,只用一个观察力极其敏锐的小生灵所具有的智能就能使盒子里的系统的熵自发减少,产生了与热力学第二定律矛盾的结果。对这个与第二定律矛盾的设想,人们作这样的解释,当气体分子接近小妖时,小妖必须做功,即小妖的熵要增加,从而使孤立系总熵不变。

图 C-1 麦克斯韦妖

1927年,匈牙利一个叫西拉德的人提出不一样的解释。他指出:麦克斯韦妖要识别快、慢分子,必须使用"电筒"或"灯光"探测。当光被分子散射后,麦克斯韦妖接收到此散射光,才能知道该分子是快分子还是慢分子,并依据此来决定是否开启小门。麦克斯韦妖的这一判断过程,会使"电筒"或"灯光"在发光时产生熵增加,因为电和光都导致发热。西拉德的设想使得信息与熵之间第一次建立了联系,即麦克斯韦妖虽然不做功,但它需要有关飞来气体分子速率的信息,然后决定打开还是关上门,因此减小熵是以获得信息为前提的。

信息是一个涉及十分广泛的概念,不仅包括所有的知识,还包括通过我们的五官所感觉到的一切。例如,科技成果、市场行情、天气预报、新闻,乃至一幅画、一张照片,无不属于信息的范畴,信息的特征在于能消除事情的不确定性。例如,看天气预报前,不清楚天气将出现何种状况;看天气预报后,这种不确定性就大大缩小了。也就是说,信息获得越多,不确定度越少,信息获得足够,不确定度为零。

既然信息的获得可以消除不确定性,那么我们如何来定量计算信息量呢?由于任何事物最简单的情况就是有或无,所以1948年,信息论的创始人香农从仅有两种可能性的等概率出发给出信息量 I 的定义

$$I = \log_2 N$$

式中,N 为事物的可能情况或者事件的不确定度。由于信息量的定义式类似于玻耳兹曼熵公式 $S = k\ln\Omega$,所以如果将事物的可能情况与系统的微观状态数相对应,香农提出信息熵可以表示为

$$S = K\ln N$$

其中,$K = 1/\ln 2 = 1.443$。由于熵是对系统混乱程度即不确定度的量度。熵越大,表示可能出现的微观状态越多,不确定性越大。所以,熵的增加等价于信息的减少,或者说获得信息与系统得到负熵是等效的。

例如,设有13个外观完全一样的金币,其中有一个是假的,真假金币的区别在于重量不同,而所有金币的重量都是一样的。现在问,用一台无砝码的天平,最少要称几次才能把假币检测出来。在称重之前,13个金币中每一个都有可能比真金币轻,比假金币重,共有26种可能性。由信息熵公式,其最大信息熵

$$S = K\ln N = 1.443\ln 26 = 4.70 \text{ bit}$$

天平无砝码,称重时两边必须放置同样的金币才能比较。这样天平可能出现三种状态:

两端平衡、左重右轻、右重左轻。因此,每称一次的最大信息熵为
$$S = K\ln N = 1.443\ln 3 = 1.58 \text{ bit}$$
由此,要获得 4.70 bit 的信息熵,需要称重至少为
$$4.70/1.58 = 3（次）$$

上面我们讨论了熵与信息的关系。根据热力学第二定律,系统内的自发过程只能使系统的熵增大,信息减少。要使系统的信息增加,无序性降低,系统必须与外界有信息传递,即从外界获得负熵,这也是以更大范围内的熵增加为代价的。

4. 熵与生命

生命科学告诉我们,生物是进化的。生物是从低等向高等进化,从无序向有序自发地转化,也就是说如果玻耳兹曼关系同样应用于生命过程的话,可发现这样的自发过程熵是减少的。而根据热力学第二定律,孤立系的熵总是随着时间的推移而增加的,直到系统达到平衡态为止。熵的增加,意味着系统有序度的减少。这是不是与热力学第二定律相矛盾呢?不是。因为热力学第二定律是对孤立系而言的,而生命体却是典型的开放系统,通过呼吸、进食、排泄等活动,生物每时每刻都在不断与周围环境交换物质和能量。

对于开放系统,其熵变由两部分组成
$$dS = dS_e + dS_i$$
式中的 dS_e 称为熵流,它代表系统从与外界相互作用中得到的熵,其值可正,可负,可为零; dS_i 称为熵产生,它代表系统内部进行的不可逆过程产生的熵,其值恒大于零。

如果生物从外界获得的熵流 $dS_e<0$,我们称之为负熵。当负熵流大于生物内部的熵产生（$|dS_e|>dS_i$）时,生物系统的熵变 $dS<0$,系统的熵减少,有序度增加,生物就从一定的有序结构上升到更高一级的有序结构。所以生物的进化就在于从环境中获取了负熵。

1938 年天体与大气物理学家埃姆顿在《冬天为什么要生火?》一文中指出:冬天在房间内生火只是为了使房间维持在较高的温度下,地球上的生命需要太阳辐射,但生命并非靠入射能量流来维持,因为入射能量中除微不足道的一部分外其他的都被辐射掉了,生命生存的条件是需要恒定的温度,为了维持这个温度,需要的不是补充能量,而是降低熵,即火的目的是为了从环境中吸取负熵,而不是吸取能量。

我们知道,生命的一个重要特征在于它在不断地新陈代谢。为什么要新陈代谢呢?是为了和环境进行物质或能量交换吗?薛定谔在《生命是什么?》一书中指出,不能单纯地把新陈代谢理解为物质或能量的交换,实际上生物体的总质量及总能量并不因此而增加,新陈代谢的更基本出发点,是使有机体能成功地消除自身不可逆过程所产生的熵,并使自己的熵变得更小。而从环境中吸取负熵的方法可以是多种多样的,比如吸取热量,比如吸取"秩序"等等。

因此,如果生物从外界获得的负熵恰好等于系统内部的熵产生,那么系统的熵变 $dS=0$,系统便维持在一定的有序结构上。

如果生物从外界获得的负熵小于内部的熵产生,那么生物系统的熵变 $dS>0$,生物系统的熵增加,生物便开始退化、衰老。当生物体的积熵达到最大时,整个机体呈现高度混乱状态,生物各部分的机能由于高度混乱而衰败,于是生物体最终死亡。

如果生物系统出现短期或局部的熵积累过多,这就是生物的病态。从物理的角度来看,

各种治疗手段的目的都在于清除积熵。

薛定谔说:"生命赖负熵得以存在。"玻耳兹曼说:"生物为了生存而作的一般斗争,既不是为了物质,也不是为了能量,而是为了熵而斗争。"生命过程就是生物不断与外界交换物质与能量。摄入有序的能量,排出无序的能量,不断"新陈代谢",从而获得宝贵的负熵过程。

专题 D

耗散结构简介

1. 自组织现象

1865年,克劳修斯将热力学第一定律和热力学第二定律归纳为:第一,宇宙的能量是一个常数;第二,宇宙的熵趋于极大,并得出结论:"宇宙越接近于这个熵极大的极限状态,进一步变化的能力就越小。如果完全达到这个状态,那么任何进一步的变化都不会发生了,这时宇宙就进入了一个死寂的永恒状态。"这种观点称为热寂说。如果整个宇宙确实是一个孤立系,而且热力学第二定律外推到全宇宙范围仍然成立的话,那么正如热寂说所预言的,宇宙的发展最终将走向一个除了分子热运动以外没有任何宏观差别和宏观运动的死寂状态,这意味着宇宙的死亡和毁灭。宇宙的结局真的会是这样?热寂说对吗?科学界存在与热寂说相反的观点。例如,爱丁顿认为热力学第二定律是在有限空间、时间范围内对现象进行观察而总结的规律,只能在有限范围内适用,在更广泛的范围中一定有违背这个定律的自然过程发生,辐射能将重新集结,产生物质粒子,构成星辰,从而避免热寂而代之以循环。哈勃认为随着宇宙的膨胀,辐射与粒子的温差加大,宇宙不是走向热平衡,而是走向热激发。而朗道则认为宇宙是一个自引力体系,原则上不存在热平衡状态。我们暂且不去判断这些观点孰是孰非,而首先研究我们身边确实存在着的丰富多彩的从无序走向有序的发展变化。我们把在一定的外界条件下,系统内部自发地由无序变为有序的现象,称为自组织现象。广义地说,在生命世界中生物的进化,在无生命世界中高空水汽凝结成有规则的六角形雪花,在人类社会中各种井然有序的生产活动,这样一些现象都属于自组织现象。下面举例说明。

(1) 贝纳尔对流

1900年,法国青年贝纳尔在博士论文中利用流体完成了物理系统中从无序到有序的过程。他在一圆盘中倒入一薄层流体,上下各与一很大的恒温热源板接触以使其温度在水平方向上无差异。从下面对流体加热,使上下温度差逐渐加大,当温度差 $\Delta T = T_1 - T_2$ 不大时,从宏观上看,除了有热传递外,整个液体保持静止,当上下温度差达到某一阈值时,系统的性质发生突然变化,液体的静止热传导状态被突然打破,系统呈现出规则的运动花样,如图 D-1 所示,所有的流体分子开始有规则的定向运动,从上往下看,呈现出规则的正六边形,相互挨在一起,流体从六边形的中心流上来,又从六个边流下去。这个流体现象后来被称为"贝纳尔对流"。

(2) 激光

激光也是典型的物理自组织现象,它是时间有序的自组织现象。当外界向激光器泵浦输入某种形式的能量,如果输入功率小于某一临界值时,激光器内的自发辐射占优势,激光器像普通灯泡一样工作,各原子独立发光,每次发光持续 10^{-6}s。而当输入功率大于临界值

图 D-1

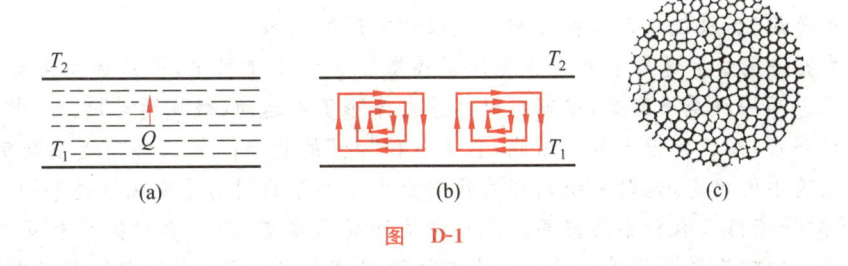

时,受激辐射占优势,各原子发出频率、振动方向都相同的相干光,波列长度可达若干米。这时发光物质的原子处于非常有序的自组织状态。

(3) BZ 反应

1958 年,苏联化学家别洛索夫(Belousov)在金属铈离子作催化剂的情况下做柠檬酸的溴酸氧化反应。他发现在某些条件下某些组分(例如溴离子、铈离子)的浓度会随时间作周期变化,造成反应介质的颜色在黄色和无色之间作周期性的变换。其后 Zhabotinsky 等人继续并改进了 Belousov 的实验,发现另外一些有机酸(例如丙二酸)的溴酸氧化反应也能呈现出这种组分浓度和反应介质的颜色随时间作周期变化的现象。利用适当的催化剂,介质的颜色变化会更加明显,例如在红色和蓝色之间作周期性变换。反应介质一会儿红色,一会儿蓝色,再一会儿红色,一会儿蓝色,像钟摆一样发生规则的时间振荡。因此这类现象一般称之为化学振荡或化学钟。后来 Zhabotinsky 等人又发现在某些条件下体系中组分的浓度并不总是均匀分布,而是可以形成规则的空间分布,出现许多漂亮的花纹。

(4) 云街

在一般情况下,云团的运动是杂乱无章的,是无序运动。但在一定条件下,平常无规则的云团突然会像步兵排队一样,排成整齐的"队列",形成有序结构,称为云街,如图 D-2 所示。

图 D-2 云街

2. 耗散结构

自组织现象揭示了生命世界和无生命世界有共同的规律,有可能在此基础上实现科学的大统一。普利高津在研究了大量系统的自组织过程以后,于 1969 年在国际"理论物理与生物学会议"上发表了《结构、耗散和生命》一文,提出耗散结构理论,把理论热力学的研究推向了当代的最高峰。普利高津由于这一重大贡献,荣获 1977 年诺贝尔化学奖。

普利高津认为,开放系统(化学的、物理的或生物的)在达到远离平衡态的非线性区时,一旦某参量的变化达一定阈值,就有可能通过涨落发生突变(非平衡相变),使原来的无序状态变为时间、空间或功能上有序的新状态。有序新状态只要不断地与外界交换物质和能量,就不会因外界的微小扰动而消失。这种远离平衡态而形成的稳定有序结构就称为耗散结构。"耗散"的含义在于结构的形成是由于能量耗散。要理解耗散结构理论,关键要弄清几个概念:开放系统、远离平衡态、涨落、突变。

根据普利高津的理论,耗散结构形成的条件是:

(1) 系统必须开放。根据热力学第二定律,孤立系统的熵总是增加,因而总是趋于无序。而对于开放系统，随着体系和环境间物质和能量的交换，同时有熵的交换。通过维持一个足够强的负熵流，系统可以维持在相对低熵和有序的状态。

（2）系统必须处于远离平衡的非线性不稳态。普利高津指出，开放体系可有三种不同的稳定状态。第一种是平衡态，平衡态时体系内部除了热运动（微观运动）以外，其他一切宏观运动全部停止，熵达到极大值。因此，它是一种"死"的状态。第二种是近平衡定态，即体系开放度比较小的状态，这时系统内部的状态变化与外界的影响是成线性关系的，而且是稳定的，体系对平衡态只有较小的偏离。第三种是远离平衡态，即外界对体系有强烈作用，体系与外界作用的响应呈非线性关系。只有在远离平衡的条件下，非平衡的定态有可能失去稳定性，从而自发发展到某种有序状态。普利高津把这称之为"非平衡可以是有序之源"。

（3）系统内部必须存在非线性相互作用。非线性相互作用引起反常涨落，通过正反馈放大，使系统成为有序的耗散结构。图 D-3 形象地说明了在不稳定态可以使微小涨落得到放大，从而最终改变系统的状态。

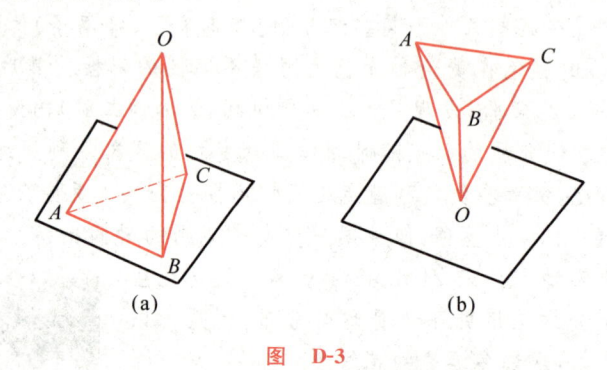

图 D-3
（a）稳定态；（b）不稳定态

由于耗散结构理论研究的是体系在远离平衡时非线性区的行为，其研究结果大致可用分支理论（见图 D-4）来说明。图中横坐标 λ 表示外界对系统的控制参数，它的大小代表外界对体系的影响程度和系统偏离平衡态的程度；纵坐标 x 表示系统的状态变量。与 λ_0 对应的状态 x_0 表示平衡态，随着 λ 偏离 λ_0，x 也就偏离平衡态，在 $\lambda<\lambda_c$ 时，体系沿曲线 a 变化，其上各点代表近平衡态。当 $\lambda>\lambda_c$ 时，体系进入 a 的延伸段 b（图 D-4(a)），b 段对应极不稳定的非平衡态，一旦体系受到微小扰动（如涨落）的影响，就会使体系发生突变而跃迁到新的

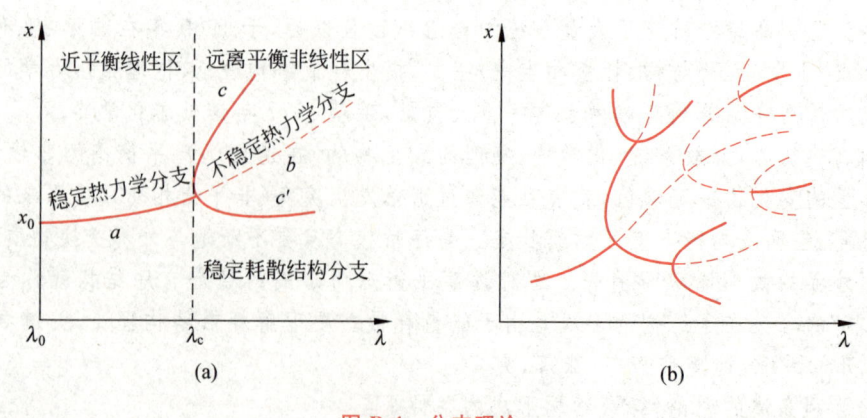

图 D-4 分支理论
（a）分支现象；（b）高级分支现象

稳定分支 c 或 c' 上。c 或 c' 上的点都可能对应某种高度有序的结构,即耗散结构状态。当控制参数进一步增大时,各个分支又会发生分叉,形成高级分支(图 D-4(b)),即体系在远离平衡态时可能向多种可能的有序结构发展,从而使体系表现出复杂的行为。在体系偏离平衡态足够远时,分支越来越多,体系进入新的随机状态,称为混沌状态。混沌态与平衡态的区别在于,混沌态是具有宏观尺度的涨落之间的"混乱",而平衡态则是分子水平上的微观混乱。混沌态是具有生命迹象的,如生命中的蛋白质、核糖核酸,战争中的各个大的集团之间的混乱;而平衡态则完全是无生命力的,"死"的混乱。

耗散结构理论目前还不很成熟,但它已经在生物、物理、化学、气象、工程乃至哲学领域得到广泛应用。在物理学方面,耗散结构的概念扩大并加深了物理学中的有序概念。对不同物理体系中各种耗散结构的研究,丰富了热力学和统计物理学中关于相变的研究内容,开辟了新的研究领域,为物理学研究这些非平衡非线性问题提供了新概念和新方法。在化学和生物学方面,化学反应系统和生物学系统中耗散结构的研究,为生命体的生长发育和生物进化过程提供了新的解释、新的概念和方法,解决了长期以来热力学与进化论的矛盾。在系统科学方面,耗散结构理论利用数学和物理学的概念和方法研究复杂系统的自组织问题,成为系统学的一个重要组成部分。另外,它已在解释和分析流体、激光器、电子回路、化学反应、生命体等复杂系统中出现的耗散结构方面获得了很多有意义的结果,并且可用耗散结构理论来研究一些新的现象,诸如核反应过程、生态系统中的人口分布、环境保护、交通运输和城市发展等。

习　　题

9-1 一定量的单原子分子理想气体,在 4 atm、27℃时体积 $V_1 = 6$ L,终态体积 $V_2 = 12$ L。若过程是:(1)等温;(2)等压。求两种情况下的功、热量及内能的变化。

9-2 1 mol 单原子分子理想气体从 300 K 加热到 350 K。(1)体积保持不变;(2)压强保持不变;在这两过程中系统各吸收了多少热量?增加了多少内能?气体对外做了多少功?

9-3 将 400 J 的热量传给标准状态下的 2 mol 氢气。(1)若温度不变,氢气的压强、体积各变为多少?(2)若压强不变,氢气的温度、体积各变为多少?(3)若体积不变,氢气的温度、压强各变为多少?哪一过程中它做功最多?为什么?哪一过程中内能增加最多?为什么?

9-4 一系统由如图所示的 a 状态沿 acb 到达 b 状态,有 320 J 热量传入系统,而系统对外做功 126 J。(1)若 adb 过程系统对外做功 42 J,问有多少热量传入系统?(2)当系统由 b 状态沿曲线 ba 返回 a 状态时外界对系统做功 84 J,问系统是吸热还是放热?热量是多少?

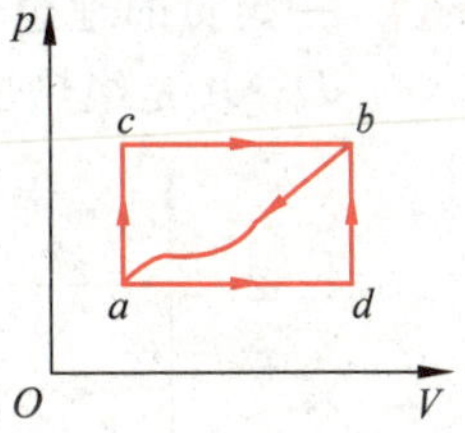

习题 9-4 图

9-5 温度为 25℃,压强为 1 atm 的 1 mol 刚性双原子分子理想气体,经等温过程体积膨胀至原来的 3 倍。(1)计算这个过程中气体对外做的功;(2)假如气体经绝热过程体积膨胀为原来的 3 倍,那么气体对外做的功又是多少?

9-6 3 mol 温度为 $T_0 = 273$ K 的理想气体，先经等温过程体积膨胀到原来的 5 倍，然后等体加热，使其末态的压强刚好等于初始压强，整个过程传给气体的热量为 8×10^4 J。试画出此过程的 p-V 图，并求这种气体的热容比 $\gamma = C_p/C_V$ 为多大？

9-7 在一个密闭的大教室内有 100 位学生，假设每位学生新陈代谢所产生的热量为 13.0 W，教室长 15 m，宽 8 m，高 4 m，初始时教室里的温度为 21℃，压强为 1 atm，如果新陈代谢热量全部被气体吸收，求 45 min 后，教室温度升高多少。（空气 $C_V = 5R/2$）

9-8 在寒冷的冬天，人体大量的热量消耗在加热吸入肺部的空气上。(1)如果气温在 -20℃，每次吸入气体 0.5 L，那么加热到人体温度 37℃，需要多少热量[设气体的比热为 1020 J/(kg·K)，1 L 气体质量为 1.293×10^{-3} kg]？(2)如果每分钟呼吸 20 次，那么人体每小时需要消耗多少热量？

9-9 一定量的单原子分子理想气体，从 A 态出发经等压过程膨胀到 B 态，又经绝热过程膨胀到 C 态，如图所示。试求整个过程中气体对外做的功、内能增量及吸收的热量。

9-10 1 mol 双原子分子理想气体从状态 $A(p_1, V_1)$ 沿 p-V 图所示直线变化到状态 $B(p_2, V_2)$，如图所示。求：(1)气体内能增量；(2)气体对外做的功；(3)气体吸收的热量。

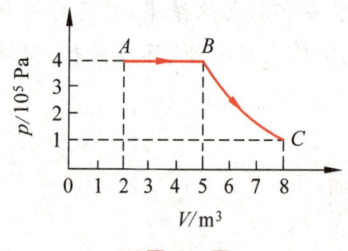

习题 9-9 图

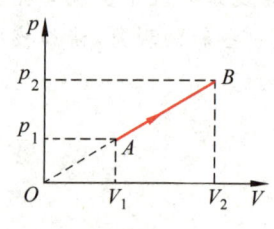

习题 9-10 图

9-11 汽缸内有一种刚性双原子分子理想气体，若使其绝热膨胀后气体的压强减少一半，则变化前后气体内能之比为多大？

9-12 汽缸内有单原子分子理想气体，若绝热压缩使容积减小一半，问气体分子的平均速率变为原来的几倍？

9-13 如图所示，$abcd$ 为 1 mol 单原子分子理想气体的循环过程。(1)求气体循环一次，在吸热过程中从外界吸收的总热量；(2)求气体循环一次对外做的净功；(3)求此循环的效率。

9-14 一定量的理想气体经历如图所示循环过程，$A \to B$ 和 $C \to D$ 是等压过程，$B \to C$ 和 $D \to A$ 是绝热过程，已知 $T_C = 300$ K，$T_B = 400$ K。试求此循环的效率。

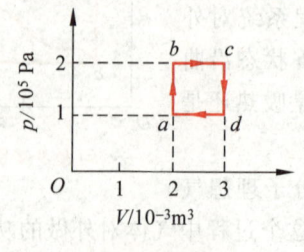

习题 9-13 图

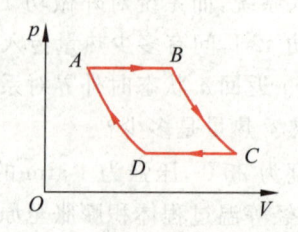

习题 9-14 图

9-15 假定室外温度为 310 K,室内温度为 290 K,每天由室外传向室内的热量为 2.51×10^8 J。为使室内温度维持 290 K,则所使用的空调每天耗电多少?空调的致冷系数为卡诺制冷机致冷系数的 60%。

9-16 制冷机每做功 10^4 J,可以从低温热源(253 K)吸取 5.02×10^4 J 热量送到高温热源(288 K),问这台机器的致冷系数是多少?若保持高低温热源温度不变,而尽可能提高机器的效率,则每做功 10^4 J,最多能从低温热源吸取多少热量?

9-17 设以氮气(视为刚性分子理想气体)为工作物质进行卡诺循环,在绝热膨胀过程中气体的体积增大到原来的 2 倍,求循环效率。

9-18 一定量的单原子分子理想气体,从初态 A 出发,沿图所示直线过程变到另一状态 B,又经过等体、等压两过程回到初态 A。(1)求 $A \to B, B \to C, C \to A$ 各过程中系统对外做的功、内能增量及所吸收的热量;(2)求循环效率。

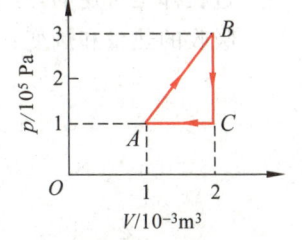

习题 9-18 图

9-19 1 mol 理想气体在 $T_1 = 400$ K 的高温热源和 $T_2 = 300$ K 的低温热源间作可逆卡诺循环。在 400 K 等温线上的起始体积 $V_1 = 0.001$ m³、终止体积 $V_2 = 0.005$ m³。试求此气体在每一次循环中:(1)从高温热源吸收的热量 Q_1;(2)气体所做净功 A;(3)气体传给低温热源的热量 Q_2。

9-20 制冷机工作时,其冷藏室中的温度为 -10℃,其放出的冷却水的温度为 11℃,若按理想卡诺循环计算,此制冷机每消耗 10^3 J 的功,可以从冷藏室中吸出多少热量?

9-21 在夏季利用一空调,以 2000 J/s 的速率将室内热量排到室外,已知室温为 300 K,室外为 310 K,求空调所需的最小功率。

9-22 冬季使用一制冷机从室外吸热,设室外温度为 270 K,室内温度为 300 K,若以 70 W 的功率输入,则每秒传入室内的最大热量是多少?

9-23 一个平均输出功率为 5.0×10^7 W 的发电厂,高温热源温度为 1000 K,低温热源温度为 300 K,求:(1)如发电机的循环过程为可逆循环,其效率为多少?(2)如实际循环效率只有可逆循环效率的 70%,发电厂每天需向发电机输入多少热能?

9-24 有一暖气装置如下:用一热机带动一制冷机,制冷机从河水中吸热而供给暖气系统中的水,同时暖气中的水又作为热机的冷凝器。热机的高温热源温度是 210℃,河水温度是 15℃,暖气系统的水温是 60℃。设热机和制冷机分别以卡诺正循环和卡诺逆循环工作,那么每燃烧 1 kg 煤,暖气系统中的水得到的热量是多少?是煤所发热量的几倍?(已知煤的燃烧值是 3.34×10^7 J/kg)

9-25 1 mol 单原子分子理想气体温度从 100 K 加热到 1000 K 而体积不改变,它的熵增加了多少?

9-26 两相同体积的容器盛有不同的理想气体,第一种气体质量为 M_1、摩尔质量 μ_1,第二种气体质量为 M_2、摩尔质量 μ_2,它们的压强和温度都相同,把两者相互连通起来,开始了扩散过程,求这个系统的熵变总和。

9-27 把 1 kg 温度为 20℃ 的水放到 100℃ 的炉子上加热,最后水温达 100℃,求水和炉子

的熵变。[水的定压比热为 $4.18×10^3$ J/(kg·K)]

9-28 1 mol 理想气体经历了体积从 $V_1 \rightarrow 2V_1$ 的可逆等温膨胀过程，求：(1)气体的熵变；(2)如果同样的膨胀是绝热自由膨胀，结果又如何？

9-29 一个人大约一天向周围环境散发 $8×10^4$ J 热量，试估算人一天产生多少熵。(不计人进食时带入体内的熵，环境的温度取 273 K。)

9-30 理想气体开始时处于 $T_1=300$ K、$p_1=3.039×10^5$ Pa、$V_1=4$ m³ 的状态，先等温膨胀体积至 16 m³，接着经过一等体过程达到某一压强，再经绝热压缩回到初态。设全部过程都是可逆的，且 $\gamma=1.4$。(1)在 p-V 图上画出上述循环；(2)计算各分过程气体吸收的热量和熵变；(3)计算循环的效率和熵变。

第 10 章 静 电 场

闪电是人类最早看到的电现象,但是当时不可能理解这个现象。关于电的知识,人类是从摩擦生电开始获得的,我国古书上有琥珀拾芥的记载,希腊织布工人在公元前 7 世纪也发现了摩擦生电现象,但是到 17 世纪以后才对摩擦生电现象有较多的认识。18 世纪罗蒙诺索夫进行了雷电实验,提出避雷针的设计。库仑总结了前人关于静电现象的研究,并做了多次实验,于 1785 年提出库仑定律,奠定了静电学的基础。英国物理学家法拉第最先提出电场的概念。自从 18 世纪中叶以来,对电的研究逐渐蓬勃展开。它的每项重大发现都引起了广泛的实用研究,从而促进了科学技术的飞速发展。现今,无论人类生活、科学技术活动以及物质生产活动都已离不开电。

本章从库仑定律出发,引入描述静电场的基本概念——静电场、电势;介绍静电场的两条基本规律——高斯定理和环路定理,以及与电场力做功相关的电势能,然后介绍静电场中的导体和电介质。

10.1 真空中的静电场

10.1.1 库仑定律

1. 电荷

物质的电性质来自物质的微观结构。常见的宏观物体都是由分子、原子所组成。任何物质的原子都是由原子核与绕核运动的电子组成。原子核中质子带正电,核外电子带等量的负电。由于原子核内质子数目与核外电子数目相等,故通常原子呈电中性,宏观物体也呈电中性。

由物质的电结构可知,自然界中只存在两种电荷:正电荷与负电荷。由于某种原因(如摩擦等)失去一些电子的物体带正电,而得到一些电子的物体则带负电。物体所带电荷数量的多少称为电荷量,简称电荷或电量。在国际单位制(SI)中,电量的单位是 C(库)。目前实验室已观测到的具有最小电量的粒子是电子,物体所带的电量都是电子电量的整数倍。这个特性称为电荷的量子化。一个电子所带电量的绝对值称为基本电荷,用 e 表示。目前 e 的实验测量值为

$$e = 1.602\,189\,2 \times 10^{-19} \text{ (C)}$$

虽然在理论上早已有人提出存在分数电荷的可能,预言每个夸克或反夸克带电量为 $\pm(1/3)e$ 或 $\pm(2/3)e$,但在实验上至今尚未发现单独存在的夸克。即使将来找到夸克,因在夸克这一层次上,以 $(1/3)e$ 为基本电荷,电荷仍是量子化的。由于宏观物体带电时一般带有大量的基本电荷,即使宏观上的"微量",也仍含有数量可观的基本电荷,因此在描述电磁现象的宏观规律时可认为电荷是连续分布在带电体上,而只在研究宏观现象的微观本质时才需要考虑电荷的量子性。

电子是非常稳定的基本粒子。由于电子的稳定性,对于一个与外界无净电荷交换的系统,不论系统内发生什么样的物理、化学过程,该系统内正、负电荷电量的代数和总是保持不变。这一规律称为电荷守恒定律,可写作:$\sum q_i =$ 恒量。

宏观物体的各种电转移过程,实质上都是微观带电粒子在系统内运动的结果,因此电荷守恒实际上就是系统内粒子的总电荷数守恒。电荷守恒是一切宏观或微观过程都必须遵循的基本规律,它也是自然界对称性(规范对称性)的一种反映。

实验证明,一个带电粒子的电荷量与其运动状态无关,即在不同的参考系中测量同一带电粒子的电量结果均相同。电荷的这一特性称为电荷的相对论不变性。

2. 库仑定律

人们在实验中发现,同种电荷互相排斥,异种电荷互相吸引。那么,电荷间的相互作用又满足什么样的关系呢?为了抓住主要矛盾,更方便地找出这一规律,人们由实践中抽象出"点电荷"这一理想物理模型。所谓点电荷,就是形状和大小可以忽略不计的带电粒子或带电体。在实际问题中,当带电体的尺度和形状与带电体间的距离相比可以略去时,就可将它视为点电荷。对于一般带电体,我们可以把它分成许许多多足够小的小块,每一小块可近似视为点电荷,这样整个带电体就可以看成是无限多个点电荷的集合体。库仑注意到电荷之间的作用力与万有引力有许多类似之处,他精心设计了一些实验,其中最主要的是扭秤实验,测量了点电荷间的相互作用力。并于1785年提出与万有引力定律类似的库仑定律。其表述如下:

真空中两个静止的点电荷 q_1 与 q_2,它们之间相互作用力的大小与 q_1q_2 成正比,与距离 r 的平方成反比。作用力的方向沿着它们的连线方向,同号电荷相斥,异号电荷相吸。其数学表达式为

$$\boldsymbol{F} = k\frac{q_1q_2}{r^2}\boldsymbol{e}_r \tag{10-1}$$

式中,$\boldsymbol{e}_r$ 为一单位矢量,方向由施力者指向受力者;k 为比例系数。根据实验测定,在国际单位制中,比例系数

$$k = 8.99 \times 10^9 \text{ N} \cdot \text{m}^2/\text{C}^2 \approx 9 \times 10^9 \text{ N} \cdot \text{m}^2/\text{C}^2$$

为了使以后常用的电场公式中不出现 4π 因子而变得简单些,库仑定律在国际单位制中通常写成

$$\boldsymbol{F} = \frac{1}{4\pi\varepsilon_0}\frac{q_1q_2}{r^2}\boldsymbol{e}_r \tag{10-2}$$

式中,$\varepsilon_0 = 1/4\pi k = 8.85 \times 10^{-12} \text{ C}^2/(\text{N} \cdot \text{m}^2)$;$\varepsilon_0$ 称为真空中的介电常数,又称为真空电容率。

真空中的库仑定律只能用于研究真空中静止点电荷之间的相互作用,在计算任意带电体的相互作用时,不能直接应用。

【例 10-1】 在氢原子中,质子与电子的距离约为 5.3×10^{-11} m,求它们之间的静电力和万有引力,并比较两种力的大小。

解 由于质子与电子之间的距离远大于它们本身的直径,所以可将电子和质子看成点电荷,质子带 $+e$ 电荷,电子带 $-e$ 电荷,它们之间的静电力为引力,其大小由库仑定律求得

$$F_e = \frac{1}{4\pi\varepsilon_0} \frac{e \cdot e}{r^2} = \frac{1}{4\pi \times 8.85 \times 10^{-12}} \times \frac{(1.6 \times 10^{-19})^2}{(5.3 \times 10^{-11})^2}$$
$$= 8.2 \times 10^{-8} (\text{N})$$

它们之间的万有引力大小为

$$F_m = G\frac{mM}{r^2} = 6.67 \times 10^{-11} \times \frac{9.1 \times 10^{-31} \times 1.67 \times 10^{-27}}{(5.3 \times 10^{-11})^2}$$
$$= 3.6 \times 10^{-47} (\text{N})$$

$$\frac{F_e}{F_m} = \frac{8.2 \times 10^{-8}}{3.6 \times 10^{-47}} = 2.3 \times 10^{39} (\text{倍})$$

可见 $F_e \gg F_m$,所以在原子中,作用在电子上的力主要为电力,而万有引力可以忽略不计。

10.1.2 电场 电场强度

1. 电场

两个电荷之间分开一段距离会产生相互作用力。这类力究竟如何传递?历史上有过长期的争论。一种观点认为该力的传递不需要任何媒介,也不需要传递时间,称为超距作用观点。另一种观点是法拉第提出的场论观点,他认为带电体周围存在着传递作用力的中间物质,称为电场。每一个电荷都会产生电场,该电场对其他电荷产生作用力。电荷之间的这种作用力称为电场力。这种观点可具体表示为:

电荷 ⟷ 电场 ⟷ 电荷

现代科学已证实,"场"是物质存在的一种形态,其基本属性是具有能量和动量,传递物质间的相互作用是通过交换"场量子"来实现的。电磁场的场量子是光子,通过交换光子来实现带电粒子间的能量和动量的传递。电场的物质性表现在:位于电场中的任何带电体都受到电场力的作用,带电体在电场中移动时,电场力会对它做功。

相对于观察者静止的带电体产生的电场,称为静电场。静电场的特点是电场分布不随时间变化。

2. 电场强度

电场的一个重要性质是它能对电荷施加作用力。为了研究电场中各点(称场点)的性质,可以把一个试探电荷 q_0 放在电场中不同位置,通过测量电场对它的作用力,从而得到电

场的性质。为了使测量精确,试探电荷必须满足如下条件:(1)电量足够小,以保证它的置入不会对原电场产生影响;(2)线度必须小到可以看成点电荷,以便能细致地反映出各场点的性质。

实验表明:对于电场中的某一点来说,试探电荷受到的电场力与电荷电量的比值 F/q_0,是一个无论大小及方向均与试探电荷无关的物理量,它反映了电场本身的性质。我们把这个比值作为描写电场的场量,称为电场强度(简称场强),通常用 E 表示,即

$$E = \frac{F}{q_0} \tag{10-3}$$

在国际单位制中,场强的单位为 N/C(牛/库)或 V/m(伏[特]/米)。

由式(10-3)可知,若已知电场中某点的场强,则可求得位于该点的电荷 q 所受到的静电力(库仑力或电场力) F 为

$$F = qE \tag{10-4}$$

实验证明,当空间存在两个以上点电荷时,其中任意两个点电荷之间的相互作用力不受其他电荷的影响。所以,试探电荷 q_0 所受的电场力等于空间所有其他点电荷($q_1, q_2, \cdots, q_i$)单独存在时对其作用力的矢量和。即

$$F = \sum_i F_i = \sum_i \frac{1}{4\pi\varepsilon_0} \frac{q_0 q_i}{r_i^2} e_{ri} \tag{10-5}$$

这个结论称为电力叠加原理。式(10-5)中,e_{ri} 为从 q_i 指向 q_0 方向的单位矢量。设电场是由点电荷系 $q_1, q_2, \cdots, q_n$ 共同产生的,则据电力叠加原理可知:试探电荷 q_0 在场点 P 所受的电场力 F 为

$$F = \sum_{i=1}^n F_i = F_1 + F_2 + \cdots + F_n$$

由电场强度定义,P 点场强 $E = F/q_0$,则有

$$E = \frac{F_1}{q_0} + \frac{F_2}{q_0} + \cdots + \frac{F_n}{q_0} = E_1 + E_2 + \cdots + E_n = \sum_i E_i \tag{10-6}$$

式中,$E_1, E_2, \cdots, E_n$ 分别为 $q_1, q_2, \cdots, q_n$ 单独存在时在 P 点产生的场强。式(10-6)表明,点电荷系电场中任一点的场强等于各点电荷单独存在时在该点产生的场强的矢量和。这个结论称为场强叠加原理。

3. 电场强度的计算

根据库仑定律和电场强度的定义,求得点电荷 q 产生的电场的场强为

$$E = \frac{q}{4\pi\varepsilon_0 r^2} e_r \tag{10-7}$$

r 为场点 P 到点电荷 q 的距离,e_r 为由点电荷 q 指向场点 P 方向的单位矢量。上式表明,点电荷产生的电场具有球对称性,正电荷产生的场强方向沿径向向外,负电荷产生的场强方向沿径向向内。

利用场强叠加原理,可求得点电荷系在场点 P 处的场强为

$$E = \frac{1}{4\pi\varepsilon_0} \sum_i \frac{q_i}{r_i^2} e_{ri}$$

如果静电场由连续分布的带电体产生,则可将此带电体看成由许多电荷元 dq 所组成,

每个电荷元可视为点电荷,利用场强叠加原理和矢量积分可求得总场强。即

$$\boldsymbol{E} = \int \mathrm{d}\boldsymbol{E} = \frac{1}{4\pi\varepsilon_0} \int \frac{\mathrm{d}q}{r^2} \boldsymbol{e}_r \tag{10-8}$$

对于一个带电体,电荷元 $\mathrm{d}q = \rho\mathrm{d}V$,其中 ρ 为电荷体密度(单位体积中的电量),$\mathrm{d}V$ 为带电体的体积元;对于一个带电面,$\mathrm{d}q = \sigma\mathrm{d}S$,其中 σ 为电荷面密度(单位面积上的电量),$\mathrm{d}S$ 为带电面上的面元;对于一个带电线,$\mathrm{d}q = \lambda\mathrm{d}l$,其中 λ 为电荷线密度(单位长度上的电量),$\mathrm{d}l$ 为带电线上的线元。

【例 10-2】 如图 10-1 所示,设有一均匀带正电直线,长为 l,电荷线密度为 λ。有一点 P 与带电直线的距离为 a,求 P 点的场强 $\boldsymbol{E}$ 的大小与方向。(P 点与直线两端点的连线与带电直线间的夹角分别为 θ_1 和 θ_2)

解 建立如图所示的坐标系,在带电直线上取电荷元 $\mathrm{d}q = \lambda\mathrm{d}x$,设 $\mathrm{d}q$ 到 P 点的距离为 r,则 $\mathrm{d}q$ 在 P 产生的场强大小为

$$\mathrm{d}E = \frac{\lambda\mathrm{d}x}{4\pi\varepsilon_0 r^2}$$

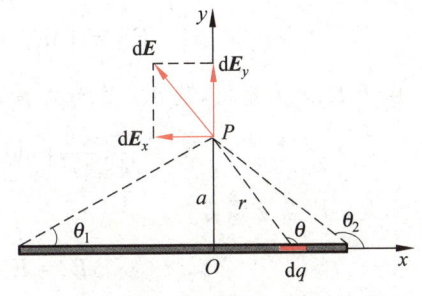

图 10-1 例 10-2 图

由于不同位置处的电荷元在 P 点产生的 $\mathrm{d}E$ 的方向不同,所以在计算场强时要分别计算 x,y 方向上的电场分量

$$\mathrm{d}E_x = \mathrm{d}E \cdot \cos\theta = \frac{\lambda\mathrm{d}x}{4\pi\varepsilon_0 r^2} \cdot \cos\theta$$

$$\mathrm{d}E_y = \mathrm{d}E \cdot \sin\theta = \frac{\lambda\mathrm{d}x}{4\pi\varepsilon_0 r^2} \cdot \sin\theta$$

为了便于积分,必须要统一变量,这里将变量统一为 θ。由三角形关系

$$r^2 = a^2 + x^2 = a^2 \csc^2\theta, \quad x = -a \cdot \cot\theta, \quad \mathrm{d}x = a \cdot \csc^2\theta \mathrm{d}\theta$$

有

$$\mathrm{d}E_x = \frac{\lambda}{4\pi\varepsilon_0 a}\cos\theta\mathrm{d}\theta, \quad \mathrm{d}E_y = \frac{\lambda}{4\pi\varepsilon_0 a}\sin\theta\mathrm{d}\theta$$

$$E_x = \int \mathrm{d}E_x = \int_{\theta_1}^{\theta_2} \frac{\lambda}{4\pi\varepsilon_0 a} \cdot \cos\theta\mathrm{d}\theta = \frac{\lambda}{4\pi\varepsilon_0 a}(\sin\theta_2 - \sin\theta_1)$$

$$E_y = \int_{\theta_1}^{\theta_2} \frac{\lambda}{4\pi\varepsilon_0 a} \cdot \sin\theta\mathrm{d}\theta = \frac{-\lambda}{4\pi\varepsilon_0 a}(\cos\theta_2 - \cos\theta_1)$$

P 点场强

$$\boldsymbol{E} = E_x \boldsymbol{i} + E_y \boldsymbol{j}$$

场强大小

$$E = |\boldsymbol{E}| = \sqrt{E_x^2 + E_y^2} = \frac{\lambda}{2\pi\varepsilon_0 a}\sin\left(\frac{\theta_2 - \theta_1}{2}\right)$$

$\boldsymbol{E}$ 的方向:$\boldsymbol{E}$ 与 x 轴的夹角为

$$\varphi = \arctan\left(\frac{E_y}{E_x}\right) = \arctan\left(\frac{\cos\theta_1 - \cos\theta_2}{\sin\theta_2 - \sin\theta_1}\right)$$

讨论:如果此均匀带电直线是无限长的,则

$$\theta_1 = 0, \quad \theta_2 = \pi; \quad E_x = 0, \quad E_y = \frac{\lambda}{2\pi\varepsilon_0 a}$$

【例 10-3】 如图 10-2 所示，一均匀带电细圆环的半径为 R，带电量为 $q > 0$，环的轴线上有一点 P 与环心 O 的距离为 x，求 P 点的场强。

解 环上任一电荷元在 P 点产生的场强为

$$d\boldsymbol{E} = \frac{dq}{4\pi\varepsilon_0 r^2} \boldsymbol{e}_r$$

把电场 $d\boldsymbol{E}$ 分解为沿 x 轴的分量 $d\boldsymbol{E}_x$ 和垂直于 x 轴的分量 $d\boldsymbol{E}_\perp$，由对称性有

$$E_\perp = \int dE_\perp = 0$$

$$E_x = \int dE_x = \int dE \cdot \cos\theta = \int \frac{\cos\theta \cdot dq}{4\pi\varepsilon_0 r^2}$$

由于 R、x 为定值，故 θ、r 亦为常量，所以

$$E_x = \frac{\cos\theta}{4\pi\varepsilon_0 r^2} \int_0^q dq = \frac{q \cdot \cos\theta}{4\pi\varepsilon_0 r^2} = \frac{qx}{4\pi\varepsilon_0 (x^2 + R^2)^{3/2}}$$

于是，P 点场强为

$$\boldsymbol{E} = E_x \boldsymbol{i} = \frac{qx}{4\pi\varepsilon_0 (x^2 + R^2)^{3/2}} \boldsymbol{i}$$

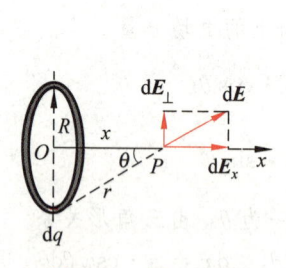

图 10-2　例 10-3 图

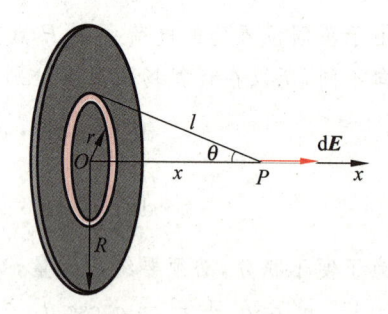

图 10-3　例 10-4 图

【例 10-4】 均匀带正电薄圆盘的半径为 R，如图 10-3 所示，其电荷面密度为 σ。求圆盘轴线上距盘心 O 为 x 处的 P 点的场强。

解 在圆盘中选取中心为 O、半径为 r、宽度为 dr 的细圆环。此细圆环的带电量为

$$dq = \sigma \cdot dS = \sigma \cdot 2\pi r dr$$

利用例 10-3 结果可知，此细圆环在 P 点产生的场强 $d\boldsymbol{E}$ 为

$$d\boldsymbol{E} = \frac{\sigma \cdot 2\pi r dr \cdot x}{4\pi\varepsilon_0 (r^2 + x^2)^{3/2}} \boldsymbol{i} = \frac{\sigma x r dr}{2\varepsilon_0 (r^2 + x^2)^{3/2}} \boldsymbol{i}$$

于是，整个圆盘在 P 点产生的场强为

$$\boldsymbol{E} = \int d\boldsymbol{E} = \frac{\sigma x}{2\varepsilon_0} \int_0^R \frac{r dr}{(r^2 + x^2)^{3/2}} \boldsymbol{i} = \frac{\sigma x}{4\pi\varepsilon_0} \int_0^R \frac{d(r^2 + x^2)}{(r^2 + x^2)^{3/2}} \boldsymbol{i}$$

$$= \frac{\sigma}{2\varepsilon_0} \left(1 - \frac{x}{\sqrt{R^2 + x^2}}\right) \boldsymbol{i}$$

如果 $x \ll R$，可看成"无限大"的圆盘，即 $R \to \infty$，则上式可简化为

$$\boldsymbol{E} = \frac{\sigma}{2\varepsilon_0} \boldsymbol{i}$$

此即无限大均匀带电平面的电场强度表示式。

如果 $x \gg R$, $(R^2+x^2)^{-1/2} = \dfrac{1}{x}\left(1-\dfrac{R^2}{2x^2}+\cdots\right) \approx \dfrac{1}{x}\left(1-\dfrac{R^2}{2x^2}\right)$

则

$$E \approx \frac{\pi R^2 \sigma}{4\pi\varepsilon_0 x^2} = \frac{q}{4\pi\varepsilon_0 x^2}$$

式中 $q = \sigma\pi R^2$ 为圆面所带的总电量。这一结果说明,远离带电圆面处的电场也相当于一个点电荷的电场。

10.2 真空中的高斯定理及其应用

为了更形象、更直观地显示电场的分布情况,可在电场中画出一系列有向曲线来表示电场的分布,规定曲线上任一点的切线的正方向与该点的场强方向一致,该点场强的大小等于通过该点的垂直于场强的单位面积的曲线条数,这样的一系列曲线称为电场线。

电场中电场线的形状,可借助一些实验方法显示出来。例如,在绝缘油上撒一些针状晶体碎屑,当加上外电场后,这些悬浮在油面上的小晶体会由于静电感应成为小电偶极子,它们在电场力的作用下沿电场线排列起来。

图 10-4 列举了几种典型的电场的电场线分布。从这些电场线分布图可以看出,电场线有如下一些性质:

(1) 电场线始于正电荷(或始于无穷远处),终止于负电荷(或终止于无穷远处),在无电荷处不中断。

(2) 任何两条电场线不相交。

(3) 静电场的电场线不形成闭合曲线。

穿过电场中任一曲面的电场线的总条数,称为通过该曲面的电通量,用 Φ_e 表示。如图 10-5 所示,设电场中一面积元 $\mathrm{d}S$ 的法线方向 $\boldsymbol{e}_n$(亦即 $\mathrm{d}\boldsymbol{S}$ 的方向)与该处场强 $\boldsymbol{E}$ 的夹角为 θ,$\mathrm{d}S_\perp$ 是 $\mathrm{d}S$ 在垂直于 $\boldsymbol{E}$ 方向的投影。根据电场线的绘制规定,$E = \mathrm{d}\Phi_e/\mathrm{d}S_\perp$,则有

$$\mathrm{d}\Phi_e = E\mathrm{d}S_\perp = E\mathrm{d}S\cos\theta = \boldsymbol{E}\cdot\mathrm{d}\boldsymbol{S}$$

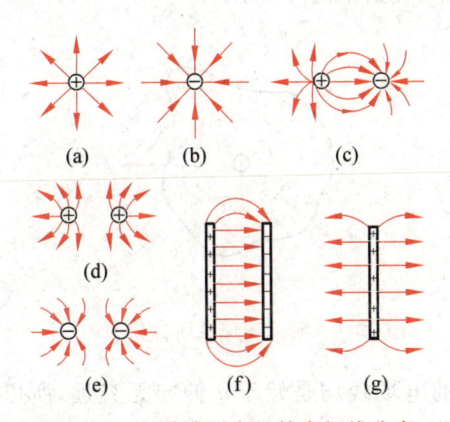

图 10-4 几种典型电场的电场线分布

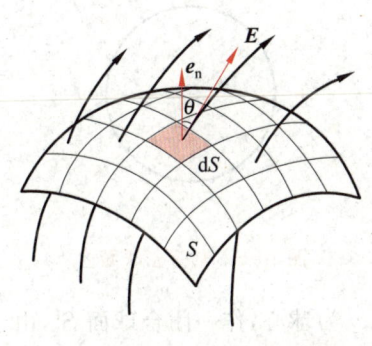

图 10-5 通过任一曲面的电通量

式中，$\mathrm{d}\boldsymbol{S}=\mathrm{d}S\boldsymbol{e}_n$，对于任意一个曲面 S，我们可把它看成由许多小面元 $\mathrm{d}\boldsymbol{S}$ 组成，这样通过该曲面的电通量为

$$\Phi_e = \int_S \mathrm{d}\Phi_e = \int_S \boldsymbol{E} \cdot \mathrm{d}\boldsymbol{S} \tag{10-9}$$

需要说明，对于非闭合的任意曲面，面元 $\mathrm{d}\boldsymbol{S}$ 的法线取向可在曲面的任一侧选取，不同取法计算出的电通量的符号相反。但对闭合曲面，我们规定：面元的外法线方向为面元的正方向。于是闭合曲面的电通量应为

$$\Phi_e = \oint_S \boldsymbol{E} \cdot \mathrm{d}\boldsymbol{S} \tag{10-10}$$

当电场线从内部穿出时，$\Phi_e > 0$；当电场线从外部穿入时，$\Phi_e < 0$。

静电场中，通过闭合曲面的电通量与该闭合曲面所包围的电荷有着确定的量值关系，这一关系可由高斯定理表述如下：

真空中的静电场内，通过任意一个闭合曲面的电通量等于该闭合曲面内的所有电荷代数和的 $1/\varepsilon_0$ 倍。其数学表达式为

$$\Phi_e = \oint_S \boldsymbol{E} \cdot \mathrm{d}\boldsymbol{S} = \frac{1}{\varepsilon_0} \sum_{i=1}^n q_i \tag{10-11}$$

式中的闭合曲面又称为高斯面。高斯定理是电磁学理论中的一条重要定理。下面我们来验证高斯定理的正确性。

(1) 电场由点电荷 q 产生，曲面为以 $q(q>0)$ 为球心、半径为 r 的闭合球面，如图 10-6 所示。

在球面 S 上各点场强大小为 $E = q/4\pi\varepsilon_0 r^2$，其方向沿径向向外，$\boldsymbol{E}$ 与小面元 $\mathrm{d}\boldsymbol{S}$ 同向。于是，通过球面的总通量为

$$\Phi_e = \oint_S \mathrm{d}\Phi_e = \oint_S \boldsymbol{E} \cdot \mathrm{d}\boldsymbol{S} = \oint_S E\mathrm{d}S = \oint_S \frac{q}{4\pi\varepsilon_0 r^2} \mathrm{d}S$$

$$= \frac{q}{4\pi\varepsilon_0 r^2} \oint_S \mathrm{d}S = \frac{q}{4\pi\varepsilon_0 r^2} \cdot 4\pi r^2 = \frac{q}{\varepsilon_0}$$

此结果与球面半径 r 无关，只与它所包围的电荷量有关。这意味着，对以点电荷 q 为中心的任意球面来说，通过它们的电通量都等于 q/ε_0。

(2) 曲面为包围单个点电荷 q 的任意闭合曲面 S，如图 10-7 所示。

图 10-6　电荷在球面内

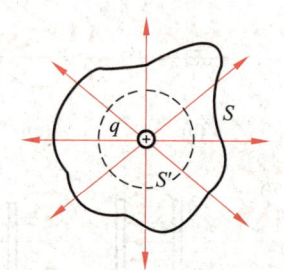

图 10-7　电荷在任意闭合曲面内

以 q 为球心，作一闭合球面 S'，由于点电荷 q 的电场线均是始于 q 伸向无穷远，所以穿出 S 的电场线跟穿出球面 S' 的电场线条数一定一样多。于是有

$$\Phi_e = \oint_S \mathbf{E} \cdot \mathrm{d}\mathbf{S} = \oint_{S'(球面)} \mathbf{E} \cdot \mathrm{d}\mathbf{S} = \frac{q}{4\pi\varepsilon_0 r^2} \cdot 4\pi r^2 = \frac{q}{\varepsilon_0}$$

通过任意闭合曲面 S 和通过球面 S' 的电通量相等。

(3) q 在任意闭合曲面之外,如图 10-8 所示。

小面元 $\mathrm{d}\mathbf{S}$ 的方向为 $\mathrm{d}\mathbf{S}$ 的法线方向且指向闭合曲面的外部。闭合曲面 S 的右半部 S_2 上的 $\mathrm{d}\mathbf{S}$ 与 $\mathbf{E}$ 夹角小于 $90°$,故 $\Phi_{e2} = \int_{S_2} \mathbf{E} \cdot \mathrm{d}\mathbf{S} > 0$ ($\Phi_e > 0$ 表示电场线穿出闭合曲面),在闭合曲面左半部 S_1 上,$\mathrm{d}\mathbf{S}$ 与 $\mathbf{E}$ 的夹角 θ 大于 $90°$,$\cos\theta < 0$,所以 $\Phi_{e1} = \int_{S_1} \mathbf{E} \cdot \mathrm{d}\mathbf{S} < 0$ ($\Phi_e < 0$ 表示电场线穿进闭合曲面)。由于闭合曲面 S 不包围电荷,则电场线不会在 S 内中断或增加,所以穿进曲面 S_1 的电场线条数 $|\Phi_{e1}|$ 与穿出 S_2 的电场线条数 $|\Phi_{e2}|$ 相等。于是通过此闭合曲面的总电通量为

$$\Phi_e = \oint_S \mathbf{E} \cdot \mathrm{d}\mathbf{S} = \int_{S_1} \mathbf{E} \cdot \mathrm{d}\mathbf{S} + \int_{S_2} \mathbf{E} \cdot \mathrm{d}\mathbf{S} = \Phi_{e1} + \Phi_{e2} = 0$$

(4) 任意闭合曲面 S,其内含有 n 个点电荷 $q_1, q_2, \cdots, q_n$,曲面外分布点电荷 q_{n+1}, $q_{n+2}, \cdots, q_m$,如图 10-9 所示。

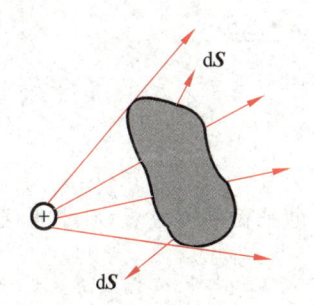

图 10-8　电荷在闭合曲面外

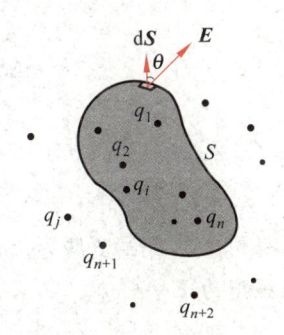

图 10-9　高斯面内外电荷分布

据场强叠加原理,曲面上各点的场强是由全部点电荷产生的,所以有

$$\mathbf{E} = \sum_{i=1}^{n} \mathbf{E}_i + \sum_{j=n+1}^{m} \mathbf{E}_j$$

于是通过闭合曲面 S 的电通量为

$$\Phi_e = \oint_S \mathbf{E} \cdot \mathrm{d}\mathbf{S} = \oint_S \left(\sum_{i=1}^{n} \mathbf{E}_i + \sum_{j=n+1}^{m} \mathbf{E}_j \right) \cdot \mathrm{d}\mathbf{S}$$

$$= \sum_{i=1}^{n} \oint_S \mathbf{E}_i \cdot \mathrm{d}\mathbf{S} + \sum_{j=n+1}^{m} \oint_S \mathbf{E}_j \cdot \mathrm{d}\mathbf{S}$$

注意到曲面外的点电荷对曲面的电通量无贡献,曲面内的点电荷 q_i 对通量的贡献为 q_i/ε_0,则有

$$\Phi_e = \oint_S \mathbf{E} \cdot \mathrm{d}\mathbf{S} = \frac{1}{\varepsilon_0} \sum_{i=1}^{n} q_i$$

上式正是高斯定理的数学表达式。至此我们验证了高斯定理的正确性。

由高斯定理的数学表达式可以看出:每个电量为 q 的正点电荷必发出 q/ε_0 条电场线,而每个负点电荷 q 必会聚 $|q|/\varepsilon_0$ 条电场线。这表明静电场的电场线是有头有尾的:正电荷

是电场线发出的源头,负电荷是电场线会聚的尾闾。因此,高斯定理指出了静电场是有源场。

对于一些具有高度对称性电荷分布的电场,应用高斯定理计算场强要比用矢量积分法计算场强方便得多。下面举几个例子。

【例 10-5】 应用高斯定理计算"无限大"均匀带电平面的电场强度。(已知电荷面密度为 σ)

解 由于电荷分布是面对称的,所以电场分布也是面对称的,即到带电平面距离相等的各点场强大小相等,各点的场强方向应是垂直于平面且指向平面外侧(设 $\sigma>0$)。如图 10-10 所示,作一个圆柱形高斯面,让它的一个底面 S_1 过场点 P,另一底面 S_2 与 S_1 对称地置于带电平面的另一侧。设圆柱底面的面积为 ΔS,根据高斯定理,有

$$\Phi_e = \oint_S \boldsymbol{E} \cdot \mathrm{d}\boldsymbol{S} = \int_{S_1} \boldsymbol{E} \cdot \mathrm{d}\boldsymbol{S} + \int_{S_2} \boldsymbol{E} \cdot \mathrm{d}\boldsymbol{S} + \int_{柱侧面} \boldsymbol{E} \cdot \mathrm{d}\boldsymbol{S} = \frac{\sum q_i}{\varepsilon_0}$$

即

$$E \cdot \Delta S + E \cdot \Delta S + 0 = \frac{\sigma \cdot \Delta S}{\varepsilon_0}$$

于是

$$E = \frac{\sigma}{2\varepsilon_0}$$

如果将两个电荷面密度为 $\pm\sigma$ 的无限大均匀带电平面平行放置,可求得在两平面之间电场强度为 $E = \sigma/\varepsilon_0$。

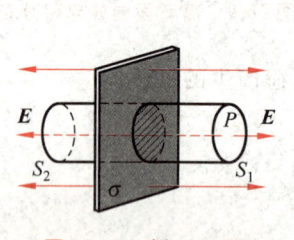

图 10-10 例 10-5 图

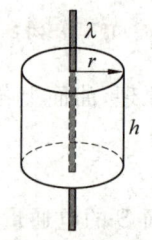

图 10-11 例 10-6 图

【例 10-6】 无限长均匀带电直线,其电荷线密度为 λ,求电场分布。

解 由于电荷分布具有轴对称性,所以电场分布也具有轴对称性,即在以带电直线为轴的任意柱面上各点的场强大小相同,设 $\lambda>0$,则场强方向沿半径向外。选取一个以此带电直线为轴,半径为 r、高为 h 的直圆柱面作为高斯面,如图 10-11 所示。

由高斯定理

$$\oint_S \boldsymbol{E} \cdot \mathrm{d}\boldsymbol{S} = \frac{\sum q_i}{\varepsilon_0}$$

其中

$$\oint_S \boldsymbol{E} \cdot \mathrm{d}\boldsymbol{S} = \int_{柱侧} \boldsymbol{E} \cdot \mathrm{d}\boldsymbol{S} + \int_{上底} \boldsymbol{E} \cdot \mathrm{d}\boldsymbol{S} + \int_{下底} \boldsymbol{E} \cdot \mathrm{d}\boldsymbol{S}$$
$$= E \cdot 2\pi r \cdot h + 0 + 0$$
$$= 2\pi r h \cdot E$$

而
$$\frac{\sum q_i}{\varepsilon_0} = \frac{1}{\varepsilon_0} \cdot \lambda h$$

于是
$$2\pi r h \cdot E = \frac{\lambda h}{\varepsilon_0}$$

解得
$$E = \frac{\lambda}{2\pi \varepsilon_0 r}$$

【例 10-7】 有一以 O 点为中心、半径为 R 的均匀带电球体,所带总电荷为 q。求电场分布。

解 此电场分布具有球对称性。以 O 点为中心,作半径为 r 的球形高斯面,如图 10-12 所示,则高斯面上各点场强大小相同,方向与 $\mathrm{d}\boldsymbol{S}$ 相同。据高斯定理

$$\oint_S \boldsymbol{E} \cdot \mathrm{d}\boldsymbol{S} = \frac{\sum q_i}{\varepsilon_0}$$

(1) 在球外 ($r > R$)
$$\oint_S \boldsymbol{E} \cdot \mathrm{d}\boldsymbol{S} = E \cdot 4\pi r^2$$

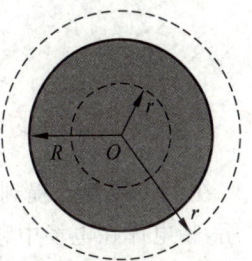

图 10-12 例 10-7 图

而
$$\frac{\sum q_i}{\varepsilon_0} = \frac{q}{\varepsilon_0}$$

于是
$$E \cdot 4\pi r^2 = \frac{q}{\varepsilon_0}$$

所以
$$E = \frac{q}{4\pi \varepsilon_0 r^2}$$

(2) 在球内 ($r < R$)
$$\oint_S \boldsymbol{E} \cdot \mathrm{d}\boldsymbol{S} = E \cdot 4\pi r^2$$

而
$$\frac{\sum q_i}{\varepsilon_0} = \frac{1}{\varepsilon_0} \rho \frac{4}{3}\pi r^3 = \frac{1}{\varepsilon_0} \frac{q}{\frac{4}{3}\pi R^3} \frac{4}{3}\pi r^3 = \frac{qr^3}{\varepsilon_0 R^3}$$

于是有

$$E4\pi r^2 = \frac{qr^3}{\varepsilon_0 R^3}$$

解得

$$E = \frac{qr}{4\pi\varepsilon_0 R^3}$$

利用高斯定理求场强分布的关键在于：由电荷分布的对称性，选取合适的高斯面。选取原则是使待求的 E 能移到高斯定理的积分号外。常用的方法是：将待求 E 的场点落在高斯面上，并使 E 与高斯面垂直，且高斯面上各点 E 的大小相等；其余的辅助面部分或者与 E 平行，或者其上各点 $E=0$，或者其上各点 E 为已知量。

高斯定理的重要意义远不止用于计算场强，它在描述静电场性质时与库仑定律等效。在描述运动电荷产生的电场时，库仑定律不再成立，而高斯定理却依然有效。所以，高斯定理是一个描述场源电荷与它的电场之间关系的普遍规律。

10.3 环路定理 电势

10.3.1 静电场的环路定理

在上一节曾经提到，电场的物质性表现在：位于电场中的任何带电体都受到电场力的作用，带电体在电场中移动时，电场力会对它做功。现在我们从功能角度来探讨静电场的性质。

设场源电荷为点电荷 q，在 q 激发的电场中，试探电荷 q_0 沿路径 L 由 a 点移至 b 点，如图 10-13 所示。在这个过程中，电场力对 q_0 所做的功为

$$\begin{aligned}A_{ab} &= \int_{(a)}^{(b)} \boldsymbol{F} \cdot \mathrm{d}\boldsymbol{l} = \int_{(a)}^{(b)} q_0 \boldsymbol{E} \cdot \mathrm{d}\boldsymbol{l} \\ &= q_0 \int_{(a)}^{(b)} \frac{q}{4\pi\varepsilon_0 r^2} \cos\theta \mathrm{d}l = \frac{q_0 q}{4\pi\varepsilon_0} \int_{r_a}^{r_b} \frac{\mathrm{d}r}{r^2}\end{aligned}$$

所以

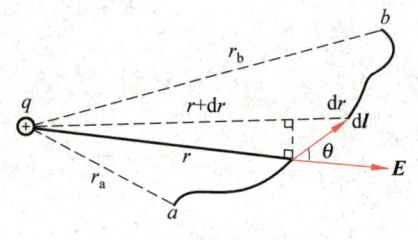

图 10-13 电场力的功

$$A_{ab} = \frac{q_0 q}{4\pi\varepsilon_0}\left(\frac{1}{r_a} - \frac{1}{r_b}\right) \tag{10-12}$$

式中 r_a 和 r_b 分别为试探电荷的起点和终点到点电荷 q 的距离。由此可见，试探电荷在点电荷的电场中移动时，电场力所做的功只与起点和终点的位置有关，而与试探电荷所通过的路径无关。这个结论可由场强叠加原理推广到任意点电荷系或带电体激发的电场

$$\begin{aligned}A_{ab} &= \int_{(a)}^{(b)} q_0 \boldsymbol{E} \cdot \mathrm{d}\boldsymbol{l} = q_0 \int_{(a)}^{(b)} (\boldsymbol{E}_1 + \boldsymbol{E}_2 + \cdots + \boldsymbol{E}_n) \cdot \mathrm{d}\boldsymbol{l} \\ &= q_0 \int_{(a)}^{(b)} \boldsymbol{E}_1 \cdot \mathrm{d}\boldsymbol{l} + q_0 \int_{(a)}^{(b)} \boldsymbol{E}_2 \cdot \mathrm{d}\boldsymbol{l} + \cdots + q_0 \int_{(a)}^{(b)} \boldsymbol{E}_n \cdot \mathrm{d}\boldsymbol{l}\end{aligned}$$

由于任一点电荷的电场力做功均与路径无关，因此它们的代数和也必然与路径无关。

于是我们得出结论：电荷在任何静电场中移动时，电场力做功只与电荷起点、终点的位置有关，而与电荷所通过的路径无关。这个特点说明静电场力是保守力，静电场是保守场。

静电场力是保守力这一特性,还可表述为:当电荷在静电场中沿任意闭合路径 L 运动一周时,静电场力做功为零,即

$$A = \oint_L q_0 \boldsymbol{E} \cdot \mathrm{d}\boldsymbol{l} = 0$$

由此得

$$\oint_L \boldsymbol{E} \cdot \mathrm{d}\boldsymbol{l} = 0 \tag{10-13}$$

式(10-13)表示:静电场强沿任意闭合路径的线积分(即 $\boldsymbol{E}$ 的环流)恒等于零。这是一条反映静电场基本性质的重要规律,称为静电场的环路定理。

环路定理说明静电场是保守场;而高斯定理说明静电场是有源场。它们一起构成静电场的基本方程。

10.3.2 电势与电势差

静电场力是保守力,它与万有引力相似,可以引入电势能(或称为电位能)的概念。电势能 W 与电场力功 A 的关系为

$$A_{ab} = \int_{(a)}^{(b)} \boldsymbol{F} \cdot \mathrm{d}\boldsymbol{l} = \int_{(a)}^{(b)} q_0 \boldsymbol{E} \cdot \mathrm{d}\boldsymbol{l} = -\int_{(a)}^{(b)} \mathrm{d}W = W_a - W_b$$

电势能的零点可任意选定,如果选定 b 点为电势能零点,即令 $W_b = 0$,则上式可作为 a 点电势能的定义式

$$W_a = q_0 \int_{(a)}^{\text{零势点}} \boldsymbol{E} \cdot \mathrm{d}\boldsymbol{l} \tag{10-14}$$

即电荷在静电场中某点的电势能等于将电荷由该点移到电势能零点的过程中电场力所做的功。当带电体的电荷量有限时,我们通常选择离场源电荷无限远处为电势能零点。这样式(10-14)可改写为

$$W_a = q_0 \int_{(a)}^{\infty} \boldsymbol{E} \cdot \mathrm{d}\boldsymbol{l} \tag{10-15}$$

电势能与其他形式的势能一样,是试探电荷 q_0 与电场所共同拥有的,它是试探电荷 q_0 与电场之间的相互作用能量。

由式(10-14)可知,试探电荷 q_0 在电场中某点所具有的电势能 W_a,不仅与电场中 a 点的位置有关,还与试探电荷的电量 q_0 成正比。如果取比值 W_a/q_0,则该比值就与试探电荷无关,因此这比值可用来表征电场的性质。我们定义电场在 a 点的电势为

$$U_a = \frac{W_a}{q_0} = \int_{(a)}^{\text{零势点}} \boldsymbol{E} \cdot \mathrm{d}\boldsymbol{l} \tag{10-16}$$

即静电场中任一点 a 点的电势 U_a,在量值上等于将单位正电荷从 a 点经任意路径移到零电势参考点时,静电力所做的功,也等于单位正电荷在该点所具有的电势能。

电势是从能量角度来表征静电场性质的物理量。电势是标量,它的量度是相对的,其零点可以任意选取。通常若源电荷为有限大小,往往选取无穷远处的电势为零(即 $U_\infty = 0$);在实际问题中,常以地球的电势为零($U_\text{地} = 0$)。在 SI 中电势的单位是 V(伏[特])。

静电场中 a、b 两点电势的差值,称为这两点间的电势差,用 U_{ab} 表示,所以

$$U_{ab} = U_a - U_b = \frac{W_a - W_b}{q_0} = \frac{A_{ab}}{q_0} = \int_{(a)}^{(b)} \boldsymbol{E} \cdot \mathrm{d}\boldsymbol{l} \tag{10-17}$$

由上式可以看出,电势差与电势零点的选取无关。

由电势定义与场强叠加原理可以导出电势叠加原理。在点电荷系的电场中

$$U_a = \int_{(a)}^{(零势点)} \boldsymbol{E} \cdot \mathrm{d}\boldsymbol{l} = \int_{(a)}^{(零势点)} (\boldsymbol{E}_1 + \boldsymbol{E}_2 + \cdots + \boldsymbol{E}_n) \cdot \mathrm{d}\boldsymbol{l}$$

$$= \int_{(a)}^{(零势点)} \boldsymbol{E}_1 \cdot \mathrm{d}\boldsymbol{l} + \int_{(a)}^{(零势点)} \boldsymbol{E}_2 \cdot \mathrm{d}\boldsymbol{l} + \cdots + \int_{(a)}^{(零势点)} \boldsymbol{E}_n \cdot \mathrm{d}\boldsymbol{l}$$

$$U_a = U_1 + U_2 + \cdots + U_n = \sum_{i=1}^{n} U_i \tag{10-18}$$

即:在点电荷系的电场中,任一点的电势等于每一个点电荷单独存在时在该点产生的电势的代数和(零势点应相同)。

【例 10-8】 求点电荷 q 的电场中的电势分布。

解 选取无穷远处为零势点($U_\infty = 0$),则

$$U_a = \int_{(a)}^{\infty} \boldsymbol{E} \cdot \mathrm{d}\boldsymbol{l} = \int_{(a)}^{\infty} \boldsymbol{E} \cdot \mathrm{d}\boldsymbol{r} = \int_{r_a}^{\infty} \frac{q\,\mathrm{d}r}{4\pi\varepsilon_0 r^2} = \frac{q}{4\pi\varepsilon_0 r_a}$$

利用例 10-8 的计算结果及电势叠加原理,可得如图 10-14 所示的点电荷系电场中任一点 a 的电势

$$U_a = \sum_i \frac{q_i}{4\pi\varepsilon_0 r_{ia}} \tag{10-19}$$

对于连续带电体的电场,可选取无限小电荷元 $\mathrm{d}q$ 作为点电荷,利用式(10-19)可求得场中任一点电势为

$$U_a = \int_{带电体} \frac{\mathrm{d}q}{4\pi\varepsilon_0 r} \tag{10-20}$$

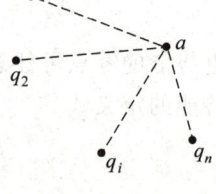

图 10-14 点电荷系的电势

式(10-19)与式(10-20)可作为利用电势叠加原理计算电势的公式,这两式都是选取无穷远处为零电势($U_\infty = 0$)。

10.3.3 电势的计算

通常有两种方法计算电势。第一种方法是利用电势定义计算 P 点电势 U_P;第二种方法是利用电势叠加原理计算 U_P。下面举例说明。

【例 10-9】 半径为 R 的均匀带电球面,总电量为 q,求其电场中的电势分布。

解 先利用高斯定理求电场分布。作同心球面为高斯面,据高斯定理

$$\oint_S \boldsymbol{E} \cdot \mathrm{d}\boldsymbol{S} = \frac{\sum q_i}{\varepsilon_0}$$

在球内($r < R$)有

$$E_内 \cdot 4\pi r^2 = \frac{0}{\varepsilon_0}$$

解得

$$E_内 = 0$$

在球外($r > R$)有

$$E_{外} \cdot 4\pi r^2 = \frac{q}{\varepsilon_0}$$

$$E_{外} = \frac{q}{4\pi\varepsilon_0 r^2}$$

再由电势定义求 U。

在球内($r<R$)

$$U = \int_r^\infty \boldsymbol{E} \cdot \mathrm{d}\boldsymbol{r} = \int_r^R \boldsymbol{E}_{内} \cdot \mathrm{d}\boldsymbol{r} + \int_R^\infty \boldsymbol{E}_{外} \cdot \mathrm{d}\boldsymbol{r}$$

$$= 0 + \int_R^\infty \frac{q}{4\pi\varepsilon_0 r^2} \mathrm{d}r = \frac{q}{4\pi\varepsilon_0 R}$$

在球外($r>R$)

$$U = \int_r^\infty \boldsymbol{E}_{外} \cdot \mathrm{d}\boldsymbol{r} = \int_r^\infty \frac{q}{4\pi\varepsilon_0 r^2} \mathrm{d}r = \frac{q}{4\pi\varepsilon_0 r}$$

【例 10-10】 如图 10-15 所示，半径为 R 的均匀带电圆环，总电量为 q。求过环心 O 垂直于环面的轴上一点 P 的电势。

解 环上任取一电荷元，它到 P 点的距离为 r，它在 P 点产生的电势为

$$\mathrm{d}U = \frac{\mathrm{d}q}{4\pi\varepsilon_0 r}$$

整个带电圆环在 P 点产生的电势

$$U = \int \mathrm{d}U = \int \frac{\mathrm{d}q}{4\pi\varepsilon_0 r}$$

由于环上任意一点到 P 点的距离均为 r，于是

$$U = \frac{1}{4\pi\varepsilon_0 r} \int \mathrm{d}q = \frac{q}{4\pi\varepsilon_0 r}$$

也可以写成

$$U = \frac{q}{4\pi\varepsilon_0 \sqrt{R^2 + x^2}}$$

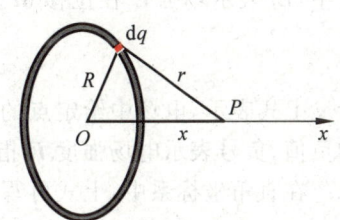

图 10-15 例 10-10 图

10.3.4 电场强度与电势的微分关系

静电场中电势相等的点组成的曲面称为等势面。通常用一组等势面来表示电势的分布。例如，在点电荷 q 产生的电场中，距离 q 为 r 的各点的电势均为 $U=q/4\pi\varepsilon_0 r$，由此可知其等势面是一系列以 q 为中心的同心球面。

画等势面时，有一个附加规定：相邻两个等势面的电势差 ΔU 为定值。

等势面有下列四点重要特性：

(1) 在等势面上移动电荷时，静电场力对此电荷不做功。这是因为

$$A_{ab} = q_0 U_{ab} = q_0(U_a - U_b) = 0$$

(2) 等势面与电场线处处垂直。因为

$$\mathrm{d}A = q_0 \boldsymbol{E} \cdot \mathrm{d}\boldsymbol{l} = q_0 E \mathrm{d}l \cos\theta = 0$$

式中，θ 为 $\boldsymbol{E}$ 与 $\mathrm{d}\boldsymbol{l}$ 间的夹角，因为 q_0、E、$\mathrm{d}l$ 均不为零，所以 $\cos\theta=0$，$\theta=\pm\pi/2$。即电场线与

等势面处处正交。

(3) 电场线总是指向电势降低的方向。说明如下：

如图 10-16 所示，设单位正电荷顺着 E 线方向从 a 点移到 c 点，即 E 与 dl 同向，$E \cdot dl = E dl > 0$，因此

$$U_{ac} = U_a - U_c = \int_{(a)}^{(c)} \boldsymbol{E} \cdot d\boldsymbol{l} = \int_{(a)}^{(c)} E dl > 0 \quad (10-21)$$

则有 $U_a > U_c$，E 线方向从高电势指向低电势。

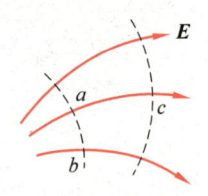

图 10-16 等势面与电场线处处垂直

(4) 电场较强的区域，电场线较密，等势面也较密。

由于等势面具有以上特性，因此等势面图也能直观、形象地显示出静电场的情况，它与电场线图异曲同工。

据式 (10-17) 有

$$U_{ab} = U_a - U_b = \int_{(a)}^{(b)} -dU = \int_{(a)}^{(b)} \boldsymbol{E} \cdot d\boldsymbol{l} = \int_{(a)}^{(b)} E_l \cdot dl$$

式中，E_l 表示场强 E 在位移 dl 上的分量。因此在任一位移上有 $-dU = E_l dl$，则

$$E_l = -\frac{dU}{dl}$$

上式表示，电场中给定点的电场强度沿某一方向的分量，等于该点电势沿该方向变化率的负值，负号表示电场强度 E 指向电势降低的方向。

在直角坐标系中，上式可写成

$$E_x = -\frac{\partial U}{\partial x}, \quad E_y = -\frac{\partial U}{\partial y}, \quad E_z = -\frac{\partial U}{\partial z}$$

于是有

$$\boldsymbol{E} = -\frac{\partial U}{\partial x}\boldsymbol{i} - \frac{\partial U}{\partial y}\boldsymbol{j} - \frac{\partial U}{\partial z}\boldsymbol{k} \quad (10-22)$$

采用梯度算子：$\nabla = \mathrm{grad} = \frac{\partial}{\partial x}\boldsymbol{i} + \frac{\partial}{\partial y}\boldsymbol{j} + \frac{\partial}{\partial z}\boldsymbol{k}$，上式可简写为

$$\boldsymbol{E} = -\nabla U \quad (10-23)$$

应用上式，可对电势 U 进行偏微商运算求得场强。

【例 10-11】 半径为 R、电荷面密度为 σ 的均匀带电圆盘，如图 10-17 所示。求其轴线上一点 P 的电势和场强。

解 在盘上任取一个同心小细圆环为微元，其半径为 r，宽度为 dr。此细环在轴线上任意一点的电势为

$$dU = \frac{dq}{4\pi\varepsilon_0 l} = \frac{\sigma \cdot 2\pi r dr}{4\pi\varepsilon_0 (r^2 + x^2)^{1/2}} = \frac{\sigma d(r^2 + x^2)}{4\varepsilon_0 (r^2 + x^2)^{1/2}}$$

于是整个带电圆盘在该点的电势为

$$U = \int dU = \frac{\sigma}{2\varepsilon_0}(\sqrt{x^2 + R^2} - x)$$

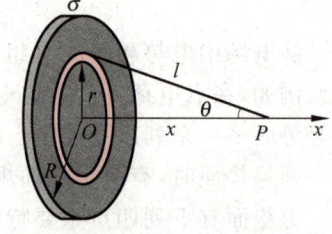

图 10-17 例 10-11 图

对 U 进行偏微商运算可求得轴线上一点 P 的场强。

由于 P 点场强沿轴线方向，场强的分量可分别写为

$$E_{Px} = -\frac{\partial U}{\partial x}, \quad E_{Py} = -\frac{\partial U}{\partial y} = 0, \quad E_{Pz} = \frac{-\partial U}{\partial z} = 0$$

所以

$$\boldsymbol{E}_P = -\frac{\partial U_P}{\partial x}\boldsymbol{i} = -\frac{\partial}{\partial x}\left[\frac{\sigma}{2\varepsilon_0}(\sqrt{x^2+R^2}-x)\right]\boldsymbol{i}$$

$$=\frac{\sigma}{2\varepsilon_0}\left[1-\frac{x}{\sqrt{x^2+R^2}}\right]\boldsymbol{i}$$

此计算结果与【例 10-4】结果相同。

10.4 静电场中的导体

10.4.1 导体的静电平衡

金属导体中有大量自由电子和带正电的晶体点阵,自由电子不断作无规则热运动。在无外电场存在时,电子的热运动不会形成电荷的宏观定向运动。导体内正、负电荷均匀分布,不显电性。如果将导体置于外电场 $\boldsymbol{E}_0$ 中,则导体中的自由电子受到电场力的作用,出现宏观定向运动,引起导体上电荷重新分布,结果导致导体的一端出现负电荷,另一端出现正电荷,如图 10-18 所示。这种现象称为静电感应现象。因静电感应而在导体两端表面出现的电荷称为感应电荷。导体上的感应电荷形成阻碍电子定向移动的附加电场 $\boldsymbol{E}'$。当 $\boldsymbol{E}'$ 与 $\boldsymbol{E}_0$ 在导体中互相抵消时,自由电子的宏观定向运动终止,导体达到静电平衡状态。所以,导体达到静电平衡的条件是:导体内各点的合场强为零,即 $\boldsymbol{E}_内 = 0$。

图 10-18 静电平衡

从静电平衡条件($\boldsymbol{E}_内 = 0$)出发,可推出导体在静电平衡时的重要特性:

(1) 静电平衡时,导体是等势体,导体表面是等势面。

据式(10-16),在导体内部从 a 到 b 任取一条路线 L,静电平衡时,L 上各点 $\boldsymbol{E}=0$,故有 $U_a = U_b$。而 a、b 为任意点,由此可见导体上各点的电势都相等,即导体是等势体,表面是等势面。

(2) 静电平衡时,导体内部没有净电荷,净电荷只能分布在导体表面。

在导体内部,选取任意闭合曲面作为高斯面。据高斯定理 $\oint_S \boldsymbol{E} \cdot \mathrm{d}\boldsymbol{S} = \sum q_i / \varepsilon_0$,由于导体内部场强处处为 0,即 $\boldsymbol{E}=0$,故有 $\sum q_i = 0$。又因高斯面是任选的,所以导体内净电荷为零,于是导体所带净电荷只能分布于导体表面。

(3) 静电平衡时,导体内部没有电场线,导体表面电场线与表面垂直。

因导体表面为等势面,故表面必与电场线垂直;导体内 $\boldsymbol{E}=0$,所以导体内无电场线。

(4) 静电平衡时,导体表面电荷与表面外侧真空中极靠近表面处的场强的关系为 $E = \sigma/\varepsilon_0$。

如图 10-19 所示,在紧邻导体表面作一微小扁圆柱筒,筒轴与表面垂直。设该处表面电荷面密度为 σ,据高斯定理有

$$\oint_S \boldsymbol{E} \cdot d\boldsymbol{S} = \int_{\text{外底}} \boldsymbol{E} \cdot d\boldsymbol{S} + \int_{\text{内底}} \boldsymbol{E} \cdot d\boldsymbol{S} + \int_{\text{柱侧面}} \boldsymbol{E} \cdot d\boldsymbol{S}$$

$$= \frac{\sigma \cdot \Delta S}{\varepsilon_0}$$

由于 $\boldsymbol{E}_{\text{内}} = 0$，且筒侧面 $d\boldsymbol{S} \perp \boldsymbol{E}$，于是上式可简化为

$$E \cdot \Delta S + 0 + 0 = \frac{\sigma \cdot \Delta S}{\varepsilon_0}$$

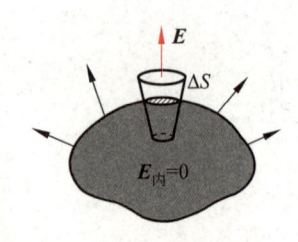

图 10-19 导体表面电荷与场强关系

所以

$$E = \frac{\sigma}{\varepsilon_0}$$

(5) 孤立导体上电荷面密度与导体表面曲率的关系是：曲率越大处(即曲率半径越小处)，电荷面密度 $|\sigma|$ 也越大。

当一个导体周围不存在带电体或其他导体，或周围的带电体或其他导体对它的影响可以忽略时，这个导体就称为孤立导体。一般说来，孤立带电导体外表面凸出处曲率较大(曲率半径较小)，该处电荷面密度的绝对值也较大；较平坦处，曲率小(曲率半径大)，面密度的绝对值就小；表面凹进处曲率为负，则 $|\sigma|$ 就更小。孤立带电导体上电荷分布的这种特点主要是由于导体所带的同种电荷在"光滑"(导电性好)的导体上互相排斥作用的结果。

当导体尖端上电荷密度很大时，它周围的电场很强，其附近空气中散存的离子或电子在强电场作用下发生激烈运动，并与空气分子碰撞，使之电离产生大量的正、负离子。与尖端上电荷异号的离子受吸引而趋向尖端，与尖端上电荷同号的离子受排斥而飞开，形成"电风"。这种现象称为尖端放电。避雷针就是根据尖端放电的原理来避免建筑物遭受"雷击"；而高压设备的零部件表面则必须圆滑、无毛刺，以防尖端放电引起危险及漏电损失。

10.4.2 静电屏蔽

静电平衡时导体内部场强为零这一特点在技术上可用来作静电屏蔽。静电屏蔽在实际中有重要的应用。例如：为了使精密电磁测量仪器或电子仪器不受外电场干扰，可把仪器放在金属屏蔽罩内。信号传输线外用金属网包起来，以避免外电场产生的干扰信号串入。在高压线上带电操作的人员穿上屏蔽服，可减弱外电场对人体的影响。把带电体放在接地的金属壳内，可消除它对外界的影响。现在我们从探讨导体空腔的特点出发，分析静电屏蔽的原理。

(1) 导体空腔内无带电体时的特点

如图 10-20 所示，在导体壳体中任取一闭合曲面 S 包围空腔。据高斯定理 $\oint_S \boldsymbol{E} \cdot d\boldsymbol{S} = \sum q_i / \varepsilon_0$，由于导体内 $\boldsymbol{E}$ 处处为零，所以 $\oint_S \boldsymbol{E} \cdot d\boldsymbol{S} = 0$，于是有 $\sum q_i = 0$。这表明空腔内表面(导体壳内腔表面)电荷的代数和为零。但 $\sum q_i = 0$，不代表内表面不可能带上等量异号电荷。如若果真如此，由电场线的性质可知：此时必有电场线从内表面正电荷出发，止于内表面的负电荷处，即内表面

图 10-20 静电屏蔽

存在电势差。这与"静电平衡时导体为等势体"相矛盾，因此导体内表面存在等量异号电荷是不可能的，亦即导体腔内表面一定处处无电荷。同时由于电场线不可能为闭合线，所以腔

内也不能有电场线,也就是说腔内无电场($E=0$),从而腔内电势处处相等。

从以上分析可以看出,腔内无电荷的导体空腔所具有的特点是:在静电平衡时,导体内空腔没有电场线,空腔内各点场强为零,腔内各点的电势相等,并等于导体壳的电势。

(2) 导体空腔内有其他带电体时的特点

对于腔内有其他带电体 q 的空腔导体,在静电平衡时,做与(1)相同的高斯面,由于 $\oint_S \boldsymbol{E} \cdot \mathrm{d}\boldsymbol{S} = 0$,于是有 $\sum q_i = 0$。即由高斯定理可知导体空腔内表面有净电荷 $-q$,如图 10-21 所示。

在该导体空腔没有接地的情况下,若空腔原来不带电,则根据电荷守恒,空腔外表面就带上与内表面等量异号电荷 $+q$,空腔外产生电场;若导体空腔原来带电 Q,则根据电荷守恒,此时空腔外表面带 $Q+q$ 的电荷,空腔外的电场发生变化。

如果将该导体空腔接地,空腔内表面仍带 $-q$ 电荷,空腔外表面不带电,腔内带电体 q 不会对空腔外界产生影响。

(3) 静电屏蔽原理

综上所述可知:导体空腔内的任一物体,不受腔外电场的影响;若导体空腔接地,还能避免腔内带电物体对空腔外界的影响。这就是静电屏蔽原理。

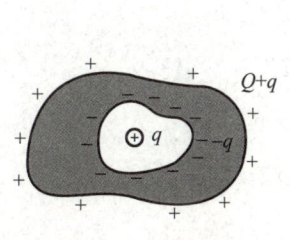

图 10-21　导体空腔

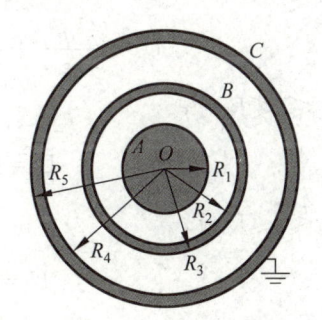

图 10-22　例 10-12 图

【例 10-12】 如图 10-22 所示,有一金属球 A,带电量为 q,其外有两个同心金属球壳,B 壳带电荷 Q,C 壳接地。求:各金属表面带电情况及场强和电势的分布。

解 (1) 利用金属导体内 $E=0$ 及高斯定理可得各金属表面带电情况

A 球外表面带 $+q$;

B 壳内表面带 $-q$,外表面带 $+(Q+q)$;

C 壳内表面带 $-(Q+q)$,外表面不带电。

(2) 利用高斯定理 $\oint_S \boldsymbol{E} \cdot \mathrm{d}\boldsymbol{S} = \sum q_i/\varepsilon_0$ 可得场强分布

$r < R_1$ 时,
$$E = 0$$

$R_1 < r < R_2$ 时,
$$E = \frac{q}{4\pi\varepsilon_0 r^2}$$

$R_2 < r < R_3$ 时,
$$E = 0$$
$R_3 < r < R_4$ 时,
$$E = \frac{Q+q}{4\pi\varepsilon_0 r^2}$$
$R_4 < r < R_5$ 时,
$$E = 0$$
$r > R_5$ 时,
$$E = 0$$

(3) 利用均匀带电球面电势分布特点：$U_{内} = \frac{q}{4\pi\varepsilon_0 R}$, $U_{外} = \frac{q}{4\pi\varepsilon_0 r}$。

再利用电势叠加原理 $U = \sum U_i$,可得电势分布

$r \leqslant R_1$ 时,
$$U = \frac{q}{4\pi\varepsilon_0 R_1} + \frac{-q}{4\pi\varepsilon_0 R_2} + \frac{Q+q}{4\pi\varepsilon_0 R_3} + \frac{-(Q+q)}{4\pi\varepsilon_0 R_4}$$

$R_1 \leqslant r \leqslant R_2$ 时,
$$U = \frac{q}{4\pi\varepsilon_0 r} + \frac{-q}{4\pi\varepsilon_0 R_2} + \frac{Q+q}{4\pi\varepsilon_0 R_3} + \frac{-(Q+q)}{4\pi\varepsilon_0 R_4}$$

$R_2 \leqslant r \leqslant R_3$ 时,
$$U = \frac{Q+q}{4\pi\varepsilon_0 R_3} + \frac{-(Q+q)}{4\pi\varepsilon_0 R_4}$$

$R_3 \leqslant r \leqslant R_4$ 时,
$$U = \frac{Q+q}{4\pi\varepsilon_0 r} + \frac{-(Q+q)}{4\pi\varepsilon_0 R_4}$$

$R_4 \leqslant r < \infty$ 时,
$$U = 0$$

10.5 静电场中的电介质

电介质,也称为绝缘体。由于电介质中的电子被束缚在原子核周围,而不能自由移动,故电介质不能导电。电介质不能导电,但是它会对电场产生影响。1837 年法拉第首先通过实验对电介质在电场中的行为作了研究,他先将两片相同的导体平板(也可以称为极板)平行放置,通电后测量极板间的电压。然后断开电源,向两极板间充入电介质后,再次测量极板间的电压,发现这时两极板间的电压下降。并且实验发现如果充入的电介质是均匀且各向同性的(指各个方向的性质相同),设没有电介质时的电压为 U_0,充入电介质后的电压为 U,U 与 U_0 间的关系为

$$U = \frac{U_0}{\varepsilon_r} \tag{10-24}$$

这里的 ε_r 称为相对介电常数或相对电容率。ε_r 总是大于1,随介质种类和状态而改变,无量

纲,可实验测定。表 10-1 是几种常见物质的相对介电常数。

表 10-1　几种常见物质的相对介电常数

物质	空气	水	纸	瓷	二氧化钛
ε_r	1.000 54	78	3.5	6.5	100

两极板间充入电介质后,极板间电压变小了,实际上是两个极板间的电场强度变小了。如果两极板的间距 d 很小,极板间的电场是均匀的,分别用 E_0 和 E 表示两极板间无介质和有介质时的电场强度,则由电势差 $U=Ed$、$U_0=E_0 d$,可得到

$$E = \frac{E_0}{\varepsilon_r} \tag{10-25}$$

*10.5.1　电介质的极化

两极板间充入电介质后,极板间电压变小,其原因是在外电场影响下电介质出现了极化现象。通常电介质可以分为两类。一类是无极性分子电介质,如 H_2、O_2、N_2、CO_2 等。在无外电场时,这种介质分子的正负电荷中心相互重合,如图 10-24(a) 所示,这时分子对外呈现电中性。另一类是极性分子电介质,如 H_2O、SO_2、HCl 等,这种介质中分子的正负电荷中心不重合。图 10-23 中所示的是水分子的示意图,水分子的正电中心在氧原子附近,而负电中心在两个氢原子之间,箭头表示水分子的电偶极矩 p 的指向。极性分子具有固有的电偶极矩。但是,由于分子热运动和分子间的相互碰撞,在极性分子电介质中电偶极矩 p 的排列是杂乱无章的,极性分子电介质在没有外部电场时呈现出电中性,如图 10-24(d)所示。

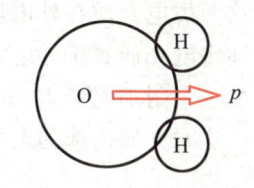

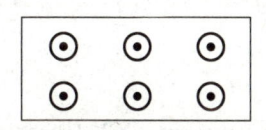

图 10-23　水分子的示意图

(a) 无外电场时无极性分子电介质中分子的正负电荷中心重合

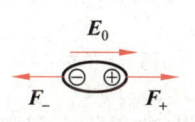

(b) 在外电场 E_0 中,正负电荷中心被电场拉开

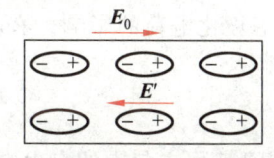

(c) 在外电场 E_0 中,介质内极化后的分子整齐排列,在左右表面形成束缚电荷层。同时束缚电荷在介质内产生附加电场 E'

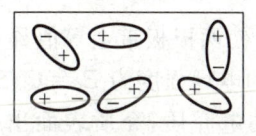

(d) 无外电场时极性分子介质中分子的正负电荷中心不重合,单个的分子像一个小的电偶极矩。但是整个介质内部分子电偶极矩杂乱排列,对外不显电性

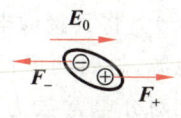

(e) 在外电场 E_0 中,正负电荷中心受到力矩,使极性分子的电偶极矩转到外电场方向上来

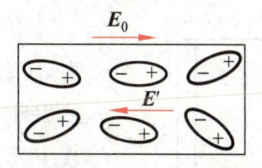

(f) 在外电场 E_0 中,分子电偶极矩的排列趋于一致,在左右表面形成束缚电荷层。同时束缚电荷在介质内产生附加电场 E'

图 10-24　电介质的极化

如果将电介质置于外电场 E_0 中,电介质会发生极化现象。

将无极性分子电介质置于外电场时,如图 10-24(b)所示,分子正负电荷中心所受到的电场力方向相反,正负电荷中心被电场强行拉开,产生相对位移,这时无极性分子也变成了电偶极子,电偶极子的电偶极矩 p 的方向与外电场 E_0 的方向平行,这种现象称为位移极化。如图 10-24(c)所示,如果把这种介质置于外电场中,所有分子都发生了位移极化,在介质的内部,相邻的电偶极子靠得很近,正负电荷相互抵消,不显电性,但是在介质的外表面,没有相邻的电偶极子,电荷不能被抵消。对于整个电介质来说,极化的结果是在介质的表面产生了正负电荷的堆积。这种在电介质表面出现的电荷仍被束缚在分子中而不能自由移动,我们称之为束缚电荷(或极化电荷)。

将极性分子电介质放在外电场中时,如图 10-24(e)所示,分子的固有电偶极矩 p 受到电场力的作用,p 会转到外电场 E_0 的方向。这种现象称为转向极化。尽管这种转向因分子热运动而不完全整齐,但是外电场越强,电偶极矩排列越整齐。如图 10-24(f)所示,将极性分子电介质放入外电场时,对于整个电介质来说,分子电偶极矩转向极化的结果也会在介质的表面产生极化电荷。

这两类电介质在外电场作用下产生极化的原因不同,但是,极化后的宏观效果是一样的。即将电介质置于外电场中时,电介质的表面会产生极化电荷。极化电荷会在电介质内部产生一个附加电场 E',E' 的方向与外电场 E_0 的方向相反,这样电介质内部的电场就被削弱了。这时介质内部的电场强度 E 可以表示为

$$E = E_0 + E' \tag{10-26}$$

10.5.2 电介质中的高斯定理

将电介质放入静电场中,由于电介质的极化将在介质表面产生极化电荷,所以应用高斯定理时要考虑极化电荷的影响。有电介质时高斯定理应为

$$\oint_S \boldsymbol{E} \cdot \mathrm{d}\boldsymbol{S} = \frac{\sum q + \sum q'}{\varepsilon_0} \tag{10-27}$$

这里 $\sum q$ 是高斯面内包围的自由电荷(这里指金属极板上的电荷),$\sum q'$ 表示高斯面内包围的极化电荷(这里指介质表面的极化电荷)。由于 $\sum q'$ 不易确定,下面我们推导只含自由电荷的电介质中的高斯定理。

考虑两个平行放置的金属极板,面积为 S,两极板的间距为 $d(d \ll \sqrt{S})$。将其接通电源,使两极板带上等值异号电荷 $\pm Q$,然后断开电源,这时两极板间的电场强度为 $E_0 = Q/S\varepsilon_0$。然后在其中充满相对介电常数为 ε_r 的电介质,介质表面出现的极化电荷 $\pm Q'$(如图 10-25)会产生附加电场,场强大小为 $E' = Q'/S\varepsilon_0$(此时 Q' 只表示大小,取正值),方向与 E_0 相反,故电介质内部的电场强度

$$E = E_0 - E' = \frac{Q - Q'}{S\varepsilon_0}$$

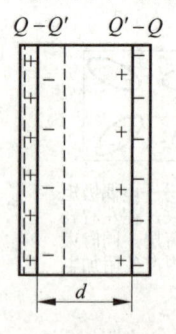

图 10-25 在金属极板间充入电介质

利用式(10-25)$E = E_0/\varepsilon_r$,有

$$\frac{Q-Q'}{S\varepsilon_0} = \frac{Q}{S\varepsilon_r\varepsilon_0}$$

得到极化电荷与自由电荷的关系

$$Q' = Q\left(1 - \frac{1}{\varepsilon_r}\right)$$

如图 10-25 所示,作高斯面,将 Q' 代入式(10-27),有

$$\Phi_e = \oint_S \boldsymbol{E} \cdot d\boldsymbol{S} = \frac{Q-Q'}{\varepsilon_0} = \frac{Q}{\varepsilon_0}\left(1 - 1 + \frac{1}{\varepsilon_r}\right) = \frac{Q}{\varepsilon_0\varepsilon_r}$$

于是,式(10-27)可写成如下形式

$$\oint_S \varepsilon_r\varepsilon_0 \boldsymbol{E} \cdot d\boldsymbol{S} = Q$$

这里 $\varepsilon_r\varepsilon_0$ 是介质的介电常数,也可以用 ε 表示($\varepsilon = \varepsilon_r\varepsilon_0$)。

引入一个辅助物理量——电位移矢量 $\boldsymbol{D}$。在各向同性的电介质中,

$$\boldsymbol{D} = \varepsilon_r\varepsilon_0 \boldsymbol{E} = \varepsilon \boldsymbol{E} \tag{10-28}$$

电位移矢量 $\boldsymbol{D}$ 的单位为 C/m^2。于是,式(10-27)又可写为

$$\oint_S \boldsymbol{D} \cdot d\boldsymbol{S} = Q \tag{10-29}$$

上式是在图 10-25 装置和电介质为各向同性这两个特殊情况下导出的,但它具有普遍性。于是,电介质中的高斯定理写为

$$\oint_S \boldsymbol{D} \cdot d\boldsymbol{S} = \sum q \tag{10-30}$$

$\sum q$ 指的是高斯面所包围的自由电荷的代数和。

【例 10-13】 如图 10-26 所示,一均匀带电球面,半径 $R = 10$ cm,带正电 $q = 10^{-8}$ C。球外充满均匀介质,介电常数 $\varepsilon_1 = 4\varepsilon_0$。求距球心为 $r = 15$ cm 处的电位移矢量、电场强度和极化电荷产生的电场 E' 的大小。

解 由电介质中的高斯定理,有

$$D 4\pi r^2 = q$$

得到

$$D = \frac{q}{4\pi r^2}$$

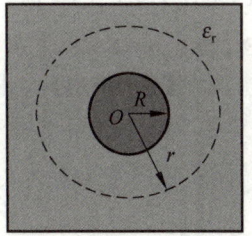

图 10-26 例 10-13 图

无介质时

$$E_0 = \frac{D}{\varepsilon_0}$$

电介质中

$$E = \frac{D}{\varepsilon_1} = \frac{D}{4\varepsilon_0}$$

由 $\boldsymbol{E} = \boldsymbol{E}_0 + \boldsymbol{E}'$(注意:$\boldsymbol{E}'$ 与 $\boldsymbol{E}_0$ 方向相反),得

$$E' = E_0 - E = \frac{D}{4\varepsilon_0}$$

代入已知条件,求得 $r=15$ cm 处
$$D = 3.54 \times 10^{-8} (\text{C/m}^2)$$
$$E = 1000 \ (\text{V/m})$$
$$E' = 3000 \ (\text{V/m})$$

10.6 电容与电容器

电容器是电气工程和无线电工程中最常见的一种元器件,使用在直流和交流的各种场合,发挥它隔直、滤波、振荡、储能等各种功能。本节仅从静电场的角度出发,研究描述电容器基本特性的物理量——电容,及电容的计算。

10.6.1 孤立导体的电容

容易算得半径为 R,带电量为 Q 的孤立导体球的电势为

$$U = \frac{Q}{4\pi\varepsilon_0 R}$$

可以看出导体球所带的电量与其电势成正比。

理论和实验结果都表明,任一孤立导体的带电量与其电势成正比,其比值与该孤立导体所带电量以及电势无关,这个比值称为孤立导体的电容,定义为

$$C = \frac{Q}{U} \tag{10-31}$$

在国际单位制中,电容的单位是 F(法[拉]),1 F=1 C/V。实际应用中常使用 μF(微法)和 pF(皮法),1 F=10^6 μF=10^{12} pF。

【例 10-14】 求半径为 R 的孤立导体球的电容。

解 设导体球带电量为 Q,则其电势为 $U = Q/4\pi\varepsilon_0 R$。根据电容的定义,得到孤立导体球的电容为

$$C = \frac{Q}{U} = \frac{Q}{Q/4\pi\varepsilon_0 R} = 4\pi\varepsilon_0 R$$

由计算结果可以看出:孤立导体的电容只与其自身几何结构以及周围的介质有关,而与它所带的电量无关。

10.6.2 电容器的电容

由绝缘体隔开的任意两个导体构成一个电容器。通常电容器是由两片非常靠近的、中间填充了绝缘体的金属极板构成。这种电容器,由于静电屏蔽的作用,使得极板间的电场不受外界影响。

在大多数情况下,电容器充电后两极板分别带有等量异号电荷 $\pm Q$,Q 称为电容器的带

电量。我们把电容器的带电量 Q 与两板间的电势差 U_{ab} 的比值,定义为电容器的电容 C。即

$$C = \frac{Q}{U_{ab}} \tag{10-32}$$

电容器的电容 C 是由电容器的形状、大小及周围的介质所决定。C 与导体极板的材料无关,也和电容器的带电量以及两极板间的电势差无关。

【例 10-15】 如图 10-27 所示,有一平行板电容器,两极板间距离为 d,极板面积为 S,两极板间充满均匀介质,相对介电常数为 ε_r。不计边缘效应,求此电容器的电容。

解 设电容器带电量为 Q,则电荷面密度为 $\sigma = Q/S$。如图 10-27 所示作一柱形高斯面,左侧底面在极板内,右侧底面在两极板间。由电介质中的高斯定理,有

$$DS = \sigma S$$

得到

$$D = \sigma, \quad E = \frac{\sigma}{\varepsilon_0 \varepsilon_r}$$

两极板的电势差为

$$U_{ab} = \int_0^d E \mathrm{d}x = \int_0^d \frac{\sigma}{\varepsilon_0 \varepsilon_r} \mathrm{d}x = \frac{Q/S}{\varepsilon_0 \varepsilon_r} d$$

由电容的定义,可以求得平行板电容器的电容

$$C = \frac{Q}{U_{ab}} = \frac{\varepsilon_0 \varepsilon_r S}{d} \tag{10-33}$$

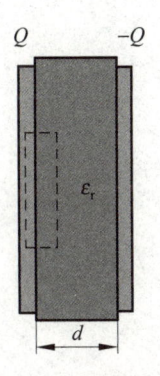

图 10-27 平行板电容器

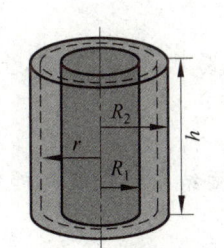

图 10-28 圆柱形电容器

【例 10-16】 如图 10-28 所示,一圆柱形电容器,由高为 h 的两同轴薄圆筒组成,半径分别为 R_1 和 R_2,两极板间充满均匀介质,相对介电常数为 ε_r。求电容器的电容。

解 设内筒带电量 $+Q$,外筒带电量 $-Q$,内筒单位长度带电量为 $\lambda = Q/h$。作半径为 r 且与电容器同轴的圆柱形高斯面,如图 10-28 所示。由电介质中的高斯定理,有

$$D 2\pi r h = \lambda h$$

得到

$$D = \frac{\lambda}{2\pi r}, \quad E = \frac{\lambda}{2\pi\varepsilon_0\varepsilon_r r}$$

两极板间的电势差为

$$U_{ab} = \int \boldsymbol{E} \cdot \mathrm{d}\boldsymbol{l} = \int_{R_1}^{R_2} \frac{\lambda}{2\pi\varepsilon_0\varepsilon_r r} \mathrm{d}r = \frac{\lambda}{2\pi\varepsilon_0\varepsilon_r} \ln\frac{R_2}{R_1} = \frac{Q}{2\pi\varepsilon_0\varepsilon_r h} \ln\frac{R_2}{R_1}$$

由电容的定义,得圆柱形电容器的电容

$$C = \frac{2\pi\varepsilon_0\varepsilon_r h}{\ln R_2/R_1}$$

【例 10-17】 图 10-29 所示,在极板面积为 S、极板间距为 d 的平行板电容器中插入一厚度为 t、相对介电常数为 ε_r 的介质,求该电容器的电容。

解 作如图所示的圆柱形高斯面,高斯面的底面积为 ΔS。设电容器带电量为 Q,由电介质中的高斯定理,有

$$D\Delta S = \sigma \Delta S$$

得两极板间的电位移矢量大小为

$$D = \sigma$$

介质中和介质外的电场强度分别为

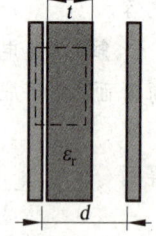

图 10-29 例 10-17 图

$$E = \frac{D}{\varepsilon_0\varepsilon_r} = \frac{\sigma}{\varepsilon_0\varepsilon_r}, \quad E_0 = \frac{\sigma}{\varepsilon_0}$$

两极板间的电势差为

$$U = \int \boldsymbol{E} \cdot \mathrm{d}\boldsymbol{l} = \int_0^t \frac{\sigma}{\varepsilon_0\varepsilon_r} \mathrm{d}x + \int_t^d \frac{\sigma}{\varepsilon_0} \mathrm{d}x$$

$$= \frac{\sigma}{\varepsilon_0\varepsilon_r} t + \frac{\sigma}{\varepsilon_0}(d-t) = \frac{Q}{\varepsilon_0\varepsilon_r S} t + \frac{Q}{\varepsilon_0 S}(d-t)$$

求得电容

$$C = \frac{Q}{U} = \frac{\varepsilon_0 S}{d - t + t/\varepsilon_r}$$

由上式易见,当 $t=0$ 时,上面结果是极板间为空气时的电容

$$C = \frac{\varepsilon_0 S}{d}$$

$t=d$ 时,上面结果则是极板间充满介质时的电容

$$C = \frac{\varepsilon_0\varepsilon_r S}{d}$$

10.7 静电场的能量

设想一个由多个点电荷构成的点电荷系,当这个带电体系还未建立起来时,所有的电荷都在无穷远处。而后我们将电荷逐个移入,这时空间就有电场存在,每个电荷移入时外力要克服电场力对该电荷做功,外力所做的功就转化为该系统的静电势能储存于这个带电体系中了。因此任何带电体都具有一定量的静电能。

10.7.1 电容器的能量

对一个电容器充电,电容器的两个极板从无电荷的状态到最终带上了 $\pm Q$ 电荷的过程,也是一个电容器的静电能积累过程。为了计算这个过程积累的静电能,可以设想有一外力把正电荷 $\mathrm{d}q$ 从负极板一份一份地搬运到正极板,最终使电容器两极板间的电势差达到与电源电压相等。这时外力做的功就转化为静电能存储在这个电容器中了。

设在 t 时刻,该电容器极板带电量为 q,两板间的电势差为 U,那么此时将电荷 $\mathrm{d}q$ 由负极板移到正极板时外力所做的元功为

$$\mathrm{d}A = U\mathrm{d}q = \frac{q}{C}\mathrm{d}q$$

整个充电过程外力所做的总功为

$$A = \int_0^Q \frac{q}{C}\mathrm{d}q = \frac{Q^2}{2C} = \frac{1}{2}QU_{ab} = \frac{1}{2}CU_{ab}^2$$

外力所做的功转化为静电能储存于电容器。于是,电容器的电场能量 W_e 为

$$W_e = \frac{Q^2}{2C} = \frac{1}{2}QU_{ab} = \frac{1}{2}CU_{ab}^2 \tag{10-34}$$

10.7.2 电场的能量

近代大量实验证实,电容器的能量是分散储存在它的电场中,称为电场能量。

现以平行板电容器中的匀强电场为例,研究电场能量与场强的关系。

设平行板电容器的极板面积为 S,两板间距为 d,板间充满介电常数为 ε 的电介质,电容器带电量为 Q,如图 10-30 所示。

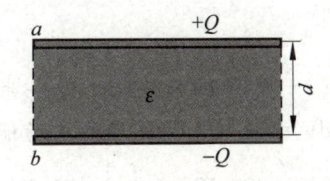

图 10-30 平行板电容器的能量

按式(10-34),电容器的电场能量为

$$W_e = \frac{1}{2}CU_{ab}^2$$

对于平行板电容器,有

$$C = \frac{\varepsilon S}{d}, \quad U_{ab} = Ed$$

因此

$$W_e = \frac{1}{2}CU_{ab}^2 = \frac{1}{2}\frac{\varepsilon S}{d}(Ed)^2 = \frac{1}{2}\varepsilon E^2 Sd$$

这里 Sd 是电容器两极板间的体积,也是电场的体积,用 $V_{体}$ 表示

$$W_e = \frac{1}{2}\varepsilon E^2 V_{体} \tag{10-35}$$

单位体积的电场能量称为电场能量密度,用 w_e 表示,则平行板电容器中的电场能量密度为

$$w_e = \frac{W_e}{V_{体}} = \frac{1}{2}\varepsilon E^2 = \frac{1}{2}DE = \frac{D^2}{2\varepsilon} \tag{10-36}$$

式(10-36)的电场能量密度公式是由平行板电容器这个特殊例子推导出来的,但是这个公式也适用于非均匀电场的一般情况。设非均匀电场中某点的场强大小为 E,在此点附近取一微小体积元 dV,如图 10-31 所示。在体积元 dV 足够小时,可认为电场在该体积元内是均匀的,则可用式(10-36)求得 dV 内的电场能量

$$dW_e = \frac{1}{2}\varepsilon E^2 dV$$

于是整个电场的电场能量为

$$W_e = \int dW_e = \int_V \frac{1}{2}\varepsilon E^2 dV \quad (10-37)$$

图 10-31 非均匀电场中的能量

【例 10-18】 如图 10-32 所示,求一半径为 R,带电量为 Q 的孤立导体球的电场能量 W_e。

解 方法 1:导体球的电势为

$$U = \frac{Q}{4\pi\varepsilon_0 R}$$

导体球的电场能量为

$$W_e = \frac{1}{2}QU = \frac{Q^2}{8\pi\varepsilon_0 R}$$

方法 2:由高斯定理,可得

$$E = \begin{cases} 0, & r < R \\ \dfrac{Q}{4\pi\varepsilon_0 r^2}, & r > R \end{cases}$$

如图 10-32 所示,取一半径为 r、厚度为 dr、与导体球同心的薄球壳作为体积元,$dV = 4\pi r^2 dr$,导体球的电场能量为

$$W_e = \int \frac{1}{2}\varepsilon_0 E^2 dV = \int_0^R 0 \, dV + \int_R^\infty \frac{1}{2}\varepsilon_0 \left(\frac{Q}{4\pi\varepsilon_0 r^2}\right)^2 4\pi r^2 dr = \frac{Q^2}{8\pi\varepsilon_0 R}$$

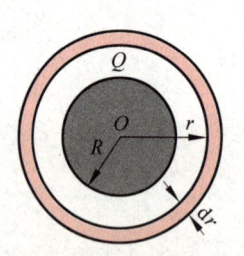

图 10-32 孤立导体球

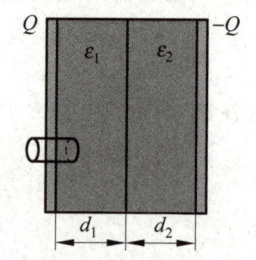

图 10-33 例 10-19 图

【例 10-19】 如图 10-33 所示,有一平行板电容器,极板面积为 S,板间有两层介质,其介电常数分别为 ε_1 和 ε_2,此电容器的带电量为 Q。求:(1)此电容器储存的静电能 W_e;(2)此电容器的电容。

解 (1)作如图 10-33 所示的圆柱形高斯面,圆柱面的底面积为 ΔS。利用介质中的高斯定理,有

$$D\Delta S = \sigma \Delta S$$

电位移矢量大小为

$$D = \sigma$$

两种介质中的电场强度分别为

$$E_1 = \frac{D}{\varepsilon_1} = \frac{\sigma}{\varepsilon_1}, \quad E_2 = \frac{\sigma}{\varepsilon_2}$$

电容器储存的静电能 W_e 为

$$W_e = \int \frac{1}{2}\varepsilon E^2 dV = \frac{1}{2}\varepsilon_1 \left(\frac{\sigma}{\varepsilon_1}\right)^2 S d_1 + \frac{1}{2}\varepsilon_2 \left(\frac{\sigma}{\varepsilon_2}\right)^2 S d_2$$

$$= \frac{Q^2}{2S}\left(\frac{d_1}{\varepsilon_1} + \frac{d_2}{\varepsilon_2}\right)$$

(2) 求电容可用两种方法。方法1：

$$U = \int \boldsymbol{E} \cdot d\boldsymbol{l} = \frac{\sigma}{\varepsilon_1}d_1 + \frac{\sigma}{\varepsilon_2}d_2 = \frac{Q}{S}\left(\frac{d_1}{\varepsilon_1} + \frac{d_2}{\varepsilon_2}\right)$$

$$C = \frac{Q}{U} = \frac{S}{d_1/\varepsilon_1 + d_2/\varepsilon_2}$$

方法2：由 $W_e = Q^2/2C$，并利用(1)的计算结果，则有

$$C = \frac{Q^2}{2W_e} = \frac{S}{d_1/\varepsilon_1 + d_2/\varepsilon_2}$$

【例 10-20】 如图 10-34 所示，设电荷均匀分布在半径为 R 的球形空间内，总电量为 Q。求电场能量。

解 根据高斯定理

球内 $r < R$，

$$E 4\pi r^2 = \frac{1}{\varepsilon_0} \frac{Q}{4\pi R^3/3} \frac{4}{3}\pi r^3$$

$$E = \frac{Qr}{4\pi\varepsilon_0 R^3}$$

图 10-34　例 10-20 图

球外 $r > R$，

$$E = \frac{Q}{4\pi\varepsilon_0 r^2}$$

电场能量为

$$W_e = \int \frac{1}{2}\varepsilon E^2 dV = \int_0^R \frac{1}{2}\varepsilon_0 \left(\frac{Qr}{4\pi\varepsilon_0 R^3}\right)^2 4\pi r^2 dr + \int_R^\infty \frac{1}{2}\varepsilon_0 \left(\frac{Q}{4\pi\varepsilon_0 r^2}\right)^2 4\pi r^2 dr$$

$$= \frac{Q^2}{8\pi\varepsilon_0 R^6}\int_0^R r^4 dr + \frac{Q^2}{8\pi\varepsilon_0}\int_R^\infty \frac{1}{r^2} dr = \frac{3Q^2}{20\pi\varepsilon_0 R}$$

【例 10-21】 试估算电子的半径。

解 方法1：把电子设想成半径为 R 的小球，其电荷 $-e$ 均匀分布在球面上，根据例 10-18 的计算结果，电子的电场能为 $W_e = e^2/8\pi\varepsilon_0 R$。

设此能量就是电子的静能，$W_e = E_0 = m_0 c^2$，则有

$$R = \frac{e^2}{8\pi\varepsilon_0 m_0 c^2} = 1.4 \times 10^{-15} \text{ (m)}$$

方法 2：如果把电子设想成带电量为 $-e$，半径为 R 的均匀带电小球，根据例 10-20 的计算结果，电子的电场能为 $W_e = 3e^2/20\pi\varepsilon_0 R$

设此能量就是电子的静能，$W_e = E_0 = m_0 c^2$，则有

$$R = \frac{3e^2}{20\pi\varepsilon_0 m_0 c^2} = 1.6 \times 10^{-15} \text{(m)}$$

注：通常定义电子半径 $R = \dfrac{e^2}{4\pi\varepsilon_0 m_0 c^2} = 2.8 \times 10^{-15} \text{(m)}$

电场可以存储能量，在需要时也可以将能量释放出来。如焊接不锈钢薄板时，可以将多个电容器并联起来组成电容器堆，将工件要焊接的部位压紧后，利用电容器两端的放电电流将两个工件的接触面融化后焊接起来。日常生活中使用的不锈钢口杯的柄就是用这种方法焊接上去的。由于电容器初始放电的电流很大，而后迅速下降，焊接时不会将不锈钢口杯的壁烧穿。这种焊接的方法称为点焊，在工业生产中是常用的焊接方法。

习 题

10-1 如图所示，一不带电的导体球 A 内有两个球形空腔，两空腔中心各放置一点电荷 q_1 和 q_2，求 A 球上感应电荷的分布。若在 $r \gg R$ 处有一点电荷 q，问 q_1、q_2、q 各受多少力？

10-2 实验表明，在靠近地面处有相当强的电场，电场强度 E 垂直于地面向下，大小约为 $100 \text{ N} \cdot \text{C}^{-1}$；在离地面 1.5 km 高的地方，$E$ 也是垂直于地面向下的，大小约为 $25 \text{ N} \cdot \text{C}^{-1}$。

（1）试计算从地面到此高度大气中电荷的平均体密度；（2）假设地球表面处的电场强度完全是由均匀分布在地球表面的电荷产生，求地面上的电荷面密度（已知 $\varepsilon_0 = 8.85 \times 10^{-12} \text{ C}^2 \cdot \text{N}^{-1} \cdot \text{m}^{-2}$）。

10-3 如图所示，半径为 R 的带电细圆环，电荷线密度 $\lambda = \lambda_0 \cos\varphi$（$\lambda_0$ 为常数，φ 为半径 R 与 x 轴夹角），求圆环中心处场强。

10-4 求图中电荷面密度为 σ 的均匀带电半球面球心处的场强。

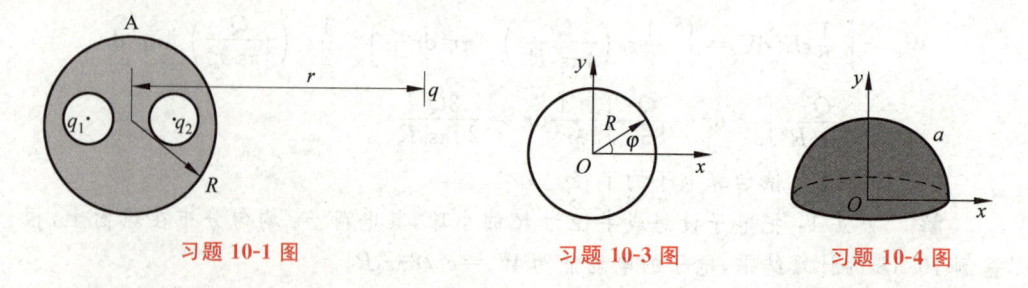

习题 10-1 图　　习题 10-3 图　　习题 10-4 图

10-5 由叠加原理求场强还可以采用"补偿法"。例如：

（1）半径为 R 的薄圆板上有一半径 r（$r < R$）的圆孔，板上均匀带电，面密度为 σ，求中心 O 处的场强。可用半径为 R、面电荷密度为 $+\sigma$ 的圆板和半径为 r、面电荷

密度为 $-\sigma$ 的圆板在中心处的场强叠加。

(2) 带有宽为 a 的狭缝的无限长圆柱面,半径 R,电荷面密度 σ,求其轴线上一点 P 的场强。可用带正电的整个圆柱面(由许多无限长带电直线围成)和带负电的宽为 a 的无限长直线在 P 点产生的场强叠加。

如图所示,试用上述方法算出(1)和(2)的结果。

10-6 如图所示,无限长均匀带电直线电荷线密度 λ 与另一电荷线密度为 λ'、长为 L 的带电直线共面放置。求图中(a)、(b)两种情况下它们间的相互作用力各是多少?

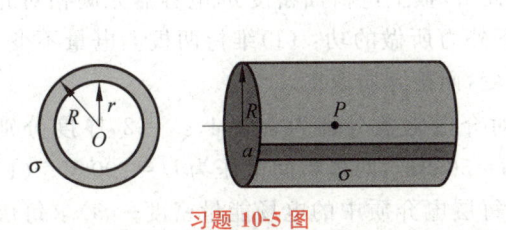

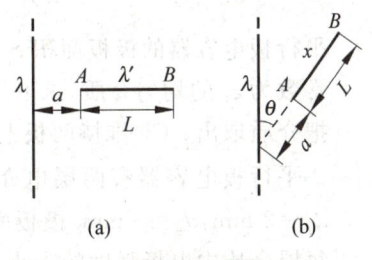

习题 10-5 图

习题 10-6 图

10-7 如图所示,已知点电荷电量为 q,求下列情况下,通过面 S 的电通量。
(1) S 为边长为 a 的正方形平面,q 在 S 的中垂线上,与 S 中心相距为 $a/2$。
(2) S 为半径 R 的圆面,q 在 S 的轴线上,与 S 相距为 a。

10-8 如图所示,在半径为 R_1、体电荷密度为 ρ 的均匀带电球体中挖去一个半径为 R_2 的球形空腔,空腔中心 O_2 与带电球体中心 O_1 相距为 $a(R_2<a<R_1)$,求空腔内任一点的场强。

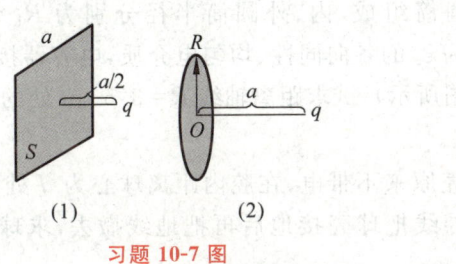

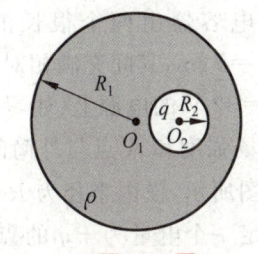

习题 10-7 图

习题 10-8 图

10-9 半径为 R 的无限长带电圆柱体,其体电荷密度 $\rho=\rho_0 r(r\leqslant R)$,$\rho_0$ 为常数,r 为离轴线的距离,求空间场强的分布。

10-10 如图所示,电量 q 均匀分布在长为 $2L$ 的细棒上,求:(1)细棒中垂面上距细棒中心 r 处 P 点的电势;(2)细棒延长线上距细棒中心 x 处 P' 点的电势。

10-11 无限长均匀带电圆柱体的半径为 R,体电荷密度为 ρ,求电势分布,并画出 U-r 曲线。(以圆柱轴线上 $r=0$ 处为零电势点)

10-12 如图所示,电荷面密度分别为 $+\sigma$ 和 $-\sigma$ 的两块"无限大"均匀带电平行平面,分别与 x 轴垂直相交于 $x_1=a$,$x_2=-a$ 两点。设坐标原点 O 处电势为零,试求空间的电势分布表示式并画出其曲线。

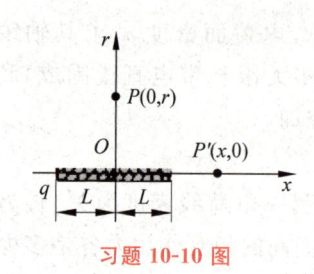

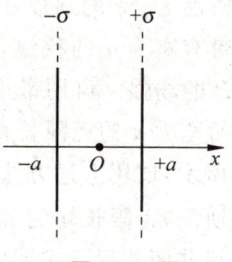

习题 10-10 图

习题 10-12 图

10-13 平行板电容器的极板面积 S，两板间距 d，板上电荷面密度 σ，电容器充满相对介电常数为 ε_r 的均匀介质，求下列情况下外力所做的功：(1)维持两板上电量不变，而把介质取出；(2)维持两板上电压不变，而把介质取出。

10-14 一平行板电容器有两层电介质，相对介电常数分别为 $\varepsilon_{r1}=4, \varepsilon_{r2}=2$，厚度分别为 $d_1=2\text{ mm}, d_2=3\text{ mm}$，极板面积为 $S=50\text{ cm}^2$，两极板间电压为 $U=200\text{ V}$。(1)求每层介质中电场强度的大小；(2)求每层电介质中的电场能量密度；(3)求每层介质中的电场的能量；(4)用电容器的能量公式求总能量。

10-15 三个半径分别为 R_1、R_2、R_3 的同心导体球壳，带电量依次为 q_1、q_2、q_3。求：(1)这个带电体系的总电能；(2)当内、外两球壳共同接地时，体系的电容和各球壳的带电量。

10-16 一个充有各向同性均匀介质的平行板电容器，充电到 1000 V 后与电源断开，然后把介质从极板间抽出，此时板间的电势差升高到 3000 V。试求该介质的相对介电常数。

10-17 一电容器由两个很长的同轴薄圆筒组成，内、外圆筒半径分别为 $R_1=2\text{ cm}$，$R_2=5\text{ cm}$，其间充满相对介电常数为 ε_r 的各向同性、均匀电介质，电容器接在电压 $U=32\text{ V}$ 的电源上（如习题 10-17 图所示），试求距离轴线 $R=3.5\text{ cm}$ 处的 A 点的电场强度和 A 点与外筒间的电势差。

10-18 如图所示，设内半径为 R 的导体球壳原来不带电，在腔内距离球心为 d 处 $(d<R)$ 固定一个电量为 $+q$ 的点电荷，用导线把球壳接地后再把地线撤去，求球心处的电势。

10-19 如图所示，一个锥顶角为 2θ 的圆台，上、下底面半径分别为 R_1、R_2，其侧面均匀带电，电荷面密度为 σ，求顶点 O 处的场强和电势。

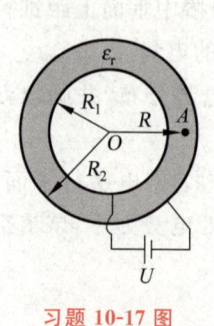

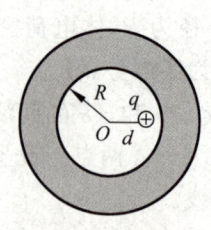

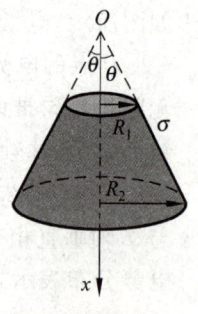

习题 10-17 图

习题 10-18 图

习题 10-19 图

10-20 如图所示,半径为 R 的均匀带电球面电量为 Q,沿半径方向有一均匀带电细线,线电荷密度为 λ,长为 L,细线近端离球心距离也为 L,设球和细线上电荷分布固定,求细线在该球面电场中的电势能。

10-21 圆柱形电容器是由半径为 R_2 的导体圆筒和与它同轴的圆柱形导体组成,圆柱形导体的半径为 R_1,长为 l,其间充满相对介电常数为 ε_r 的电介质(如图所示)。若圆筒上单位长度的电量为 λ_0,且 $l \gg R_1, R_2$,求:(1)电介质中的电位移矢量 D 和电场强度 E;(2)电容器的电容。

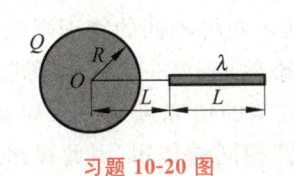

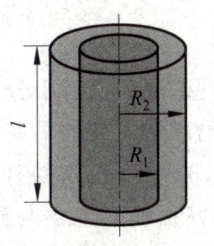

习题 10-20 图

习题 10-21 图

10-22 把电子看作半径为 r_0 的均匀带电球体,其电量为 $-e$。
(1) 求电子外部空间($r > r_0$)的总电场能量;
(2) 求电子内部空间($r < r_0$)的总电场能量;
(3) 求电场总能量。

10-23 两块靠近的平行金属板间原为真空。使两板分别带上面电荷密度为 $\pm \sigma_0$ 的等量异号电荷,这时两板间电压 $U_0 = 300 \text{ V}$。保持两板上电量不变,将板间一半空间充以相对介电常数 $\varepsilon_r = 5$ 的电介质,求:
(1) 金属板间有介质部分和无介质部分的 D、E 和板上自由电荷面密度;
(2) 金属板间电压变为多少?

10-24 有直径为 16 cm 和 10 cm 的两导体薄球壳同心放置,此时内球电势为 2700 V,外球电量为 8.0×10^{-9} C,现把内球与外球相接触,问此时两球的电势各变化多少?

10-25 三块平行金属板 A、B、C 面积均为 200 cm²,A、B 相距 4 mm,A、C 相距 2 mm,B 和 C 都接地(如图所示)。如果使 A 板带上 $q = 3.0 \times 10^{-7}$ C 的电荷,试求:
(1) B、C 两板上的感应电荷;(2) A 板的电势。

10-26 如果把地球看作一半径为 6.4×10^6 m 的导体球,试计算其电容?如果空气的击穿场强为 3.0×10^6 V/m,则地球所能携带的最大电量为多少?电荷面密度等于多少?

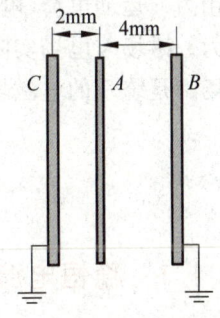

习题 10-25 图

第 11 章 稳恒电流磁场

人类发现磁现象已有十分悠久的历史,在公元前 7 世纪,人类就发现了磁石能够吸引铁器。然而在物理学发展的早期,磁现象和电现象一直被当作两种不同的物理现象分别进行研究。直到 1820 年,丹麦科学家奥斯特发现了电流具有磁效应,第一次揭示了电与磁之间存在着联系,从而使对电学与磁学的研究统一起来,电磁学的研究进入一个崭新的阶段。1821 年安培(Ampere)发现通有电流的螺线管具有和磁铁相同的作用,因此提出了分子电流的假说,解释了物质具有磁性的原因。现代物理学研究表明,原子核外的电子除绕核运转外,电子自身还有自旋。分子或原子内部带电微观粒子的运动,等效于分子电流。这些分子电流在它的周围激发磁场,这就是物质磁性的来源。1820 年,毕奥(Biot)和萨伐尔(Savart)独立地发表了电流产生磁场的实验结果,长直通电导线对磁极作用力的大小反比于从磁极到导线的垂直距离。拉普拉斯(Laplace)在此发现的基础上引入"电流元"的概念,并进一步引入电流强度和磁感应强度概念,建立了"毕奥-萨伐尔-拉普拉斯定律"。

磁场是一种特殊的物质,它是物质存在的一种形式。磁场的物质性表现在:它对置于磁场中的电流、运动电荷和磁体有力的作用。电流与电流、电流与运动电荷、运动电荷与运动电荷、磁极与磁极、磁极与电流(或运动电荷)之间的相互作用都是通过磁场来传递的。磁场也具有能量。

静止电荷在其周围激发出静电场,电场对置于其中的电荷(不论其运动与否)都会产生作用力。运动电荷(电流)周围除了电场外,还同时存在磁场。而磁场仅对运动电荷施加作用力。磁场与电场实际上是一个统一的电磁场在不同侧面上的表现,单独的电场和单独的磁场都是统一的电磁场的特殊情况。磁场是电场的相对性效应。

11.1 稳恒电流 电动势

11.1.1 稳恒电流 电流密度

我们知道,导体中电子可以在导体内自由运动。在没有外部电场时,电子作无规则的热运动,如果将导体置于一电场中,导体中的电子在电场作用下会作定向运动,电子的这种定向运动就称为电流。如果在时间 dt 内通过导体中某个横截面的电量为 dq,则将电流强度定义为

$$i = \frac{dq}{dt} \tag{11-1}$$

电流强度的单位是 A(安[培])。当电流强度不随时间发生变化时,则称为稳恒电流。这时电流强度由下式给出

$$i = \frac{q}{t} \tag{11-2}$$

式中,q 是通过导体中某个横截面的电量,t 是电子通过所需的时间。除了导体可以导电外,还有半导体等其他一些物质也可以导电。起导电作用的电荷称为载流子,在金属中载流子就是电子,半导体中载流子则可以是电子,也可以是空穴(也称为正离子),实际上有些导电物质(如电解液)起导电作用的也可以是正离子或者负离子。

通常规定电流的方向为正电荷定向运动的方向,如果起导电作用的是负电荷,其运动方向与电流的方向相反。

和前面介绍的静电平衡的情况不同,导体在通有电流时其内部是有电场的,载流子在电场的作用下作定向运动,但是电场力对载流子并不产生净的加速度,这是因为载流子不断地和其他原子碰撞,而失去了部分动能。故可以认为载流子是在导体中以恒定的平均速率 v_d 在电场中漂移。

在一个通有电流的导体中,各个横截面上的电流强度都是相同的,如果这个导体不同部位的粗细不同,则导体中较细部分单位截面积上的电流强度将大于较粗部分的。我们把通过垂直电流方向单位截面积的电流强度定义为电流密度

$$j = \frac{I}{S_\perp} \tag{11-3}$$

电流密度的单位为 A/m²。图 11-1 中,在截面 S_1 处电流密度为 I/S_1,在截面 S_2 处电流密度为 I/S_2。

电流密度是矢量,它的方向是导体内正电荷的运动方向,同时也是该点的电场强度的方向。而电流强度则是电流密度在一特定截面的通量。电流强度与电流密度有如下关系

$$I = \int_S \boldsymbol{j} \cdot \mathrm{d}\boldsymbol{S} \tag{11-4}$$

这里的 d$\boldsymbol{S}$ 是面积元,积分的结果是通过截面积 S 的电流强度。如果通过整个截面上的电流强度都是均匀的,且与截面积 S 垂直,电流强度也可以表示为

$$I = jS$$

图 11-1 导线不同部位的电流密度不同

图 11-2 电容器的放电过程

11.1.2 电源 电动势

日常生活中,我们大量使用各种电源,电源的作用就是能够在其两端保持恒定的电势差,并对连接在电源上的用电器维持稳定的输出电流。电源是如何做到这一点的呢? 在静电场的能量一节我们提到过电容器可以存储静电能,在电容器的两端接上用电器,也可以获得电流,如图 11-2 所示。但是电容器不能够在其两端保持恒定的电势差,也不能够给用电

器提供稳定的输出电流,这是因为电容器在放电过程中,正极板上的正电荷通过用电器流入负极板后,正电荷被负极板上的负电荷中和。因此正负极板上的电荷逐渐减少,两极板间的电势差也逐渐下降,电流随之减小。

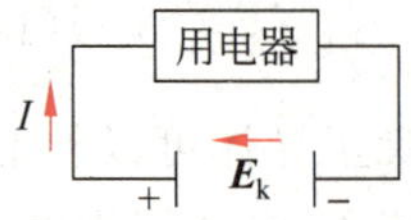

电源与电容器的不同之处在于电源内部存在着非静电场,如图 11-3 所示,非静电场的作用是将流到负极板上的正电荷再次从负极板上移动到正极板上(两极板间的静电场不能起到这种作用,因为两极板间的静电力是阻碍正电荷向正极板移动的),这就使得两极板间的电荷量不因极板间的放电而下降,从而在电源的两个输出端之间维持了稳定的电流和电压。实际上电源是一种可以将其他形式的能量转化为电能的装置,这种转换就是由电源内部的非静电场实现的。

图 11-3 电源内部存在非静电场

非静电场的场强定义为单位正电荷在场中所受的力

$$E_k = \frac{F}{q} \tag{11-5}$$

我们把非静电力将单位正电荷从负极板移到正极板时所做的功定义为电源的电动势 ε,由此可得电源电动势与非静电场强的关系为

$$\varepsilon = \frac{1}{q}\int q\bm{E}_k \cdot \mathrm{d}\bm{l} = \int_{(-)}^{(+)} \bm{E}_k \cdot \mathrm{d}\bm{l} \tag{11-6}$$

由此看出,电动势是标量。但是,我们将由电源内部负极指到正极的方向规定为电动势的方向。通过以上分析我们知道,电动势的方向就是电源内部非静电场的方向。

实际上,电源在没有连接用电器时的电动势就等于电池两端的电势差,说明如下。

设电源两极板间的电势差为 U,非静电力移动带电量为 q 的正电荷时要克服静电力做功,因此非静电力所做功的大小等于静电力做的功,可以表示为

$$A = \int \bm{F} \cdot \mathrm{d}\bm{l} = qU$$

由电动势的定义

$$\varepsilon = \frac{A}{q} = \frac{qU}{q} = U$$

这个结果说明电源两端的电势差是由电源内部的非静电场维持的。

11.2 稳恒电流的磁场

11.2.1 磁场 磁感应强度

电荷可以在其周围激发静电场,电场的性质可用试探电荷所受的静电力来判断,并用电场强度 E 来描述。电流、运动电荷、磁铁都会在其附近的空间激发磁场,此磁场的性质也可以用试探运动电荷所受的磁力来判断,通常用磁感应强度 B(简称磁感强度)来描述空间的磁场。

磁感应强度 B 是矢量,将可自由转动的小磁针置于磁场中,磁针静止时 N 极(北极)所指的方向规定为该处磁感应强度 B 的方向。

为了确定空间某点的磁感应强度的大小,将一电量为 q_0、速度为 v 的试探电荷射入磁场中,如果该试探电荷的运动方向与磁感应强度 **B** 的方向平行,可以测得电荷所受到的磁力为 0。若将试探电荷 q_0 以速度 v 垂直于磁感应强度 **B** 的方向射入磁场中,测得电荷所受到的磁力为最大值 F_{max}。由此定义磁感应强度 **B** 的大小为

$$B = \frac{F_{max}}{q_0 v} \tag{11-7}$$

在国际单位制中,磁感应强度的单位为 T(特[斯拉])。

11.2.2 毕奥-萨伐尔定律

1820 年,丹麦物理学家奥斯特发现了电流的磁效应,即电流(或运动电荷)可以在其周围激发出磁场。那么,磁场中的磁感应强度 B 与通电导线间存在什么样的关系呢?为了解决这个问题,我们可以采用科研最常用的"实验-理论-实验"的方法进行分析。研究的步骤如下。

1. 通过大量实验,寻找各种特定形状的通电导线产生磁场的规律

比较简单的实验有以下两个。

(1)测定"无限长"通电直导线外任一点的磁感应强度,如图 11-4 所示。通过实验数据可以得到 P 点的磁感应强度大小为

$$B = \frac{\mu_0 I}{2\pi r} \tag{11-8}$$

式中,$\mu_0 = 4\pi \times 10^{-7}$(H/m),称为真空磁导率。

(2)测定圆形通电导线在圆心 O 点上的磁感应强度 B,如图 11-5 所示。

图 11-4 无限长载流直导线外一点的磁场

图 11-5 圆电流产生的磁场

这个实验中可供调节的变量只有导线上的电流 I 和圆环半径 r。通过若干组实验数据容易得到磁感应强度 **B** 的大小为

$$B = \frac{\mu_0 I}{2r} \tag{11-9}$$

磁感应强度 **B** 的方向垂直于纸面向内。

2. 由这些特殊性的规律进一步分析,寻找电流产生磁场的普遍性规律

由实验得出的式(11-8)、式(11-9)并不相同,它们都是带有特殊性(特定形状、特定点)

的规律。因此，我们必须对上述实验进行分析，找出共同之处，它们的共同点有：(1)通电；(2)整条导线可以看成由许多小段(极短的导线元)组成。于是，我们要寻找"一小段通电导线"(电流元)产生的磁场和该电流元的关系。我们把图 11-5 中的圆环分成 N 等分，根据对称性可知，每一小段通电导线在圆心处产生的磁感应强度为

$$\Delta B = \frac{B_0}{N} = \frac{\mu_0 I/2r}{N} = \frac{\mu_0 I}{2r} \frac{1}{2\pi r} \frac{2\pi r}{N}$$

这里的 $2\pi r/N$ 表示将圆环均分成 N 段后每一段的长度，用 Δl 表示。则

$$\Delta B = \frac{\mu_0 I}{4\pi r^2} \Delta l$$

取 Δl 的方向为电流方向，取"电流元"至圆心 O 的有向线段为 r（见图 11-5），令 $N \to \infty$，考虑 d$\boldsymbol{B}$、d$\boldsymbol{l}$ 和 $\boldsymbol{r}$ 的方向，实验证明上式可写成矢量形式

$$d\boldsymbol{B} = \frac{\mu_0}{4\pi} \frac{I d\boldsymbol{l} \times \boldsymbol{e}_r}{r^2} \tag{11-10}$$

这就是电流元的磁场公式。它是由法国科学家毕奥、萨伐尔和拉普拉斯于 1820 年从实验现象中总结出来的规律。现在称其为"毕奥-萨伐尔定律"。

电流元磁场 d$\boldsymbol{B}$ 的大小为

$$dB = \frac{\mu_0 I dl \sin\theta}{4\pi r^2} \tag{11-11}$$

d$\boldsymbol{B}$ 的方向垂直于 d$\boldsymbol{l}$ 与 $\boldsymbol{e}_r$ 所构成的平面，方向由右手定则确定。

有了电流元的磁场公式(11-10)，根据叠加原理，对这个公式做积分运算，从理论上讲，可以求出任意电流的磁场分布。

许许多多的实验表明，根据毕奥-萨伐尔定律式(11-10)计算的结果，均与实验测量值相符合。这表明，毕奥-萨伐尔定律能经受住实践考验，是正确的。

下面举例说明如何用毕奥-萨伐尔定律求电流的磁场分布。

【例 11-1】 用毕奥-萨伐尔定律计算"无限长"通电直导线外任意一点 P 的磁感应强度。

解 设导线通过的电流为 I，场点 P 到导线的距离为 a。在导线上取一电流元，如图 11-6 所示。根据毕奥-萨伐尔定律，电流元在 P 点产生的磁感应强度大小为

$$dB = \frac{\mu_0 I dl \sin\theta}{4\pi r^2}$$

电流元 Idl 产生的磁感应强度的方向都是指向纸内的，因此可直接积分求 B。即

$$B = \int dB = \int \frac{\mu_0 I dl \sin\theta}{4\pi r^2}$$

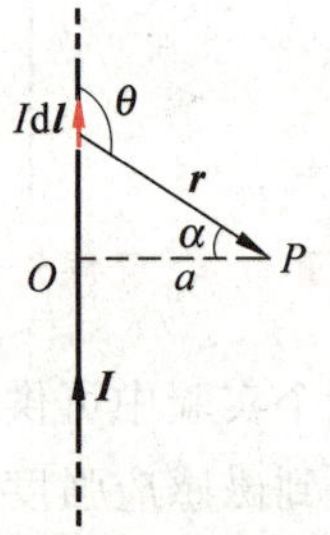

图 11-6 无限长通电直导线产生的磁场

这里 l、r、θ 都是变量，把这几个变量统一用 α 表示，即

$$\sin\theta = \cos\alpha, \quad l = a\tan\alpha, \quad dl = a\sec^2\alpha d\alpha, \quad r = a\sec\alpha$$

则

$$B = \frac{\mu_0 I}{4\pi} \int \frac{\cos\alpha \, a\sec^2\alpha \, d\alpha}{(a\sec\alpha)^2} = \frac{\mu_0 I}{4\pi a} \int_{-\pi/2}^{\pi/2} \cos\alpha \, d\alpha = \frac{\mu_0 I}{2\pi a}$$

【例 11-2】 求半径为 R,通过电流强度为 I 的圆电流轴线上的磁场。

解 设轴线上场点 P 到圆心的距离为 x,如图 11-7 所示。在环上取一电流元 Idl,据毕奥-萨伐尔定律

$$d\boldsymbol{B} = \frac{\mu_0}{4\pi} \frac{Id\boldsymbol{l} \times \boldsymbol{e}_r}{r^2}$$

因为 $Idl \perp r$,电流元在 P 点产生的磁感应强度大小为

$$dB = \frac{\mu_0 Idl}{4\pi r^2}$$

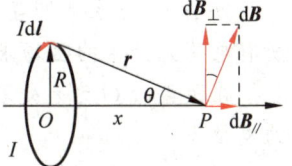

图 11-7 圆电流轴线上的磁场

$d\boldsymbol{B}$ 的方向如图 11-7 所示,把 $d\boldsymbol{B}$ 分解为与 x 轴平行和垂直的两个分量

$$dB_\parallel = dB\sin\theta, \quad dB_\perp = dB\cos\theta$$

由对称性知

$$B_\perp = \int dB_\perp = 0$$

所以

$$B = B_\parallel = \int_0^{2\pi R} \frac{\mu_0 I}{4\pi} \frac{dl}{r^2} \sin\theta = \frac{\mu_0 I \sin\theta}{4\pi r^2} 2\pi R = \frac{\mu_0 I R^2}{2(R^2 + x^2)^{3/2}}$$

在 O 点 ($x = 0$) 有

$$B_0 = \frac{\mu_0 I}{2R}$$

由于电流是电荷的定向运动形成的,因此电流元产生磁场的实质是运动电荷产生磁场,运动电荷产生的磁场可以由毕奥-萨伐尔定律式(11-10)导出。

设电流元内起导电作用的每个电荷带电量为 q,导线段的截面积为 S,单位体积的电荷数密度为 n,则该电流元的载流子个数为 $dN = nSdl$,电流元的电荷量 $dQ = qnSdl$。于是电流强度 I 可写为

$$I = \frac{dQ}{dt} = qnS \frac{dl}{dt} = qnSv$$

式中 v 是电荷运动速度。将上式代入式(11-10),得到该电流元产生的磁感应强度为

$$d\boldsymbol{B} = \frac{\mu_0}{4\pi} \frac{Id\boldsymbol{l} \times \boldsymbol{e}_r}{r^2} = \frac{\mu_0 qnSv d\boldsymbol{l} \times \boldsymbol{e}_r}{4\pi r^2}$$

因为电荷运动速度 v 与导线 dl 的方向相同,所以将 dl 的方向标在 v 上可得

$$d\boldsymbol{B} = \frac{\mu_0}{4\pi} \frac{qnSdl\, \boldsymbol{v} \times \boldsymbol{e}_r}{r^2}$$

于是,每个运动电荷产生的磁感应强度为

$$\boldsymbol{B} = \frac{d\boldsymbol{B}}{dN} = \frac{\mu_0}{4\pi} \frac{qnSdl\, \boldsymbol{v} \times \boldsymbol{e}_r}{r^2} \times \frac{1}{nSdl} = \frac{\mu_0 q \boldsymbol{v} \times \boldsymbol{e}_r}{4\pi r^2} \qquad (11\text{-}12)$$

式(11-12)是非相对论的运动电荷的磁场公式 $v \ll c$。

【例 11-3】 如图 11-8 所示,真空中半径为 R 的薄圆盘上均匀带电,面电荷密度为 σ,此盘绕通过盘心且垂直盘面的轴匀速转动,角速度为 ω。求盘心 O 处的磁感应强度。

解 用三种方法求磁感应强度。

方法 1:先求薄圆盘上运动的电荷元产生的磁场,然后对所有电荷元产生的磁场求和。

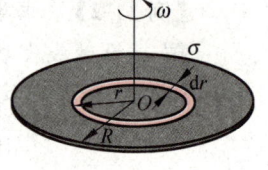

在距盘心 O 为 r 处取一面积元 $dS = rd\theta dr$,该面积元所带的电量为

图 11-8 例 11-3 图

$$dq = \sigma dS = \sigma r d\theta dr$$

利用运动电荷的磁感应强度公式(11-12),考虑到电荷的运动速度 $\boldsymbol{v}$ 与 $\boldsymbol{r}$ 垂直,且 $v = r\omega$,dq 产生的磁感应强度大小为

$$dB = \frac{\mu_0 \sigma r d\theta dr v}{4\pi r^2} = \frac{\mu_0 \sigma r d\theta dr r\omega}{4\pi r^2} = \frac{\mu_0}{4\pi}\sigma\omega d\theta dr$$

由于所有带电小面元在 O 处产生的磁感应强度的方向均垂直盘面沿 x 轴正向,所以

$$B = \int dB = \frac{\mu_0}{4\pi}\sigma\omega \int_0^{2\pi} d\theta \int_0^R dr = \frac{\mu_0 \sigma\omega R}{2}$$

方法 2:将圆盘分割为许多细圆环,带电细圆环在转动时就相当于一圆电流。把所有带电细圆环在盘心 O 处的磁感应强度求和即为所求。

在距盘心为 r 处取一半径为 r,宽度为 dr 的细圆环,细圆环所带电量为 $dQ = \sigma 2\pi r dr$,细圆环运动产生的圆电流的大小为

$$dI = \frac{dQ}{T} = \frac{\sigma 2\pi r dr}{2\pi/\omega} = \sigma\omega r dr$$

此圆电流在圆心处产生的磁感应强度 dB 为

$$dB = \frac{\mu_0 dI}{2r} = \frac{\mu_0 \sigma\omega r}{2r}dr = \frac{\mu_0 \sigma\omega}{2}dr$$

由于各带电细圆环转动时在 O 处产生的磁感应强度的方向均相同,所以

$$B = \int dB = \int_0^R \frac{\mu_0 \sigma\omega}{2}dr = \frac{\mu_0 \sigma\omega R}{2}$$

方法 3:同方法 1 的做法一样,先求薄圆盘上运动的电荷元产生的磁场,然后对所有电荷元产生的磁场求和。但是,电荷元的取法与方法 1 不一样。

在盘上选取一同心细圆环,环上所有电荷 $dq = \sigma 2\pi r dr$ 在 O 处产生的磁感应强度的方向均相同,故可把 dq 等效于在细圆环上一点的点电荷,利用运动电荷的磁感应强度公式(11-12),考虑到电荷的运动速度 $\boldsymbol{v}$ 与 $\boldsymbol{r}$ 垂直,且 $v = r\omega$,则有

$$dB = \frac{\mu_0 dq \cdot v}{4\pi r^2} = \frac{\mu_0 \sigma 2\pi r^2 \omega dr}{4\pi r^2} = \frac{\mu_0 \omega \sigma}{2}dr$$

于是

$$B = \int dB = \int_0^R \frac{\mu_0 \sigma\omega}{2}dr = \frac{\mu_0 \sigma\omega R}{2}$$

11.3 磁场的高斯定理

我们曾引用电场线形象地描述电场。用类似的方法，我们也可以用磁感应线（简称 B 线）直观、形象地描述磁场。为了使画出的磁感应线能反映出磁场中磁感应强度的大小和方向，我们对磁感应线的画法作如下规定：

（1）磁感应线上每一点的切线方向与该点的磁感应强度的方向一致。

（2）用磁感应线分布的疏密程度反映 B 的大小；使穿过某点处与 B 垂直的单位面积的磁感应线的条数，在数值上与该点的磁感应强度的大小相等。

各种磁场的磁感应线可以通过置于磁场中的铁粉在磁场作用下的规则排列显示出来。图 11-9 粗略画出了三种不同形状电流产生的磁场的磁感应线。图中磁感应线上的箭头方向表示磁感应线的正方向。

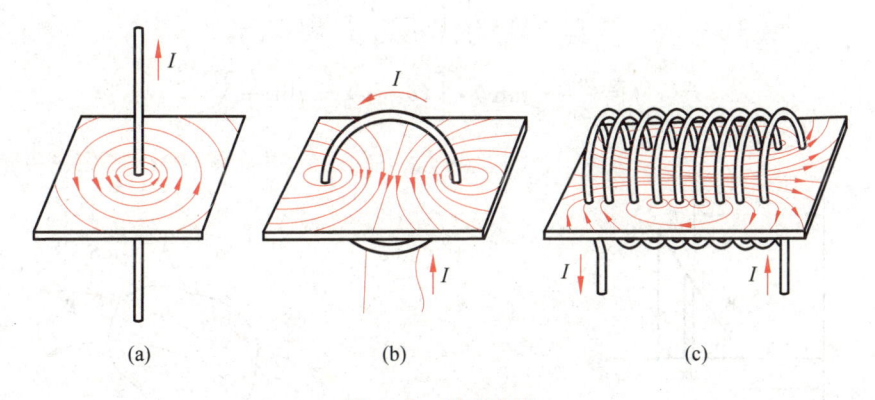

图 11-9 磁感应线

(a) 长直电流；(b) 圆电流；(c) 螺线管电流

从图中可以看出：

（1）任意两条磁感应线不会相交；

（2）磁感应线是无头无尾的涡旋状的闭合线；

（3）磁感应线与电流线互相套联（每条磁感应线至少应围绕一根电流线）。

通过磁场中某给定面的磁感应线的总条数，称为通过该面的磁通量。如图 11-10 所示，在曲面上任取一个微小面元 $\mathrm{d}S$，设该处的磁感应强度为 $\boldsymbol{B}$，则通过该面元的磁通量为

$$\mathrm{d}\Phi_\mathrm{m} = B \cdot \mathrm{d}S_\perp = B \cdot \mathrm{d}S \cdot \cos\theta = \boldsymbol{B} \cdot \mathrm{d}\boldsymbol{S}$$

通过曲面 S 的总磁通量为

$$\Phi_\mathrm{m} = \int \mathrm{d}\Phi_\mathrm{m} = \int \boldsymbol{B} \cdot \mathrm{d}\boldsymbol{S} \tag{11-13}$$

图 11-10 磁通量

在国际单位制中，磁通量的单位为 Wb（韦[伯]）。

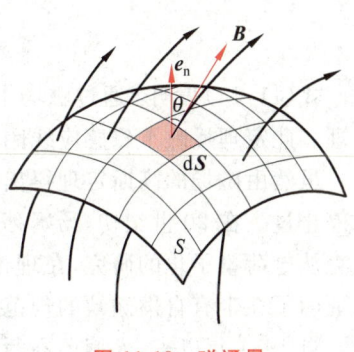

【例 11-4】 一直角三角形与一根无限长直电流 I 共面,如图 11-11 所示。求通过此三角形面的磁通量。

解 如图所示,在三角形上取一细长面元 dS

$$dS = \tan\theta \cdot dx \cdot (x-a)$$

在 dS 处

$$B = \frac{\mu_0 I}{2\pi x}$$

设三角形回路的绕向为顺时针方向,那么磁通量为

$$\Phi_m = \int d\Phi_m = \int \boldsymbol{B} \cdot d\boldsymbol{S} = \int B \cdot dS$$

$$= \int_a^b \frac{\mu_0 I}{2\pi x} \cdot \tan\theta (x-a) \cdot dx$$

$$= \frac{\mu_0 I}{2\pi} \cdot \tan\theta \int_a^b \left(1 - \frac{a}{x}\right) \cdot dx$$

$$= \frac{\mu_0 I}{2\pi} \cdot \tan\theta \cdot \left[(b-a) - a\ln\frac{b}{a}\right]$$

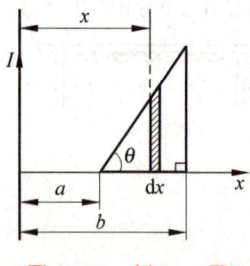

图 11-11 例 11-4 图

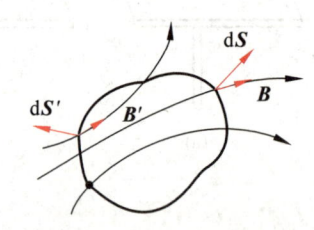

图 11-12 磁场的高斯定理

由于磁感应线是无头无尾的闭合线,因而从一个闭合面某处穿入的磁感应线,必定由闭合面的另一处穿出。如图 11-12 所示,规定闭合曲面的外法线方向为 $d\boldsymbol{S}$ 的正方向,所以穿入的磁通为负,穿出的磁通为正。于是通过闭合曲面的总磁通量为零。即

$$\oint_S \boldsymbol{B} \cdot d\boldsymbol{S} = 0 \tag{11-14}$$

式(11-14)表明:通过磁场中任意闭合曲面的磁通量为零。这个结论称为磁场的高斯定理。此定理反映了磁感应线闭合的特性,说明了不存在磁单极,磁场是无源场。

虽然由磁场的高斯定理得出了不存在磁单极的结论,然而人类对磁单极子的探索却从未停止过。在 20 世纪初,汤姆孙从电磁对称性的角度出发,猜测存在磁单极子;1931 年狄拉克从电荷量子化的研究,在理论上预言了磁单极子的存在;1974 年波利亚夫和特胡夫特又证明了在带有自发破缺的规范场理论中必然存在磁单极子,并且还计算出磁单极子的质量。自 1931 年以来,人们还不断通过实验寻找磁单极子,然而至今只得到个别不能重复的例证,故难以肯定已经找到磁单极子。如果通过实验确实找到了磁单极子,那么电磁理论就要作相应的修改。

11.4 磁场的安培环路定理及应用

11.4.1 磁场的安培环路定理

"通量"和"环流"是用来研究矢量场性质的两个重要物理量。在讨论静电场时,我们曾计算过电场强度 E 的环流 $\oint_L E \cdot dl = 0$,这个结果说明静电场是保守力场。现在,我们介绍稳恒磁场中磁感应强度 B 的环流,以进一步探讨磁场的特性。

在稳恒磁场中,磁感应强度沿任意闭合路径 L 的线积分(B 的环流),等于穿过这路径的所有电流代数和的 μ_0 倍。这就是安培环路定理。其数学表达式为

$$\oint_L B \cdot dl = \mu_0 \sum_{i=1}^n I_i \tag{11-15}$$

下面我们来验证安培环路定理的正确性。

(1) 在真空中有一无限长通电直导线,通过的电流强度为 I,在垂直于直导线的一个平面 M 内围绕直导线作一任意形状的闭合路径,如图 11-13 所示。

在距无限长通电直导线 r 处,磁感应强度大小为

$$B = \frac{\mu_0 I}{2\pi r}$$

B 的方向如图 11-13 所示,则

$$\oint_{L_1} B \cdot dl = \oint_{L_1} Bdl\cos\alpha = \oint Brd\theta = \int_0^{2\pi} \frac{\mu_0 I}{2\pi r} rd\theta = \frac{\mu_0 I}{2\pi} \int_0^{2\pi} d\theta = \mu_0 I$$

结果说明:闭合路径在垂直于直导线的一个平面内,且包围直导线时,B 的环流等于穿过这路径的电流的 μ_0 倍。

(2) 闭合路径在垂直于直导线的一个平面内,但它不包围直导线,如图 11-14 所示。

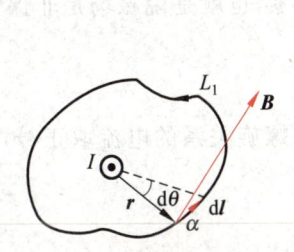

图 11-13 闭合路径在垂直于直导线的平面内并包围导线

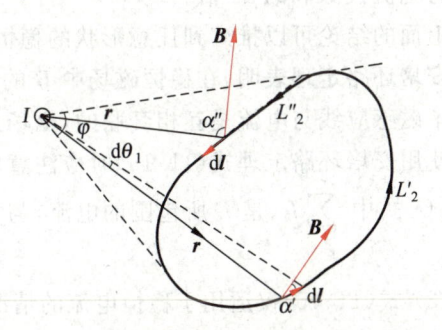

图 11-14 闭合路径在垂直于直导线的平面内,不包围导线

从直导线作 L_2 的两条切线,把 L_2 分成两部分,两切线间夹角为 φ。则

$$\oint_{L_2} B \cdot dl = \int_{L_2'} B \cdot dl + \int_{L_2''} B \cdot dl$$

$$= \int_{L_2'} Bdl\cos\alpha' + \int_{L_2''} Bdl\cos\alpha''$$

$$= \int_{L_2'} Br\,\mathrm{d}\theta_1 + \int_{L_2''} Br\,\mathrm{d}\theta_2 = \int_0^\varphi \frac{\mu_0 I}{2\pi r} r\,\mathrm{d}\theta_1 - \int_0^\varphi \frac{\mu_0 I}{2\pi r} r\,\mathrm{d}\theta_2$$

$$= \frac{\mu_0 I \varphi}{2\pi} - \frac{\mu_0 I \varphi}{2\pi} = 0$$

结果说明：闭合路径在垂直于直导线的一个平面内，但不包围直导线时，B 的环流等于零。

(3) 如果空间存在多条无限长通电直导线被闭合路径 L 包围在内，则可由叠加原理得

$$\oint_L \boldsymbol{B} \cdot \mathrm{d}\boldsymbol{l} = \oint_L (\boldsymbol{B}_1 + \boldsymbol{B}_2 + \cdots + \boldsymbol{B}_n) \cdot \mathrm{d}\boldsymbol{l}$$

$$= \mu_0 I_1 + \mu_0 I_2 + \cdots + \mu_0 I_n$$

$$= \mu_0 \sum_{i=1}^n I_i$$

亦即

$$\oint_L \boldsymbol{B} \cdot \mathrm{d}\boldsymbol{l} = \mu_0 \sum_{i=1}^n I_i$$

结果说明：闭合路径在垂直于直导线的一个平面内时，B 的环流等于穿过闭合路径的所有电流代数和的 μ_0 倍。

(4) 如果闭合路径 L 不在垂直于电流的平面内，则可将 L 投影到垂直于电流的平面上，并把线元 $\mathrm{d}\boldsymbol{l}$ 分解为 $\mathrm{d}\boldsymbol{l}_\perp$ 和 $\mathrm{d}\boldsymbol{l}_\parallel$，如图 11-15 所示。由于 $\boldsymbol{B}$ 与 $\mathrm{d}\boldsymbol{l}_\perp$ 相互垂直，所以

$$\oint_L \boldsymbol{B} \cdot \mathrm{d}\boldsymbol{l}_\perp = 0$$

于是有

$$\oint_L \boldsymbol{B} \cdot \mathrm{d}\boldsymbol{l} = \oint_L \boldsymbol{B} \cdot \mathrm{d}\boldsymbol{l}_\perp + \oint_L \boldsymbol{B} \cdot \mathrm{d}\boldsymbol{l}_\parallel = \mu_0 \sum_{i=1}^n I_i + 0 = \mu_0 \sum_{i=1}^n I_i$$

结果说明：即使闭合路径不在垂直于直导线的平面内，B 的环流也等于穿过闭合路径的所有电流代数和的 μ_0 倍。

上面的结论可以推广到任意形状的稳恒电流。

安培环路定理表明，在稳恒磁场中 B 的环流不恒等于零，也就是说磁场是非保守场，它反映了磁感应线与电流是互相套联的，磁场是有旋场。

使用安培环路定理式(11-15)时应注意以下几点。

(1) 式中 $\sum I_i$，是 L 所包围的电流，与 L 绕向成右手螺旋关系的电流取正号，反之取负号。

(2) 式(11-15)仅适用于稳恒电流的情况。

【例 11-5】 求图 11-16 中磁场对 L 的环流。

解

$$\oint_L \boldsymbol{B} \cdot \mathrm{d}\boldsymbol{l} = \mu_0 \sum_{i=1}^n I_i = \mu_0(-I_1 - I_1 + I_2 - I_3)$$

$$= \mu_0(-2I_1 + I_2 - I_3)$$

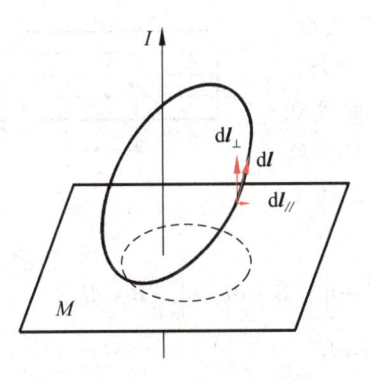

图 11-15 闭合路径不在垂直于电流的平面内

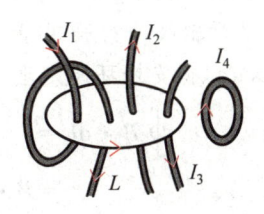

图 11-16 例 11-5 图

11.4.2 安培环路定理的应用

利用安培环路定理，可以很方便地计算出具有一定对称性的电流的磁场分布。利用安培环路定理求磁场分布的关键在于：由电流分布的对称性，选取合适的闭合路径。选取原则是使待求 B 能移到安培环路定理的积分号外。常用的方法是：将待求 B 的场点落在闭合路径上，并使 B 与积分路径同方向，且积分路径上各点 B 的大小相等；其余的辅助路径部分或者与 B 垂直，或者其上各点 $B=0$。下面举例说明如何用安培环路定理求电流的磁场分布。

【例 11-6】 有一无限长圆柱形导体，半径为 R，横截面上电流均匀分布，总电流为 I。求磁场分布。

解 根据对称性可知，圆柱形载流导体内外磁场的磁感应线是以轴线为圆心、圆周平面与轴线垂直的圆，磁感应线上各点的磁感应强度相等。选取以轴线为圆心、圆周平面与轴线垂直、半径为 r 的圆周作为闭合路径 L，路径绕向与磁感应线同方向。如图 11-17 所示。于是有

$$\oint_L \boldsymbol{B} \cdot \mathrm{d}\boldsymbol{l} = B \cdot 2\pi r = \mu_0 \sum I_i$$

在柱内：L 所包围电流

$$\sum I_i = \frac{I}{\pi R^2} \cdot \pi r^2 = \frac{Ir^2}{R^2}$$

图 11-17 例 11-6 图

则

$$B \cdot 2\pi r = \mu_0 \frac{Ir^2}{R^2}$$

$$B = \frac{\mu_0 Ir}{2\pi R^2}$$

在柱外：有

$$B \cdot 2\pi r = \mu_0 I$$

所以

$$B = \frac{\mu_0 I}{2\pi r}$$

【例 11-7】 长直螺线管,单位长度上有 n 匝线圈,通过电流为 I。如图 11-18 所示。求螺线管内的磁场。

解 实验证明,当管长度远大于管直径时管可视为无限长直螺线管,此时管外没有磁场,管内可看作磁感应线平行轴线的匀强磁场。作如图所示的矩形闭合曲线 $abcda$,据安培环路定理

$$\oint_L \boldsymbol{B} \cdot \mathrm{d}\boldsymbol{l} = \int_{(a)}^{(b)} \boldsymbol{B} \cdot \mathrm{d}\boldsymbol{l} + \int_{(b)}^{(c)} \boldsymbol{B} \cdot \mathrm{d}\boldsymbol{l} + \int_{(c)}^{(d)} \boldsymbol{B} \cdot \mathrm{d}\boldsymbol{l} + \int_{(d)}^{(a)} \boldsymbol{B} \cdot \mathrm{d}\boldsymbol{l}$$
$$= B \cdot l + 0 + 0 + 0 = \mu_0 nIl$$

所以

$$B = \mu_0 nI$$

(其中,在 $b \to c$ 段及 $d \to a$ 段,因 $\boldsymbol{B} \perp \mathrm{d}\boldsymbol{l}$,故 $\boldsymbol{B} \cdot \mathrm{d}\boldsymbol{l} = 0$;而在 $c \to d$ 段,因该处 $B = 0$,故 $\boldsymbol{B} \cdot \mathrm{d}\boldsymbol{l} = 0$。)

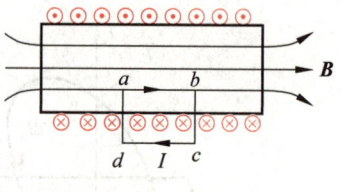

图 11-18 例 11-7 图

11.5 磁场中的磁介质

*11.5.1 磁介质的磁化

任何物质的分子(或原子)中都存在着运动的电荷,因此当物质放到磁场中时,其中的运动电荷将受到磁场力的作用而使物质处于特殊的状态中,这种现象称为物质的磁化。凡处于磁场中与磁场发生相互作用的物质皆可称为磁介质。磁化后的磁介质又会反过来影响原磁场的分布。本节将讨论磁介质与磁场间相互影响的规律。

1. 磁介质对磁场的影响

通过实验可观察出磁介质对磁场的影响。我们以长直螺线管为实验对象。给螺线管通以电流 I,管内没有磁介质时,测出管内磁感应强度的大小 B_0。然后在管内充满某种各向同性磁介质,在保持电流不变的情况下,再测出此时的管内磁感应强度大小 B。实验表明 $B_0 \neq B$,二者之间关系为

$$B = \mu_r B_0$$

式中,μ_r 称为磁介质的相对磁导率。根据 μ_r 的特征可将磁介质分为三类。

(1) 顺磁质:μ_r 为略大于 1 的常数。自然界中大多数物质是顺磁质,如空气、铝、铬等。

(2) 抗磁质:μ_r 为略小于 1 的常数。如水、水银、铜、银、硫、氯等都是抗磁质。

(3) 铁磁质:$\mu_r \gg 1$ 且不为常数。如铁、钴、镍等都是铁磁质。

2. 磁介质的磁化

下面我们从微观角度说明磁介质对磁场的上述影响。我们知道物质都由分子或原子组成,每个原子中都有若干电子绕原子核作轨道运动;此外电子还有自旋。每个电子的轨道运动和自旋都可用一个等效圆电流来替代,这个等效圆电流会产生磁矩(电子磁矩),对外产生

磁效应。把分子或原子中所有电子对外产生的磁效应的总和用一个等效圆电流来替代,这个等效圆电流就称为分子电流。分子电流形成的磁矩,称为分子固有磁矩(简称分子磁矩),用 $m_{分子}$ 表示。(磁矩的概念将在 11.6.2 节中详细介绍)

(1) 顺磁质的磁化

顺磁质分子的固有磁矩 $m_{分子} \neq 0$。在无外磁场存在时,由于分子热运动,物质中各分子磁矩的取向杂乱无章,在每一个宏观体积元内分子磁矩的矢量和为零,$\sum m_{分子} = 0$,因而对外界不显示磁性。在有外磁场 B_0 存在时,每个分子磁矩都受到一力矩的作用,此力矩总是力图使分子磁矩转到与外磁场同方向,因此各分子磁矩在一定程度上沿外磁场方向排列起来。外磁场越强,分子磁矩的顺向排列就越整齐。这样,物质中分子磁矩的矢量和 $\sum m_{分子} \neq 0$,等效于在物质侧表面出现束缚电流(也称磁化电流),其方向与外磁场的方向满足右手螺旋关系,因此在宏观上产生了一个与 B_0 同向的附加磁场 B',出现了顺磁性。如图 11-19 所示。

图 11-19 顺磁质的磁化

(2) 抗磁质的磁化

抗磁质分子的固有磁矩为零,$m_{分子} = 0$。所以在无外磁场存在时,物质对外不表现磁性。抗磁质分子的固有磁矩为零,但是,分子中某个电子的轨道磁矩不见得为零。在外磁场作用下,电子轨道平面会以恒定的角速度绕外磁场转动,这种转动称为电子进动。进动角动量的方向在任何情况下都沿外磁场方向。因此,一个分子中所有的电子都绕着外磁场进动,产生一个等效圆电流。该圆电流产生的分子附加磁矩的方向与外磁场方向相反,如图 11-20 所示。这样,介质表面的等效束缚电流的反方向与外磁场的方向满足右手螺旋关系,等效束缚电流产生的附加磁场与外磁场反方向,出现了抗磁性。

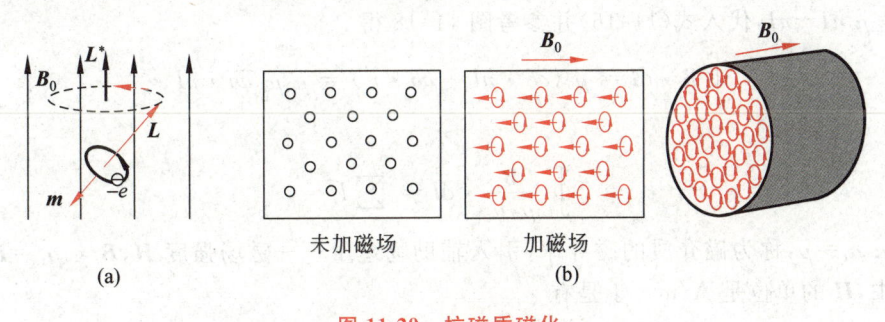

(a)

(b)

图 11-20 抗磁质磁化

(a) 电子进动;(b) 抗磁质的磁化

顺磁质分子在外磁场中也会产生抗磁效应,只是这种抗磁效应比顺磁效应小得多,因此被掩盖掉了。

(3) 铁磁质的磁化

近代理论表明：铁磁质的磁性主要来源于电子自旋磁矩。无外磁场时,根据量子力学理论,电子之间存在着一种很强的交换耦合作用,使铁磁质中电子自旋磁矩在微小区域内取向一致,形成一个个自发磁化的微小区域,即磁畴。磁畴形状大小不一,大致上每个磁畴约含 10^{15} 个原子,占 10^{-15} m³ 体积。每个磁畴都有一定的磁矩。在无外磁场情况下,各磁畴磁矩方向杂乱无章,在宏观上不显磁性。

在不断加大的外磁场 B_0 作用下,磁畴具有吞并效应,即磁化方向(亦磁畴磁矩方向)与外磁场方向接近的磁畴吞并附近那些与外磁场方向大致相反的磁畴,直至全部吞并。若继续加大外磁场,则使吞并后保留下的磁畴的磁矩逐渐转向外磁场方向,直至所有磁畴的磁矩取向与外磁场方向相同,此时磁化达到饱和,产生比外磁场大得多的附加磁场 B'(且与 B_0 同向),这就显示了很强的磁性。

居里发现,不同的铁磁质各自存在一个特定的临界温度(称为"居里点"),当温度升高到居里点时,剧烈的热运动,能使磁畴内部解体,变铁磁质为顺磁质。

11.5.2 磁介质中的安培环路定理

将磁介质放入磁场中,由于磁介质的磁化将在磁介质表面产生束缚面电流,所以应用安培环路定理时要考虑束缚面电流的影响。因此在有磁介质时安培环路定理应为

$$\oint_L \boldsymbol{B} \cdot \mathrm{d}\boldsymbol{l} = \mu_0 \sum (I_i + I'_i) \tag{11-16}$$

式中,I_i 为环路所包围的传导电流,I'_i 为环路所包围的因磁化产生的束缚电流。

由于 $\sum I'_i$ 不易确定,下面我们由式(11-16)推导只含传导电流的磁介质中的安培环路定理。

以无限长直螺线管为例,设螺线管单位长度上有 n 匝线圈,每匝通有传导电流 I,未充磁介质时螺线管内 $B_0 = \mu_0 nI$。在管内充满磁介质后,磁介质侧表面的束缚面电流密度用 i'(指单位长度的束缚面电流)表示,此时磁场由传导电流和束缚面电流共同产生：$B = \mu_0(nI + i')$。实验指出,管内充满各向同性磁介质时,$\boldsymbol{B} = \mu_r \boldsymbol{B}_0$,即 $\mu_0(nI + i') = \mu_r \mu_0 nI$,所以 $i' = \mu_r nI - nI$,代入式(11-16)并参考图 11-18 得

$$\oint_L \boldsymbol{B} \cdot \mathrm{d}\boldsymbol{l} = \mu_0(\overline{ab} \cdot nI + \overline{ab} \cdot i') = \mu_0 \mu_r \overline{ab} \cdot nI$$

所以有

$$\oint_L \frac{\boldsymbol{B}}{\mu_0 \mu_r} \cdot \mathrm{d}\boldsymbol{l} = \sum I_i$$

令 $\mu_0 \mu_r = \mu$,称为磁介质的磁导率;引入辅助物理量——磁场强度 $\boldsymbol{H}$,$\boldsymbol{B}/\mu_0\mu_r = \boldsymbol{H}$,国际单位制中,$H$ 的单位是 A/m。于是有

$$\oint_L \boldsymbol{H} \cdot \mathrm{d}\boldsymbol{l} = \sum I_i \tag{11-17}$$

式(11-17)称为磁介质中的安培环路定理。$\sum I_i$ 是环路所包围的传导电流的代数和。

它在真空中和介质中都成立。式(11-17)虽然是在无限长直螺线管的特殊例子里导出的，但可以证明是普遍适用的。

【例 11-8】 在如图 11-21 所示的测定铁磁质磁化特性的实验中，所用的环形螺线管是一个细管，其平均半径 R 为 $0.15\ \text{m}$，管上绕线总匝数 $N=1000$ 匝。当通过电流为 $I=2.00\ \text{A}$ 时，测得环内磁感应强度 $B=1.0\ \text{T}$。求：(1)螺线管铁心内的磁场强度 H；(2)在上述 H 值时，铁芯的磁导率 μ 及相对磁导率 μ_r 的值。

解 (1)环形螺线管是一个细管时，可以认为管内磁感应强度或磁场强度的大小不随空间变化。

由安培环路定律 $\oint_L \boldsymbol{H} \cdot \mathrm{d}\boldsymbol{l} = \sum I_i$，用平均半径 R 代入计算，有

$$\boldsymbol{H} \cdot 2\pi R = NI$$

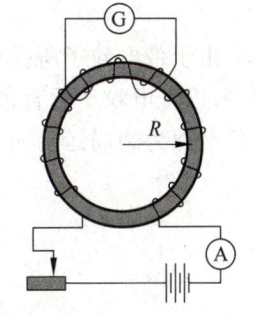

图 11-21 例 11-8 图

磁场强度为

$$H = \frac{NI}{2\pi R} = 2.12 \times 10^3\ (\text{A/m})$$

(2)磁导率

$$\mu = \frac{B}{H} = 4.71 \times 10^{-4}\ (\text{T}\cdot\text{m/A})$$

相对磁导率

$$\mu_r = \frac{\mu}{\mu_0} = \frac{4.71 \times 10^{-4}}{4\pi \times 10^{-7}} = 375$$

11.6 磁场对运动电荷及电流的作用

11.6.1 磁场对运动电荷的作用——洛伦兹力

在 11.2 节中我们曾提到：运动电荷在磁场中会受到磁力作用，这种磁力称为洛伦兹力。洛伦兹力公式表示为 $\boldsymbol{F}=q\boldsymbol{v}\times\boldsymbol{B}$。由该式可知，洛伦兹力 $\boldsymbol{F}$ 与 $\boldsymbol{v}$ 相互垂直，因此 $\boldsymbol{F}$ 只能改变运动电荷速度的方向而不能改变速度的大小，即洛伦兹力对运动电荷不做功。然而洛伦兹力对运动电荷的运动状态的影响，在实际中却有许多重要的应用。

1. 带电粒子在均匀磁场中的运动

(1) 带电粒子进入磁场时，其速度 v 与 $\boldsymbol{B}$ 平行，如图 11-22 所示。

带电粒子所受的洛伦兹力为零，粒子作匀速直线运动。

(2) 带点粒子垂直于磁场方向进入磁场，$v \perp \boldsymbol{B}$，如图 11-23 所示。

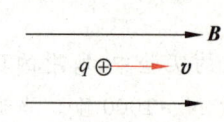

图 11-22　带电粒子匀速直线运动 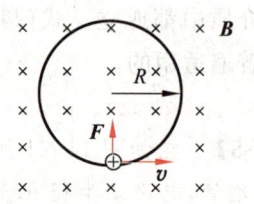　　图 11-23　带点粒子垂直于磁场方向的运动轨迹

由于带电粒子所受洛伦兹力总是与运动速度方向垂直，而且垂直于 v 与 B 构成的平面，所以带电粒子垂直进入均匀磁场时，洛伦兹力在一个平面内，粒子的运动轨迹为一圆周。洛伦兹力为圆周运动向心力。设圆周半径为 R，由

$$F = qvB = m\frac{v^2}{R}$$

得

$$R = \frac{mv}{Bq} \tag{11-18}$$

圆周运动的周期 T 为

$$T = \frac{2\pi R}{v} = \frac{2\pi m}{Bq} \tag{11-19}$$

由式(11-18)可知，对于带电量 q 相同、运动速度 v 相同的不同带电粒子，它们的运动轨道半径与质量 m 成正比。质谱仪就是根据这一规律制作的。

由式(11-19)可知，m、q 均相同的粒子，不管 v 有多大，它们运动的周期均相同。因此若引进一变化周期为 T 的交变加速电场，可使粒子不断得到加速。回旋加速器就是根据这个原理制成。

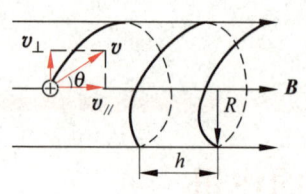

后面我们会介绍质谱仪和回旋加速器。

（3）带电粒子运动速度 v 与 B 夹角为 θ，如图 11-24 所示。

图 11-24　带点粒子在磁场中作螺旋运动

把 v 分解为 $v_\perp$ 和 $v_{/\!/}$，带电粒子的运动是沿磁场方向的匀速直线运动和垂直于磁场方向平面内的匀速率圆周运动的合成。粒子作半径为 R 螺距为 h 的螺旋运动。由

$$v_\perp = v\sin\theta, \quad v_{/\!/} = v\cos\theta$$

得

$$R = \frac{mv_\perp}{qB} = \frac{mv\sin\theta}{qB} \tag{11-20}$$

回旋周期

$$T = \frac{2\pi m}{qB}$$

回旋螺距

$$h = h_{/\!/} \cdot T = v \cdot \cos\theta \cdot \frac{2\pi m}{qB} \tag{11-21}$$

式(11-20)可改写为 $R = \dfrac{p_\perp}{qB}$，该式对相对论性粒子($v \sim c$)亦适用。该式有许多用途，例

如,可用它分析如图 11-25 所示的气泡室照片。图中线条为带电粒子在气泡中留下的可观测径迹。据已知的磁感应强度 B,可由粒子偏转方向判断出粒子带电符号;由粒子轨道曲率半径 R,可测定出 $p_\perp$;由径迹与 B 的夹角,可得出粒子的总动量。

若一束速度大小近似相等、发散角很小的带电粒子进入纵向均匀磁场,则有 $v_\perp = v\sin\theta \approx v\theta, v_\parallel = v\cos\theta \approx v$,由于各粒子的发散角 θ 不同,从而 $v_\perp$ 也不同,故它们在磁场中作螺旋运动的半径不同。但因 θ 很小,使得 $v_\parallel$ 近似相等,所以它们的螺距基本相同。这样,这些粒子回旋一个周期后又重新汇聚一点。这种作用与凸透镜会聚光线的作用十分相似,故称为磁聚焦。它被广泛应用于电子真空器件,特别是电子显微镜中。

图 11-25 气泡室中的径迹

2. 带电粒子在非均匀磁场中的运动

在非均匀磁场中,当带电粒子速度 v 与 B 有一夹角时,粒子也会在磁场中作螺旋运动。如图 11-26 所示。由式(11-20)和式(11-21)可知,在非均匀磁场中,粒子螺旋运动的半径和螺距将不断变化。而且当粒子向强磁区运动时还会受到一个与前进方向相反的洛伦兹力 F_m 的一个分力 $F_{轴}$ 的作用,如图 11-26(a)中所示。这就使得粒子沿 B 方向运动的速率减小至零并反向运动。这种作用类似于镜面反射,我们称之为"磁镜"。两端各有一个磁镜的磁场分布,称为"磁瓶"。"磁瓶"可使带电粒子在两个磁镜之间来回振荡,如图 11-26(b)所示。这种磁约束的方法常用于受控热核反应和核聚变动力反应堆中,用来把高温等离子体限制在一定的空间区域内。

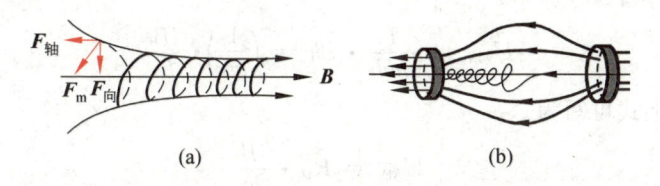

图 11-26 带电粒子在非均匀磁场中的运动
(a) 磁镜;(b) 磁瓶

地球的磁场是一个不均匀的磁场,在空间形成一个天然的磁瓶。地磁场是一个天然的磁捕集器,它能捕获来自外层空间的质子或电子,这些被地磁场捕获的罩在地球上空的质子层和电子层,叫做范艾伦辐射带,如图 11-27 所示。它有两层,内层在地面上空 800 km 到 4 000 km 处,外层在 60 000 km 处。范艾伦带中的带电粒子在地磁南、北两极之间来回振荡,直到由于粒子间的碰撞而被逐出。正是靠地磁场将来自宇宙空间的能致生物于死命的各种高能粒子或射线捕获住,才使地球上的生物安全地生存下来。在地磁两极附近,磁感应线与地面垂直,由外层空间入射的带电粒子可直接入射到高空大气层内,带电粒子与大气中的原子和分子碰撞,形成绚丽多彩的极光。

3. 霍耳效应

把一块导体板放在均匀磁场 B 中,通以电流 I,如图 11-28 所示。设导体中载流子数密度为 n,载流子带电量为 q,漂移速度为 v。我们得到电流 I 与漂移速度 v 的关系为

$$I = \frac{\Delta Q}{\Delta t} = \frac{q \cdot n(bh \cdot v\Delta t)}{\Delta t} = qnbhv$$

$$v = \frac{I}{qnbh} \tag{11-22}$$

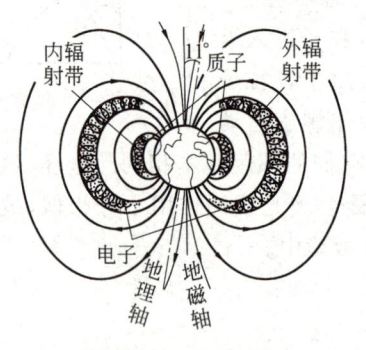

图 11-27 地球磁场

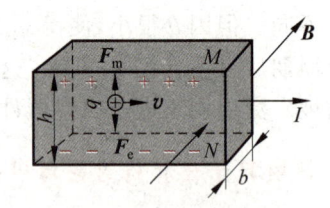

图 11-28 霍耳效应

假设载流子带正电,载流子在漂移中受到向上的洛伦兹力,$F_m = qvB$,于是电荷 q 向上偏转,使得导体板上下侧面带异号电荷形成附加电场 E,方向自上向下。这样,载流子又受到向下的电场力。

当载流子所受的洛伦兹力与电场力平衡,即 $qvB = qE$ 时,将不再有漂移电荷的偏转,此时板的上下侧面出现稳定的电势差 U_{MN}

$$U_{MN} = E \cdot h = vBh \tag{11-23}$$

把式(11-22)代入式(11-23),得

$$U_{MN} = \frac{I}{qnbh} \cdot Bh = \left(\frac{1}{qn}\right) \cdot \frac{IB}{b} \tag{11-24}$$

令 $R_H = 1/qn$,则上式可写为

$$U_{MN} = R_H \cdot \frac{IB}{b} \tag{11-25}$$

上式称为霍耳公式。式中 R_H 为霍耳系数,U_{MN} 为霍耳电压。这种在磁场中,通电导体板在既垂直于电流又垂直于磁场的方向上出现电势差的现象,是霍耳于 1879 年发现的,称为霍耳效应。

霍耳系数 R_H 取决于导体板的性质与温度。霍耳效应在实际中有着广泛的应用。下面举几个应用例子。

(1) 用于半导体的测试,以确定半导体是 P 型还是 N 型半导体。

据式(11-25)可知,若 $U_{MN} > 0$,则 $q > 0$,表明导体中参与导电的载流子为正电荷;若 $U_{MN} < 0$,则 $q < 0$,这表明参与导电的载流子为负电荷。这一点可用于半导体的测试,以确定半导体是 P 型还是 N 型半导体。因为 P 型半导体是靠空穴(相当于正电荷)导电,N 型半导体是靠电子(负电荷)导电。

(2) 若载流子 q 已知(如金属导体中 $q = -e$),则可根据式(11-25)计算导体中载流子的数密度 n。

(3) 若采用已知的导体板(其 R_H、b 可预先由实验测定),再通以额定电流 I,则由 U_{MN} 的读数可测得磁感应强度 B 的大小,实际中可在电压表面上预先做出 B 值的标尺。用这种

方法测量磁场,非常快捷且比较准确。

在导电流体中也会发生霍耳效应。让高速等离子流体在磁场中沿空心矩形导管运动,如图 11-29 所示。正负离子在洛伦兹力的作用下,分别偏向上、下两侧,形成电势差。如果连续提供高速等离子流,便可在上、下电极上不断输出电能。这就是磁流体发电的基本原理。这种发电具有污染小、启动迅速和效率高等优点。目前这方面的研究已从实验室规模向实用阶段发展。

此外,有的金属(如 Fe、Zn、Cd 等)的霍耳电压极性与载流子为正电荷情况相同,这种现象称为反常霍耳效应。20 世纪 80 年代又发现了在强磁场、低温条件下的"整数量子霍耳效应"(获 1985 年诺贝尔物理学奖)及分数量子霍耳效应。这些现象只能用量子理论加以解释。

图 11-29　磁流体发电机

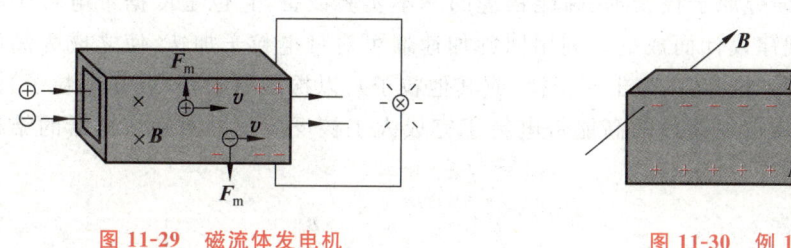

图 11-30　例 11-9 图

【例 11-9】　厚度 $b=0.10$ cm 的铜片,其霍耳系数 $R_H=5.5\times10^{-11}$ m³,今把铜片置于均匀磁场中,且让磁感应线垂直通过铜片板面,如图 11-30 所示。当铜片通过电流为 $I=20$ A 时,测得铜片上、下侧面之间的电势差 $U_H=-20$ μV,求此磁场的磁感应强度 B。

解　据霍耳公式 $U_H=R_H IB/b$,有

$$B=\frac{bU_H}{IR_H}=0.18\text{（T）}$$

4. 质谱仪

质谱仪是利用带电粒子在电场、磁场中的运动规律制成的仪器,它是近代物理中的重要仪器。利用它可以研究物质结构,可以测定带电粒子的电量、质量及荷质比,可以分析物质中各种同位素的含量。例如应用质谱仪,通过对岩石中铅的各种同位素的分析,便能确定岩石形成的年代。我们知道,经过长时间后,放射性铀-238 衰变为铅-206,铀-235 衰变为铅-207,而钍-232 衰变为铅-208。先用化学分析测出岩石中铀、钍、铅的含量,然后用质谱仪得到三种铅同位素的含量,再根据这三种放射性物质的半衰期,应用半衰期计算公式便可估算出岩石形成的年代。地球年龄约为 4.55×10^9 年,便是用这种方法估算出来的。

质谱仪的结构如图 11-31 所示。质谱仪的上方由狭长的平行板加上电场、磁场构成"速度选择器"。能从选择器中顺利穿出的带电粒子,必须满足 $F_e=F_m$,即 $qE=qvB_1$,于是 $v=B_1/E$(出射粒子的速度)。粒子出射后又进入另一均匀磁场 B_2,作匀速圆周运动,其轨迹半径为

$$R = \frac{mv}{B_2 q} = \frac{m}{B_2 q} \cdot \frac{E}{B_1} = \frac{m}{q} \cdot \frac{E}{B_1 B_2} \tag{11-26}$$

式(11-26)中,E、B_1、B_2 为可调的已知量,R 的值可由粒子在接收屏上的位置确定。这样便可算出粒子的荷质比 $q/m = E/(B_1 B_2 R)$。若粒子带电量已知,则可由此算出粒子的质量。若从粒子源射出的粒子,是带电量 q 相同而质量不同的几种同位素,则它们的轨迹半径不同,在接收屏上就会形成若干代表不同质量的谱线。若用匀质薄片作为接收屏,并让粒子源喷射一定时间,则可称出同一谱线上多个粒子的总质量,而各谱线上粒子总质量之比就是粒子源中各同位素的含量之比。

5. 回旋加速器

回旋加速器是研究原子核物理、高能物理的基本实验设备,它也是依据带电粒子在电场、磁场中的运动规律设计而成的。利用回旋加速器可对带电粒子加速,使之成为高能粒子。高能粒子可作为"炮弹"去轰击原子核(或其他粒子),以探测原子核(或其他粒子)的内部结构。也可以利用被加速后的高能带电粒子完成人工核反应等。回旋加速器的结构原理,如图 11-32 所示。

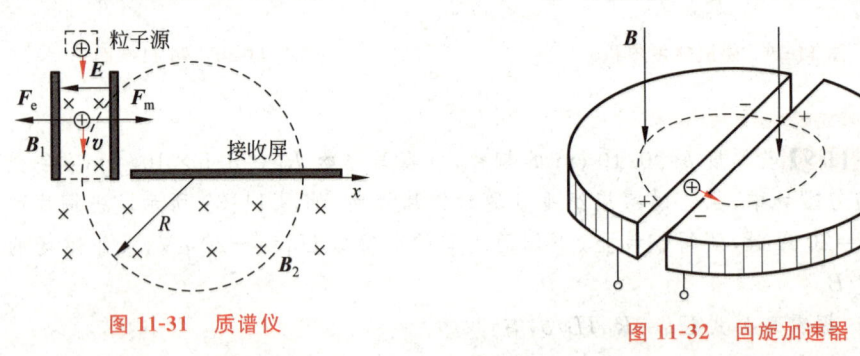

图 11-31 质谱仪

图 11-32 回旋加速器

加速器的核心部分是两个空心的 D 型金属盒,它们间留有窄缝。中心附近放置离子源(如质子、α 粒子等);两 D 型盒接上交变电源,由于金属盒的静电屏蔽作用使得盒内电场很弱,只有窄缝间存在强电场。整个 D 型盒装在真空容器内,外加均匀强磁场,垂直于盒底。

根据带电粒子在均匀磁场中作圆周运动的规律:轨道半径 $R = mv/Bq$,周期 $T = 2\pi m/Bq$,可知同一带电粒子的速率 v 越大其轨道半径 R 也越大,但其周期却相同。若让两 D 型盒所加交变电压的周期也等于 $2\pi m/Bq$,则带电粒子可在窄缝间电场力的作用下不断加速,使之速度越来越大,在 R 最大处可通过引出电极,得到速率 $v = qBR/m$ 的高速粒子。由于相对论效应,当粒子速度很大时,m 将不能看成是粒子的静止质量 m_0。此时 $m = m_0/\gamma$($\gamma = \sqrt{1-v^2/c^2}$),$m$ 随 v 变化。因此若不改变交变电场的周期,则不能保证粒子在窄缝处总被电场加速。为此我们必须不断改变交变电压的周期,让它按照 $T = 2\pi m_0/Bq\gamma$ 的规律变化,使此周期与粒子的周期同步变化。按照这原理设计的加速器,称为同步回旋加速器。同步回旋加速器在实际应用中的成功使用,也说明了相对论中质速关系式 $m = m_0/\gamma$ 的正确性。

11.6.2 磁场对电流的作用——安培力

运动电荷在磁场中要受到洛伦兹力的作用。而电流是由电荷的定向运动形成的,所以载流导线中的运动电荷在磁场中也要受到洛伦兹力的作用,使得这些电荷在运动中与导体中的晶格碰撞,从而把力传递到导线上,因此载流导线在磁场中会受到磁场对它的作用力,这种力称为安培力。从洛伦兹力公式出发,可推导出安培力公式。

如图 11-33 所示,在通有电流 I 的载流导线上取一电流元 $Id\boldsymbol{l}$,其截面积为 ΔS。设导体内单位体积中的自由电子数为 n,在电流元中自由电子定向漂移的速度为 v,电子电量为 $-e$。那么在电流元内作定向漂移的电子数 $N = n\Delta Sdl$,这些电子在磁场中受到的总洛伦兹力,就是电流元在磁场中所受的安培力 $d\boldsymbol{F}$。于是

$$d\boldsymbol{F} = N(-e\boldsymbol{v} \times \boldsymbol{B}) = (-n\Delta S \cdot dl \cdot e)\boldsymbol{v} \times \boldsymbol{B}$$
$$= (dq) \cdot \left(\frac{d\boldsymbol{l}}{dt}\right) \times \boldsymbol{B} = \frac{dq}{dt} \cdot d\boldsymbol{l} \times \boldsymbol{B}$$
$$= I \cdot d\boldsymbol{l} \times \boldsymbol{B}$$

即

$$d\boldsymbol{F} = I \cdot d\boldsymbol{l} \times \boldsymbol{B} \tag{11-27}$$

式(11-27)就是安培定律的数学表达式,又称为安培力公式。安培定律是安培从实验结果总结得到的一条关于磁场对载流导线作用力的基本定律。它可以用来计算任意形状载流导线受到的磁场力。

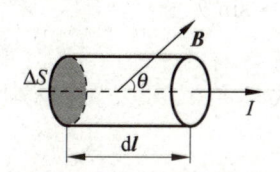

图 11-33 安培力公式

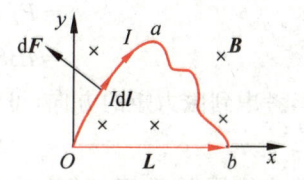

图 11-34 例 11-10 图

【例 11-10】 任意形状的一段导线 Oab,其首尾直线距离为 L(即 $\overline{Ob} = L$),该导线上通过的电流为 I,导线放在与匀强磁场垂直的平面内,如图 11-34 所示。求这段导线受到的安培力的大小。

解 一段导线所受磁力等于导线上所有电流元所受磁力的矢量和。根据安培力公式,这段导线受到的安培力为

$$\boldsymbol{F} = \int d\boldsymbol{F} = \int I \cdot d\boldsymbol{l} \times \boldsymbol{B} = I\left(\int_{(O)}^{(b)} d\boldsymbol{l}\right) \times \boldsymbol{B} = I\boldsymbol{L} \times \boldsymbol{B}$$

$\boldsymbol{L}$ 是由 O 指向 b 的矢量。因为 $\boldsymbol{L} \perp \boldsymbol{B}$,所以安培力大小为

$$F = ILB$$

由本题的计算结果可以得出一个结论:任意形状的一段载流导线 Ob,在均匀磁场中所受的力等于 O 到 b 间载有同样电流的直导线所受的力。

11.6.3 磁场对载流线圈的作用

如图 11-35 所示，一平面刚性矩形线圈 $abcd$，置于均匀磁场 B 中。线圈的边长分别为 l_1 和 l_2，通过的电流为 I。规定线圈平面的正法线方向 n 与线圈中的电流 I 方向成右手螺旋关系，用 θ 表示 n 与 B 之间的夹角。

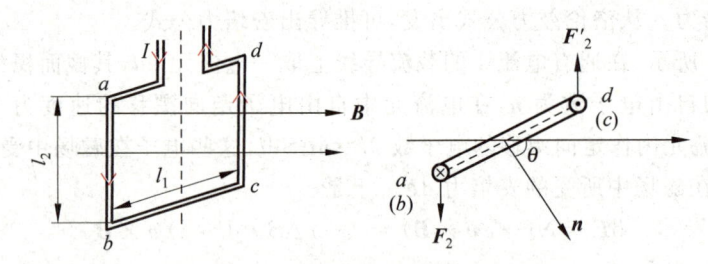

图 11-35 磁场对载流线圈的作用

根据安培定律，$\overline{ad}$ 边与 $\overline{bc}$ 边所受的磁力大小相等，方向相反，并在同一直线上，对刚性线圈的运动不产生影响。而 $\overline{ab}$ 边和 $\overline{cd}$ 边所受的磁力也是大小相等（均为 $F_2 = F_2' = BIl_2$），方向相反，但不在同一直线上。这样，线圈会受到磁力矩 M 的作用，发生转动。此磁力矩的大小为

$$M = F_2 \cdot \frac{l_1}{2} \cdot \sin\theta + F_2' \cdot \frac{l_1}{2} \cdot \sin\theta$$
$$= F_2 \cdot l_1 \cdot \sin\theta = BIl_2 \cdot l_1 \cdot \sin\theta$$
$$= IBS \cdot \sin\theta$$

令 $S = S n$，考虑到磁力矩的方向，可将磁力矩写成矢量形式

$$M = IS \times B = m \times B \tag{11-28}$$

式中，m 称为线圈的磁矩，磁矩的单位为 $A \cdot m^2$。如果线圈有 N 匝，则线圈的总磁矩 $m = NIS$。

式 (11-28) 不仅对矩形线圈成立，而且对在均匀磁场中任意形状的平面线圈都成立。这是因为一个任意形状的通电平面线圈，可以看成是由无数个通电细长小矩形线圈组成，如图 11-36 所示。由于两个相邻小矩形的公共边上的电流大小相等，方向相反，从而在大线圈内的平面上并没有电流，因此所有小矩形线圈所受的总磁力矩和整个载流大线圈所受的磁力矩相等。即

$$M = \sum \Delta M_i = \sum (\Delta m \times B)$$
$$= \sum (I \Delta S_i n) \times B = IS n \times B$$
$$= m \times B$$

图 11-36 任意形状线圈的磁力矩

利用安培力公式可知，在均匀磁场中线圈各边所受磁力的合力为零

$$\sum F_i = 0 \tag{11-29}$$

综上所述，在均匀磁场 B 中的任意刚性平面线圈，会受到磁力矩 $M = m \times B$ 的作用，但

它所受的磁力的合力为零。整个线圈只会转动，不会发生平动。

磁场对载流线圈有磁力矩作用的规律是制作各种动圈式电表和电动机的基本原理。

如果把通电线圈置于非均匀磁场中，则线圈所受的合磁力和总磁力矩一般都不会等于零。因此线圈除了转动外，还会发生平动。

【例 11-11】 如图 11-37 所示，将等腰直角三角形的刚性线圈放在均匀磁场中，直角边长为 l，通过电流为 I，线圈可绕固定轴 $\overline{ab}$ 转动。求线圈处在如图所示位置时，线圈受到的磁力矩的大小。

解 用两种方法求磁力矩的大小。

方法 1：根据 $\mathrm{d}\boldsymbol{F} = I \cdot \mathrm{d}\boldsymbol{l} \times \boldsymbol{B}$ 求解

根据 $\mathrm{d}\boldsymbol{F} = I \cdot \mathrm{d}\boldsymbol{l} \times \boldsymbol{B}$，可知：$\overline{ab}$ 所受磁力只会对轴产生附加作用力，而对线圈转动无影响，仅有 $\overline{ac}$ 边受磁力矩作用。在 $\overline{ac}$ 边上取一电流元，该电流元所受力矩大小为

$$\mathrm{d}M = x \cdot \mathrm{d}F = (I\mathrm{d}l \cdot B\sin 135°) \cdot x$$
$$= I \cdot B(\mathrm{d}l \sin 45°) \cdot x = I \cdot Bx \cdot \mathrm{d}x$$

于是 $\overline{ac}$ 边所受磁力矩大小为

$$M = \int \mathrm{d}M = \int_0^l IBx\,\mathrm{d}x = \frac{1}{2}IBl^2$$

方法 2：根据 $\boldsymbol{M} = \boldsymbol{m} \times \boldsymbol{B}$ 求解

线圈的磁矩为

$$\boldsymbol{m} = I\boldsymbol{S} = \boldsymbol{I} \cdot l^2/2$$

因为 $\boldsymbol{m} \perp \boldsymbol{B}$，所以磁力矩的大小为

$$M = I \cdot \frac{l^2}{2} \cdot B = \frac{1}{2}IBl^2$$

图 11-37 例 11-11 图

*11.6.4 磁力的功

前面讲过，载流导线（或线圈）在磁场中要受到磁力（或磁力矩）的作用，如果载流导线（或线圈）的位置及形状发生变化，则磁力（或磁力矩）就做了功。下面我们来推导磁力做功的计算公式。

由于任意形状的载流导线都可看成由许许多多电流元组成，磁力对所有电流元所做功的总和，就是磁力对任意形状载流导线（或线圈）所做的功。现先计算磁力对电流元做的功 $\mathrm{d}A$。

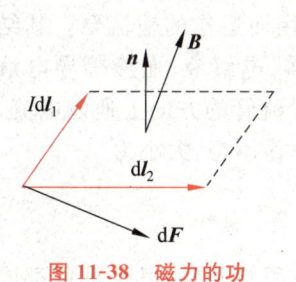

在载流导线上任取一段电流元 $I\mathrm{d}\boldsymbol{l}_1$，设电流元所在处的磁感应强度为 $\boldsymbol{B}$，该电流元在磁力的作用下移动了一小段位移 $\mathrm{d}\boldsymbol{l}_2$，如图 11-38 所示。则电流元所受磁力为 $\mathrm{d}\boldsymbol{F} = I\mathrm{d}\boldsymbol{l}_1 \times \boldsymbol{B}$；在电流元移动过程中，磁力做功为

$$\mathrm{d}A = \mathrm{d}\boldsymbol{F} \cdot \mathrm{d}\boldsymbol{l}_2 = (I\mathrm{d}\boldsymbol{l}_1 \times \boldsymbol{B}) \cdot \mathrm{d}\boldsymbol{l}_2$$
$$= I\mathrm{d}\boldsymbol{l}_2 \cdot (\mathrm{d}\boldsymbol{l}_1 \times \boldsymbol{B}) = I\boldsymbol{B} \cdot (\mathrm{d}\boldsymbol{l}_2 \times \mathrm{d}\boldsymbol{l}_1)$$
$$= I\boldsymbol{B} \cdot \mathrm{d}\boldsymbol{S} = I\mathrm{d}\Phi_m$$

图 11-38 磁力的功

即
$$dA = Id\Phi_m \tag{11-30}$$

于是磁力对载流导线做的总功为

$$A = \int dA = \int_{\Phi_1}^{\Phi_2} Id\Phi_m = I(\Phi_2 - \Phi_1) = I\Delta\Phi_m$$

即
$$A = I\Delta\Phi_m \tag{11-31}$$

式(11-31)就是计算磁力(或磁力矩)做功的公式。如果是计算磁力对一段载流导线做功,则 $\Delta\Phi_m$ 就是这段导线在移动过程中切割的磁感应线的条数;如果是计算磁力对通电线圈做功,则 $\Delta\Phi_m$ 就是线圈在移动过程中通过线圈的磁通量的改变量。

【例 11-12】 如图 11-39 所示,一矩形线圈与长直导线共面,所通电流及各部分尺寸如图所示,求:线圈离直导线的距离从 b_1 变为 b_2 时磁力所做的功。

解 利用磁力做功公式

$$A = I_2(\Phi_2 - \Phi_1) = I_2 \int_{b_2}^{b_2+a} \frac{\mu_0 I_1}{2\pi x} \cdot h dx - I_2 \int_{b_1}^{b_1+a} \frac{\mu_0 I_1}{2\pi x} \cdot h dx$$

$$= \frac{\mu_0 I_1 I_2 h}{2\pi} \left[\ln \frac{b_2+a}{b_2} - \ln \frac{b_1+a}{b_1} \right]$$

$$= \frac{\mu_0 I_1 I_2 h}{2\pi} \ln \frac{b_1(b_2+a)}{b_2(b_1+a)}$$

图 11-39 例 11-12 图

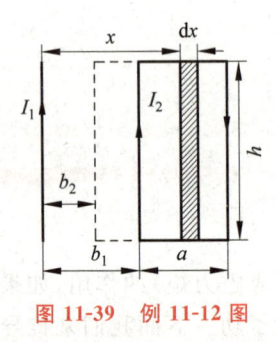

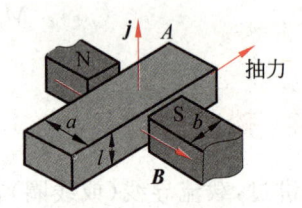

图 11-40 电磁泵

11.6.5 磁力的应用

1. 电磁泵

电磁泵是依据安培定律,让载流流体在磁场中受到安培力作用而运作的输流泵。其结构原理如图 11-40 所示。图中 A 为导流管,其中流着如液态金属、电解液、血液等导电液体,在垂直导流管的方向上加一外磁场,又在既垂直 B 又垂直于导流管的方向上通以电流,电流密度为 j。通电时电流通过管中导电液体,这时流体受安培力作用,其大小为

$$F = IlB = (jab)lB$$

这个力成为抽动流体在管中流动的抽力。

此类电磁泵的优点:整个系统安全密封,仅有被输送的流体在管内流动,其余部件都固

定不动。用电磁泵抽血，可不损坏细胞，避免污染、消除病菌侵入。在原子反应堆系统中，特别需要这种电磁泵，利用它抽送从反应堆中心把热量取出的载体（如液态的钠、铋、锂等）。若用一般带叶轮的泵输送这些灼热的金属液，则泵的叶轮将极易被损坏，致使输流泵在短时间内失效。

2. 电磁船

电磁船是依据安培定律让载流流体在磁场中受安培力作用而产生推进力的船舶。其结构原理如图 11-41 所示。图中，船的左右舷装有电极，电流沿船体外的海水从正极流向负极，船内装有超导电磁体，产生一个垂直于海平面的强大磁场。通有电流的海水在强磁场中受到安培力的作用，其大小为

$$F = IlB$$

与此同时，船体受到海水的反作用力，被推向相反方向，使船前进。这种电磁船，废弃了螺旋桨、转轴等机械动力部件，驾驶与维修都十分方便，是十分理想的船舶。电磁船的航速可望达到 180 km/h 以上，比最快的鱼雷快艇还快 1 倍，比气垫船节省燃料。

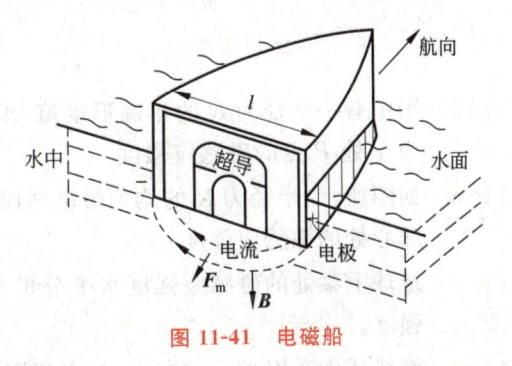

图 11-41 电磁船

习　题

11-1 求图中各种情况下 O 点处的磁感应强度 $\boldsymbol{B}$。

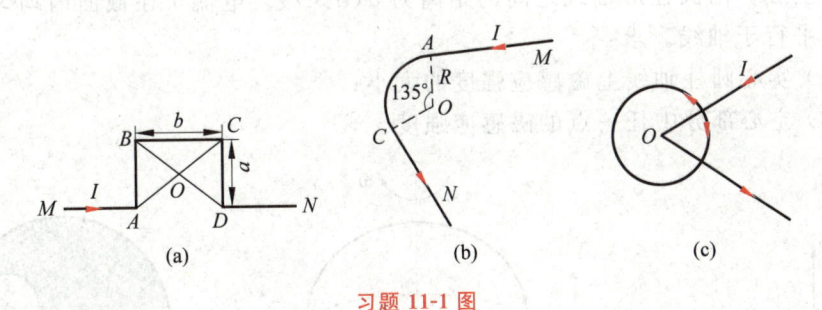

习题 11-1 图

11-2 如图所示，一扇形薄片，半径为 R，张角为 θ，其上均匀分布正电荷，电荷密度为 σ，薄片绕过顶角 O 点且垂直于薄片的轴转动，角速度为 ω，求 O 点处的磁感应强度。

11-3 在半径 $R=1.0$ cm 的无限长半圆柱形金属薄片中，自下而上地通有电流 $I=5.0$ A，求圆柱轴线上任一点 P 处的磁感应强度。

11-4 图中所示为实验室中用来产生均匀磁场的亥姆霍兹线圈。它由两个完全相同的匝数为 N 的共轴密绕短线圈组成（N 匝线圈可近似视为在同一平面内）。两线圈中心 O_1, O_2 间的距离等于线圈半径 R，载有同向平行电流 J。以 O_1, O_2 连线中点为坐标

原点,求轴线上在 O_1 和 O_2 之间、坐标为 x 的任一点 P 处的磁感应强度 B 的大小,并算出 B_0、B_{01}、B_{02} 进行比较。

习题 11-2 图

习题 11-4 图

11-5 图中有一半径为 R 的半圆形电流,求在过圆心 O 垂直于圆面的轴线上离圆心距离为 x 处 P 点的磁感应强度。

11-6 如图所示,半径为 R 的均匀带电球面的电势为 U,圆球绕其直径以角速度 ω 转动,求球心处的磁感应强度。

11-7 地球上某处的磁感应强度水平分量为 $1.7\times 10^{-5}\,\mathrm{T}$,试计算该处沿水平方向的磁场强度。

11-8 螺线环中心周长 $l=10\,\mathrm{cm}$,环上线圈匝数 $N=200$ 匝,线圈中通有电流 $I=100\,\mathrm{mA}$。
(1) 求管内的磁感应强度 B 及磁场强度 H;
(2) 若管内充满相对磁导率 $\mu_r=4200$ 的铁磁质时,管内的磁感应强度和磁场强度为多大?
(3) 铁磁质内由传导电流 I 产生的磁场 B,与由磁化电流产生的磁场 B' 各为多大?

11-9 如图所示,在半径为 R 的长圆柱导体内与轴线平行地挖去一个半径为 r 的圆柱形空腔。两圆柱形轴线之间的距离为 $d(d>r)$。电流 I 在截面内均匀分布,方向平行于轴线。求:
(1) 实心圆柱轴线上磁感应强度的大小;
(2) 空心部分中任一点的磁感应强度。

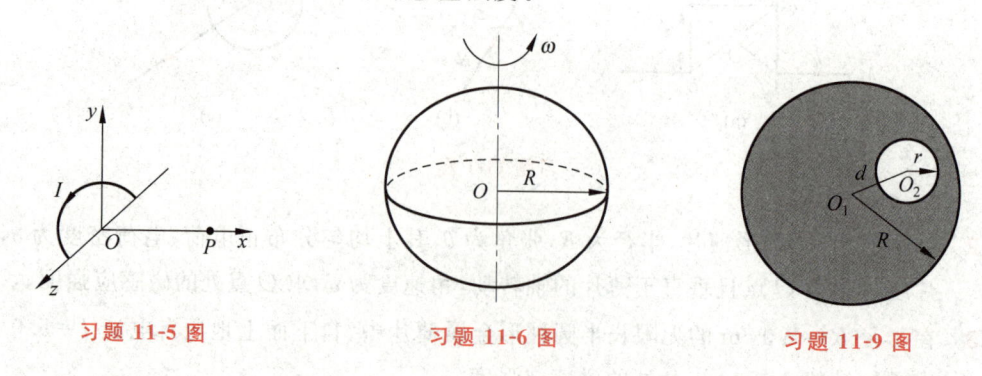

习题 11-5 图

习题 11-6 图

习题 11-9 图

11-10 半径为 R 的半圆柱形无限长金属棒中,通有自下而上沿长度方向的电流 I,且横截面上电流分布均匀。试求该半圆柱轴线上的磁感应强度。

11-11 一无限长圆柱形铜导体(磁导率 μ_0),半径为 R,通有均匀分布的电流 I。今取一矩

形平面 S(长为 1 m,宽为 $2R$)如图中画斜线部分所示,求通过该矩形平面的磁通量。

11-12 半径为 R 的圆盘,带有电荷,其电荷面密度 $\sigma = kr$,k 是常数,r 为圆盘上一点到圆心的距离,圆盘放在一均匀磁场 B 中,其法线方向与 B 垂直。当圆盘以角速度 ω 绕过圆心 O 且垂直于圆盘平面的轴作逆时针旋转时,求圆盘所受磁力矩的大小和方向。

11-13 如图所示,一宽 $a = 2.0$ cm、厚 $b = 1.0$ cm 的银片处于沿 y 方向的均匀磁场中,$B = 1.5$ T,银片中有沿 x 方向的电流 $I = 200$ A,若银的自由电子数密度为 $n = 7.4 \times 10^{28}/\text{m}^3$,求银片中霍耳电场和霍耳电势差。

11-14 一块 $a = 0.10$ cm、$b = 0.35$ cm、$c = 1.0$ cm 的半导体,置于沿 z 方向的均匀磁场中,$B = 0.37$ T,半导体中通有 x 方向的电流 $I = 1.0 \times 10^{-3}$ A,测得霍耳电势差 $U_{AA'} = 6.65 \times 10^3$ V,图中的这块半导体是 N 型还是 P 型?载流子浓度是多大?

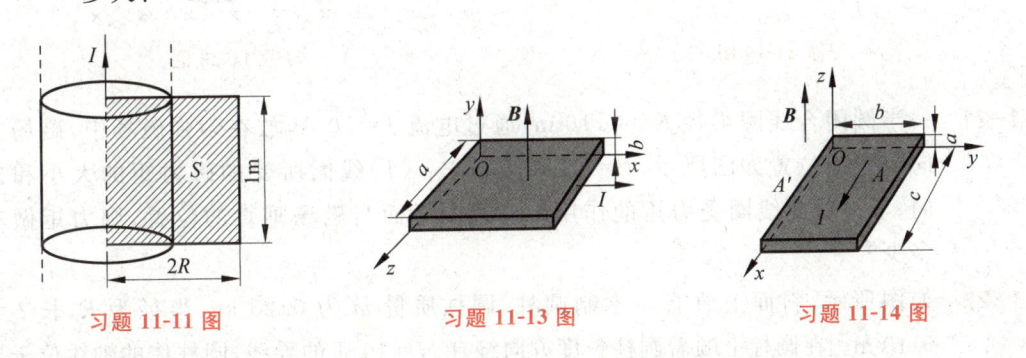

习题 11-11 图   习题 11-13 图   习题 11-14 图

11-15 如图所示,彼此相距 10 cm 的三根平行的长直导线中,各通有 10 A 的同方向电流,求各导线上每 1.0 cm 上的作用力的大小和方向。

11-16 通有电流 $I_1 = 50$ A 的无限长直导线,放在圆弧形线圈的轴线上,线圈中的电流 $I_2 = 20$ A,线圈高 $h = 7R/3$,求作用在线圈上的力。

11-17 一通有电流 I 的导线,弯成如图所示的形状,放在磁感应强度为 B 的匀强磁场中,B 的方向垂直纸面向里。求此导线受到的安培力。

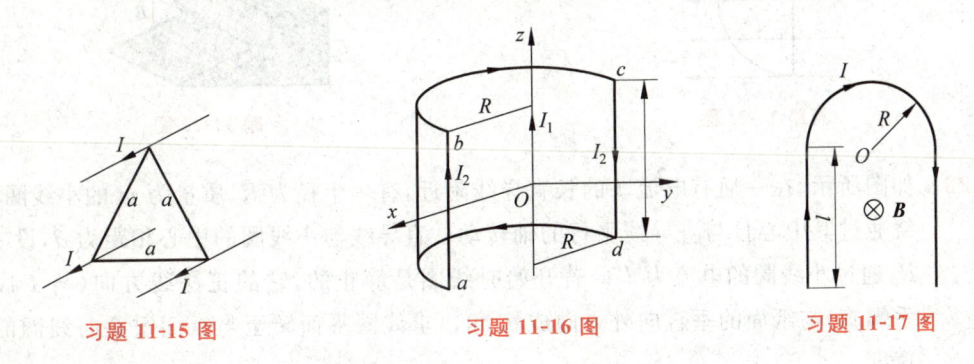

习题 11-15 图   习题 11-16 图   习题 11-17 图

11-18 电流 $I = 7.0$ A,流过一直径 $D = 10$ cm 的铅丝环。铅丝的截面积 $S = 0.70$ mm^2,此环放在 $B = 1.0$ T 的匀强磁场中,环的平面与磁场垂直,求铅丝所受的张力和拉应力(作用在单位截面上的力)。

11-19 如图所示,一长直导线通有电流 $I_1=30$ A,矩形回路通有电流 $I_2=20$ A。试计算作用在回路上的合力。已知 $d=1.0$ cm,$b=8.0$ cm,$l=0.12$ m。

11-20 电阻率为 ρ 的金属圆环,其内、外半径分别为 R_1 和 R_2,厚度为 d,圆环放入匀强磁场中,B 的方向与圆环平面垂直。将圆环内、外边缘分别接在如图所示的电动势为 ε 的电源两级,圆环可绕通过环心且垂直环面的轴转动。求圆环在图示位置时所受的磁力矩。

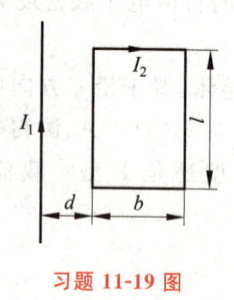

习题 11-19 图   习题 11-20 图

11-21 一半圆闭合线圈半径 $R=0.10$ m,通过电流 $I=10$ A,放在匀强磁场中,磁场方向与线圈位置如图所示,$B=0.50$ T。求:(1)线圈所受的磁力矩的大小和方向;(2)若此线圈受力矩的作用转到线圈平面与磁场垂直的位置,则力矩做功多少?

11-22 如图所示,斜面上放有一木制圆柱,圆柱质量 m 为 0.25 kg,半径为 R,长 l 为 0.10 m。在圆柱上顺着圆柱长度方向绕有 $N=10$ 匝的导线,圆柱体的轴线位于导线回路的平面内,斜面与水平方向成倾角 θ,处于一匀强磁场中,磁感应强度为 0.5 T,沿竖直方向朝上。如果绕组的平面与斜面平行,问通过回路的电流至少要有多大,圆柱才不致沿斜面向下滚动?

习题 11-21 图   习题 11-22 图

11-23 如图所示,在一通有电流 I 的长直导线附近,有一半径为 R、质量为 m 的小线圈,可绕通过其中心且与直导线平行的轴转动。直导线与小线圈的中心相距为 d,设 $d \gg R$,通过小线圈的电流为 I'。若开始时线圈是静止的,它的正法线方向(与 I' 成右手螺旋)与纸面的垂直向外方向成 θ_0 角。求线圈平面转至与纸面重叠时线圈的角速度。

11-24 测定质子质量的质谱仪如图所示,离子源 S 产生质量为 m、电荷为 q 的离子,离子的初速很小,可看作是静止的。经电势差 U 加速后离子进入磁感应强度为 B 的匀强磁场,并沿一半圆形轨道到达离入口处距离为 x 的感光底片的 P 点上。试证明该离子的质量为 $m = \dfrac{B^2 q}{8U} x^2$。

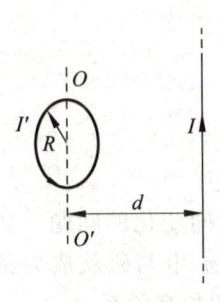

习题 11-23 图

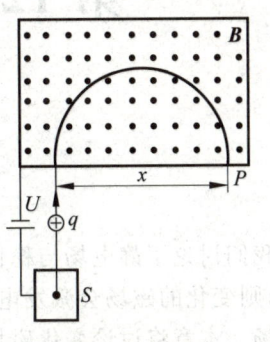

习题 11-24 图

第 12 章　电磁感应

前面我们讨论了静电场与稳恒磁场,但均未涉及场随时间变化的问题。如果场是随时间变化的,则变化的磁场会激发电场,变化的电场会激发磁场,电与磁就成为密切相关的统一的电磁场。本章将讨论变化磁场和变化电场及它们之间的相互关系。

1831 年,法拉第发现了电磁感应定律。电磁感应定律的发现,不但找到了磁生电的规律,更重要的是它揭示了电和磁的联系,为电磁理论奠定了基础,并且开辟了人类使用电能的道路,成为电磁理论发展的一个重要里程碑。1860 年前后,麦克斯韦总结了电磁现象的规律,把电磁场所遵从的定律用数学形式(麦克斯韦方程组)表示出来,建立了系统严密的电磁场理论。

12.1　电磁感应定律

电磁感应在日常生活中有着广泛的应用。人们在银行的 ATM 机上用银行卡时,就应用了电磁感应原理。银行卡中的信息包括持卡人的姓名及其他信息被编成数码形式保存在磁卡内,当刷卡时,移动的磁条产生的变化磁场穿过读卡器的线路,使线路产生感应电流,通过对电流的测量,从而得到卡内的信息。

12.1.1　电磁感应现象

我们已经知道,电流能够激发产生磁场。那么,磁场是否也能够产生电流呢? 自从 1820 年奥斯特发现电流的磁效应以后,其逆效应的研究就引起了人们的关注。英国著名物理学家法拉第经过 10 多年的努力,终于在 1831 年给出了决定性的答案。

法拉第的实验大体分为两类:一类为磁铁与线圈发生相对运动,当磁铁插入和拔出线圈时,电流计指针会发生偏转。另一类用线圈代替磁铁,当通电线圈中的电流发生变化时,在它附近的其他线圈中产生电流,电流计指针发生偏转。法拉第将上述现象称为电磁感应现象,产生的电动势称为感应电动势,回路中产生的电流称为感应电流,并把电磁感应现象的产生归结为:穿过闭合线圈中的磁通量发生变化时,会在闭合回路中产生感应电动势。

12.1.2　法拉第电磁感应定律

1. 法拉第电磁感应定律

大量精确实验表明:不论何种原因使通过回路面积的磁通量发生变化,回路中产生

的感应电动势都与磁通量对时间的变化率成正比,即

$$\varepsilon_i = -k \frac{\mathrm{d}\Phi_\mathrm{m}}{\mathrm{d}t}$$

如果取国际单位制,即 ε_i 单位为 V(伏[特]),Φ_m 的单位为 Wb(韦[伯]),t 的单位为 s(秒),则 $k=1$,于是有

$$\varepsilon_i = -\frac{\mathrm{d}\Phi_\mathrm{m}}{\mathrm{d}t} \tag{12-1}$$

上式称为法拉第电磁感应定律的一般表达式。式中负号表明感应电动势的方向与磁通量变化的趋势相反。如果磁通量增大,感应电动势所形成的电流产生的磁场与原磁场的方向相反;反之,如果磁通量减少,感应电动势所形成的电流产生的磁场与原磁场的方向相同。

若闭合回路中有 N 匝线圈,它们彼此串联,总电动势等于各匝线圈所产生的电动势之和。设每匝线圈的磁通量为 $\Phi_{\mathrm{m}1},\Phi_{\mathrm{m}2},\cdots,\Phi_{\mathrm{m}N}$,则线圈中总的感应电动势为

$$\varepsilon_i = -\frac{\mathrm{d}}{\mathrm{d}t}(\Phi_{\mathrm{m}1}+\Phi_{\mathrm{m}2}+\cdots+\Phi_{\mathrm{m}N}) = -\frac{\mathrm{d}\Psi_\mathrm{m}}{\mathrm{d}t} \tag{12-2}$$

式中,Ψ_m 是穿过 N 匝线圈的总磁通量,称为全磁通(也称磁链)。当穿过各个线圈的磁通量相等时,N 匝线圈的磁链 $\Psi_\mathrm{m} = N\Phi_\mathrm{m}$,所以

$$\varepsilon_i = -\frac{\mathrm{d}\Psi_\mathrm{m}}{\mathrm{d}t} = -N\frac{\mathrm{d}\Phi_\mathrm{m}}{\mathrm{d}t} \tag{12-3}$$

【例 12-1】 在通有电流为 $I = I_0 \cos\omega t$ 的长直载流导线旁,与导线共面地放置一矩形回路,如图 12-1 所示。初始时刻矩形回路与导线的最近距离为 a,回路以速度 v 水平向右运动。求:(1)穿过矩形回路的磁通量;(2)回路中的感应电动势。

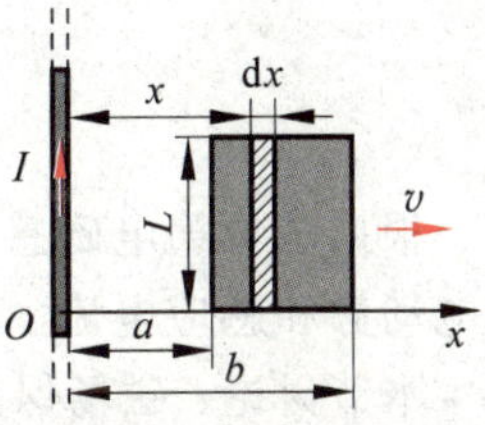

解 如图建立坐标系,假设矩形回路的绕向为顺时针方向。长直载流导线可近似看作无限长的导线,电流 I 产生的磁感应强度为

$$B = \frac{\mu_0 I}{2\pi x}$$

图 12-1 例 12-1 图

(1)如图所示取一窄带 $\mathrm{d}x$,通过窄带的磁通量为

$$\mathrm{d}\Phi_\mathrm{m} = \boldsymbol{B}\cdot\mathrm{d}\boldsymbol{S} = B\mathrm{d}S\cos\theta$$

因为矩形回路的绕向为顺时针方向,所以 $\cos\theta = 1$,于是

$$\mathrm{d}\Phi_\mathrm{m} = \boldsymbol{B}\cdot\mathrm{d}\boldsymbol{S} = \frac{\mu_0 I}{2\pi x}L\mathrm{d}x$$

穿过矩形回路的磁通量为

$$\Phi_\mathrm{m} = \int\mathrm{d}\Phi_\mathrm{m} = \int_{a+vt}^{b+vt}\frac{\mu_0 IL}{2\pi}\frac{1}{x}\mathrm{d}x = \frac{\mu_0 IL}{2\pi}\ln\frac{b+vt}{a+vt}$$

(2)矩形回路中的感应电动势为

$$\varepsilon_i = -\frac{\mathrm{d}\Phi_\mathrm{m}}{\mathrm{d}t} = -\frac{\mathrm{d}}{\mathrm{d}t}\left(\frac{\mu_0 LI_0\cos\omega t}{2\pi}\ln\frac{b+vt}{a+vt}\right)$$

$$= \frac{\mu_0 I_0 L}{2\pi}\left[\omega\sin\omega t\ln\frac{b+vt}{a+vt} - \cos\omega t\left(\frac{v}{b+vt} - \frac{v}{a+vt}\right)\right]$$

2. 感应电动势的方向

感应电动势方向的判定方法有两种。一种是1834年楞次提出的判断感应电流方向的方法,称为楞次定律。即感应电流总是使自身所激发的磁场去阻碍产生感应电流的原磁场磁通量的变化。感应电动势的方向与感应电流的方向相同。

另一种是直接由法拉第电磁感应定律来确定感应电动势的方向。先规定回路 L 的绕行正向,如果通过回路的 $\boldsymbol{B}$ 线方向与回路绕行正向成右手螺旋关系,该磁通量为正。这时,如果穿过回路的磁通量增大,$d\Phi_m/dt>0$,则 $\varepsilon<0$,此时感应电动势的方向和回路的绕行正向相反;如果穿过回路的磁通量减小,$d\Phi_m/dt<0$,则 $\varepsilon>0$,此时感应电动势的方向和回路的绕行正向相同。

3. 感应电流 感应电量

若回路中的电阻为 R,则回路中的感应电流为

$$I_i = \frac{\varepsilon_i}{R} = -\frac{1}{R}\frac{d\Psi_m}{dt} \tag{12-4}$$

在一定的时间内通过回路的感应电量

$$q = \int_{t_1}^{t_2} I_i dt = -\frac{1}{R}\int_{\Psi_1}^{\Psi_2} d\Psi_m = -\frac{1}{R}(\Psi_2 - \Psi_1) = -\frac{\Delta\Psi_m}{R} \tag{12-5}$$

上式表明:只要测出 R 和 q,就可算出相应的磁链改变量。感应电量仅与线圈回路中磁链的变化量成正比,而与磁链的变化快慢无关。磁通计就是利用该原理设计制成的。

12.2 动生电动势

根据法拉第电磁感应定律,只要穿过导体回路的磁通量发生变化,在回路中就会产生感应电动势和感应电流。

本节讨论:磁场保持不变,由于导体在磁场中运动而产生感应电动势,称这种电动势为动生电动势。

如图12-2所示,一段长为 l 的直导体在均匀磁场中以速度 v 匀速运动。假设某一时刻回路的长度为 x,此时穿过回路的磁通量为 $\Phi_m = BS = Blx$。根据法拉第电磁感应定律,可得动生电动势为

$$\varepsilon_i = \left|\frac{d\Phi_m}{dt}\right| = Bl\frac{dx}{dt} = Blv$$

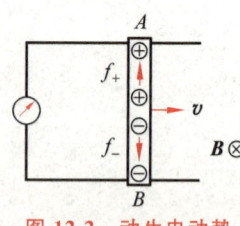

图 12-2 动生电动势

注意:法拉第电磁感应定律所求的是整个回路的电动势,但是,动生电动势只存在于运动的一段导体上,不动的那部分导体上没有电动势。

产生动生电动势的原因是洛伦兹力。如图12-2所示,导线中的自由电子随导线一起以相同速度 v 运动,每个电子受到洛伦兹力的作用为

$$f = -ev \times B$$

在洛伦兹力的作用下,电子向导线的 B 端移动,A 端由于缺少电子而出现正电荷的积累,这样在 AB 两端就形成一电场,这时电子除了洛伦兹力外还要受到电场力的作用,电场力为

$F_e = -eE$。当导体两端的电荷积累到一定程度,电场力与洛伦兹力达到平衡,这时电子受力平衡,不再发生定向移动。导体 AB 两端出现恒定的电势差,相当于一个电源。B 端为负极,电势较低;A 端为正极,电势较高。洛伦兹力就是在 AB 两端产生电动势的非静电力,与之对应的非静电场 E_k 表示为

$$E_k = \frac{f}{-e} = v \times B \tag{12-6}$$

根据电动势的定义式(11-6),可得 AB 两端动生电动势

$$\varepsilon_i = \int_{(-)}^{(+)} E_k \cdot dl = \int_{(B)}^{(A)} (v \times B) \cdot dl \tag{12-7}$$

上式中,若 $\varepsilon_i > 0$,则 ε_i 的方向与积分路径方向一致;反之,若 $\varepsilon_i < 0$,则 ε_i 的方向与积分路径方向相反。动生电动势 ε_i 的方向就是 $E_k = v \times B$ 的方向,所以动生电动势的方向也可以用右手定则判定。

图 12-2 中,如果回路不闭合,导体 AB 上仍有动生电动势,但没有感应电流。

如果整个回路都在磁场中运动,则在回路中产生的总动生电动势为

$$\varepsilon_i = \oint (v \times B) \cdot dl \tag{12-8}$$

第 11 章曾经提到,洛伦兹力总是与电荷运动方向垂直,它对电荷不做功。而现在又说,产生动生电动势的原因是洛伦兹力。这里有没有矛盾呢?下面我们分析洛伦兹力对导体内电子的影响。如图 12-3 所示,在导体中,自由电子除了随导体以速度 v 运动外,电子还相对导体以速度 v' 运动,所以电子受到的总洛伦兹力为

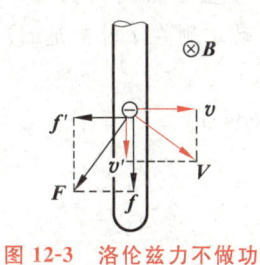

$$F = f + f' = -e(v + v') \times B$$

F 与合速度 $(v + v')$ 垂直,故 F 不做功。然而,F 的一个平行导线的分力 $f = -ev \times B$,对电子做正功,产生动生电动势,其功率

$$P = f \cdot v' = -(ev \times B) \cdot v'$$

图 12-3 洛伦兹力不做功

F 的另一分力 $f' = -ev' \times B$,方向垂直于直导线且与 v 反向,阻碍导体运动,做了负功,其功率为

$$P' = f' \cdot v = -(ev' \times B) \cdot v = (ev \times B) \cdot v'$$

从以上两式可以知道洛伦兹力的总功率为 0。由此可见,洛伦兹力做功恒等于零。即洛伦兹力并不提供能量,而只是传递能量。在图 12-3 中,外力克服洛伦兹力的一个分力 f' 所做的功,通过另一个分力 f 做功转化为感应电动势的能量。

可以采用两种方法计算动生电动势:一是利用动生电动势的公式计算;二是设法构成一个合理的闭合回路以便于应用法拉第电磁感应定律求解。

【例 12-2】 如图 12-4 所示,长为 L 的一根铜棒 Ob,以匀角速 ω 绕 O 端作逆时针方向转动。有一匀强磁场垂直于转动平面指向纸外。求棒中感应电动势的大小和方向。

解 可以用两种方法求感应电动势。

方法 1:用动生电动势公式计算

如图,在导线上距 O 为 l 处取一线元 dl,$d\varepsilon_i = (v \times B) \cdot dl$,则导体棒 AB 的感应电动势为

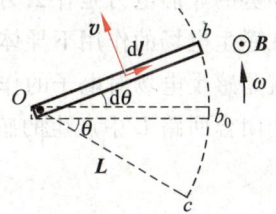

图 12-4 例 12-2 图

$$\varepsilon_i = \int_{(O)}^{(b)} (\boldsymbol{v} \times \boldsymbol{B}) \cdot \mathrm{d}\boldsymbol{l} = \int_{(O)}^{(b)} vB\mathrm{d}l = \int_O^L \omega lb\mathrm{d}l = \frac{1}{2}\omega BL^2$$

方向判定：因为 $\varepsilon_i > 0$，所以 ε_i 方向为 $O \to b$，b 点电势比 O 点电势高。

方法 2：应用法拉第电磁感应定律

设想 Ob 棒为闭合回路 Ocb 的一部分，棒原在 Ob_0 位置，取逆时针方向为回路绕行方向，于是通过回路的磁通量为

$$\Phi_m = \boldsymbol{B} \cdot \boldsymbol{S} = BS$$

棒转过 $\mathrm{d}\theta$ 角度后，磁通量改变量为

$$\mathrm{d}\Phi_m = B\left(\frac{1}{2}L \cdot L\mathrm{d}\theta\right) = \frac{1}{2}BL^2\mathrm{d}\theta$$

则感应电动势为

$$\varepsilon_i = -\frac{\mathrm{d}\Phi_m}{\mathrm{d}t} = -\left(\frac{1}{2}BL^2\right)\frac{\mathrm{d}\theta}{\mathrm{d}t} = -\frac{1}{2}BL^2\omega$$

方向判定：因为 $\varepsilon_i < 0$，所以 ε_i 的方向与回路绕行方向相反，方向为 $O \to b$。

发电机就是根据电磁感应原理制成的，是动生电动势的一个应用实例。图 12-5 是交流发电机的示意图。设矩形线圈匝数为 N、面积为 S，自线圈平面垂直于磁场时开始，以角速度 ω 在均匀磁场 B 中匀角速转动。则在 t 时刻通过线圈的总磁通为

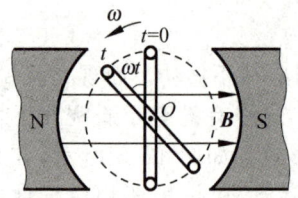

图 12-5　交流发电机原理

$$\Psi_m = N\boldsymbol{B} \cdot \boldsymbol{S} = NBS\cos\omega t$$

产生的感应电动势为

$$\varepsilon_i = -\frac{\mathrm{d}\Psi_m}{\mathrm{d}t} = NBS\omega\sin\omega t = \varepsilon_M\sin\omega t$$

由上式可知，该电动势是交变的。当外电路接通时，线圈上有电流通过，线圈在磁场中受到磁力矩的作用，从而使线圈转动受到阻碍。为使线圈持续转动，则需外力矩克服磁力矩不断做功。由此可见，发电机就是利用电磁感应的原理把机械能转化成电能的装置。

12.3　感生电动势和感生电场

根据法拉第电磁感应定律可知：对于一个闭合导体回路，若回路不动，磁场发生变化，则回路中也会产生感应电动势和感应电流。这个感应电动势称为感生电动势。产生感生电动势的非静电力是什么力呢？麦克斯韦提出假设：变化的磁场会激发电场，称为感生电场。在感生电场的作用下导体中产生感生电动势，并形成感应电流。感生电动势的"非静电力"就是感生电场对电子的作用力，用 $\boldsymbol{E}_k$ 表示感生电场的电场强度。根据电动势的定义，在一个闭合回路 L 中产生的感生电动势为

$$\varepsilon_i = \oint_L \boldsymbol{E}_k \cdot \mathrm{d}\boldsymbol{l} \tag{12-9}$$

由法拉第电磁感应定律可得

$$\varepsilon_i = -\frac{\mathrm{d}\Psi_\mathrm{m}}{\mathrm{d}t} = -\frac{\mathrm{d}}{\mathrm{d}t}\int_S \boldsymbol{B} \cdot \mathrm{d}\boldsymbol{S} = -\int_S \frac{\partial \boldsymbol{B}}{\partial t} \cdot \mathrm{d}\boldsymbol{S}$$

于是有

$$\oint_L \boldsymbol{E}_\mathrm{k} \cdot \mathrm{d}\boldsymbol{l} = -\int_S \frac{\partial \boldsymbol{B}}{\partial t} \cdot \mathrm{d}\boldsymbol{S} \tag{12-10}$$

$\mathrm{d}\boldsymbol{l}$ 表示闭合路径 L 上的位移元,S 为该路径所限定的面积。式(12-10)即为感生电场所满足的性质方程。

由以上的讨论可知,麦克斯韦认为:即使没有闭合回路,随时间变化的磁场也要在其周围空间激发产生感生电场,这种电场的电场线无头无尾,具有涡旋性,因此这种电场又称为涡旋电场。

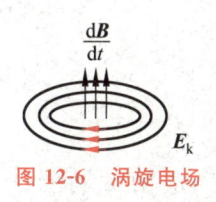

由式(12-10)可知,涡旋电场的电场线与磁场的变化率 $\mathrm{d}\boldsymbol{B}/\mathrm{d}t$ 形成左手螺旋关系,如图 12-6 所示。麦克斯韦关于"涡旋电场"的假设,已被近代科学实验所证实。式(12-10) 实际上就是涡旋电场的环路定理,它表明涡旋电场是非保守力场(无势场),同时也表明该电场的电场线是无头无尾的闭合线,因此 $\boldsymbol{E}_\mathrm{k}$ 线穿过任一闭合面 S 的通量必为零

图 12-6 涡旋电场

$$\oint \boldsymbol{E}_\mathrm{k} \cdot \mathrm{d}\boldsymbol{S} = 0 \tag{12-11}$$

式(12-11)就是感生电场的高斯定理,它表明感生电场是无源场。

【例 12-3】 如图 12-7 所示,有一半径为 R 的圆柱形长直螺线管,管内均匀磁场的方向为垂直纸面向内。若磁场随时间增强,$\dfrac{\mathrm{d}B}{\mathrm{d}t}=a$($a$ 为大于零的常量)。试求:(1)涡旋电场的空间分布;(2)在距中心 O 为 h 的一条长为 L 的金属棒 MN 上的感生电动势。

解 (1)依题意,可以判断涡轮电场的电场线为以 O 为圆心的同心圆,电场线为逆时针方向。选择离轴线为 r 的圆周作为积分路径 l,积分路径沿逆时针方向。据

$$\oint \boldsymbol{E}_\mathrm{k} \cdot \mathrm{d}\boldsymbol{l} = -\int \frac{\partial \boldsymbol{B}}{\partial t} \cdot \mathrm{d}\boldsymbol{S}$$

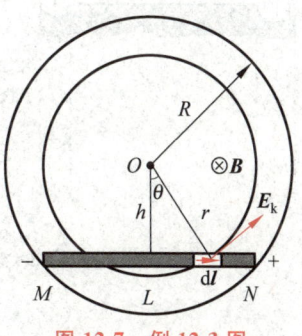

图 12-7 例 12-3 图

则有

$$E_\mathrm{k} \cdot 2\pi r = a \cdot \pi r^2 \quad (r < R)$$
$$E_\mathrm{k} \cdot 2\pi r = a \cdot \pi R^2 \quad (r > R)$$

于是

$$E_\mathrm{k} = \frac{ar}{2} \quad (r < R)$$

$$E_\mathrm{k} = \frac{R^2 a}{2r} \quad (r > R)$$

E_k 的方向沿逆时针圆周切线方向。

(2)用两种方法求棒 MN 上的感生电动势

方法 1:用电动势公式求解

选取从 M 到 N 的积分路径,则

$$\varepsilon_{MN} = \int_{(M)}^{(N)} \boldsymbol{E}_k \cdot \mathrm{d}\boldsymbol{l} = \int \frac{r}{2} a \cdot \cos\theta \cdot \mathrm{d}l = \int \frac{r}{2} a \cdot \frac{h}{r} \cdot \mathrm{d}l$$

$$= \frac{a}{2} h \int_0^L \mathrm{d}l = \frac{a}{2} hL = ah\sqrt{R^2 - h^2}$$

ε_{MN} 的方向与积分方向相同即 $M \to N$。

方法2：用法拉第电磁感应定律求解

连接 OM 和 ON，构成一个闭合路径 $OMNO$（逆时针方向）。因为 $\boldsymbol{E}_k$ 的方向为圆周切线方向，有

$$\int_{(O)}^{(M)} \boldsymbol{E}_k \cdot \mathrm{d}\boldsymbol{l} = 0, \quad \int_{(O)}^{(N)} \boldsymbol{E}_k \cdot \mathrm{d}\boldsymbol{l} = 0$$

闭合路径 $OMNO$ 的电动势就等于棒两端的电动势

$$\varepsilon_{MN} = \varepsilon_i = -\frac{\mathrm{d}\Psi_m}{\mathrm{d}t} = -\frac{\mathrm{d}(B \cdot S)}{\mathrm{d}t} = \frac{\mathrm{d}B}{\mathrm{d}t} \cdot S = a \cdot \left(\frac{1}{2} hL\right)$$

$$= ah\sqrt{R^2 - h^2} > 0$$

因为 $\varepsilon_i > 0$，所以 ε_i 方向与环路绕向同向，即逆时针方向，从而 ε_{MN} 的方向为 $M \to N$。

电子感应加速器是利用涡旋电场来加速电子的装置，其主要结构如图 12-8 所示。在圆柱形电磁铁之间有一环形真空室。电磁铁在频率为几十赫兹的强大交变电流的激励下产生交变磁场，从而在真空室内感应出很强的涡旋电场。由电子枪注入环形真空室的电子在磁场中受到沿径向的洛伦兹力 $\boldsymbol{F}_m = -e\boldsymbol{v} \times \boldsymbol{B}$ 作用，不断改变方向而作圆周运动。另一方面，电子又受到沿切向的涡旋电场力 $\boldsymbol{F}_{涡} = -e\boldsymbol{E}$ 的作用，不断加速获得越来越大的动能。为了使电子在恒定的轨道上不断加速，就要使 $\boldsymbol{F}_m = -e\boldsymbol{v} \times \boldsymbol{B}$ 与变化的 v 相适应，因而对磁场的径向分布有一定的要求。

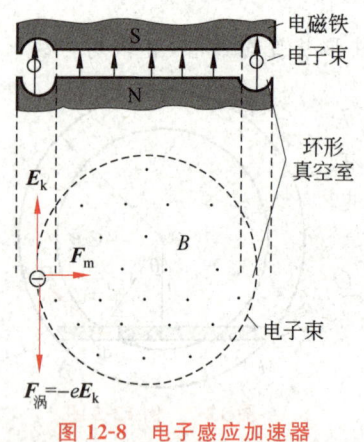

设半径为 R 的圆形轨道处的磁场为 B_R，则电子所受洛伦兹力作为向心力，即 $evB_R = mv^2/R$，于是有

$$mv = eRB_R \tag{12-12}$$

图 12-8 电子感应加速器

据 $\varepsilon_i = \oint \boldsymbol{E}_k \cdot \mathrm{d}\boldsymbol{l} = -\mathrm{d}\Psi_m/\mathrm{d}t$，可得 $E_k \cdot 2\pi R = -\mathrm{d}\Psi_m/\mathrm{d}t$，从而 $E_k = -\frac{1}{2\pi R}\frac{\mathrm{d}\Psi_m}{\mathrm{d}t}$，根据牛顿第二定律有

$$F_e = -eE_k = \frac{\mathrm{d}(mv)}{\mathrm{d}t}$$

则 $\mathrm{d}(mv) = -eE_k \mathrm{d}t = e \cdot \mathrm{d}\Psi_m/2\pi R$。设加速过程起始时 $\Psi_m = 0, v = 0$，则积分可得

$$mv = \frac{e}{2\pi R}\Psi_m = \frac{e}{2\pi R} \cdot \bar{B} \cdot \pi R^2 = eR \cdot \frac{\bar{B}}{2} \tag{12-13}$$

式中 $\bar{B}$ 表示在轨道处的平均磁感应强度。

比较式(12-12)与式(12-13)，可得

$$B_R = \frac{\overline{B}}{2} \tag{12-14}$$

上式就是维持电子在恒定圆形轨道上运动的条件。

电子感应加速器加速电子不受相对论效应的影响,然而却受到电子因加速运动而辐射能量的影响。一个 100 MeV 的电子感应加速器,能使电子速度达到光速的 0.999 986 倍。

电子感应加速器主要用于核物理研究,近来还采用小型加速器来产生硬 X 射线,供医学上治疗癌症及工业探伤之用。

在用于工农业生产、科研与教学的一些电器设备中,常常都含有铁芯等大块的金属,如发电机和变压器中的铁芯。当这些金属铁块处在变化的磁场中时,金属块内的自由电子受感生电场力的作用,在铁芯内部形成感生电流。这种电流的电场线呈涡旋状,故称为涡电流,简称涡流。

在金属材料中,由于多数金属的电阻率较小,因而在整块金属内部激起的涡电流很大。类似于普通电流,涡电流会在整块金属中产生焦耳热,称为涡电流的热效应。利用涡电流的热效应进行加热的方法就称为感应加热。这种加热的方法广泛应用于不同的行业中,如利用高频感应炉冶炼、高纯金属和特种钢或特种合金等。高频感应炉是在坩埚的外部绕上线圈并与大功率的高频电源接通而组成的,如图 12-9 所示。当高频交变电流在线圈内激发很强的高频磁场时,坩埚内的被冶炼金属产生强大的涡电流,并释放出大量的焦耳热将自身熔化。高频交变电流的频率越高则释放出的焦耳热越多。因此通过改变交变电流的频率,就可以控制涡电流的大小,进而达到控制

图 12-9 感应加热

炉内温度的目的。利用涡电流的热效应,还可以进行高频焊接加工,如自行车的钢管车架焊接等。涡电流的热效应还广泛用于无法直接加热的真空技术和科学实验中,如排除示波管、显像管内部金属电极上吸附的残余气体等。

涡电流的热效应,也有不利的一面。它会导致铁芯温度升高,危及线圈绝缘材料的寿命,对变压器和电动机的运行构成危害。同时,涡电流发热要消耗额外的能量,使变压器和电动机的效率降低。

日常生活中,涡电流的热效应还被运用于电磁炉的技术中。电磁炉的交变磁场主要是通过一个扁平的线盘来实现的,只要在线盘引出的两个电极间施加一个高频交变电流,线盘周围就会产生交变磁场,此时若在线盘顶部放上一只平底的铁质锅体,铁质锅体底部内的自由电子在交变磁场的作用下,便会产生涡电流,由于涡电流的热效应,使锅体释放焦耳热,对锅内的食物进行加热。

12.4 自感和互感

12.4.1 自感和自感系数

当一个回路有电流通过时,电流所产生的磁感应线必定穿过回路自身。根据法拉第电磁感应定律可知,若回路自身电流发生变化,穿过回路的磁通量也随之发生变化,从而在自身回路上会产生感应电动势,这种现象就称为自感现象,所产生的感应电动势称为自感电动势。

如图 12-10 所示,设回路上通过的电流为 I,则此电流产生的磁感应线穿过回路自身的全磁通为

$$\Psi_m = \int_S \boldsymbol{B} \cdot \mathrm{d}\boldsymbol{S} = \int \left(\int_l \frac{\mu I}{4\pi} \frac{\mathrm{d}\boldsymbol{l} \times \boldsymbol{r}}{r^3} \right) \cdot \mathrm{d}\boldsymbol{S}$$

$$= I \int_S \left(\int_l \frac{\mu}{4\pi} \frac{\mathrm{d}\boldsymbol{l} \times \boldsymbol{r}}{r^3} \right) \cdot \mathrm{d}\boldsymbol{S} = LI \tag{12-15}$$

式中

$$L = \int_S \int_l \frac{\mu \mathrm{d}\boldsymbol{l} \times \boldsymbol{r}}{4\pi r^3} \cdot \mathrm{d}\boldsymbol{S} = \frac{\mu}{4\pi} \left[\int_S \int_l \frac{\mathrm{d}\boldsymbol{l} \times \boldsymbol{r}}{r^3} \cdot \mathrm{d}\boldsymbol{S} \right] \tag{12-16}$$

μ 为介质的磁导率。由式(12-15)可知,穿过回路自身的全磁通与回路的电流成正比。即

$$\Psi_m = LI \tag{12-17}$$

式中比例系数 L 称为自感系数,简称自感。由式(12-17)可知,回路(或线圈)的自感系数 L,与回路通过的电流无关,它仅决定于回路自身的结构:匝数、形状大小及回路中所充介质的磁导率。在国际单位制中,自感系数的单位为 H[亨利]。

因此,当回路中的电流变化时,回路上的自感电动势为

$$\varepsilon_L = -\frac{\mathrm{d}\Psi_m}{\mathrm{d}t} = -\frac{\mathrm{d}}{\mathrm{d}t}(LI) = -L\frac{\mathrm{d}I}{\mathrm{d}t} \tag{12-18}$$

式中负号表示,自感电动势的方向总是阻碍本身电流的变化,自感 L 越大,电流越难改变。

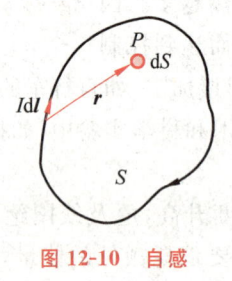

图 12-10 自感

图 12-11 例 12-4 图

【例 12-4】 有一长直螺线管,管长为 l,截面积为 S,管内充满相对磁导率为 μ_r 的磁介质,管上密绕有 N 匝线圈。求此螺线管的自感系数。

解 利用安培环路定理,可求出管内磁感应强度

$$B = \frac{\mu_r \mu_0 \cdot NI}{l}$$

通过螺线管的全磁通为

$$\Psi_m = N \int \boldsymbol{B} \cdot \mathrm{d}\boldsymbol{S} = NBS = \frac{\mu_r \mu_0 \cdot N^2 I}{l} \cdot S = LI$$

可得螺线管的自感系数

$$L = \frac{\mu_r \mu_0 \cdot N^2 S}{l}$$

12.4.2 互感和互感系数

根据法拉第电磁感应定律,通过某一回路的电流发生变化时,穿过其附近另一回路的磁通量会随之发生变化,则在另一回路上会产生感应电动势。这种现象称为互感现象,所产生的电动势称为互感电动势。

如图 12-12 所示,设回路 l_1 上通以电流 I_1,则由 I_1 所激发的磁场穿过回路 l_2 的磁通量为

$$\Psi_{21} = \int \boldsymbol{B}_1 \cdot \mathrm{d}\boldsymbol{S}_2 = \int_{S_2} \left(\int_{l_1} \frac{\mu}{4\pi} \frac{\mathrm{d}\boldsymbol{l}_1 \times \boldsymbol{r}_{12}}{r_{12}^3} \right) \cdot \mathrm{d}\boldsymbol{S}_2 \cdot I_1$$

$$= M_{21} I_1 \tag{12-19}$$

图 12-12 互感

同样,如果回路 l_2 上通以电流 I_2,可以得到由 I_2 所激发的磁场穿过回路 l_1 的磁通量为

$$\Psi_{12} = \int \boldsymbol{B}_2 \cdot \mathrm{d}\boldsymbol{S}_1 = \int_{S_1} \left(\int_{l_2} \frac{\mu}{4\pi} \frac{\mathrm{d}\boldsymbol{l}_2 \times \boldsymbol{r}_{21}}{r_{21}^3} \right) \cdot \mathrm{d}\boldsymbol{S}_1 \cdot I_2 = M_{12} I_2 \tag{12-20}$$

以上二式中 M_{21} 和 M_{12} 的值决定于两回路的匝数、尺寸、形状、两回路的相对位置及所充的磁介质的磁导率 μ。实验和理论均证明 $M_{21} = M_{12}$,故可统一用 M 表示,称为两回路之间的互感系数。

根据互感电动势的定义,两个感应电动势的表达式分别为

$$\varepsilon_{21} = -\frac{\mathrm{d}\Psi_{21}}{\mathrm{d}t} = -\frac{\mathrm{d}}{\mathrm{d}t}(MI_1) = -M\frac{\mathrm{d}I_1}{\mathrm{d}t}$$

$$\varepsilon_{12} = -M\frac{\mathrm{d}I_2}{\mathrm{d}t}$$

在国际单位制中,互感系数 M 的单位为 H(亨[利])。$1\,\mathrm{H} = 1\,\mathrm{Wb/A}$。

【例 12-5】 如图 12-13 所示,有一半径为 R 的细铁环,其磁导率为 μ,截面积为 S,在环上均匀密绕两组线圈,匝数分别为 N_1 和 N_2,求(1)两线圈各自的自感系数;(2)两线圈间的互感系数 M;(3)M 与 L_1 和 L_2 的关系。

解 假设线圈 1 通电流 I_1,在其自身回路产生的磁感应强度为 B_1。利用安培环路定理,有

$$B_1 \cdot 2\pi R = \mu N_1 I_1$$

$$B_1 = \frac{\mu N_1 I_1}{2\pi R}$$

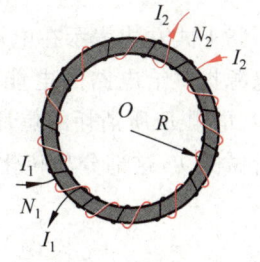

图 12-13 例 12-5 图

通过自身回路的全磁通为

$$\psi_{11} = N_1 B_1 S = \frac{\mu N_1^2 S I_1}{2\pi R} = L_1 I_1$$

线圈 1 的自感系数为

$$L_1 = \frac{\mu N_1^2 S}{2\pi R}$$

同理可得线圈 2 的自感系数为

$$L_2 = \frac{\mu N_2^2 S}{2\pi R}$$

(2) 假设线圈 1 通电流 I_1，通过线圈 2 的全磁通为

$$\psi_{21} = MI_1 = N_2 \int \boldsymbol{B}_1 \cdot \mathrm{d}\boldsymbol{S} = N_2 B_1 S = N_2 \frac{\mu N_1 S I_1}{2\pi R}$$

互感系数为

$$M = \frac{\mu N_1 N_2 S}{2\pi R}$$

(3) 根据(1)、(2)的计算结果得到

$$M = \sqrt{L_1 L_2} \qquad (12\text{-}21)$$

必须指出，式(12-21)只有在两线圈紧密耦合的情况下才成立。在一般情况下为

$$M = k\sqrt{L_1 L_2} \qquad (12\text{-}22)$$

式中 k 称为耦合系数，$0 \leqslant k \leqslant 1$，它的值取决于两线圈的相对位置。

12.5 磁场能量

12.5.1 自感磁能

如图 12-14 所示，回路接通电源后，电流变化的暂态过程中，电路满足的方程式为

$$\varepsilon - L\frac{\mathrm{d}i}{\mathrm{d}t} = iR$$

两边同乘以 $i\mathrm{d}t$，并积分得到

$$\int_{i=0}^{i=I} \varepsilon \cdot i \mathrm{d}t = \int_0^I R i^2 \mathrm{d}t + \int_0^I L i \mathrm{d}i \qquad (12\text{-}23)$$

上式左边表示在电流 i 从 0 增长到稳定值 $I=\varepsilon/R$ 的过程中，电源提供给电路的电能；右边第一项，表示在整个电流增大过程中，电阻 R 所消耗的焦耳热；右边第二项表示在整个电流增大过程中，电源克服自感电动势所做的功，这部分功转化为由线圈 L 所储存的磁场能 W_m，其值为

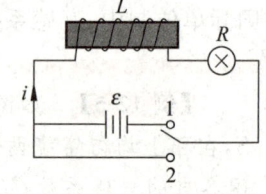

图 12-14 自感磁能

$$W_\mathrm{m} = \int_0^I L \cdot i \mathrm{d}i = \frac{1}{2}LI^2 \qquad (12\text{-}24)$$

这个能量 W_m 称为线圈的自感磁能。

12.5.2 磁场能量

我们先讨论通电长直螺线管内的自感磁能。设长直螺线管横截面为 S，长为 l，管内充满磁导率为 μ 的均匀介质，螺线管单位长度上的导线匝数为 n，导线上通过的电流为 I。则螺线管内部的磁感应强度 $B = \mu H = \mu n I$。利用例 12-4 的结果，螺线管的自感系数 $L = \mu n^2 l S$。螺线管的自感磁能可以写为

$$W_\mathrm{m} = \frac{1}{2}LI^2 = \frac{1}{2}(\mu n^2 l S)I^2 = \frac{1}{2}(\mu n I) \cdot (nI) \cdot Sl$$

$$= \frac{1}{2}BH \cdot Sl = \left(\frac{1}{2}BH\right) \cdot V_{体}$$

螺线管内部磁场是均匀的,单位体积内的磁能(即磁场能密度)为

$$w_m = \frac{1}{2}BH = \frac{1}{2}\mu H^2 = \frac{1}{2}\frac{B^2}{\mu} \tag{12-25}$$

式(12-25)虽然是由特例导出的,但对于任意磁场都普遍适用。对于非均匀磁场,我们可以把磁场看成由无数微小的体积元 dV 组成,在每一小体积元 dV 内 B 和 H 可看成是均匀的。因此,小体积元内的磁能为

$$dW_m = w_m dV = \frac{1}{2}BH dV$$

空间某体积 V 内的磁场能为

$$W_m = \int_V dW_m = \int_V \frac{1}{2}BH dV \tag{12-26}$$

【例 12-6】 如图 12-15 所示,设传输线由两个共轴"无限长"金属薄圆筒组成。内外筒半径分别为 R_1 和 R_2,电流从内筒流入,由外筒流回。求长度为 l 的一段传输线的自感系数。

解 方法 1:用自感系数的定义求解

利用安培环路定理可求得

$$R_1 < r < R_2 \qquad B = \frac{\mu_0 I}{2\pi r}$$

$$r > R_2 \qquad B = 0$$

$$r < R_1 \qquad B = 0$$

通过长度为 l 的一段传输线的磁通量为

$$\Psi_m = \int \boldsymbol{B} \cdot d\boldsymbol{S} = \int_{R_1}^{R_2} \frac{\mu_0 I}{2\pi r} \cdot l dr = LI$$

图 12-15 例 12-6 图

自感系数为

$$L = \frac{\mu_0 l}{2\pi} \ln \frac{R_2}{R_1}$$

方法 2:用磁能公式求解

先求长度为 l 的一段传输线的磁场能量

$$W_m = \int \frac{1}{2}BH dV = \frac{\mu_0 l I^2}{4\pi} \int_{R_1}^{R_2} \frac{dr}{r} = \frac{\mu_0 l I^2}{4\pi} \ln \frac{R_2}{R_1} = \frac{1}{2}\left(\frac{\mu_0 l}{2\pi} \ln \frac{R_2}{R_1}\right) I^2$$

再根据 $W_m = \frac{1}{2}LI^2$,则有

$$L = \frac{\mu_0 l}{2\pi} \ln \frac{R_2}{R_1}$$

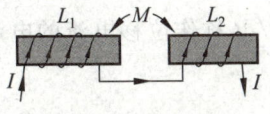

图 12-16 例 12-7 图

【例 12-7】 如图 12-16 所示,把两个自感系数分别为 L_1 和 L_2 的线圈顺向串联,它们之间的互感为 $M(M>0)$,求串联后的等效总自感系数 L。

解 方法 1:利用公式 $\Psi_m = LI$

两线圈通电后的总磁通为

$$\Psi_m = \Psi_1 + \Psi_2 = (L_1 I_1 + M I_2) + (L_2 I_2 + M I_1) = LI$$

得到

$$L = L_1 + L_2 + 2M$$

方法 2：利用公式 $\varepsilon = -L \dfrac{\mathrm{d}I}{\mathrm{d}t}$

设电流 I 发生变化，在两线圈上产生的总感应电动势为

$$\varepsilon = \varepsilon_1 + \varepsilon_2 = (\varepsilon_{11} + \varepsilon_{12}) + (\varepsilon_{22} + \varepsilon_{21})$$

$$= \left(-L_1 \frac{\mathrm{d}I_1}{\mathrm{d}t} - M \frac{\mathrm{d}I_2}{\mathrm{d}t}\right) + \left(-L_2 \frac{\mathrm{d}I_2}{\mathrm{d}t} - M \frac{\mathrm{d}I_1}{\mathrm{d}t}\right)$$

$$= -(L_1 + L_2 + 2M) \frac{\mathrm{d}I}{\mathrm{d}t}$$

得到

$$L = L_1 + L_2 + 2M$$

12.6 位移电流

在稳恒电流磁场部分，曾指出恒定电流总是闭合的，所以电流总会穿过以包围电流的闭合路径为边的任意形状的曲面。因此，只要闭合路径是确定的，安培环路定理与闭合路径所张的曲面的形状无关。

如果电流不是闭合的，如电容器充电时的电流，如图 12-17 所示。这时电流不是恒定的，安培环路定理是否还成立？选取一闭合路径 L 围绕导线，以 L 为边界作两个曲面 S_1 和 S_2，导线穿过 S_1 面。设电路上某一时刻的电流为 I，则由安培环路定理有

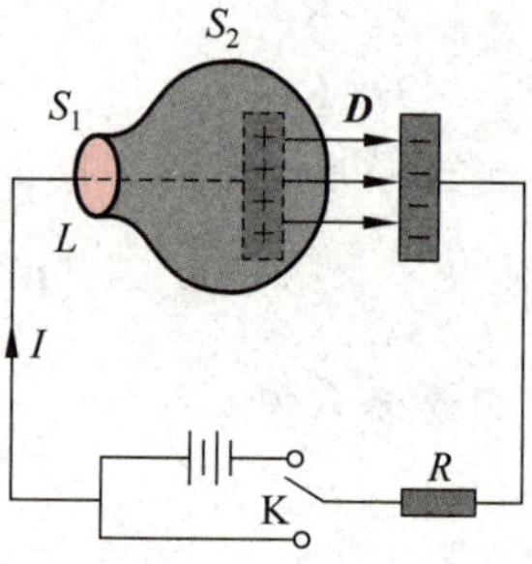

对于 S_1 面

$$\oint_L \boldsymbol{H} \cdot \mathrm{d}\boldsymbol{l} = \int_{S_1} \boldsymbol{j} \cdot \mathrm{d}\boldsymbol{S} = I$$

由于导线不穿过 S_2 面，所以穿过 S_2 面的电流为 0，即

对于 S_2 面

$$\oint_L \boldsymbol{H} \cdot \mathrm{d}\boldsymbol{l} = \int_{S_2} \boldsymbol{j} \cdot \mathrm{d}\boldsymbol{S} = 0$$

图 12-17 位移电流

由于沿闭合路径的环流只能有一个值，所以以上两个式子出现了矛盾的结果。其原因在于回路中的传导电流不连续，在电容器极板间中断。1861 年麦克斯韦注意到：此时电容器极板上面电荷密度 σ 随时间变化，板间的电场是变化的。他大胆地假设这变化的电场和磁场相联系，并给出变化的电场和磁场的定量关系

$$\oint_L \boldsymbol{H} \cdot \mathrm{d}\boldsymbol{l} = \frac{\mathrm{d}\Psi_D}{\mathrm{d}t} = \int_S \frac{\partial \boldsymbol{D}}{\partial t} \cdot \mathrm{d}\boldsymbol{S}$$

麦克斯韦引入了位移电流的概念，把 $\mathrm{d}\Psi_D/\mathrm{d}t$ 称为位移电流，把 $\mathrm{d}\boldsymbol{D}/\mathrm{d}t$ 称作位移电流的电流密度，令

$$I_\mathrm{d} = \frac{\mathrm{d}\Psi_D}{\mathrm{d}t} \tag{12-27}$$

$$j_d = \frac{\partial \boldsymbol{D}}{\partial t} \tag{12-28}$$

以上两式表明,位移电流是与电位移矢量的变化率相联系的,位移电流存在于变化的电场之中。麦克斯韦提出位移电流后,他又引出"全电流"的概念。通过导体某截面的全电流等于通过这一截面的传导电流 I_c 和位移电流 I_d 的代数和。即

$$I_{全} = I_c + I_d \tag{12-29}$$

这样,在整个电路中全电流总是连续的。同时,麦克斯韦还认为,磁场强度对任意闭合路径 L 的环路积分应取决于被该路径所包围的全电流,即

$$\oint_L \boldsymbol{H} \cdot d\boldsymbol{l} = \sum (I_c + I_d) = \int_S \left(j_c + \frac{\partial \boldsymbol{D}}{\partial t} \right) \cdot d\boldsymbol{S} \tag{12-30}$$

式中 S 为以 L 为边界的任意曲面,j_c 为传导电流密度。式(12-30)就是全电流的安培环路定理。上式表明,位移电流与传导电流在磁效应方面类似,即它们都按同一规律在空间激发涡旋磁场。但在其他方面它们存在着区别:位移电流是由变化的磁场激发的,传导电流是电荷的定向移动形成的,因此传导电流通过导体时会产生焦耳热,而位移电流在导体中则不产生这种热效应。

位移电流的引入,不仅使全电流成为连续的,而且深刻地揭示了电场和磁场的内在联系,反映了电磁现象的物理实质和对称性。变化的磁场能激发涡旋电场,而变化的电场也能激发涡旋磁场;前者符合左手螺旋定则,而后者符合右手螺旋定则,如图 12-18 所示。

既然变化的磁场会产生电场,而变化的电场又会产生磁场,这样只要在空间存在变化的磁场和变化的电场,那么即使空间没有电流和电荷,仍然会存在磁场和电场。这也意味着电场和磁场可以脱离电荷和电流而独立存在,它们在空间交替变化,互相联系,形成统一的电磁场。

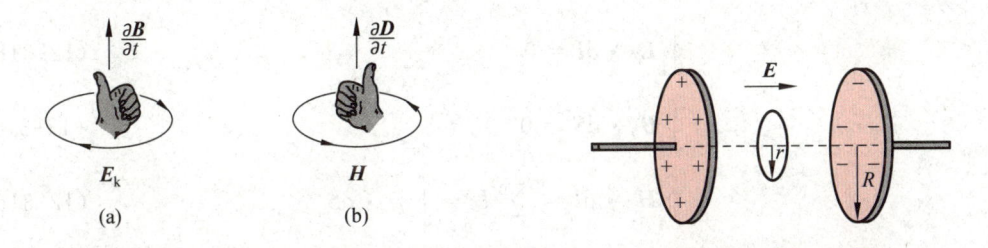

图 12-18 电磁场对称性
(a) 符合左手螺旋;(b) 符合右手螺旋

图 12-19 例 12-8 图

【例 12-8】 一平行板电容器,由两块半径均为 0.1 m 的圆形金属板构成,两极板分别与无限长直导线相连接,如图 12-19 所示。今以恒定速率充电使电容器两板间电场强度的变化率为 $dE/dt = 10^{12}$ V/(m·s)(忽略边缘效应)。试求:(1)电容器两板间的位移电流 I_d;(2)在两板间,距两板中心连线为 $r = 0.05$ m 处的磁感应强度 B_r。

解 (1) 取面法线方向和电位移矢量同方向

$$I_d = \int_S \frac{\partial \boldsymbol{D}}{\partial t} \cdot d\boldsymbol{S} = \frac{d}{dt} \int \boldsymbol{D} \cdot d\boldsymbol{S} = \frac{d}{dt} DS$$

$$= \frac{d}{dt}[\varepsilon_0 E \cdot \pi R^2] = \pi \varepsilon_0 R^2 \frac{dE}{dt} = 0.28 \text{(A)}$$

(2) 以半径为 r 与电容器同轴的圆作为积分路径,路径绕向与磁感应线同方向。利用安培环路定理

$$\oint_L \boldsymbol{H}_r \cdot \mathrm{d}\boldsymbol{l} = \int_S \frac{\partial \boldsymbol{D}}{\partial t} \cdot \mathrm{d}\boldsymbol{S}$$

得到

$$\frac{B_r}{\mu_0} \cdot 2\pi r = \varepsilon_0 \frac{\mathrm{d}E}{\mathrm{d}t} \cdot \pi r^2$$

$$B_r = \frac{\mu_0 \varepsilon_0}{2} r \frac{\mathrm{d}E}{\mathrm{d}t} = 2.8 \times 10^{-7} (\mathrm{T})$$

12.7 麦克斯韦方程组及电磁波

12.7.1 麦克斯韦电磁场基本理论

现在让我们简单回顾一下前面讲过的有关电、磁场的基本规律。为了便于识别,我们在静电场和静磁场的各场量符号右下角加"0";在由变化磁场(或变化电场)所激发的电场(或磁场)的各场量右下角加"k"。

(1) 有关静电场及静磁场的基本规律

$$\oint_S \boldsymbol{D}_0 \cdot \mathrm{d}\boldsymbol{S} = \sum q_i = \int_V \rho \mathrm{d}V \tag{12-31a}$$

$$\oint_L \boldsymbol{E}_0 \cdot \mathrm{d}\boldsymbol{l} = 0 \tag{12-31b}$$

$$\oint_S \boldsymbol{B}_0 \cdot \mathrm{d}\boldsymbol{S} = 0 \tag{12-31c}$$

$$\oint_L \boldsymbol{H}_0 \cdot \mathrm{d}\boldsymbol{l} = \sum I_c = \int_S \boldsymbol{j}_c \cdot \mathrm{d}\boldsymbol{S} \tag{12-31d}$$

(2) 变化磁场激发的电场及变化电场激发的磁场

$$\oint_S \boldsymbol{D}_k \cdot \mathrm{d}\boldsymbol{S} = 0 \tag{12-32a}$$

$$\oint_L \boldsymbol{E}_k \cdot \mathrm{d}\boldsymbol{l} = -\frac{\mathrm{d}\Psi_m}{\mathrm{d}t} = -\int_S \frac{\partial \boldsymbol{B}}{\partial t} \cdot \mathrm{d}\boldsymbol{S} \tag{12-32b}$$

$$\oint_S \boldsymbol{B}_k \cdot \mathrm{d}\boldsymbol{S} = 0 \tag{12-32c}$$

$$\oint_L \boldsymbol{H}_k \cdot \mathrm{d}\boldsymbol{l} = \sum I_d = \frac{\mathrm{d}\Psi_D}{\mathrm{d}t} = \iint \frac{\partial \boldsymbol{D}}{\partial t} \cdot \mathrm{d}\boldsymbol{S} \tag{12-32d}$$

在一般情况下,对于空间的总电场和总磁场应有

$$\boldsymbol{D} = \boldsymbol{D}_0 + \boldsymbol{D}_k \tag{12-33a}$$

$$\boldsymbol{E} = \boldsymbol{E}_0 + \boldsymbol{E}_k \tag{12-33b}$$

$$\boldsymbol{H} = \boldsymbol{H}_0 + \boldsymbol{H}_k \tag{12-33c}$$

$$B = B_0 + B_k \tag{12-33d}$$

这样就可把式(12-31)及式(12-32)中各式综合如下

$$\oint_S D \cdot dS = \sum q_i = \int_V \rho dV \tag{12-34a}$$

$$\oint_L E \cdot dl = -\frac{d\Psi_m}{dt} = -\int_S \frac{\partial B}{\partial t} \cdot dS \tag{12-34b}$$

$$\oint_S B \cdot dS = 0 \tag{12-34c}$$

$$\oint_L H \cdot dl = \sum I_c + \sum I_d = \iint \left(j_c + \frac{\partial D}{\partial t}\right) \cdot dS \tag{12-34d}$$

式(12-34)便是麦克斯韦方程组的积分形式。

根据数学上的高斯散度定理及斯托克斯旋度定理,可把式(12-34)化为微分形式

$$\nabla \cdot D = \rho \tag{12-35a}$$

$$\nabla \cdot B = 0 \tag{12-35b}$$

$$\nabla \times E = -\frac{\partial B}{\partial t} \tag{12-35c}$$

$$\nabla \times H = j_c + \frac{\partial D}{\partial t} \tag{12-35d}$$

式(12-35)就是麦克斯韦方程组的微分形式。

麦克斯韦方程组,既包括了实验规律的总结,也包括了麦克斯韦本人天才的假设与推广。它全面总结了电磁场的规律,奠定了解决现代电磁学、无线电电子学以及宏观电动力学中各种问题的基础。

借助于电磁场的概念与理论,我们可以认识到:电磁相互作用与粒子的电荷相关联,电场与磁场由电荷的位置及运动所决定,从而也与观察者和场源电荷的相对运动有关。

12.7.2 电磁波

麦克斯韦理论指出:如果空间某一区域有变化的电场(或磁场),必将在其周围激发变化的磁场(或电场)。如此交替产生、由近及远传播电磁场的过程,称为电磁波。图 12-20 就是电磁波产生和传播的示意图。麦克斯韦认为电磁波的传播速度和光速相同,把电磁波的领域拓展到光现象。他的理论预言在 20 年后被赫兹用实验验证,从而开始了无线电应用的时代。

电磁波具有下述的一般性质:

(1) 电磁波是横波,即电磁波中的电场 E 和磁场 B 的方向都和传播方向垂直。

(2) 在电磁波中电场矢量 E、磁场矢量 H 和传播方向 v 三者间两两垂直,形成右手螺旋关系。如图 12-20 所示。

平面简谐电磁波的表达式为

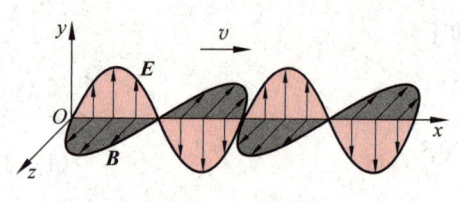

图 12-20 电磁波

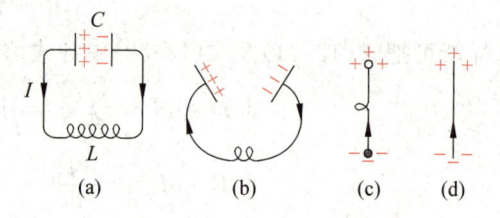

图 12-21 增高振荡电流的频率并开放电磁场

$$\begin{cases} E_x = E_0 \cos\left[\omega\left(t - \dfrac{z}{v}\right) + \varphi_E\right] \\ H_y = H_0 \cos\left[\omega\left(t - \dfrac{z}{v}\right) + \varphi_H\right] \end{cases} \quad (12\text{-}36)$$

电磁波的传播速度 $v = 1/\sqrt{\varepsilon_0 \varepsilon_r \mu_0 \mu_r} = c/\sqrt{\varepsilon_r \mu_r}$，其中真空中电磁波的传播速度为

$$c = \dfrac{1}{\sqrt{\varepsilon_0 \mu_0}} = 3 \times 10^8 \,(\text{m/s})$$

这结果与真空中测量得到的光速恰好相等，$1/\sqrt{\varepsilon_r \mu_r} = n$ 即介质的折射率，由介质的电磁特性决定。

在普通的振荡电路中，振荡电流的频率很低，电路的辐射功率很小，而且电场和磁场几乎都局限在电容器和自感线圈内，不利于电磁波的辐射。所以，要增大振荡电路的辐射功率，必须改变振荡电路的形状，一方面使振荡频率增高，另一方面使电场和磁场尽量向周围空间开放。在图 12-21(a)所示的振荡电路中，电场和磁场是被局限着的；现在我们把电容器 C 的两个极板间距离逐渐拉大，同时把自感线圈 L 逐渐拉开，直至变成一条直线，如图 12-21(b)、(c)、(d)所示。电路的振荡频率提高了，电场和磁场也向周围空间开放了，图中(d)所示直线形振荡电路就是一个振荡电偶极子。它能向周围空间更有效地辐射电磁波。

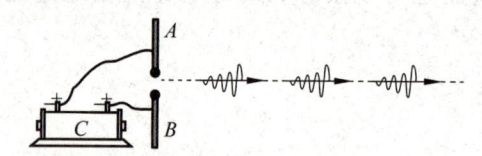

图 12-22 赫兹偶极子和感应圈以及所发射减幅振荡电磁波的示意图

1889 年，赫兹应用与上述相类似的振荡电偶极子产生了电磁波，用实验验证了电磁波的产生和传播。在图 12-22 中，A、B 是两条导线，中间留有一个小空隙，将 A、B 接在感应圈 C 的两个电极上，感应圈 C 间歇地在 A、B 之间产生很高的电势差，致使小间隙间的空气被击穿，击穿电流往复通过 A、B 而产生火花，A、B 就相当于一个振荡频率很高的振荡电偶极子，向外辐射频率很高的电磁波。图 12-22 的右侧所示的就是 A、B 向右发射的间断性减幅电磁波。赫兹的实验成功地演示了电磁波的发射与接收，验证了麦克斯韦理论的正确性。

电磁波的传播就是变化的电磁场的传播。由于电磁场具有能量，因此在电磁波的传播过程中就有能量的传播。

在电学、磁学中我们知道，电场、磁场能量密度分别是

$$\omega_e = \dfrac{1}{2}\varepsilon E^2, \quad \omega_m = \dfrac{1}{2}\mu H^2$$

这样，电磁场总能量密度是

$$\omega = \omega_e + \omega_m = \frac{1}{2}\varepsilon E^2 + \frac{1}{2}\mu H^2$$

由于能量密度是 E 和 H 的函数,因此,在各向同性的均匀介质中电磁场能量的传播(亦称辐射)速度就是电磁场的传播速度 v,能量辐射方向就是电磁波的传播方向。设 dA 为垂直电磁波传播方向的截面积,不考虑介质的吸收,在时间 dt 内通过 dA 面积的辐射能量 $\omega dA \cdot v dt$,那么单位时间通过垂直传播方向上单位面积的辐射能量——电磁波的能流密度

$$S = \frac{\omega dA \cdot v dt}{dA \cdot dt} = \omega v = \frac{v}{2}(\varepsilon E^2 + \mu H^2)$$

把 $v = 1/\sqrt{\varepsilon\mu}$,$\sqrt{\varepsilon}E = \sqrt{\mu}H$ 代入上式,得

$$S = EH \tag{12-37}$$

由上节知道,E、H 和传播方向三者成右旋系统,所以 S 可用矢量表示为

$$\boldsymbol{S} = \boldsymbol{E} \times \boldsymbol{B} \tag{12-38}$$

S 称为辐射能矢量,常称为坡印亭矢量。

可以证明:振荡电偶极子在单位时间内辐射出去的能量——辐射功率,与振荡电偶极子振幅的平方、频率的四次方成正比,即辐射功率随频率的升高而迅速增大。正因为此,普通发电厂送出的交流电的频率只有 50 Hz,因此,输电电路辐射的电磁波可以忽略不计。事实上,只有频率在 10^5 Hz 以上(通常无线电使用的频率)时,才有显著的辐射。因此,在辐射电磁波时,必须设法提高其频率。

专题 E

巨磁电阻效应

2007 年 10 月,科学界的最高盛典——瑞典皇家科学院颁发的诺贝尔奖揭晓,法国科学家阿尔贝·费尔和德国科学家彼得·格林贝格尔因分别独立发现巨磁电阻效应(Giant Magnetoresistance,GMR)共同获得 2007 年诺贝尔物理学奖。瑞典皇家科学院评价说,基于"巨磁电阻效应"开发的"用于读取硬盘数据的技术",被认为是"前途广阔的纳米技术领域的首批实际应用之一"。那么,什么是巨磁电阻效应呢?

1. 巨磁电阻效应的基本原理

很早以前人们就发现一些导体、半导体材料,在磁场作用下呈现出一种磁电效应,即在磁场较低时电阻随磁场呈线性增加,而在强磁场作用下电阻则快速增长,即所谓传统意义下的磁电阻效应。"巨磁电阻效应"与传统意义上的磁电阻效应有着很大不同。巨磁电阻效应是指材料在一个微弱的磁场变化下产生很大电阻变化的物理现象。巨磁电阻效应是在由铁磁和非磁金属材料重复堆叠而成的磁性多层膜中发现的,其中每一层的厚度只有几个原子层。1986 年 Brunberg 研究组首先观察到了这一效应,1988 年 Baibich 等在 Fe/Cr 多层膜中系统研究和观察了巨磁电阻效应,这在国际上引起了很大的反响,此后对此效应很多人又进行了大量研究。图 E-1 给出了 Fe/Cr 多层膜巨磁电阻效应的实验结果。图中曲线 1、2、3 分别表示不同薄膜厚度的铁/铬多层膜在不同磁场下的电阻变化。铁膜厚度均为 3 nm,铬

膜厚度分别为 1.8 nm、1.2 nm、0.9 nm 时，随着铬膜厚度的减小，磁电阻变化越大。从中也可看到薄膜厚度必须控制在纳米量级。这对纳米薄膜制备技术及纳米薄膜测量技术都具有极高的要求。20 世纪 90 年代以来，人们在 Fe/Cu，Fe/Al，Fe/Au，Co/Cu，Co/Ag 和 Co/Au 等纳米结构的多层膜中也相继观察到了显著的巨磁电阻效应。

  巨磁电阻的基本原理可以用图 E-2 给以简要说明。美国加州大学 M. A. Ruderman 和 Charles Kittel, Kei Yosida 以及日本的 Taduya Kasuya 相继提出了在这种多层薄膜结构中存在着相邻膜层磁性原子之间的自旋相互作用（也称为耦合），这种相互作用可以是（核自旋-核自旋）、（电子自旋-电子自旋）和（核自旋-电子自旋）之间的相互作用，而它们之间的相互作用是通过自由电子间接实现相互耦合。这种耦合作用称之为 RKKY 耦合。RKKY 耦合的结果就形成了相邻两层铁膜自发反向磁化（antiferromagnetic）。而具有不同自旋方向的自由电子在这种膜层结构中运动时，存在着差异自旋散射（differential spin scattering），电子自旋方向与介质磁化方向不同的电子，在介质中传输时具有较小自由程，即导致电子在传输中的散射，如图 E-2(a) 所示。因此在无外加磁场情况下，电子很难能通过这种多层膜。如果对这一多层膜施加一磁场，使多层膜中铁磁介质磁化，如图 E-2(b) 所示，自由电子自旋方向与介质磁化方向相同的电子在介质中传输时则不易被散射而可自由传输，即多层膜将会由于外加磁场而使其电阻大大减小。呈现出所谓"巨磁电阻效应"。而这种差异自旋散射是由磁介质的自旋电子态分布情况所决定的。

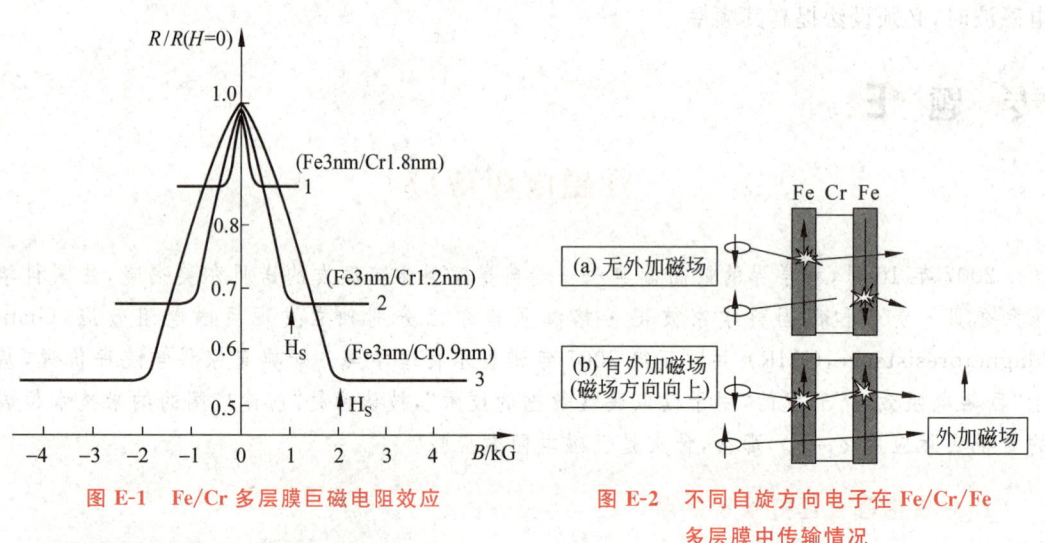

图 E-1 Fe/Cr 多层膜巨磁电阻效应

图 E-2 不同自旋方向电子在 Fe/Cr/Fe 多层膜中传输情况

  从物理学的角度看，巨磁电阻效应的一个重要贡献在于电子的第二特征"自旋特征"被首次研究利用到实际产品如硬盘磁头等产品中，电子的第一个特性是大家熟知的"电荷特征"。在研究巨磁电阻效应的过程中，迅速发展起来一门新兴的学科——自旋电子学（Spintronics）。自旋电子学包括磁电子学与半导体自旋电子学两个方面。20 世纪人类最伟大的成就是微电子工业的崛起，但从物理的观点来看，它仅仅是利用了电子具有电荷这一特性。众所周知，电子不仅具有电荷，同时又具有自旋。以往这 2 个自由度分别在电子学与磁学这两个领域各显身手，而在磁电子学中这两个自由度同时发挥了作用。磁电子学所涉及的主要是与自旋相关的输运性质，或磁输运性质（magnetic transport）。自旋极化是磁输运的核心,磁电子学与传统的电子学或微电子学的主要区别,在于传统的电子学是用电场控制载流子电荷的运动,而磁电子学是用磁场控制载流子自旋的运动。半导体自旋电子学则研究如何利用半导体的载流子电荷与自旋这两个自由度,既用电场又用磁场来控制载流子的输运。原来分开的电子学和磁学重新走到一起,并在纳米尺度的微电子世界中占据主导地位。

2. 巨磁电阻效应的主要应用

(1) 磁记录的读出磁头

计算机硬盘是利用磁介质来存储信息的,在硬盘上两种不同方向弱磁场的作用下,磁头的磁性层磁矩随磁场的方向不同而转动,从而出现低的或高的电阻态。它对应于二进制信息"0"或"1",从而完成读出信息的功能。最早的磁头是采用锰铁磁体制成的,随着信息技术发展,对存储容量的要求不断提高,这类磁头难以满足实际需求。因为使用这种磁头,磁致电阻的变化仅为1%～2%之间,读取数据要求一定强度的磁场,且磁道密度不能太大,因此使用传统磁头的硬盘最大容量只能达到每平方英寸 20 MB。人们一直寻求不断缩小硬盘体积同时提高硬盘容量的技术。当硬盘体积不断变小,容量却不断变大时,势必要求磁盘上每一个被划分出来的独立区域越来越小,这些区域所记录的磁信号也就越来越弱。借助"巨磁电阻"效应,人们得以制造出更加灵敏的数据读出头,使越来越弱的磁信号依然能够被清晰读出。

GMR 效应发现后不久,第一个商品化的 GMR 自旋阀硬盘读出磁头就问世了。根据这一效应开发的小型大容量硬盘已得到广泛应用。一台 1954 年的体积占满整间屋子的计算机其容量还不如一个如今非常普通、手掌般大小的硬盘。目前所有的微机中磁盘的读出磁头均已采用 GMR 效应磁头,存储密度目前已达 150 GB/in^2,50 多年来磁记录密度增加 10^7 倍,其产值已达 350 亿美元。

(2) GMR 随机存储器 MRAM

近几年来,非易失性的磁电阻随机存储器(MRAM)在迅速发展。2004 年 6 月在夏威夷举行的 VLSI 电路研讨会上,英飞凌(infineon)和 IBM,展示了它们共同开发出的世界第一块 16 Mbit 的 MRAM 内存原型产品。MRAM 内存可以在没有电源供应的情况下保留现有数据,类似于现在使用的硬盘。MRAM 读取信息时间比硬盘快 1 万倍,存储时功耗又大大低于目前的静态随机存储器(DRAM)产品,而 MRAM 的存取速度又可以达到很高。此次展示的 16 Mbit 产品在存取速度上就可以达到目前闪存芯片(使用在闪存盘、手机或数码相机中的产品)的 1000 倍。今后的 MRAM 存取速度有可能达到闪存的 100 万倍。由于 GMR 效应原理,它可以进一步减小每位体积,而不影响读出灵敏度。因而可以进一步提高存储密度和实现快速存取,这将引起计算机内存储的一场革命。

(3) GMR 磁传感器

巨磁电阻材料可以做成各种高灵敏度传感器。它可以对微弱磁场信号进行传感。由于体积小、可靠性高,在自动化技术、家用电器、卫星定位、导航系统等领域以及测量技术中有着广泛的应用前景。

专题 F

等 离 子 体

1. 概述

在日常生活中,我们会遇到各种各样的物质。根据它们的形态,可以分为三大类,即固态、液态和气态。例如钢铁是固态,水是液态,而氧气是气态。任何一种物质,在一定条件下都能在这三种形态之间转变。

如果对气体持续加温,又会怎样变化呢?这时分子分解成独立的原子,如氮分子(N_2)会分解成两个氮原子(N),这种过程称为气体分子的离解。如果再进一步升高温度,原子中的电子就会从原子中剥离出来,成为带正电荷的原子核(称为离子)和带负电荷的电子,这个过程称为原子的电离。当这种电离过程频繁发生,使电子和带电离子的浓度达到一定的数值时,物质形态也就起了根本的变化,形成了由离子、电子和中性粒子组成的气体。这种形态被认为是不同于固态、液态、气态的物质的第四态,被称为等离子态。等离子体与气体的性质差异很大,等离子体中起主导作用的是长程的库仑力,而且电子的质量很小,可以自由运动,因此等离子体中存在显著的集体过程,如振荡与波动行为。

19世纪30年代英国的M.法拉第以及其后的J.J.汤姆孙、J.S.E.汤森德等人相继研究气体放电现象,这实际上是等离子体实验研究的起步时期。1879年英国的W.克鲁克斯采用"物质第四态"这个名词来描述气体放电管中的电离气体的形态。美国的I.朗缪尔和汤克斯在1928年首先引入等离子体(plasma)这个名词,等离子体物理学才正式问世。

2. 等离子体的分类

等离子体是由部分电子被剥夺后的原子、原子被电离后产生的负电子以及未电离的中性粒子组成的离子化、不带电,整体呈中性的气体状物质,因为其中离子互不干扰,就像一团浆糊,又称之为电浆。等离子体也可以称为正离子和电子的密度大致相等的电离气体。一个等离子体包括大量的离子和电子,因而是电的最佳导体,而且它易于受到磁场的影响。

等离子体按所形成的温度可分为两类。

(1) 高温等离子体:高温等离子体是完全电离的核聚变等离子体,温度高达10^8K数量级。高温等离子体通常由核聚变反应发生时产生。太阳和恒星不断地发出这种等离子体,构成了宇宙物质的99%。在宇宙中,等离子体是物质最主要的正常状态。宇宙研究、宇宙开发以及卫星、宇航、能源等新技术将随着等离子体的研究而进入新时代。

(2) 低温等离子体:低温等离子体是指体系温度从室温至几千度的等离子体。通常由气体放电或其他热、光激发方式产生。低温等离子体又可分为热等离子体(如弧光放电和高温燃烧等离子体)和冷等离子体两大类。低温等离子体可以被用于氧化、变性等表面处理或者在有机物和无机物上进行沉淀涂层处理。现在低温等离子体已广泛运用于多种生产领域,例如等离子电视、婴儿尿布表面防水涂层,增加啤酒瓶阻隔性。更重要的是在计算机芯片中的蚀刻运用,让网络时代成为现实。

等离子体按所处的状态分成两类。

(1) 平衡等离子体：气体压力较高，电子温度与离子温度大致相等的等离子体。如常压下的电弧放电等离子体和高频感应等离子体。

(2) 非平衡等离子体：低气压下或常压下，电子温度远远大于离子温度的等离子体。如低气压下 DC 辉光放电和高频感应辉光放电，大气压下 DBD 介质阻挡放电等产生的冷等离子体。

3. 等离子体的应用

等离子体是一种很好的导电体，利用经过巧妙设计的磁场可以捕捉、移动和加速等离子体。等离子体物理的发展为材料、能源、信息、环境空间、空间物理、地球物理等科学的进一步发展提供了新的技术和工艺。

(1) 等离子体平板电视

等离子彩电(plasma display panel,PDP)采用了等离子管作为发光元件，在两张薄玻璃板之间充填混合气体，施加电压使之产生离子气体，然后使等离子气体放电，与基板中的荧光体发生反应，产生彩色影像。等离子的发光原理是在真空玻璃管中注入惰性气体或水银蒸气，加电压之后，使气体产生等离子效应，放出紫外线，激发荧光粉而产生可见光，利用激发时间的长短来产生不同的亮度。等离子显示屏中，每一个像素都是三个不同颜色(三原色)的等离子发光体所产生的。由于它是每个独立的发光体在同一时间一次点亮的，所以特别清晰鲜明。等离子显示屏的使用寿命约 5 万～6 万小时，会随着使用的时间，其亮度会衰退。

近几年来等离子平面屏幕技术支持下的 PDP 真可谓是如日中天，它是未来真正平面电视的最佳候选者。其实等离子显示技术并非近年才有的新技术，早在 1964 年美国伊利诺伊大学两位教授 Donald L. Bitzer 及 H. Gene Slottow 就成功研制出了等离子显示平板，但那时等离子显示器为单色，通常是橙色或绿色。现在等离子平面屏幕技术为最新技术，而且它是高质图像和大纯平屏幕的最佳选择。不同于液晶或投影式的发光原理，等离子显示屏的每个像素都能够自己发光(主动性自发光)，因此呈现较柔和的画面，并且可到达 170°左右的视角。除此之外，每个像素的反应时间短、色彩饱和度高、适合往大尺寸发展。等离子电视也是目前在整体画质表现上非常接近并可超越映像管电视的新技术。此外，无辐射特性及不受外界磁性干扰特性，非常有利于家庭观赏或剧院喇叭邻近设置。PDP 发光不需要背景光源，没有视角和亮度均匀性问题，也就可以实现较高的亮度和对比度，而三基色共用同一个等离子管的设计也使其避免了聚焦和汇聚问题，能使得显示图像变得非常清晰。

(2) 等离子体冶炼

等离子的高温可以用于冶炼用普通方法难于冶炼高熔点的材料，例如锆(Zr)、钛(Ti)、钽(Ta)、铌(Nb)、钒(V)、钨(W)等金属；还可用于简化工艺过程，例如直接从 $ZrCl$、MoS、TaO 和 $TiCl$ 中分别获得 Zr、Mo、Ta 和 Ti；用等离子体熔化快速固化法可开发硬的高熔点粉末，如碳化 W-Co、Mo-Co、Mo-Ti-Zr-C 等粉末。等离子体冶炼的优点是产品成分及微结构的一致性好，可免除容器材料的污染。

(3) 等离子体喷涂

等离子体喷涂涂层在耐磨、耐蚀、耐高温等方面得到了广泛的应用并不断在材料、工艺等方面得到改进。例如许多设备的部件应能耐磨耐腐蚀、抗高温，为此需要在其表面喷涂一层具有特殊性能的材料。用等离子体沉积快速固化法可将特种材料粉末喷入热等离子体中熔化，并喷涂到基体(部件)上，使之迅速冷却、固化，形成接近网状结构的表层，这可大大提高喷涂质量。

一些特殊的化学元素形成一个摄氏几万度的低温等离子体，这时，物质间会发生特殊的化学反应，因此可用来研制新的材料。如在钻头等工具上涂上一层薄薄的钛来提高工具的强度、制造太阳能电池、在飞机的表面上涂一层专门吸收雷达波的材料可躲避雷达的跟踪（即隐形飞机）……这些被称为等离子体薄膜技术。

(4) 等离子体焊接

可用以焊接钢、合金钢、铝、铜、钛等及其合金。特点是焊缝平整，可以再加工，没有氧化物杂质，焊接速度快。用于切割钢、铝及其合金，切割厚度大。

(5) 等离子体刻蚀

在半导体制造技术中，等离子体刻蚀是干法刻蚀中最常见的一种方法，等离子体产生的带能粒子（轰击的正离子）在强电场下，朝硅片表面加速，这些例子通过溅射刻蚀作用去除未被保护的硅片表面材料，从而完成一部分的硅刻蚀。

(6) 等离子体隐身

在军事应用于飞行器的隐身。20世纪60年代以来，美国和前苏联等军事强国就已开始研究等离子体吸收电磁波的性能。80年代初，前苏联最早开始进行等离子体实验，重点是等离子体在高空超音速飞行器上的潜在应用。90年代初，美国休斯实验室开展的一项为期两年、投资65万美元的实验表明，应用等离子体技术，可使一个130毫米长微波反射器的雷达回波信号强度减少到原来的1‰。1997年，美国海军委托田纳西大学等单位发展等离子体隐身天线，其原理是：将等离子体放电管作为天线元件，当放电管通电时就成为导体，可正常发射和接收无线电信号；当断电时就成为绝缘体，基本上不反射敌方雷达辐射的电磁探测信号。初步的演示结果已经显示了这种天线正常的发射/接收功能和良好的隐身性能。近年来，等离子体隐身技术在俄罗斯取得了突破性的进展，其研究成果明显领先于美国，据报道，俄罗斯克尔德什研究中心已经开发出第一代和第二代等离子体发生器，该研究所在地面模拟设备和自然条件下以及飞机上的试验已经充分地证明了这种隐身技术的实用性。

涂抹放射性同位素虽然可以实现飞机某些强散射部位（如进气道内腔等处）的隐身，但是其剂量难以控制。其生产、使用和维护的代价极为高昂，后勤维护也非常困难，其放射性还会给周围人员带来伤害。而更重要的问题是，放射性同位素产生的等离子体层较薄，产生速率较低。造成电子密度不够高，无法满足飞机对宽频段、大面积以及全方位的隐身需求。

近年来，国内有关研究单位提出了将高气压强电离气体放电方式产生的非平衡冷等离子体用于隐身。并展开了相应的研究，认为利用强电离气体放电方法产生非平衡冷等离子体的实用型等离子体发生器，可望解决当前等离子体隐身技术普遍存在的一些主要问题。

虽然现阶段等离子体隐身技术还不是一项成熟实用的技术，但是，我国在高气压强电离气体放电方式制备等离子体方面的开创性研究为等离子体隐身的研究指明了一个崭新的可行的方向，也提供了诱人的等离子体隐身技术实用化前景。相信今后在我国科技人员的参与下，国际上对于等离子体隐身技术的研究必将迎来一个加速发展，快速突破的时代。

(7) 等离子武器

等离子武器主要由超高频电磁波束发生器、导向天线和大功率电源等组成。它集雷达搜索、发现目标和打击目标于一身，极大地简化了攻击过程，等离子武器辐射的电磁波束并不聚焦在目标上，而是聚焦在目标的前方和两侧；不是用极高的能量将目标烧毁，而是以电磁波束设下"陷阱"，以破坏飞行器的飞行环境来打击目标。另外，由于等离子武器辐射的电磁波束是以光速传播的,导弹弹头的飞行速度不过 8 km/s,最多 15 km/s,对于等离子武器辐射的电磁波束而言,相当于"慢镜头"动作或静止不动的目标,攻击非常容易。等离子武器可在瞬间打击各种空中目标,对于真假目标能够一并摧毁,可有效地对付来自太空和高、中、低空大气层内的各种飞机、导弹的袭击。随着科学技术的发展,等离子武器在 21 世纪必将作为空中目标的新杀手而登上未来战争舞台,并将发挥重要作用。

(8) 等离子体核聚变

高温等离子体和受控热核聚变反应关系密切。如果用物质中最轻的元素,如氢的同位素氘,形成一个摄氏几千万度的高温等离子体,那么,这些原子核会发生核反应。结果会放出巨大的能量,科学家称它为热核聚变反应。氢弹就是这样一个爆炸性的热核聚变反应。但人类希望有一个慢慢放出能量并可以发电的热核聚变反应,建造一个"人造小太阳",然而,这个目标至今尚未实现。

习 题

12-1 有一螺线管,每米有 800 匝,在其中心放置一绕有 30 圈的半径为 1 cm 的圆形小回路,在 0.01 s 时间内,螺线管中产生 5 A 的电流。问小回路中,感应产生的感生电动势为多少?

12-2 如图所示,一长直导线通有电流 $I=5.0$ A,在与其相距 $d=5.0$ cm 处放有一矩形线圈,共 1000 匝,线圈以速度 $v=3.0$ cm/s 沿垂直于长导线的方向向右运动,线圈中的动生电动势是多少?(设线圈长 $l=20$ cm,宽 $a=2.0$ cm)

12-3 若上题的线圈不动,而长直导线通有交变电流 $i=5\cos(50\pi t)$ A,线圈中的感生电动势是多少?

12-4 如图所示,通过回路的磁感应强度与线圈平面垂直,设磁通量依如下关系变化 $\Psi_m = 6t^2+7t+1$。式中 Ψ_m 的单位为 Wb,t 的单位为 s。问:

(1) 当 $t=2$ s 时,在回路中的感生电动势的大小?

(2) 电阻 R 上的电流方向如何?

12-5 一无限长竖直导线上通有稳定电流 I,电流方向向上,导线旁有一金属棒与导线共面、长度为 L,绕其一端 O 在该平面内顺时针匀速转动,如图。转动角速度为 ω,O 点到导线的垂直距离为 $r_0(r_0 > L)$。试求金属棒转到水平面成 θ 角时,棒内感应电动势的大小和方向。

习题 12-2 图   习题 12-4 图   习题 12-5 图

12-6 如图所示,在通有电流 $I=5$ A 的长直导线旁有一导线段 ab,长 $l=20$ cm,离长直导线距离 $d=10$ cm。当它沿平行于长直导线的方向以速度 $v=10$ m/s 平移时,导线段中的感应电动势多大？a,b 哪端的电势高？

12-7 为了探测海洋中水的运动,海洋学家有时依靠水流通过地磁场所产生的动生电动势。假设在某处的磁场的竖直分量为 0.7×10^{-4} T,两个电极沿垂直于水流方向相距 200 m 插入被测的水流中,如果与两极相连的灵敏伏特计 7×10^{-3} V 的电势差,求水流速率多大。

12-8 电子加速器中的磁场在直径为 0.5 m 的圆柱形区域内近似认为是匀强的,磁场的变化率为 1.0×10^{-2} T/s,试计算离开中心距离为 0.10 m、0.50 m、1.0 m 处各点的电场。

12-9 在半径为 R 的圆柱体内,充满磁感应强度为 B 的匀强磁场,有一长为 l 的金属棒放在磁场中,如图所示。设沿垂直于纸面方向变化的 dB/dt 为已知,求棒两端的感生电动势。若 $dB/dt>0$,则哪一端电势较高？

12-10 半径为 a 的细长螺线管内有 $dB/dt>0$ 的均匀磁场,一直导线弯成等腰梯形闭合回路如图放置。已知梯形上底长 a,下底长 $2a$,求各边产生的感应电动势和回路中总电动势。

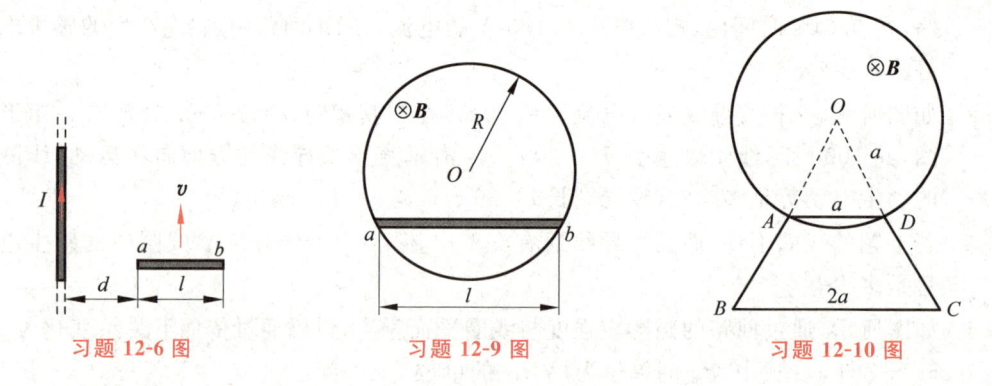

习题 12-6 图　　习题 12-9 图　　习题 12-10 图

12-11 一截面为长方形的环式螺线管,其尺寸如图所示。共有 N 匝,求此螺线管的自感系数。

12-12 如图所示,一根长直导线与一等边三角形线圈 ABC 共面放置,三角形高为 h,AB 边平行于直导线,且与直导线的距离为 b,三角形线圈中通有电流 $I=I_0\cos\omega t$,电流 I 的方向如箭头所示,求导线中的感应电动势。

12-13 在半径为 R 的圆柱空间,有均匀磁场 B,一金属放置如图所示,设 dB/dt 已知,求棒两端的感应电动势。

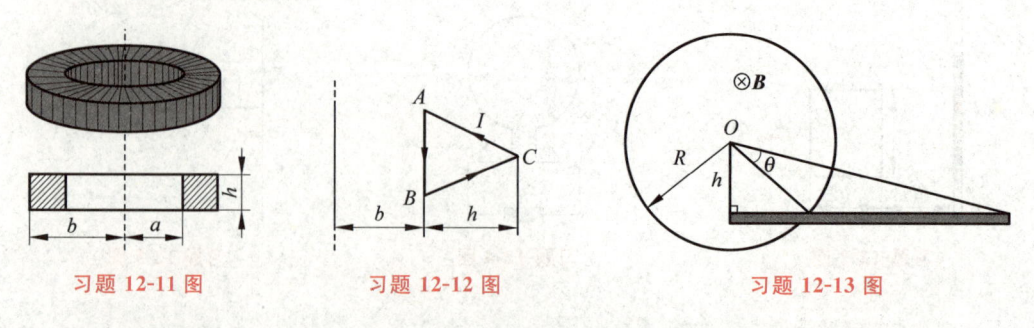

习题 12-11 图　　习题 12-12 图　　习题 12-13 图

12-14 在玻尔氢原子模型中，电子绕原子核作圆周运动，轨道半径为 5.3×10^{-11} m，频率 $f=6.8\times 10^{15}\,\text{s}^{-1}$，问该轨道中心磁场能量密度为多少？

12-15 一圆形线圈 a 由 50 匝细线绕成，截面积为 4 cm²，放在另一个匝数等于 100 匝，半径为 20 cm 的圆形线圈 b 的中心，两线圈同轴，求：
(1) 两线圈的互感系数；
(2) 当线圈 b 中的电流以 50 A·s⁻¹ 的变化率减小时，线圈 a 的磁通链的变化率；
(3) 线圈 a 中的感生电动势。

12-16 两根平行长直导线横截面半径都是 a，中心轴相距为 d，两直导线属于同一回路。设电流均匀通过导线截面且不计导线中磁通量，求这一对导线中长为 l 的一段的自感大小。

12-17 一根电缆由半径 R_1 和 R_2 的两个薄筒形导体组成，在两圆筒中间填充磁导率为 μ 的匀磁介质。电缆内层导体通电流 I，外层导体作为电流返回路径，如图所示，求长度为 l 的一段电缆内的磁场储存的能量。

12-18 实验室中一般可获得的强磁场约为 2.0 T，强电场约为 1×10^6 V/m。求相应的磁场能量密度和电场能量密度多大？哪种场更有利于储存能量？

12-19 设空气平行板电容器内交变电场强度 $E=720\sin 10^5\pi t\,(\text{V}\cdot\text{m}^{-1})$，求：
(1) 电容器中位移电流密度的大小；
(2) 电容器内到两板中心连线距离 $r=10^{-2}$ m 处磁场强度峰值。（不计传导电流的磁场）

12-20 收音机内有一自感 $L=260\times 10^{-6}$ H，要使收音机接收到的无线电波的波长在 200～600 m 的广播信号，问电容器电容应在什么范围变动？

12-21 如图所示，一平面电磁波在真空中传播，设某点电场强度为

$$E_y = 900\cos\left(2\pi\nu t + \frac{\pi}{6}\right)\text{V}\cdot\text{m}^{-1}$$

求：(1) 同一点的磁场强度表达式；(2) 在该点前方 a m 和后方 a m（均沿 x 轴），电场强度和磁场强度的表达式。

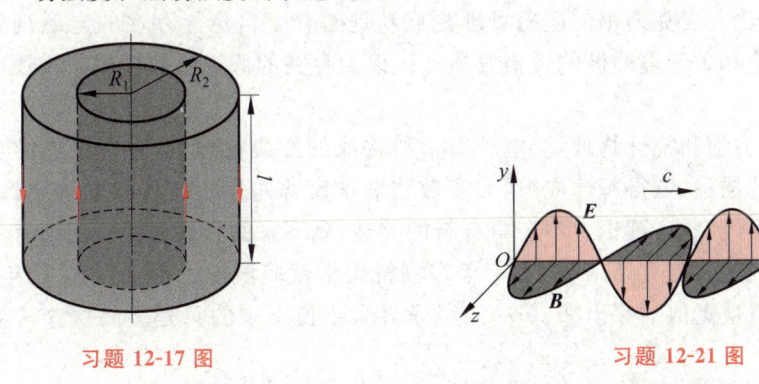

习题 12-17 图

习题 12-21 图

12-22 一个 He-Ne 激光管，发射激光功率 10 mW，设激光束为圆柱形，直径为 2 mm，试求激光的最大电场强度 E_0 和磁场强度 H_0。

第 13 章 量子物理基础

  首先回顾一下 19 世纪末的经典物理理论体系,经典物理学包括牛顿力学、热力学与统计物理学、电动力学。

  牛顿力学描述宇宙中宏观物体机械运动的普遍规律,这一理论体系可归结为牛顿提出的三条运动定律。无论是各种星体,包括恒星、行星、卫星,还是地球上的各种物体,它们的运动无一不服从牛顿运动定律。到了 19 世纪末,牛顿力学发展到登峰造极的地步,海王星的发现就是一个最好的见证。早在 19 世纪上半叶,人们发现天王星的运动与牛顿运动定律不符。1846 年,亚当斯等人根据他们基于牛顿运动定律的计算结果提出:如果假定在天王星外面的某一轨道上有一颗一定质量的行星存在,就能解释天王星的运动,并预言可能位于摩羯星座 δ 星东方大约 5°的地方,并以每天 69″的速度后退。1846 年 9 月 23 日晚上,德国天文学家加勒果然在那里发现一颗新星,这就是人们称之为笔尖下的新星——海王星。这一事实无可争辩地说明牛顿力学的巨大成功。

  19 世纪末,关于热现象的理论也形成了一个完整的体系,这就是热力学与统计物理学。热力学是关于热现象的宏观理论,根据热力学的基本定律,进行演绎推理解释各种物质体系的热平衡性质;而统计物理学是关于热现象的微观理论,从物质是由大量的分子和原子组成这一事实出发,认为热现象的宏观性质是微观量的统计平均,成功地解释了各种体系的热学性质。

  1864 年,麦克斯韦将库仑、安培、法拉第等前人关于电磁现象的实验定律归纳成四个方程,建立了电磁场理论。麦克斯韦的电磁场理论成功地解释了自然界存在的电磁现象。麦克斯韦的电磁场理论和关于电磁波的传播媒质——以太存在的假说一起构成了描述电磁现象的完整理论体系。

  由牛顿力学、热力学和统计物理学、电动力学所构成的经典物理学,对自然界的众多现象给出了令人满意的描述,取得辉煌成绩,大多数物理学家普遍存在一种乐观情绪,认为对自然界的最终描述已经完成,理论上不会再有新的突破,剩下来的只是如何运用现有的理论把结果测量得更精确些。麦克斯韦于 1871 年在剑桥大学就职演说中提到:"在几年中,所有重要的物理常数将被近似估算出来,……给科学界人士留下来的只是提高这些常数的观察值的精度。"

  在充满喜悦的气氛中,一些敏锐的物理学家已逐渐认识到经典物理学中潜伏的危机。20 世纪伊始,开尔文勋爵就指出:经典物理学的上空悬浮着两朵乌云,第一朵乌云涉及电动力学中的"以太",当时人们认为电磁场的传播依托于一种固态介质,即"以太"。但是,为什么天体能无摩擦地穿行于"以太"之中?为什么人们无法通过实验测出"以太"本身的运动速度？第二朵乌云涉及黑体辐射实验,人们无法用经典物理学理论对其作出解释。而最终驱散这"两朵乌云"的过程也就是奠定现代科学基础的过程：其一是爱因斯坦的相对论,其二就是普朗克所奠定的量子力学,这两项成就成为20世纪现代文明的基石,并直接催生了信息技术与信息革命,创造了原子弹、核武器,推动了核技术的发展并掀起了整个现代技术的革命。

相对论和量子力学是20世纪物理学的两个主要进展,对现代物理学和人类物质文明的影响来说,后者甚至超过前者。物质结构这个重要的课题,只有在量子力学的基础上才能原则上得以解决,没有哪一门现代物理学的分支以及有关的边缘学科能够离开量子力学这个基础。

相对论的创建人爱因斯坦的名字已经家喻户晓,他的事迹被当成神话在大众广泛流传,但量子物理学家的名字,基本上只有科学界人士才知道,他们的成就对于广大群众来说还是陌生的。对量子物理学家缺乏广泛了解的重要原因之一,也许是量子理论不是由一个物理学家所创立,而是许多物理学家共同努力的结晶。20世纪量子物理学所碰到的问题是如此复杂和困难,以致没有可能期待一个物理学家能一手把它发展成一个完整的理论体系。在这个征途中闪烁着普朗克、爱因斯坦、玻尔、海森伯、德布罗意、薛定谔、波恩、泡利、狄拉克等光辉的名字,量子力学的建立标志着物理学研究工作一次集体的胜利。

13.1　经典物理的困难

经典物理给我们提供了两个运动特征不相容的两类物理体系：实物粒子、相互作用场(波)。

实物粒子的运动特征是"定域"(集中、单个交换能量和动量)。经典粒子可以同时具有确定的坐标和动量,遵循牛顿力学规律,在运动中具有确定的轨道,其能量和动量集中在粒子限度的空间小区域内,当与其他物理系统相互作用时,单个交换传递能量和动量,其典型例子是粒子的碰撞。

相互作用场(波)的运动特征是："非定域"(广延、连续交换能量和动量)。波是采用振幅、相位、波长、能量和动量密度来描述其运动状态的,波遵循经典波动方程,满足叠加原理,其能量和动量周期性地分布在波传播的空间,其分布在空间是广延的而不是集中在定域的一点上,当与其他物理系统相互作用时,可以同时与波所存在的空间内所有物理体系相互作用,能量也可以连续改变和交换,其典型例子是波的干涉和衍射。

这两类物理系统各为一类宏观体系所呈现,反映着两类对象、两种现象、两种物质的运动形态,其运动特征是不相容的,即具有粒子性运动的物质不会具有波动性;反之具有波动性运动的物质不会具有粒子性。

经典物理的这两个概念在解析一些微观领域的物理现象时遇到以下三个方面的问题：①经典物理关于热辐射的能量连续变化的概念不能解释黑体辐射的能谱；②光的波动说不能解释类似光电效应这类光与物质相互作用的问题；③经典物理学不能给出原子的稳定结构,也不能说明原子光谱的规律。

13.1.1　黑体辐射

众所周知,灼热的物体能够发光,不同温度的物体发出不同频率的光。例如,一个10 W

的白炽灯泡发光时,钨丝的温度可达 2130℃,灯光发黄,光线中长波(低频)光成分较多;一个 100 W 灯泡的钨丝发光时,温度可达到 2580℃ 的高温,灯光发白,光线中的短波成分较多。由此可见,发光体的温度越高,辐射光的频率也越高(波长越短)。这些物体发光是由于物体中的原子、分子的热振动引起的。温度越高,原子、分子的振动频率越高,发射光的频率也就越高。物体的这种发光过程叫做热辐射。

我们也知道,并不是所有的发光过程都是热辐射。例如,日光灯、激光、发光二极管(LED)等的发光过程并不是热辐射。这些光的波长与发光体的温度没有直接关系。日光灯虽然发出耀眼的光,但灯管的温度并不高。这些发光过程是由于原子内部电子的能级跃迁引起的。

为定量地描述热辐射体的性质,首先引入以下几个物理量。

单色辐出度:如果从物体单位表面积上发射的,波长处在 $\lambda \sim \lambda + d\lambda$ 的辐射功率为 dE_λ,则 dE_λ 与 $d\lambda$ 之比称为单色辐出度,用 e_λ 表示

$$e_\lambda = \frac{dE_\lambda}{d\lambda}$$

实验表明,e_λ 跟辐射体的温度和辐射的波长有关。因此,e_λ 是温度 T 和波长 λ 的函数,故 e_λ 也可写成 $e(\lambda, T)$,它描述了物体热辐射的能谱分布。

辐出度:从物体单位表面积上发射的各种波长辐射的总功率称为辐出度,用 $E(T)$ 表示,它同 $e(\lambda, T)$ 的关系为

$$E(T) = \int_0^\infty e(\lambda, T) d\lambda$$

单色吸收率:当波从外界入射到物体表面上时,一部分能量被吸收,一部分能量被反射,被物体吸收的能量与入射能量之比称为吸收率。吸收率也与温度和波长有关。波长从 $\lambda \sim \lambda + d\lambda$ 内的吸收率称为单色吸收率,用 $\alpha(\lambda, T)$ 表示。

如果某一物体能够完全吸收入射波而没有反射,也就是 $\alpha(\lambda, T) = 1$,则称该物体为黑体。然而,自然界中真正的黑体是不存在的,黑体只是一个理想模型。下面我们考虑这样一种模型:在一个闭合空腔的表面开一个小孔,如图 13-1 所示。光线从小孔射入后,将在腔内壁上被多次反射,而每一次反射都会有一部分能量为壁所吸收,极少能再射出小孔。可以将这种带小孔的空腔模型视作黑体。

图 13-1 黑体模型

1860 年,基尔霍夫发现,对于不同材料和不同表面结构的物体,$e(\lambda, T)$ 和 $\alpha(\lambda, T)$ 都有很大的不同,但它们的比值却是与材料和表面性质无关,而仅是决定于温度和波长的一个恒量,即

$$\frac{e_1(\lambda, T)}{\alpha_1(\lambda, T)} = \frac{e_2(\lambda, T)}{\alpha_2(\lambda, T)} = \cdots = \rho(\lambda, T)$$

上式称为基尔霍夫辐射定律。$\rho(\lambda, T)$ 是对任何物体和任何表面结构都相同的一个普适函数,基尔霍夫辐射定律说明:好的吸收体也是好的辐射体。

由于黑体的 $\alpha(\lambda, T) = 1$,因此也就可以将 $\rho(\lambda, T)$ 当成黑体的单色辐出度。黑体是完全的吸收体,因此也应是理想的发射体。

黑体辐射的过程是:腔壁原子向腔内发射电磁波,也吸收其他原子射来的电磁波,并在一定的温度下达到发射和吸收的平衡。这时在腔内由于电磁波的传播和反射,形成一组稳

定的电磁驻波,而电磁驻波能量经由小孔逸出,就成为这个黑体的热辐射。由这个小孔射出的辐射能谱分布也就代表该温度下黑体的能谱分布。

实验测得空腔辐射体的单色辐出度 $\rho(\lambda,T)$ 和波长 λ 的能谱曲线,如图 13-2 所示。

如何对上述实验所得的能谱曲线进行理论解释呢?

这一方面的理论研究涉及热力学、统计物理和电磁学,因而成了 19 世纪末物理学家研究的中心课题之一,许多物理学家都作了尝试。特别值得一提的是维恩、瑞利和金斯的工作。

1896 年,德国物理学家维恩从热力学出发,得到半经验公式

$$\rho(\lambda,T) = c_1 \lambda^{-5} e^{-c_2/\lambda T} \tag{13-1}$$

式中,$c_1 = 3.70 \times 10^{-16}$ J·m/s,$c_2 = 1.43 \times 10^{-2}$ m·K,都是实验测定的常数。

维恩公式在波长较短、温度较低时才与实验结果相符,在长波范围内则完全不适用。

1900 年,英国物理学家瑞利和金斯根据经典电动力学和统计物理理论,得出了一个黑体辐射理论公式,即(瑞利-金斯公式)

$$\rho(\lambda,T) = \frac{2\pi c k T}{\lambda^4} \tag{13-2}$$

式中,c 为真空中的光速,k 为玻耳兹曼常数。

瑞利-金斯公式只在长波部分才与实验相符。更糟糕的是当波长在紫外区时,算出的辐出度竟然是无限大!这就是所谓的"紫外灾难"(见图 13-3),这也就是开尔文提到的第二朵乌云。我们可以设想一下,如果黑体辐射能量密度真的像瑞利-金斯公式那样分布,人的眼睛盯着看炉子内的热物质时,紫外线就会使眼睛变瞎。

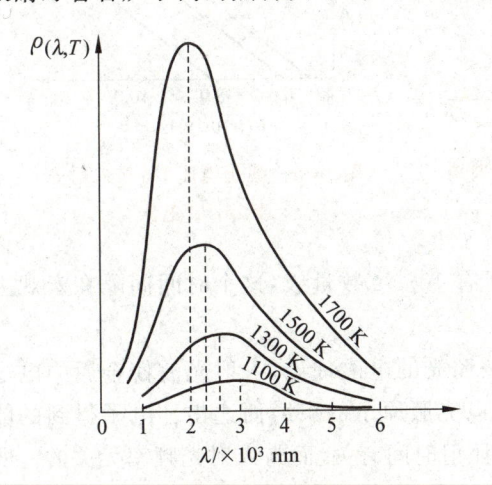

图 13-2 在不同温度下,黑体单色辐出度与波长的能谱曲线

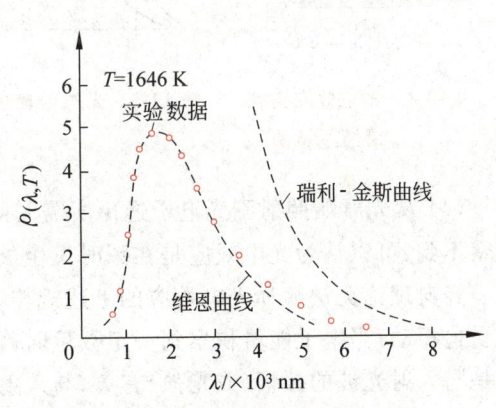

图 13-3 黑体辐射经典理论公式和实验结果比较

由于维恩公式和瑞利-金斯公式都是从经典物理学理论得到的,因此这种"灾难"也就是经典物理学的灾难。黑体辐射的实验结果成为当时经典物理学的一大困惑。

13.1.2 光电效应

19 世纪末,由于电气工业的发展,稀薄气体放电现象开始引起人们注意。J. J. 汤姆孙

(1896)通过阴极射线的研究,测量其荷质比,发现新的基本粒子——电子。在此之前,H. 赫兹(1888)发现了光电效应,但对其机制还不清楚,直到电子发现后,才认识到这是由于电子从金属表面逸出的现象,实验装置示意图如图 13-4 所示。通过实验研究,发现有以下特点。

(1) 当入射光频率 $\nu > \nu_0$ 时,加速电压 U 与光电流 i 的伏安特性曲线如图 13-5 所示。随着加速电压 U 增大,光电流 i 增大,当电压增至足够大之后,光电流 i 达到饱和。饱和光电流与入射光强成正比,即单位时间内从金属表面逸出的光电子数和入射光强成正比。

(2) 并不是任何频率的入射光都能引起光电效应。对于特定金属材料,只有当入射光的频率大于某一频率 ν_0 时,电子才能从金属表面逸出,形成光电流。这一频率 ν_0 称为截止频率,也称红限。截止频率与阴极材料有关,不同金属材料的 ν_0 一般不同。如果入射光的频率 ν 小于截止频率 ν_0,无论入射光的强度多大,都不能产生光电效应。

(3) 从图 13-5 可以发现,当加速电压为零时,光电流并不为零,只有当光电管两极加上一定反向电压 U_0 时,电路才没有光电流。这个反向电压 U_0 称为截止电压,它反映了光电子初动能的大小。截止电压 U_0 与入射光强度无关,但与入射光频率 ν 有关,实验曲线(见图 13-6)表明光电子初动能与入射光频率 ν 成线性关系。

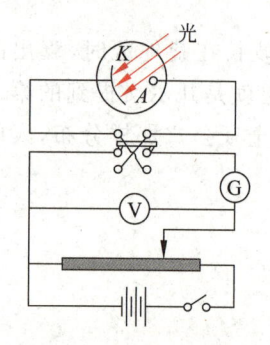

图 13-4 光电效应实验装置示意图

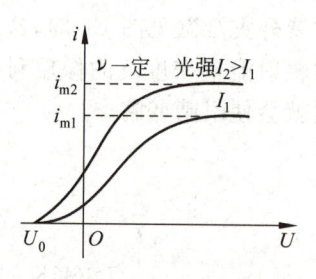

图 13-5 光电效应伏安曲线

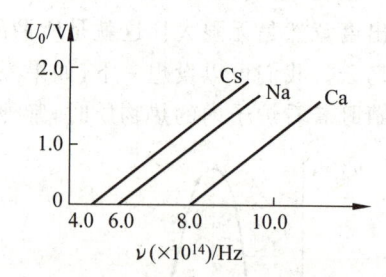

图 13-6 截止电压 U_0 与入射光频率 ν 成正比

(4) 从光开始照射到光电子逸出所需时间只有 10^{-9} s 数量级,这个时间间隔在宏观上觉察不到,可以认为光电效应是在瞬时发生的。

经典理论无法解释光电效应的上述规律。按照光的电磁理论,入射光波使金属中电子作受迫振动,当电子能量积累到一定数量时就可以克服原子的束缚而逸出。电子得到的能量是与入射光波的振幅(或光强)有关,与入射光照射时间有关,而与入射光频率无关的。所以,不应该存在红限频率;光电子初动能应与光强成线性关系而与频率无关;当入射光强越弱时,光电子逸出所需的能量积累时间越长,光电效应不会是瞬时发生的。这些结论均与实验事实不符,经典理论在解释光电效应问题时遇到了严重困难。

13.1.3 原子的线状光谱和原子的结构

1. 原子线状光谱

从牛顿开始,人们在光谱分析上积累了丰富的资料,不少人对光谱进行了整理和分析,研究原子发光的光谱是研究原子内部结构的重要方法。观察金属原子发光的最简单办法是让金属盐在火焰中灼烧，例如，钠盐（氯化钠）灼烧时发黄光、锂盐发深红色光、钾盐发浅紫色光，等等。它们的光谱都是一些分立的线，称为线光谱。研究表明，线光谱是原子发射的，所以又称为原子光谱。不同原子的辐射光谱具有不同的特征，因此，在原子光谱中隐藏着原子结构的重要信息。人们希望从原子光谱中寻找规律，从而对光谱与原子结构的关系作出理论解释。

一般元素的原子光谱都十分复杂，由几百上千条谱线构成，要从中整理出基本规律非常困难。因此，具有最简单结构的氢原子特征光谱便成了当时研究的突破口。氢原子光谱在可见光范围内由四条明亮的谱线构成，如图 13-7 所示。

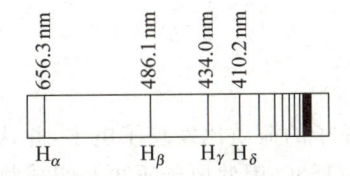

图 13-7 氢原子光谱中的巴耳末系，其中前四条明线在可见光范围之内

当在充满气体的放电管两电极上加上几千伏的高压时，充入的气体就会产生它所特有的光谱。1885 年，瑞士的一位中学教师巴耳末发现一个简单的经验公式，能十分精确地给出氢原子可见光谱的各个波长。经验公式是

$$\lambda = \frac{B \cdot n^2}{n^2 - 4}, \quad n = 3, 4, 5, \cdots$$

式中，常数 $B = 364.57$ nm。

1890 年，里德伯将巴耳末公式用波数 $\tilde{\nu}(=1/\lambda)$ 来表示，得到

$$\tilde{\nu} = \frac{1}{\lambda} = R\left(\frac{1}{2^2} - \frac{1}{n^2}\right), \quad n = 3, 4, 5, \cdots \tag{13-3}$$

式中，$R = 4/B = 1.096\,776 \times 10^7$ m^{-1} 为里德伯常数。满足上式的一系列谱线组成一个线系称为巴耳末线系。当 $n \to \infty$ 时，$\lambda = 4/R = B = 364.57$ nm 是这个线系波长的极限值。

随后，人们陆续发现，氢原子的光谱线除了上述在可见光范围的巴耳末线系之外，还有在紫外线、红外线等谱线。这些谱线（以发现者命名）也可以用下列关系表示：

1906 年，发现在远紫外区的赖曼线系

$$\tilde{\nu} = \frac{1}{\lambda} = R\left(\frac{1}{1^2} - \frac{1}{n^2}\right), \quad n = 2, 3, 4, \cdots$$

1908 年，发现在近红外区的帕邢线系

$$\tilde{\nu} = \frac{1}{\lambda} = R\left(\frac{1}{3^2} - \frac{1}{n^2}\right), \quad n = 4, 5, 6, \cdots$$

1922 年，发现在较远的红外区的布喇开线系

$$\tilde{\nu} = \frac{1}{\lambda} = R\left(\frac{1}{4^2} - \frac{1}{n^2}\right), \quad n = 5, 6, 7, \cdots$$

从这些线系的波数公式可以看出，氢原子光谱线间不是互不相关的，而是有内在联系的，一般可写为

$$\tilde{\nu} = R\left(\frac{1}{n^2} - \frac{1}{m^2}\right), \quad n = 1, 2, 3, \cdots; m = 2, 3, 4, \cdots; m > n \tag{13-4}$$

上式称为广义巴耳末公式。

1908年,里兹注意到巴耳末公式及已发现的碱金属光谱的规律,指出了一个值得注意的关系,即原子光谱线的波数可以表示为两个函数项之差,函数用T表示,即

$$\tilde{\nu} = T(n) - T(m) \tag{13-5}$$

上式称为里兹组合原则,$T(m)$和$T(n)$称为光谱项。对于其他元素的原子,其光谱线系也具有类似特性且更复杂的规律。

这样,人们自然会提出一系列问题:原子光谱为什么不是连续分布而是呈现离散的线状光谱?原子的线状光谱产生的机制是什么?这些谱线的波长(波数)为什么有这样简单的规律?由于每种原子具有其特定的光谱,光谱线必然反映着原子的内部特征,光谱项也一定与原子内部运动的性质相关。

2. 原子的结构

1897年,汤姆孙通过测量粒子的荷质比发现了电子,并认为电子是原子的组成部分,电子带负电,质量只是氢原子的1/1836,因此原子不再是组成物质的最小单位。

既然原子可分,那么它的内部结构又是怎样的呢?换句话说,电子是怎样"安置"在原子里面的呢?由于原子很小,人们凭借肉眼或借助显微镜,是无法观察到的。于是人们只有根据各种已知的事实,提出一定的模型(或假说)去模拟我们所研究的客体。

汤姆孙模型:在实验发现电子之后的第6年——1903年,汤姆孙提出了一个著名的原子结构模型。他认为,原子里面带正电部分均匀地分布在直径为10^{-10} m的原子球体中,而带负电的电子则在这个球体中游动,该模型被形象地称为葡萄干面包模型。在静电力的作用下,这些电子被吸引到中心并又互相排斥,从而达到稳定状态,如图13-8所示。汤姆孙用这种方法可以得出与门捷列夫周期律颇为类似的电子排列规律,也基本上能够把当时知道的实验结果和理论考虑都归纳进去。因此,在一段时间内,汤姆孙的原子模型得到了人们的承认。

α粒子的散射实验:为了检验汤姆孙的原子模型,汤姆孙的学生卢瑟福(1911)与他的两个学生盖革和马斯登进行了一系列α粒子去轰击金箔原子的散射实验,研究碰撞后散射出去的角分布。

α粒子是放射性物体中发射出来的快速粒子,它具有氦原子同样的质量,是电子质量的7300倍,带有两个单位的正电荷,后来证明它就是氦原子核。卢瑟福等所进行的α粒子散射实验的装置大致就像图13-9所示。

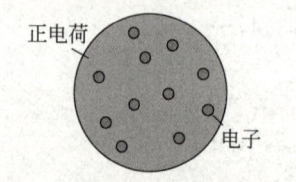

图13-8 汤姆孙的原子模型

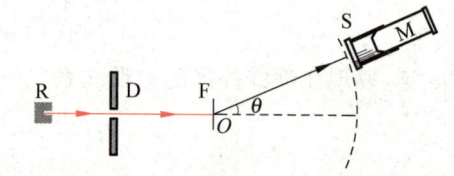

图13-9 α粒子散射实验示意图

R是被一铅块包围的α粒子源,发射的α粒子经一狭小的通道,先经过D把其他方向飞行的α粒子滤掉,形成的一束射线打在铂的薄膜F上。有一放大镜M,带有一片荧光屏S,可以转到不同的方向对散射的α粒子进行观察。荧光屏由玻璃片上涂有荧光物质硫化锌制成,把涂有硫化锌的一面向着散射物F。当被散射的α粒子打在荧光屏上,就会发出微弱的闪光。通过放大镜M观察闪光就可记下某一时间内某一方向散射的α粒子数。另外需要

说明的是,从α粒子源到荧光屏这段路是在真空中的。

实验发现,大多数α粒子偏转的角度平均只有2°~3°,但约有八千分之一的α粒子的偏转大于90°,有的甚至接近180°,见图13-10。这种大角度的散射,用汤姆孙模型无法解释。α粒子带有两个基本单位的正电荷,它的质量约为电子质量的7300倍,因此,当它与电子碰撞时是绝对不会引起大角度散射的。此外,按照汤姆孙原子模型,正、负电荷分布在整个原子内部,因此内部的电场强度很弱,对α粒子影响不大,所以,也不可能出现大角度散射。

卢瑟福根据实验观测的结果,经计算之后,在1911年提出的行星结构的原子模型:在原子的中心存在着带正电(集中了原子里的全部正电)的核心——原子核。因此,这个模型叫作原子的有核模型,或称为行星模型。原子核的尺寸简直小得微不足道(10^{-14} m),与整个原子(10^{-10} m)相比,就像一颗芝麻放在一幢大厦的中心一样。然而,它却占有了原子几乎全部的质量。电子质量很小,它们分布在原子核外围的空间里,绕着原子核运动,仿佛就像人类居住的这个地球在绕着太阳飞行似的,如图13-11所示。

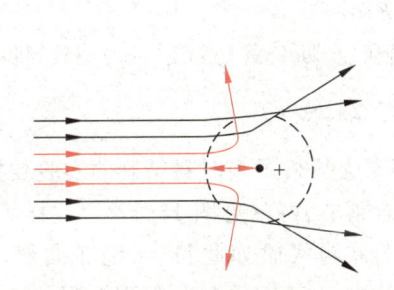

图13-10 α粒子在原子核式模型下的散射

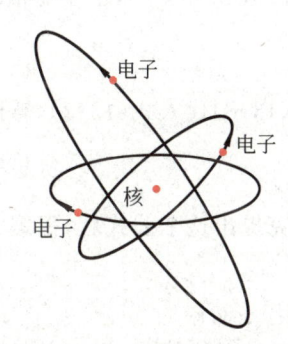

图13-11 卢瑟福的原子模型

卢瑟福模型可以很好地解释α粒子的大角度偏转,尽管原子有核模型有其非常成功的地方,但是在原子的稳定性和线光谱的问题上,还存着两个严重的问题,这些问题甚至不能通过对模型作简单的修改而得到解决。

首先,按照经典电动力学,电荷加速运动时必须辐射出电磁波,电子围绕原子核旋转的运动是圆周运动,是一种加速运动,因而电子必须辐射能量,轨道半径会不断缩小,最后将掉到原子核上去,原子随之"坍塌"。但是,原子的半径稳定在10^{-10} m的范围。

其次,根据经典电动力学,电荷辐射电磁波的频率与电荷运动的频率应该一致。而随着电子运动轨道半径的缩小,其运动频率应该是连续变化的,因此,原子的光谱应该是一个很宽的连续辐射谱,这与观测到的原子的线状光谱矛盾。

矛盾尖锐地摆在人们面前,如何找到解决的方法?

13.2 量子论的诞生

13.2.1 普朗克的能量子理论

1. 能量子假设

为了解决黑体辐射在理论上的困难。德国物理学家普朗克以维恩公式为基础,采用内

插法,在1900年10月首先提出了一个半经验公式

$$\rho(\nu,T) = \frac{2\pi\nu^2}{c^2}\frac{h\nu}{e^{h\nu/kT}-1} \tag{13-6}$$

也可以将频率 ν 转换成波长 λ 的形式,即 $\rho(\nu,T)$ 变成 $\rho(\lambda,T)$(参见例 13-1)

$$\rho(\lambda,T) = \frac{2\pi hc^2}{\lambda^5}\frac{1}{e^{hc/\lambda kT}-1} \tag{13-7}$$

上式称为普朗克公式。式中 k 是玻耳兹曼常数,h 称普朗克常数,其目前的精确值是 $h = 6.626\,176 \times 10^{-34}$ J·s。

在短波区($h\nu \gg kT$),由于 λ 很小,因而 $e^{hc/\lambda kT}$ 很大,可以忽略式(13-7)分母中的1,于是普朗克公式与维恩公式(式(13-1))一致,即

$$\rho(\lambda,T) = \frac{2\pi hc^2}{\lambda^5}e^{-\frac{hc}{\lambda kT}}$$

在长波区($h\nu \ll kT$),由于 λ 值较大,$e^{hc/\lambda kT}$ 通过泰勒级数展开为

$$e^{\frac{hc}{\lambda kT}} \approx 1 + \frac{hc}{\lambda kT} \tag{13-8}$$

将式(13-8)代入式(13-7),普朗克公式又与瑞利-金斯公式(式(13-2))一致,即

$$\rho(\lambda,T) = \frac{2\pi hc^2 \lambda^{-5}}{hc/\lambda kT} = 2\pi ck\lambda^{-4}T$$

普朗克提出这个公式后,很多实验物理学家用它去分析了当时最精确的实验数据,发现符合得非常好(见图 13-12)。这样简单的一个公式与实验如此符合,绝非偶然,在这个公式中一定蕴藏着非常重要但尚未被人们揭示出的科学原理。因此,普朗克开始着手寻找这个公式的理论根据。他把腔壁上的原子看作是振荡电偶极子,由它们发射或吸收腔内的电磁波,并导出单色辐出度 $\rho(\nu,T)$ 与原子能量的关系

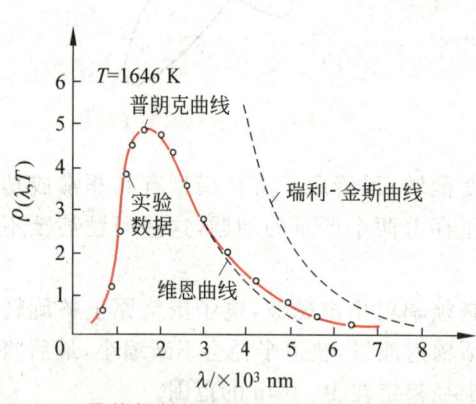

$$\rho(\nu,T) = \frac{2\pi\nu^2 \varepsilon}{c^2} \tag{13-9}$$

图 13-12 黑体辐射的几个理论公式与实验结果比较

式中,ε 为振动原子的平均能量。

从经典物理学可知原子振动能量遵守玻耳兹曼分布,考虑到能量可以连续地取值,平均值应由下列公式计算

$$\bar{\varepsilon} = \frac{\int_0^\infty \varepsilon \cdot e^{-\varepsilon/kT} d\varepsilon}{\int_0^\infty e^{-\varepsilon/kT} d\varepsilon}$$

上式积分后得到

$$\bar{\varepsilon} = kT$$

这显然是能量均分定理的结果。如将这一结果代入式(13-9),即得到瑞利和金斯推导出的式(13-2)。而实验已表明该公式在高频区是不正确的。

普朗克为了摆脱上述困难,经过连续两个月的深入研究和分析,他发现必须使原子的振

动能量取分立值,才能得到上述式(13-6)。

由此他提出能量子假设:

对于频率为 ν 的谐振子,其辐射能量是不连续的,只能取某一最小能量 $h\nu$ 的整数倍,即

$$\varepsilon_n = nh\nu$$

式中的 n 成为量子数,$n=1$ 时,能量 $\varepsilon_0 = h\nu$ 称为能量子。

既然原子的振动能量只能取不连续的值,则需将计算平均值 $\bar{\varepsilon}$ 的积分改为求级数和。若令 $\beta = 1/kT$,则有

$$\bar{\varepsilon} = \frac{\sum n\varepsilon_0 \mathrm{e}^{-n\varepsilon_0 \beta}}{\sum \varepsilon_0 \mathrm{e}^{-n\varepsilon_0 \beta}}$$

上式可变为

$$\bar{\varepsilon} = -\frac{\mathrm{d}(\ln \sum \mathrm{e}^{-n\varepsilon_0 \beta})}{\mathrm{d}\beta}$$

利用级数求和公式 $\sum \mathrm{e}^{-nx} = (1 - \mathrm{e}^{-x})^{-1}$,可得

$$\bar{\varepsilon} = -\frac{\mathrm{d}[\ln(1 - \mathrm{e}^{-\varepsilon_0 \beta})^{-1}]}{\mathrm{d}\beta} = \frac{\varepsilon_0}{\mathrm{e}^{\varepsilon_0 \beta} - 1} = \frac{h\nu}{\mathrm{e}^{h\nu/kT} - 1} \tag{13-10}$$

再将它代入式(13-9),恰好得到普朗克公式(13-6)。

很明显,能量子的假设是与经典物理学的基本概念格格不入的。经典物理学认为原子振动的能量可以连续取值,原则上不受什么限制。因此,在经典物理学看来,能量子假设是荒诞的、不可思议的。普朗克本人也曾犹豫不定,并承认能量子概念是在不得已情况下提出的一个"绝望"和"冒险"的假设。在这以后的 10 余年中,他一再想取消这个假设,希望能完全从经典理论的角度导出普朗克公式,可是所有这些努力均遭失败。物理学又一次迈出向前发展的步伐,已由不得他倒退了。后来他曾回忆说:"企图使能量子与经典理论调和起来的这种徒劳无功的打算使我付出了巨大的精力,我现在已经知道这个能量子在物理学中的地位远比我最初所想象的要重要得多。"于是,人们把 1900 年 12 月 14 日普朗克在德国物理学会宣读他所得到的黑体辐射公式的时间,看作是量子物理学的诞生日。

爱因斯坦在柏林物理学会举办的纪念麦克斯·普朗克 60 岁生日演讲会上演讲时说:"在科学的神殿里有许多楼阁,住在里面的人真是各式各样,而引导他们到那里去的动机也各不相同。有许多人爱好科学是因为科学给他们以超乎常人的智力上的快感,科学是他们自己的特殊娱乐,他们在这种娱乐中寻求生动活泼的经验和对他们自己雄心壮志的满足。在这座神殿里,另外还有许多人是为了纯粹功利的目的而把他们的脑力产物奉献到祭坛上的。如果上帝的一位天使跑来把所有属于这两类的人都赶出神殿,那么集结在那里的人数就会大大减少,但是,仍然会有一些人留在里面,其中有古人,也有今人,我们的普朗克就是其中之一,这也就是我们所以爱戴他的原因"。

2. 黑体辐射的两个定律

斯忒藩-玻耳兹曼定律:1879 年,斯忒藩通过实验首先发现一条经验公式,从黑体的单位面积上单位时间内发出的(包括全部波长范围)热辐射总能量 E 与绝对温度 T 的 4 次方成正比。1884 年玻耳兹曼根据热力学定律导出具体的数学表式为

$$E_0 = \sigma T^4 \quad (13\text{-}11)$$

式中比例系数 $\sigma = 5.6697 \times 10^{-8}$ J/s；上式称为斯忒藩-玻耳兹曼定律，其中的常数 σ 称为斯忒藩-玻耳兹曼常数。

斯忒藩-玻耳兹曼定律可以依照黑体辐出度的定义（即黑体辐射实验得到的能谱曲线，其下方的面积应等于黑体的辐出度），从普朗克公式推导得出。即

$$E_0(T) = \int_0^\infty \rho(\nu) d\nu$$

令 $\xi = h\nu/kT$，则

$$E_0(T) = \frac{2\pi}{c^2}\left(\frac{kT}{\hbar c}\right)^3 kT \int_0^\infty \frac{\xi^3 d\xi}{e^\xi - 1} = \sigma T^4$$

$$\sigma = \frac{2\pi}{c^2} \frac{k^4 T}{\hbar^3 c^3} \cdot \int_0^\infty \frac{\xi^3 d\xi}{e^\xi - 1}$$

维恩位移定律：从图 13-2 可以看到，不同温度下能谱曲线都有一个表示最大辐出度的峰（对应的波长为 λ_m）。随着温度的提高，λ_m 将向短波方向移动。维恩发现 λ_m 与温度 T 的乘积为一常量 b，即

$$\lambda_m T = b \quad (13\text{-}12)$$

式中，$b = 2.897 \times 10^{-3}$ m·K。这一定律称为维恩位移定律，b 称为维恩常量。

斯忒藩-玻耳兹曼定律和维恩位移定律，将黑体辐射性质简洁而定量地表示了出来，很有实用价值。例如，若将太阳看作黑体，从太阳光谱测得 $\lambda_m \approx 0.49 \times 10^{-7}$ m，可由维恩位移定律算出太阳表面温度近似为 5900 K，通过斯忒藩-玻耳兹曼定律可以算出太阳每秒钟辐射出 4.2×10^{26} J 总能量。又如地面温度约为 300 K，可算得 λ_m 约 10 μm，这说明地面的热辐射主要处在红外波段，而大气对这一波段的电磁波吸收极少（几乎透明，故通常称这一波段为电磁波的大气窗口）。所以，地球卫星可利用红外遥感技术测定地面的热辐射，从而进行资源、地质等各类探查。人们日常观测到炉火中焦炭在温度不太高时发射红光，高温时发射黄光，在极高温下发射耀眼的白光，这也可由维恩定律得到定性的解释。

有趣的是，关于宇宙起源的大爆炸理论曾预言，由于初始的爆炸，在今日的宇宙中应残留背景温度约为 2.7 K 的热辐射，称为宇宙背景辐射。1964 年，为了改进卫星通信，需要找出可能会干扰通信的一切因素，尤其是噪声源。为此，美国 AT&T 工程师彭齐亚斯和威尔孙建立了灵敏度很高的定向接收天线系统。他们发现，在排除了所有噪声源之后，总是有大致相当于 3 K 左右的噪声温度得不到解释，也无法消除。更加令人迷惑不解的是，这个残余温度没有方向变化，即所谓的各向同性；也不随季节交替而变化，这就是说与太阳无关。作为两名工程师，他们不清楚自己的发现在天体物理学上的意义。当时，美国普林斯顿大学的狄克领导的一个小组正在开展宇宙微波背景辐射的研究。因此，当彭齐亚斯等的论文一发表，消息一传开，狄克等人立即意识到，这很可能就是他们打算要找的东西，多少人想找的东西，一直没有找到，两位工程师却在无意之间发现了它，正是：有心栽花花不开，无意插柳柳成行。后来狄克对这种辐射的能谱分布进行测量，测出了波长从 $0.6 \sim 10^3$ mm 波段的强度分布，发现强度峰出现在 1.0 mm 附近，这同 2.7 K 的黑体辐射谱正相符合，习惯上称为 3 K 宇宙背景辐射。根据大爆炸宇宙学的观点，宇宙早期的温度在 100 亿℃以上，而现在已经很冷，微波背景辐射的发现恰恰是有力地支持了大爆炸理论。微波背景辐射，不仅被看作是 60 年代天文学四大发现之一，而且

被认为是20世纪天文学的一项重大成果,对宇宙学的研究具有深远影响。彭齐亚斯和威尔孙为此获得1978年诺贝尔物理学奖。

【例 13-1】 试由普朗克公式的频率表式 $\rho(\nu,T)$ 换算到波长表式 $\rho(\lambda,T)$。

解 按照 $\rho(\lambda,T)$ 的定义式,应有

$$\rho(\lambda,T) = \frac{dE}{d\lambda}$$

$\rho(\nu,T)$ 应定义为

$$\rho(\nu,T) = \frac{dE}{d\nu}$$

故 $\rho(\nu,T)$ 和 $\rho(\lambda,T)$ 应满足以下关系式

$$-\rho(\nu,T)d\nu = \rho(\lambda,T)d\lambda$$

其中负号表示 $d\lambda$ 和 $d\nu$ 具有相反的符号(频率的增加相应于波长的减少),可得

$$\rho(\lambda,T) = -\frac{\rho(\nu,T)d\nu}{d\lambda}$$

对于电磁波,有

$$\nu = \frac{c}{\lambda}$$

$$\frac{d\nu}{d\lambda} = -\frac{c}{\lambda^2}$$

所以

$$\rho(\lambda,T) = -\frac{2\pi\nu^2}{c} \frac{h\nu}{e^{h\nu/kT}-1} \frac{d\nu}{d\lambda} = \frac{2\pi}{\lambda^2} \frac{hc}{\lambda} \frac{1}{e^{hc/\lambda kT}-1} \frac{c}{\lambda^2}$$

$$= \frac{2\pi hc^2}{\lambda^5} \frac{1}{e^{hc/\lambda kT}-1}$$

【例 13-2】 试由普朗克公式证明维恩位移定律。

解 在 $\rho(\lambda,T)$ 表达式中,令 $x = hc/k\lambda T$,则有

$$\rho(\lambda,T) = \frac{2\pi hc^2}{\lambda^5} \frac{1}{e^{hc/\lambda kT}-1} = \frac{2\pi k^5 T^5}{h^4 c^3} \frac{x^5}{e^x - 1}$$

由极值条件 $d\rho/dx = 0$,得

$$5e^x - xe^x - 5 = 0$$

解得

$$x = 4.965$$

所以

$$\lambda_m = \frac{hc}{x \cdot kT} = \frac{hc}{4.965 kT}$$

$$\lambda_m T = \frac{hc}{4.965 k} = 2.897 \times 10^{-3} \text{ m} \cdot \text{K} = b$$

【例 13-3】 由测量得到太阳辐射谱的峰值处在 490 nm。计算太阳表面温度、辐出度和地球表面接受到的辐出度和地球表面单位面积上接受到的辐射度。

解 将太阳看作黑体,则太阳表面的温度为

$$T = \frac{b}{\lambda_m} = 5.9 \times 10^3 \text{ K}$$

太阳辐出度

$$E_0 = \sigma T^4 = 6.9 \times 10^7 \text{ W/m}^2$$

太阳辐射总功率(太阳半径为 $R = 0.7 \times 10^9$ m)

$$P = E_0 4\pi R^2 = 4.2 \times 10^{26} \text{ W}$$

若将地球看作半径为 r 的圆盘,距太阳为 d,则地球仅吸收 P 中比例为 $\pi r^2 / 4\pi d^2$ 部分,故地球接受的辐射度为

$$W = P \cdot \frac{r^2}{4d^2} = 1.91 \times 10^{17} \text{ W}$$

正对太阳辐射的地球表面单位面积上接受到的辐射度为

$$w = \frac{W}{\pi r^2} = 1.50 \times 10^3 \text{ W} \cdot \text{m}^2$$

13.2.2 爱因斯坦的光电效应方程

1905 年,为了从理论上解释光电效应,爱因斯坦发展了普朗克能量子假说的思想,光不仅像普朗克认为的那样只有在发射时才具有粒子性,而且在空间传播时也具有粒子性,这种粒子性表现为光的能量在空间分布的不连续性,这些不连续性的能量子称为光量子,简称为光子。每个光子的能量为

$$\varepsilon = h\nu$$

式中,h 为普朗克常数,ν 为光的频率。

而光强即光子的能流密度

$$I = Nh\nu$$

式中,N 为单位时间内通过垂直于光传播方向上单位面积的光子数。

爱因斯坦认为光电效应是电子吸收入射光子的过程:电子吸收入射光子的能量,一部分用于自金属表面逸出时做功,其余部分成为光电子的初动能。

由能量守恒定律,可得

$$h\nu = A + \frac{1}{2}m_0 v_m^2 \tag{13-13}$$

式中,A 为电子的逸出功,$m_0 v_m^2 / 2$ 为光电子的最大初动能。上式称为爱因斯坦的光电效应方程。

光量子假设可以圆满地解释光电效应的实验规律:

(1) 由于光量子与金属中电子发生碰撞,电子一次性全部吸收入射光子的能量,不需要能量积累过程,所以光电效应是瞬时发生的。

(2) 由于入射光强决定于单位时间内到达金属表面的光子数,光子数越多,形成的光电子越多,饱和光电流越大,所以入射光频率一定时饱和光电流与入射光强成正比。

(3) 由光电效应方程式(13-13)可知,光电子最大初动能 $m_0 v_m^2 / 2$ 与入射光频率 ν 成线性关系。可以由动能定理得出光电子最大初动能与截止电压的关系

$$\frac{1}{2}mv_m^2 = eU_a$$

于是,式(13-13)成为

$$|U_a| = \frac{h\nu}{e} - \frac{A}{e}$$

这就是图 13-13 中实验曲线所对应的方程。

(4) 如果入射光子的能量小于逸出功,电子不可能逸出金属表面,所以存在光电效应的红限频率 ν_0。ν_0 与逸出功 A 的关系为

$$A = h\nu_0$$

几种金属的逸出功和红限频率如表 13-1 所示。

表 13-1 几种金属的逸出功和红限频率

金属	铯(Cs)	铷(Rb)	钾(K)	钠(Na)	钙(Ca)	钨(W)	铂(Pt)
逸出功 A/eV	1.94	2.13	2.25	2.29	3.20	4.54	6.33
红限 $\nu_0/10^{14}$ Hz	4.69	5.15	5.44	5.53	7.73	10.95	15.30

爱因斯坦的理论提出以后,密立根用 10 年时间进行了大量光电效应的精密实验。用实验曲线斜率算出的 h 值与用其他实验方法测出的普朗克常数比较基本一致,证实了爱因斯坦光电效应方程是完全正确的。

利用光电效应可以制造光电转换元器件,如光电管、光电倍增管、电视摄像管等,广泛应用于光功率测量、光信号记录、电影、电视和自动控制等许多方面。

【例 13-4】 如图 13-13 所示为光电效应实验中得出的实验曲线。
(1) 求证对不同的金属,AB 线斜率相同。
(2) 由图 13-13 中数据求普朗克常数 h。

解 (1) 由爱因斯坦光电效应方程

$$h\nu = A + \frac{1}{2}m_0 v_m^2$$

和

$$\frac{1}{2}m_0 v_m^2 = e|U_a|$$

得

$$|U_a| = \frac{h\nu}{e} - \frac{A}{e}$$

图 13-13

$|U_a|$ 和 ν 成线性关系,AB 线斜率为

$$k = \frac{h}{e} = 恒量$$

(2) 由 AB 线斜率

$$k = \frac{h}{e} = \tan\theta$$

$$h = e \cdot \tan\theta = 6.4 \times 10^{-34} \text{ J} \cdot \text{s}$$

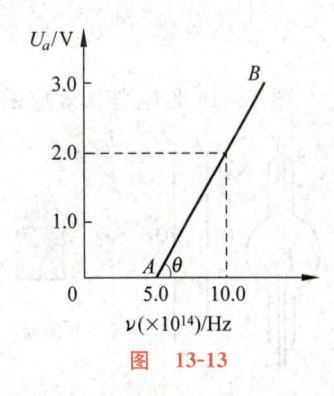

最后应当注意到,按照爱因斯坦的光量子假说,由于光在真空中的传播速度为 c,所以光子的速度也应为 c。这样,由狭义相对论的质速关系

$$m = \frac{m_0}{\sqrt{1 - v^2/c^2}}$$

可知,光子的静止质量 m_0 必等于 0。

再根据狭义相对论的能量和动量的关系式

$$E^2 = p^2c^2 + m_0^2c^4$$

由于光子 $m_0 = 0$,可以得到光子的能量和动量的关系式

$$E = pc$$

于是,光子的能量和动量可分别写成

$$E = h\nu \tag{13-14}$$

$$p = \frac{h\nu}{c} = \frac{h}{\lambda} \tag{13-15}$$

这些结果,后面会经常用到。

13.2.3 康普顿散射

爱因斯坦的光量子理论成功地解释了光电效应的实验结果,但是只是从能量的角度说明了光具有粒子性,并未涉及光子的动量,尽管爱因斯坦进一步认为光子应具有动量,并给出动量的表达式 $p = h/\lambda$,但并没有实验给予证实。

1920—1922 年,美国物理学家康普顿在研究 X 射线被物质散射的实验时发现:散射光不仅有与入射光相同的波长成分,而且有波长大于入射光波长的成分。这一现象称为康普顿效应,康普顿也因此于 1927 年获得诺贝尔物理学奖。

1. 实验规律

图 13-14 是康普顿效应的示意图。X 射线源发射一束波长为 λ_0 的 X 射线,经过石墨散射,散射光经过晶体衍射后,其波长和强度由探测器来测定。康普顿采用了钼的 K_α 线(波长为 0.071 nm 的 X 射线)作为入射光。实验结果如图 13-15 所示。

康普顿最初的实验只涉及一种散射物质(石墨),尽管获得了明确的数据,但毕竟只限于某一种特殊情况。为了证明这一效应具有普遍性,1923—1926 年,我国物理学家吴有训做了大量不同物质的 X 射线散射实验。实验结果如图 13-16 所示。

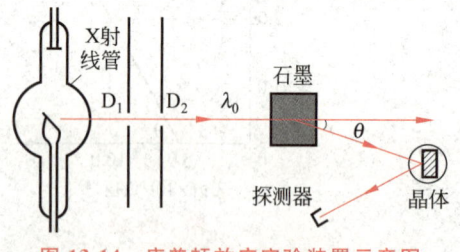

图 13-14 康普顿效应实验装置示意图

从实验结果发现以下规律:

(1) 散射 X 光中既有原入射波长 λ_0 的成分,也有新的波长 $\lambda(>\lambda_0)$ 的成分。通过分析实验数据,得出波长的改变量为

$$\Delta\lambda = 2\lambda_C \sin^2\frac{\theta}{2} \tag{13-16}$$

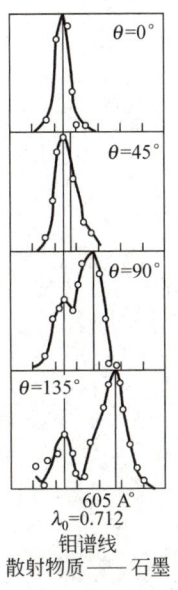

图 13-15　康普顿散射与角度的关系

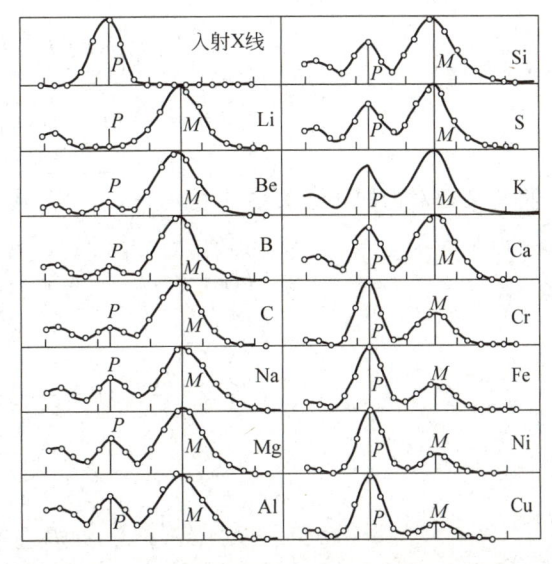

图 13-16　同一散射角下 $I_\lambda / I_{\lambda 0}$ 随散射物质的变化

式中，$\lambda_C = 2.4 \times 10^{-12}$ m，是一个从实验得到的常数，称为康普顿波长。它表示当散射角为 $\pi/2$ 时，散射波长改变的值。

（2）波长的改变量 $\Delta \lambda = \lambda - \lambda_0$ 只与散射方向有关，与入射 X 光波长 λ_0 及散射物质均无关。随着散射角 θ 的增大，$\Delta \lambda$ 也增大，而且散射光中原波长 λ_0 成分的光强减小，波长为 λ 成分的光强增大（见图 13-15）。

（3）散射物质的原子量越小，康普顿效应越显著，即散射光中波长改变成分的光强越大（见图 13-16）。

用经典理论同样无法解释康普顿散射的实验规律。按照光的电磁理论，入射 X 光引起散射物质中带电粒子受迫振动，从而应该发出与入射光频率相同的散射波。而且由于电磁波的横波性，在散射角为 $\pi/2$ 方向上应该没有散射 X 光。这些结论与康普顿散射的实验结果相矛盾。

康普顿应用光量子理论和狭义相对论理论来解释康普顿散射，获得了极大的成功。

2. 用光量子理论解释康普顿散射

光量子理论认为康普顿效应是光子与散射体原子中的外层电子弹性碰撞的结果。

在原子中，由于原子核对外层电子的束缚较弱，同时电子热运动能量与入射 X 光子能量相比可以忽略不计，所以我们可以将散射体原子中的外层电子当作静止的自由电子。碰撞以前，入射 X 光子的能量为 $h\nu_0$，动量大小为 $h\nu_0/c$，电子的能量为 $m_0 c^2$，动量为零。碰撞以后，X 光子沿与入射方向成 θ 角的方向散射，能量为 $h\nu$，动量大小为 $h\nu/c$，反冲电子的能量为 mc^2，动量大小为 mv（方向沿与入射光子的夹角为 φ），如图 13-17 所示。

在碰撞过程中，考虑到能量守恒，得

$$h\nu_0 + m_0 c^2 = h\nu + mc^2$$

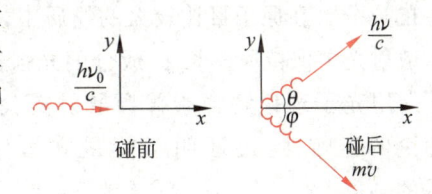

图 13-17　光子和电子的弹性碰撞示意图

考虑到动量守恒,得

$$\frac{h\nu_0}{c} = \frac{h\nu}{c}\cos\theta + mv\cos\varphi$$

$$0 = \frac{h\nu}{c}\sin\theta - mv\sin\varphi$$

将狭义相对论的质速关系 $m = m_0 \left/ \sqrt{1 - \frac{v^2}{c^2}} \right.$,代入上面各式,得

$$h\nu_0 + m_0 c^2 = h\nu + \frac{m_0 c^2}{\sqrt{1 - \frac{v^2}{c^2}}} \tag{13-17}$$

$$\frac{h\nu_0}{c} = \frac{h\nu}{c}\cos\theta + \frac{m_0 v}{\sqrt{1 - \frac{v^2}{c^2}}}\cos\varphi \tag{13-18}$$

$$0 = \frac{h\nu}{c}\sin\theta - \frac{m_0 v}{\sqrt{1 - \frac{v^2}{c^2}}}\sin\varphi \tag{13-19}$$

由式(13-18)和式(13-19)消去 φ,得

$$\left(\frac{h\nu_0}{c}\right)^2 + \left(\frac{h\nu}{c}\right)^2 - \frac{2h^2\nu_0\nu}{c^2}\cos\theta = \left[\frac{m_0 v}{\sqrt{1 - \frac{v^2}{c^2}}}\right]^2 \tag{13-20}$$

联立式(13-17)和式(13-20)可以解出

$$\frac{c}{\nu} - \frac{c}{\nu_0} = \frac{h}{m_0 c}(1 - \cos\theta)$$

或

$$\lambda - \lambda_0 = \frac{2h}{m_0 c}\sin^2\frac{\theta}{2} \tag{13-21}$$

将式(13-21)与实验得出的式(13-16)比较,两者吻合得非常好。其中,康普顿波长 λ_C 为

$$\lambda_C = \frac{h}{m_0 c} = 0.002\,426\text{ nm}$$

光量子理论说明了由于入射光子与电子碰撞时,将一部分能量传给了电子,因而散射光子的能量比入射光子低,从而频率减小,波长增长。此外,当光子与原子中内层电子碰撞时,由于内层电子被原子核紧紧束缚住,所以这种碰撞实际上是光子与整个原子的碰撞,而原子的质量远大于光子的质量,所以弹性碰撞时能量几乎没有损失,从而散射光中仍有原波长 λ_0 的成分。在原子量比较大的物质中,内层电子数比较多,发生第二种碰撞的机会越大,所以散射光中保持原波长 λ_0 成分的光强比轻原子的物质要大(见图13-16)。

用光子理论解释康普顿散射实验规律的圆满成功不仅有力地证明了爱因斯坦光子理论的正确性,还证明了能量守恒定律和动量守恒定律在微观领域中也是完全适用的。

【例 13-5】 在入射光波长 $\lambda_0 = 400$ nm，$\lambda'_0 = 0.05$ nm 两种情况下分别计算散射角 $\theta = \pi$ 时康普顿效应的波长偏移 $\Delta\lambda$ 和 $\Delta\lambda/\lambda_0$。

解 两种情况下，波长偏移 $\Delta\lambda$ 是相同的

$$\Delta\lambda = 2\lambda_C \sin^2\frac{\theta}{2} = 0.0048 \text{ nm}$$

当 $\lambda_0 = 400$ nm 时，

$$\frac{\Delta\lambda}{\lambda_0} = 1.2 \times 10^{-3}\%$$

当 $\lambda'_0 = 0.05$ nm 时，

$$\frac{\Delta\lambda}{\lambda'_0} = 9.6\%$$

通过本题的计算可知，只有在入射光的波长与电子的康普顿波长 λ_C 可以相比拟时，康普顿效应才是显著的。在入射光子能量较低时(如可见光或紫外线入射)，康普顿效应不显著。

【例 13-6】 设康普顿效应中入射 X 射线波长 $\lambda = 0.07$ nm，散射的 X 射线与入射线垂直，求：(1)反冲电子动能；(2)反冲电子运动方向与入射 X 射线的夹角。

解 (1) 散射 X 射线波长

$$\lambda' = \lambda + \Delta\lambda = \lambda + 2\lambda_C \sin^2\frac{\theta}{2} = 0.0724 \text{ nm}$$

由能量守恒，反冲电子动能即入射 X 光子损失的能量

$$E_k = mc^2 - m_0c^2 = \frac{hc}{\lambda} - \frac{hc}{\lambda'} = \frac{hc\Delta\lambda}{\lambda\lambda'} = 9.42 \times 10^{-17} \text{ J}$$

(2) 由动量守恒定律作出矢量图 13-18，得

$$\varphi = \arctan\frac{p'}{p} = \arctan\frac{h/\lambda'}{h/\lambda} = \arctan\frac{0.07}{0.724} \approx 44°$$

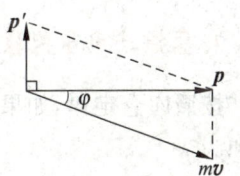

图 13-18 动量守恒示意图

13.3 玻尔氢原子模型

如前所述，卢瑟福的核式模型无法解释原子稳定性和原子的线状光谱。为了克服经典理论所遇到的困难，1913 年，28 岁的丹麦物理学家玻尔提出一个能够解释氢原子特征光谱的原子模型。他在卢瑟福核式模型的基础上，把经典物理学理论和普朗克的能量子概念以及爱因斯坦的光子理论相结合，建立了原子结构的量子理论，为人类认识微观世界打开了大门。

13.3.1 玻尔的三个假设

玻尔提出以下的三个假设：

定态假设：每个原子都存在着一些稳定的状态，原子中的电子只能在一定大小的、彼此分隔的一系列轨道上运动，并且不向外界辐射能量，这样的状态称为定态。

跃迁假设：当原子中的电子从高能量的轨道跃迁到较低能量的轨道上运动时，原子的能量就由大变小，多余的能量放出成为一个光子。按照能量守恒，光子的能量应当等于原子能量的变化

$$h\nu = E_n - E_m \tag{13-22}$$

式中，$h\nu$ 是光子的能量，$E_n - E_m$ 是原子能量的变化（E_n 和 E_m 分别代表原子处在第 n 种状态和第 m 种状态的能量，且 $E_n > E_m$）。

量子化假设：电子绕核运动的可能轨道的角动量不能随便选取，而只能是 $h/2\pi$ 的整数倍。即

$$L = n\frac{h}{2\pi}, \quad n = 1, 2, 3, \cdots \tag{13-23}$$

上式称为量子化条件，n 称为量子数。

这就是著名的玻尔假设。该假设保留了卢瑟福模型中的合理部分（原子具有带正电的核心），并且能够说明原子发射出来的光线总是具有确定的频率或波长以及原子的稳定性等等客观事实。这个假设本身不久也被实验所证实。

13.3.2 玻尔的氢原子理论

玻尔在上述三个假设的基础上，再利用经典的牛顿定律和库仑定律，讨论了氢原子中电子的运动。

1. 氢原子电子的圆周轨道半径

按照库仑定律，如果绕氢原子核运动的核外电子的运动半径为 r，则电子动能和势能的总和为

$$E = \frac{1}{2}m_0 v^2 - \frac{e^2}{4\pi\varepsilon_0 r} \tag{13-24}$$

电子与原子核的静电引力为

$$F = \frac{e^2}{4\pi\varepsilon_0 r^2}$$

式中，为 $\varepsilon_0 = 8.85 \times 10^{-12}$ F/m，为真空中的介电常数。

根据牛顿定律有

$$\frac{e^2}{4\pi\varepsilon_0 r^2} = \frac{m_0 v^2}{r}$$

即

$$m_0 v^2 r = \frac{e^2}{4\pi\varepsilon_0} \tag{13-25}$$

而按照玻尔的第三个假设式(13-23)，电子运动的轨道角动量为

$$L = m_0 vr = n \cdot \frac{h}{2\pi} \tag{13-26}$$

联立式(13-25)和式(13-26)，并以 v_n 与 r_n 分别替换 v 与 r（表示它们跟 n 值有关，下同），即可求得

$$\begin{cases} v_n = \dfrac{e^2}{2\varepsilon_0 h} \cdot \dfrac{1}{n} \\ r_n = \dfrac{\varepsilon_0 h^2}{\pi m_0 e^2} \cdot n^2 \end{cases}, \quad n = 1,2,3,\cdots \tag{13-27}$$

结果表明,氢原子电子的运动速度和轨道半径是不连续的,只能取一些分立值(电子轨道量子化)。如果令

$$r_1 = \dfrac{\varepsilon_0 h^2}{\pi m_0 e^2} \tag{13-28}$$

则轨道半径的分立值只能是 r_1 的 n^2 倍,即

$$r_n = r_1 \cdot n^2 \tag{13-29}$$

r_1 称为玻尔半径,它表示 $n=1$ 时,氢原子电子的轨道半径,也就是第一条轨道半径。代入各常数值计算得:$r_1 = 0.0529$ nm,这一数据与利用气体运动论计算的结果是一致的。

2. 氢原子能量

$$E_n = -\dfrac{e^2}{8\pi\varepsilon_0 r_n} = -\dfrac{m_0 e^4}{8\varepsilon_0^2 h^2} \cdot \dfrac{1}{n^2}, \quad n = 1,2,3,\cdots \tag{13-30}$$

结果表明,氢原子能量也只能取分立值(能量量子化)。$n=1$ 时,称为基态。氢原子的基态能量为

$$E_1 = -\dfrac{m_0 e^4}{8\varepsilon_0^2 h^2} = -13.6 \text{ eV} \tag{13-31}$$

氢原子的能量为

$$E_n = \dfrac{E_1}{n^2}, \quad n = 1,2,3,\cdots \tag{13-32}$$

上式表明,n 越大,能量越大。

3. 氢原子光谱公式

根据玻尔第二个假设式(13-22),有(设 $n>m$)

$$h\nu = E_n - E_m = \dfrac{m_0 e^4}{8\varepsilon_0^2 h^2}\left(\dfrac{1}{m^2} - \dfrac{1}{n^2}\right)$$

用波数 $\tilde{\nu}$ 表示,有

$$\tilde{\nu} = \dfrac{1}{\lambda} = \dfrac{\nu}{c} = \dfrac{m_0 e^4}{8\varepsilon_0^2 h^3 c}\left(\dfrac{1}{m^2} - \dfrac{1}{n^2}\right) \tag{13-33}$$

式中,令 $R = \dfrac{m_0 e^4}{8\varepsilon_0^2 h^3 c} = 1.097\,373 \times 10^7$ m^{-1} 与实验值 $1.096\,776$ m^{-1} 非常吻合。这不仅使巴耳末的经验公式得到了理论证明,氢原子光谱的实验规律得到了圆满的解释,而且还可以从常数 R 只依赖于电子质量、电量等推知氢原子光谱规律只与氢原子自身的结构有关。

氢原子光谱实验所得到的莱曼线系、巴耳末线系等,可以用图13-19形象地说明。莱曼线系是氢原子中的电子从较高能量的外层轨道(称激发态)跃迁到第一层轨道(基态)时,原子所发射的谱线;而巴耳末线系则是氢原子中的电子从比第二层能量更高的外层轨道跃迁到第二层轨道时,原子所发射的谱线。如此类推,可以得到别的谱线系。所以,从不同的初

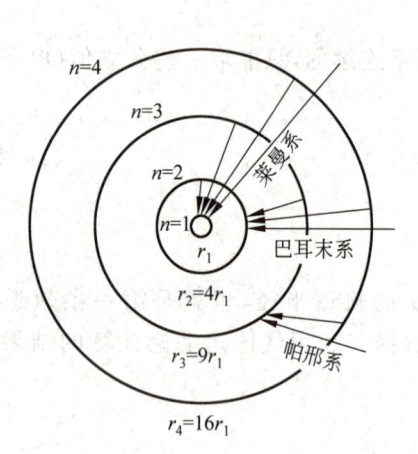

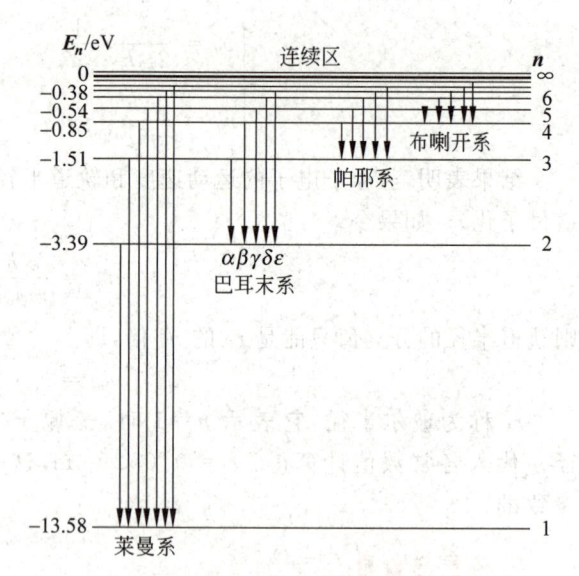

图 13-19 氢原子轨道跃迁辐射的光谱线系

图 13-20 氢原子光谱能级图

始激发态跃迁到同一末态时所发出的光谱线属于同一个谱线系。

氢原子定态间的跃迁可以用能级图来表示。定态的能量 E_n 为一系列分立的能量,称之为原子的能级。这样氢原子光谱中的各线系可以形象地用图 13-20 所示的能级图来表示。

玻尔理论较成功地解释了氢原子光谱的规律性。他提出的分立定态和原子能级的概念,即使在现代原子结构和分子结构的理论中仍然是普遍正确的。玻尔的创造性工作对进一步量子力学的发展有着深远的影响。

必须指出,尽管玻尔理论能圆满地解释氢原子(以及类氢原子、离子)的光谱规律,但是对两个电子以上的原子光谱,会遇到极大的困难。另外,即使是单电子原子,玻尔理论也不能计算出光谱线的强度,更不能解释这些谱线的精细结构(是指用精密光谱仪测量原来的一条谱线实际上是若干条靠得很近的谱线所组成的)和塞曼效应等。究其原因,是由于玻尔理论本身的不彻底性,它不是一个自洽的理论体系,而是经典理论与量子化假设的混合物。难怪布拉格曾用诙谐的语言评价说:"在这个理论中,好像应当在星期一、三、五引用经典规律,而在星期二、四、六引用量子规律。"然而,这个人们称之为半经典的理论却起到了承前启后的作用。

*13.3.3 弗兰克-赫兹实验

在玻尔理论发表的第二年,即 1914 年,弗兰克和赫兹用电子碰撞原子的方法使后者从低能量状态被激发到高能量状态,从而直截了当地证实了玻尔的基本设想,即原子存在着一些彼此分立的、具有一定能量的状态。

弗兰克-赫兹测定汞的激发电势的实验装置如图 13-21 所示。

在玻璃容器中充以要测量的气体(如汞汽)。电子由热阴极 K 发出,在 K 与栅极 G 之间加电场使电子加速,在 G 与接收极 A 之间有 -0.5 V 的反电压。当电子通过 KG 空间,进入 GA 空间时,如果仍有较大能量就能冲过反电场而达到电极 A,形成通过电流计的电流;如果电子在 KG 空间与被测气体原子碰撞,把自己的一部分能量传给了气体原子,将后者激发到较高的能量状态,电子剩下的能量就可能很小,以致过栅极 G 后无法冲过反电场到达 A,也就不能流过电流计。

实验时,在玻璃容器中注入少量的汞,抽真空并维持适当的温度,可以得到气压合适的汞汽。逐渐增加 KG 间的电压,观察电流计的电流。这个电流随 KG 间电压的变化情况如图 13-22 所示。图中显示当 KG 间电压由零逐渐增加时,A 极电流开始上升,当电压达到 4.9 V 的电压时,电流突然下降,不久又上升,到 9.8 V 的电压时,电流又下降,然后再上升,到 14.7 V 时,电流又下降。我们注意这三个电流突然下降时的电压相差 4.9 V,也就是说 KG 间电压在 4.9 V 的倍数时,电流突然下降。这个现象是怎样发生的呢?

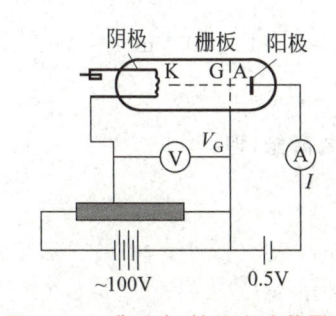

图 13-21　弗兰克-赫兹实验装置图 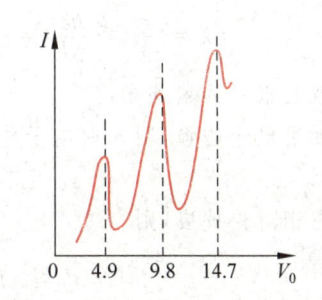　　　图 13-22　汞的第一激发电势和测量

我们可以作如下的合理解释:当 KG 间的电压低于 4.9 V 时,电子在 KG 空间被加速而取得的能量较低。此时,如果与汞原子碰撞,还无法导致汞原子内部的状态发生变化,电子的能量也就不会有什么损失,穿过栅极 G 仍有较大能量从而反抗反电场而达到电极 A。所以 KG 间的电压由零逐渐增大(仍小于 4.9 V),到达 A 的电子也就越来越多,流过电流计的电流也就越来越大。当 KG 间电压达到 4.9 V 时,电子被加速而获得的能量较高,此时电子与汞原子碰撞,可能将自身的全部能量传递给汞原子,这刚足够使汞原子从最低能量状态(基态)被激发到最近的一个能量较高的状态。电子所留下的能量也就所剩无几了,所以到达 A 的电子就急剧减少,流过电流计的电流明显下降。而当 KG 间电压超过 4.9 V 继续增加时,电子与汞原子碰撞后还留有较多的能量来克服反电场而到达 A 极,所以电流又开始上升。当 KG 间电压是 4.9 V 的 2 倍时,电子在 KG 空间中可能经两次碰撞而失去能量,因而又造成电流下降。电子被 4.9 V 的电压加速后的能量就是 4.9 eV,与汞原子相碰撞后,汞原子也就获得 4.9 eV 的能量。

因此我们可以得到这样的结论:在与水银原子碰撞时,电子严格地损失 4.9 eV 的能量。这也就是说,汞原子只能接受 4.9 eV 的能量:少了,它瞧不起,一点也不收;多了呢,它也不贪求,只收 4.9 eV 就满足了。这个事实无可非议地说明了原子具有玻尔所设想的那种"完全确定的、互相分立的能量状态"。

如果规定汞原子正常状态下(基态)的能量为零的话,上面所说的 4.9 eV 就是汞原子的第一激发态。事实上,汞原子除了这个激发态之外还具有 6.67 eV、8.84 eV 等更高的激发态。

【例 13-7】 试求氢原子的电离能。如用光照射使其电离,则需用多大波长的光?在光谱的哪一部分?如用电子碰撞使其电离,则入射电子的速度应该多大?

解 电离能即使基态的电子远离原子核所需之功,亦即由轨道 $n=1$ 移到离核无限远处($E_\infty=0$)所需之功。所以

$$氢原子的电离能 = E_\infty - E_1 = 0 - (-13.6) = 13.6\text{ eV}$$

如用光照射,则入射光子的能量 $h\nu$ 至少应等于电离能,即

$$h\nu \geqslant \Delta E$$

所以

$$\lambda = \frac{c}{\nu} \leqslant \frac{hc}{\Delta E} = \frac{hc}{13.6 \times 1.6 \times 10^{-19}} = 9.14 \times 10^{-8} \text{ m}$$

属于波长很短的紫外光。

如用电子碰撞,则入射电子能量 E_k 至少应等于电离能,即

$$E_k \geqslant 13.6 \text{ eV}$$

不考虑相对论效应,则

$$v = \sqrt{\frac{2E_k}{m_0}} \geqslant 2.19 \times 10^6 \text{ m/s}$$

入射电子多余的动能即为碰撞后电子所具有的动能。

【例 13-8】 用能量为 12.6 eV 的电子轰击氢原子会产生哪些谱线?

解 设氢原子吸收 12.6 eV 的能量后,将由基态达到高能的激发态 E_n

$$E_n = E_1 + 12.6 = -1.0 \text{ eV}$$

由 $E_n = E_1/n^2$,有

$$n^2 = \frac{E_1}{E_n} = 13.6$$

$$n = 3.7 \approx 3$$

氢原子能够达到的最高能级应是 $n=3$。

电子从 $n=3$ 的激发态跃迁到低能态,有三种可能:

(1) $n=3 \rightarrow n=2$

此时

$$\tilde{\nu}_1 = 1.097 \times 10^7 \times \left(\frac{1}{2^2} - \frac{1}{3^2}\right)$$

得

$$\lambda_1 = 656.3 \text{ nm}$$

(2) $n=2 \rightarrow n=1$

此时

$$\tilde{\nu}_2 = 1.097 \times 10^7 \times \left(\frac{1}{1^2} - \frac{1}{2^2}\right)$$

得

$$\lambda_2 = 121.5 \text{ nm}$$

(3) $n=3 \rightarrow n=1$

此时
$$\tilde{\nu}_3 = 1.097 \times 10^7 \times \left(\frac{1}{1^2} - \frac{1}{3^2}\right)$$

得
$$\lambda_3 = 102.6 \text{ nm}$$

*13.3.4 对应性原理

回顾一下玻尔建立原子模型的思考历程对培养创新性思维是至关重要的。

正如前面提到的,玻尔的理论是从三个假设建立起来的:定态假设、跃迁假设和量子化假设。现在的问题是:玻尔为什么会提出这三个假设?

玻尔之所以提出第一个假设,是由于原子坍塌的标志就是电子的轨道半径为零,只要原子半径量子化,就解决了原子坍塌问题,这个假设涉及原子能量的量子化及稳定性问题。普朗克和爱因斯坦的辐射量子论中提出:辐射与物体(由原子组成)之间交换能量(吸收或发射光)是以光量子方式进行的。在玻尔理论中提出了原子能量量子化的概念,这样,这两个理论就显得十分和谐:物质在吸收和发射光时是以光量子方式进行的本质原因是由于原子的能量本身就是量子化的。

如果说原子能量量子化概念还可以从普朗克-爱因斯坦的光量子论中找到某种启示,量子跃迁概念和频率条件则是玻尔了不起的创见,玻尔的重大贡献在于他把原子辐射的频率与原子的两个定态的能量差联系起来。这样,光谱频率的里兹组合原则就得到了很好的说明,光谱项的物理意义也就搞清楚了,即 $\tilde{\nu}_{nm} = T(n) - T(m)$ 正是频率条件 $h\nu_{nm} = E_n - E_m$ 的反映,$T(n) = E_n/hc$,光谱项 $T(n)$ 是与原子不连续的定态能量 E_n 直接联系在一起的。量子跃迁概念深刻反映了微观粒子运动的特征,而频率条件则揭示了里兹组合原则的实质。

而对于第三个假设,玻尔到底根据什么依据得到的,我们现在回到玻尔开始考虑原子模型时,看看他如何完成这样革命性的创新。

卢瑟福的原子核式模型不仅存在着"坍塌"的难题,也没有提供确定原子半径的任何依据。因此如果要置原子核式模型于不败之地,就必须寻求到一种根本性的补救办法,它既能提供稳定性,又能提供确定半径。

电子的电荷 e 和质量 m 在进行原子计算时,必须考虑的两个必要基本参数,但只有这两个参数既不能决定原子体系的线度,也决定不了原子的能量,而线度和能量是表征物质结构这一层次的两个基本特征量。那么,另外的普适常数又是什么呢?

原子中电子和原子核之间的力是与距离平方成反比的中心力,它的轨道与行星的轨道一样,是以原子核为焦点的椭圆,在这里我们只简单考虑轨道为圆的情况。对于这样的体系,它的半径可以是任何值,满足 $mv^2/r = \frac{1}{4\pi\varepsilon_0} Ze^2/r^2$ 条件的半径都是可能值。因此,只要速率合适,任何半径都成为可能。为了使原子有确定的半径,就必须引入别的条件。玻尔提出了一些标准,这些特许的轨道称之为"定态",用玻尔自己的话来说,那就是:

(1) 定态系统中的动态平衡可以用普通力学加以讨论,然而当系统由一种定态转为另一种定态时,却无法在相同的理论基础上给予说明。

(2) 系统在不同的定态之间转换时,随即发出均匀的辐射,其频率与发射的能量之间的关系,就是普朗克学说所指出的关系。即

$$E_1 - E_2 = h\nu \tag{13-34}$$

这两个的假设与经典物理是格格不入的,如何从这样的矛盾中摆脱,玻尔的解决方法是:对大的轨道来说,经典物理与玻尔理论应该能够取得同样的结果。玻尔说:

"在持续的定态中,各个运动之间的差别会很小,在这种限制下计算出来的频率($E_1-E_2=h\nu$),将与一般理论所预期的定态系统运动产生辐射时的频率完全相符。"

玻尔把这样的理论称为"对应性原理"。也就是说,玻尔的新理论并不会给原来的经典物理带来毁灭性的打击,对应性原理说明如何从宏观体系过渡到微观体系:在原子范畴的微观现象与宏观范围内的现象各自遵循各自范围内的规律,如果将微观规律延伸到宏观规律时,所得的结果应该与宏观规律得到的结果一致。

下面我们来看玻尔如何根据对应性原理的演算过程:也就是不通过玻尔的第三个假设,而根据氢原子的光谱从分立谱过渡到连续谱时,量子理论和经典理论的结果应该是一致的。

考虑一个原子核质量无限大的原子体系,如果原子核质量有限,只要将电子的质量 m 换成折合质量 μ 便可,考虑简单的圆周运动。

根据牛顿第二定律

$$\frac{mv^2}{r} = \frac{1}{4\pi\varepsilon_0}\frac{Ze^2}{r^2}$$

对于氢原子,$Z=1$,即

$$\frac{mv^2}{r} = \frac{1}{4\pi\varepsilon_0}\frac{e^2}{r^2} \tag{13-35}$$

原子的能量等于

$$E = \frac{1}{2}mv^2 - \frac{1}{4\pi\varepsilon_0}\frac{e^2}{r} \tag{13-36}$$

根据式(13-35)

$$E = -\frac{1}{4\pi\varepsilon_0}\frac{e^2}{2r} \tag{13-37}$$

氢光谱经验公式

$$\tilde{\nu} = \frac{R}{m^2} - \frac{R}{n^2} \quad (m, n \text{ 为整数}) \tag{13-38}$$

上式两边同乘 hc 得

$$h\nu = hc\tilde{\nu} = \frac{hcR}{m^2} - \frac{hcR}{n^2} \tag{13-39}$$

比较式(13-34)和式(13-39)可以发现这样可能的简单关系

$$E = -\frac{hcR}{n^2} \tag{13-40}$$

比较式(13-37)和式(13-40)

$$r = \frac{1}{4\pi\varepsilon_0} \frac{e^2}{2hcR} n^2 \qquad (13\text{-}41)$$

根据经典电动力学,电子绕核运动发出电磁波,其频率应等于电子绕核运动的频率。电子绕轨道运动的频率

$$f = \frac{v}{2\pi r} = \frac{e}{2\pi}\sqrt{\frac{1}{4\pi\varepsilon_0 mr^3}} \qquad (13\text{-}42)$$

根据氢光谱经验公式

$$\nu = c\tilde{\nu} = Rc\left(\frac{1}{m^2} - \frac{1}{n^2}\right) = Rc\frac{(n+m)(n-m)}{n^2 m^2} \qquad (13\text{-}43)$$

在 $n, m \gg 1$,且 $n - m = 1$ 时,可知

$$\nu = \frac{2Rc}{n^3} \qquad (13\text{-}44)$$

根据对应性原理,式(13-42)和式(13-44)应相等,即 $f = \nu$,可以得到

$$r = \sqrt[3]{\frac{e^2}{16\pi^2 \cdot 4\pi\varepsilon_0 mR^2 c^2}} n^2 \qquad (13\text{-}45)$$

比较式(13-41)和式(13-45),可得

$$R = \frac{1}{(4\pi\varepsilon_0)^2} \frac{2\pi^2 e^4 m}{h^3 c} \qquad (13\text{-}46)$$

从式(13-46)可以看到,里德伯常数不再是经验常数,而是由若干基本常数(e, m, h, c)组合而来。将这些基本常数代入计算得到 $R = 1.097\,373\,1 \times 10^7$ m^{-1},实验最精确的里德伯常数为 $1.096\,775\,8 \times 10^7$ m^{-1},可以它们发现非常接近,从而证明了玻尔理论的成功。但是 R 与 R_H 还是有点差异,这决不是实验的误差,其原因是我们在处理原子模型时,认为原子核固定不动,实际上原子核的质量不是无穷大,电子不是原子核转动,而是绕着原子的质心转动,因此电子的质量应该认为是折合质量,即 $\mu = Mm/(M+m)$,经过修正后,里德伯常数 $R = 1.096\,775\,76 \times 10^7$ m^{-1},可以发现,这时的理论值与实验值惊人地符合。

将式(13-46)代入式(13-41)得

$$r_n = \frac{4\pi\varepsilon_0 h^2}{4\pi^2 me^2} n^2, \quad n = 1, 2, 3, \cdots \qquad (13\text{-}47)$$

将式(13-47)代入式(13-37)得

$$E_n = -\frac{m_0 e^4}{8\varepsilon_0^2 h^2} \frac{1}{n^2}, \quad n = 1, 2, 3, \cdots \qquad (13\text{-}48)$$

与通过三个假设推导式(13-30)的结果是一致的。

我们现在再来看看第三个假设(即角动量量子化)的由来。

电子的角动量

$$L = mvr \qquad (13\text{-}49)$$

将式(13-35)与式(13-49)消去 v 得

$$L = m\sqrt{\frac{1}{4\pi\varepsilon_0}\frac{e^2}{mr}}\, r = \sqrt{\frac{1}{4\pi\varepsilon_0} me^2 r} \qquad (13\text{-}50)$$

将式(13-47)代入式(13-50)得

$$L = n\frac{h}{2\pi}, \quad n = 1, 2, 3, \cdots \qquad (13\text{-}51)$$

这也就是角动量量子化的条件。

可以发现,在电子电量 e 和质量 m 的基础上,引入普朗克常数 h,就可以推导出表征原子线度和能量的基本参数。

玻尔创造性地从理论上解决了长达 60 年的巴耳末光谱之谜,突破前人的思想解决了核式模型困难使得原子可以稳定存在,他关于量子化定态概念以及定态之间的跃迁相对应的辐射频率法则的基本思想至今仍然是正确的。玻尔凭借神奇的直觉,把彼此矛盾的波动与粒子协调在同一的体系中。特别是利用"对应性原理",得到原子体系中电子轨道的限制条件,在物理学上几个相距很遥远的分支:光谱学和黑体辐射理论之间架起了桥梁,揭示了宏观规律与微观规律之间的对应性这一深刻的科学思想。

13.4 微观粒子的波粒二象性

13.4.1 德布罗意物质波的假设

1924 年,法国青年物理学家德布罗意在爱因斯坦的光具有波粒二象性的启发下想到:自然界在许多方面都是明显地对称的,如果光具有波粒二象性,则实物粒子,如电子,也应该具有波粒二象性。他提出了这样的问题:"整个世纪以来,在辐射理论上,比起波动的研究方法来,是过于忽略了粒子的研究方法;在实物理论上,是否发生了相反的错误呢?是不是我们关于'粒子'的图像想得太多,而过分地忽略了波的图像呢?"

于是,他大胆地提出假设:实物粒子也具有波动性。德布罗意采用了类比的方法,他提出当质量为 m 的自由粒子以速度运动时,从粒子性方面来看,具有能量 E 和动量 p,从波动性方面来看,具有波长 λ 和频率 ν,这些物理量之间的关系与光的情况类似,即

$$\left. \begin{array}{l} E = mc^2 = h\nu \\ p = mv = \dfrac{h}{\lambda} \end{array} \right\} \tag{13-52}$$

上式称为德布罗意公式,和实物粒子相联系的波称为"物质波"或"德布罗意波"。式子中 h 为普朗克常数。

【例 13-9】 试计算动能分别为 $100\ \text{eV}$、$1\ \text{keV}$、$1\ \text{MeV}$ 和 $1\ \text{GeV}$ 的电子的德布罗意波长。

解 由相对论公式

$$E = E_0 + E_k, \quad E^2 = E_0^2 + c^2 p^2$$

得

$$p = \frac{1}{c}\sqrt{2E_0 \cdot E_k + E_k^2} = \frac{1}{c}\sqrt{E_k^2 + 2E_k \cdot m_0 c^2}$$

代入德布罗意公式 $\lambda = h/p$,有

$$\lambda = \frac{hc}{\sqrt{E_k^2 + 2E_k m_0 c^2}}$$ ①

若 $E_k \ll m_0 c^2$,则

$$\lambda \approx \frac{hc}{\sqrt{2E_k m_0 c^2}} = \frac{h}{\sqrt{2m_0 E_k}} \qquad ②$$

若 $E_k \gg m_0 c^2$，则

$$\lambda = \frac{hc}{\sqrt{E_k^2}} = \frac{hc}{E_k} \qquad ③$$

(1) 当 $E_k = 100$ eV 时，由于电子静能 $E_0 = mc^2 \approx 0.51$ MeV，故可用式②计算，即

$$\lambda = \frac{h}{\sqrt{2m_0 E_k}} = 1.23 \times 10^{-10} \text{ m}$$

(2) 当 $E_k = 1$ keV 时，可用式②计算

$$\lambda = \frac{h}{\sqrt{2m_0 E_k}} = 0.39 \times 10^{-10} \text{ m}$$

以上两个结果均与 X 射线的波长相当。可见一般实验中物质波的波长是很短的，正由于这个缘故，所以观察电子衍射时就需利用晶体。

(3) 当 $E_k = 1$ MeV 时，应使用式③计算

$$\lambda = \frac{hc}{\sqrt{E_k^2 + 2E_k m_0 c^2}} = 8.73 \times 10^{-4} \text{ nm}$$

【例 13-10】 计算质量 $m = 0.01$ kg，速率 $v = 300$ m/s 的子弹的德布罗意波长。

解 根据德布罗意公式可得

$$\lambda = \frac{h}{p} = \frac{h}{mv} = 2.21 \times 10^{-35} \text{ m}$$

由计算结果可以看出，由于普朗克常数是个极微小的量，所以宏观物体的波长小到实验难以测量的程度，因此宏观物体仅表现出粒子性。而电子等微观粒子的物质波波长可以与原子的大小相比拟，因此在原子范围内将明显表现出其波动性。

德布罗意还用物质波概念解释了玻尔氢原子理论中的轨道角动量量子化条件。德布罗意认为电子的物质波沿轨道传播，当电子轨道周长恰好为物质波波长的整数倍时，可以形成稳定的驻波，这就对应于原子的定态。电子作稳定的圆轨道运动所相应的德布罗意驻波的一种波形如图 13-23 所示。

由驻波条件要求 $2\pi r = n\lambda$ 及 $\lambda = h/mv$ 得

$$mvr = n\frac{h}{2\pi}, \quad n = 1, 2, 3 \cdots$$

即玻尔的轨道量子化条件。

虽然按量子力学的观点看来，这种关系有不确切之处，但它从电子的波动性角度为玻尔理论提出了一个物理图像，首先说明了角动量量子化与物质波的波动性相关联。

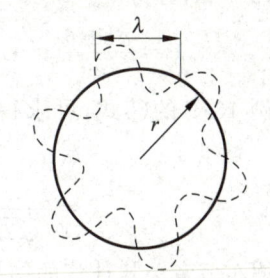

图 13-23 轨道周长为物质波波长整数倍时形成稳定驻波

13.4.2 德布罗意假设的实验验证

德布罗意假设是否正确，必须由实验来验证，微观粒子（如电子）具有粒子性早已被大家

所公认,现在的问题是如何用实验证明电子还具有波动性,并且在定量计算上符合德布罗意公式。我们知道,光的波动性是通过光的干涉和衍射现象来证实的。1927 年,戴维孙和革末首先作出了电子在晶体表面上反射后产生衍射的实验。后来汤姆孙又用电子通过金属箔获得了电子的衍射图样,至于电子的干涉现象,随后也被许多人在实验中观察到。

1. 戴维孙-革末实验

戴维孙和革末的实验是把电子束正入射到镍单晶上,观察散射电子束的强度和散射角之间的关系,实验装置如图 13-24 所示。实验中保持观察角度不变,不断改变加速电压,并测定散射电子束的强度。实验发现,电子束强度并不随加速电压而单调变化,而是出现一系列峰值,如图 13-25 所示,当 $\theta=50°$,$U=54$ V 时出现电流的极大值。

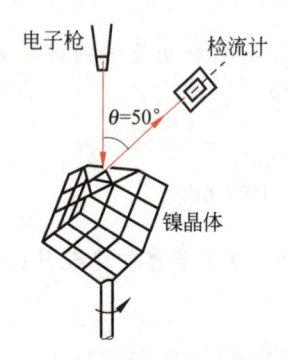

图 13-24 戴维孙和革末实验装置

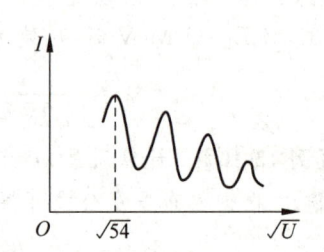

图 13-25 散射电子的伏安特性

如图 13-26 所示,设电子束垂直入射晶体表面,晶体点阵犹如反射式光栅,晶体中的原子间距为 d,θ 为其散射角。当波长 λ 满足布喇格公式

$$d\sin\theta = k\lambda, \quad k = 1,2,3,\cdots \quad (13\text{-}53)$$

时,出现衍射极大。取 $\theta=50°$,$k=1$,镍晶体晶格常数 $d=2.15\times10^{-10}$ m,可得

$$\lambda = \frac{d\sin\theta}{k} = 1.65\times10^{-10} \text{ m}$$

由例 13-9 的②式,可求得对应 $U=54$ V 时德布罗意波长

$$\lambda = \frac{h}{\sqrt{2m_0 E_k}} = \frac{h}{\sqrt{2m_0 eU}} = 1.67\times10^{-10} \text{ m}$$

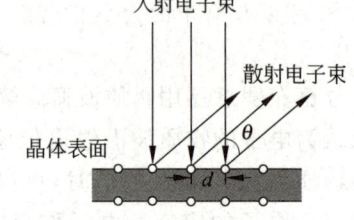

图 13-26 电子衍射示意图

由德布罗意公式计算的结果与由布喇格公式计算的结果非常一致,于是证明了德布罗意公式的正确性。

2. G. P. 汤姆孙实验

电子束在穿过细晶体粉末或薄金属片后,也像 X 射线一样产生衍射现象。这种实验也证明了德布罗意公式的正确性。1927 年,G. P. 汤姆孙(J. J. 汤姆孙的儿子)用 10~40 keV 的电子束直接通过多晶金属箔上,产生衍射花纹,如图 13-27 所示。由于多晶体由大量随机取向的微小晶体组成,沿各种方向都能观察到衍射现象,衍射花纹为一个个同心圆环,如图 13-28 所示,根据电子的动能,由德布罗意公式可计算出物质波的波长。再根据实验所得的物质波衍射花纹和布喇格公式,由德布罗意波长可算出晶体的晶格常数 d。

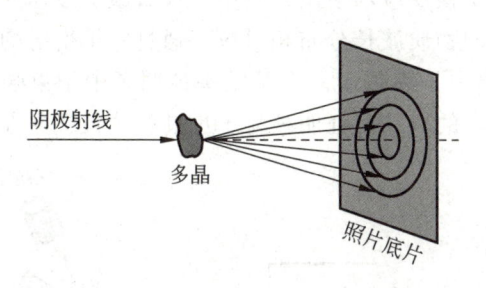

图 13-27 多晶衍射实验示意图

图 13-28 电子衍射图样

由物质波衍射测定的晶格常数和由 X 射线衍射测定的晶格常数的比较,如表 13-2 所示。比较可知,这两种测定的结果相当一致。汤姆孙实验再一次证明了德布罗意公式的正确性。由于在电子衍射实验上的贡献,戴维孙和汤姆孙共同获得 1937 年诺贝尔物理学奖。

表 13-2 电子衍射测得晶体常数与其他方法比较

金 属	电子波测定晶体常数/nm	X 射线测定晶体常数/nm	金 属	电子波测定晶体常数/nm	X 射线测定晶体常数/nm
铝	4.06～4.00	4.05	铂	3.88	3.91
金	4.18～3.99	4.06	铅	4.99	4.92

3. 其他验证实验

德布罗意关于物质波的假说,不仅可通过电子束衍射实验加以证实,而且还可以从电子束干涉实验以及从分子束、中子束实验获得验证。

电子束干涉实验,首先由缪仁希太特和杜开尔在 1954 年作出,后来法盖特和费尔特在 1956 年再次得到同样的实验结果。

电子束干涉实验如图 13-29 所示。电子束由电子枪的 S 点射出,在电子束的正前方放一根极细的(半径约 1 μm)带正电的金属丝 F,它将轻微地吸收电子。因而从金属丝上侧通过的那一部分电子被折向下方,而从 F 下侧通过的那部分电子被折向上方。这样,在前方交叉区内(如 N 点)收

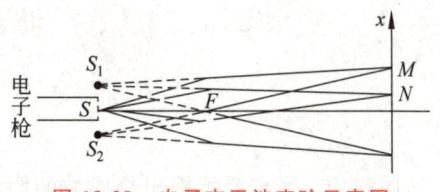

图 13-29 电子束干涉实验示意图

集到的电子包含了这两部分,它们就好像分别来自虚电子源 S_1 和 S_2。一块照相底板放在图中 x 轴上。在实验中,观察到在底板上显示出干涉条纹,并可测得两相邻条纹间的距离 Δx。再利用波干涉的公式可计算出物质波的波长。这个波长值与利用电子枪发射出的电子动能由德布罗意公式计算出的物质波长相符合。

斯特恩氢分子和氦原子束实验示意图如图 13-30 所示。斯特恩通过调节两个同轴齿轮的转速来选择速率间隔在 $v \to v + \Delta v$ 中的分子,并用灵敏的气压计来检测分子束。他们在 1931—1933 年的实验证明氦原子束经 LiF 晶体衍射结果与德布罗意公式计算结果相差不

到 2%。这个实验证明了氢分子和氦原子这些中性物质也具有波动性,这就不能不使人们确信波粒二象性是物质的普遍属性了。

图 13-31 是慢中子衍射实验的示意图。从核反应堆射出的快中子被石墨层减速成为慢中子,并处于热平衡态,其速率分布应与中子的物质波长分布相对应。通过中子衍射的极大方向测出物质波的波长,通过中子检测器测出中子束强度。实验结果证明了中子束强度的角分布与麦克斯韦的中子速率分布律是相对应的。从而证明核粒子也具有波粒二象性。

图 13-30 氦原子束衍射实验　　　　**图 13-31 慢中子衍射实验**

这些实验事实表明:电子、原子、分子、质子和中子等一切微观粒子都有波粒二象性,其波长、频率、动量和能量可以用德布罗意公式联系起来。

电子具有波粒二象性,这不仅使人们对微观世界的认识前进了一大步,而且由于电子流可以达到很大强度,其波长也易于按照需要而改变,这样,就为人们研究物质结构提供了一个极为重要的方法。特别是人们利用电子在电场、磁场中的偏转性质,使其聚焦成电子束并制成电子显微镜。我们知道,显微镜分辨率的普遍公式为 $d = 0.61\lambda/\sin\alpha$,式中 d 是能分辨开的两点间的最小距离,λ 是光的波长,α 是物体对物镜张角的一半。利用德布罗意公式可以知道,即使在不大的加速电压下,电子的波长也要比可见光的波长(4000～7000 nm)短得多。因此用电子束代替光束制成的电子显微镜的分辨率,要比普通光学显微镜高得多,而且相对的放大倍数也大得多。1977 年,我国已制成了能放大 80 万倍的电子显微镜,分辨率可达到 1.44 nm,达到 20 世纪国际上同类产品 70 年代的先进水平。

13.5　波函数　不确定关系

13.5.1　波函数

1924 年,德布罗意提出物质波的假设,实验上也验证了实物粒子具有波动性,波的前进方向就是实物粒子的前进方向。那么这是什么样的一种波呢？1926 年,奥地利物理学家薛定谔建议用波函数 $\Psi(r,t)$ 来描述微观粒子的运动状态,以协调应用波和粒子这两种对立的经典概念来描述同一微观客体所引起的表观矛盾,波函数是描述微观客体运动状态的函数,是物质波的数学表达式。

首先考虑一个自由粒子的波。自由粒子不受力,其能量 E 和动量 p 均为恒量。为简单起见,设粒子沿 x 方向作匀速直线运动,其速度 v、动量 p、能量 E 均保持不变。根据德布罗意公式,与该粒子相联系的物质波的波长 $\lambda = h/p$、频率 $\nu = E/h$ 也具有确定值。这也就是说,与一维自由粒子相联系的物质波是一个沿 x 轴正方向传播的单色平面波,其波动方

程为

$$\Psi(x,t) = \phi_0 \cos 2\pi\left(\nu t - \frac{x}{\lambda}\right) = \phi_0 \cos 2\pi\left(\frac{E}{h}t - \frac{x}{h/p}\right)$$

$$= \phi_0 \cos \frac{1}{\hbar}(Et - px) \tag{13-54}$$

在量子力学中,常把波动方程写成复数形式

$$\Psi(x,t) = \phi_0 e^{-\frac{i}{\hbar}(Et - px)} \tag{13-55}$$

式(13-54)为式(13-55)的实数部分。式(13-55)表示沿 x 方向运动、能量为 E、动量为 p 的自由粒子的波函数。这个波函数既包含有反映波动性的波动方程的形式,又包含有体现粒子性的物理量 E 和 p,因此它描述了微观粒子有波粒二象性的特征。

13.5.2 波函数的统计诠释

1. 波动-粒子两重性矛盾的分析

现在的问题是:实物粒子的波动性与其粒子性是如何相关联的?实物粒子的本来面目究竟是什么?人们对于实物粒子的波粒二象性的理解,曾经经历过一场激烈的论争,包括量子波动力学创始人薛定谔和德布罗意在内的许多科学家,对于实物粒子波动性的早期理解,都曾深受经典概念的影响。

观点一:把粒子性包容在波动性之中,认为物质波是三维空间连续分布的某种物质"波包",因而呈现干涉和衍射的现象。物质波包的大小,就是粒子的大小,波包的群速度就是粒子运动的速度。但是这种观点却碰到了两个方面的困难:首先波包是由不同频率的波组成的,不同频率的波包在媒质中的速度不同,波包在媒质中将扩散而"变胖",而实际上电子在媒质中没有观察到扩散;其次,一个波包在媒质界面上会有反射和折射,而电子只能整个地被反射,或整个地透射,不会被分为反射和折射两个"部分"。

观点二:认为粒子性是最基本的,波是由大量粒子分布于空间而形成的疏密波,波动性是粒子间相互作用的结果。这种观点也与双缝实验相矛盾。

考虑这样的一个实验。一挺机枪对双缝 D 进行扫射,缝的宽度能让一颗子弹通过,缝的后面是一道屏幕(如厚木板),能把打上去的子弹吸收掉,如图 13-32。为了测得打在屏幕各处的子弹的数量,屏幕上布满了"探测器"(如收集子弹的小沙箱)。由于子弹与缝边缘的摩擦,子弹打在屏幕上的位置是分散的,有一定概率分布。如果仅打开缝 1,则在屏幕上子弹的分布应如 P_1 所示,在 A 处的子弹数目最多;如果仅打开缝 2,则在屏幕上子弹的分布应如 P_2 所示,在 B 处的子弹数目最多;如果同时打开缝 1 和缝 2,则子弹的分布应该如 P_{12} 所示。这应该是经典粒子的分布规律,也就是说,子弹通过两缝的事件是相互独立的,实验显示出"无干涉"的结果。

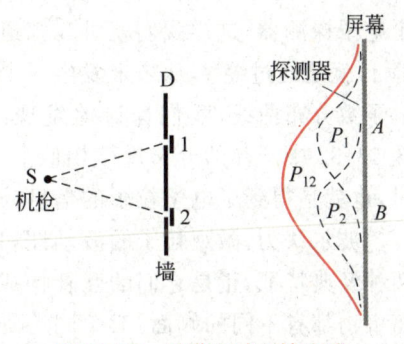

图 13-32 子弹通过双缝实验

如果将机枪换成电子枪(由一加热的钨丝和一加速电极构成)向开有双缝的屏发射电

子,在接收电子的屏幕上,安装有一个可以自由移动的探测器(如盖革计数器,电子打在上面会出现咔嗒声)。在实验中我们会发现,咔嗒声出现的节奏是不规则的,但在每处较长时间内的平均次数是近似不变的,它与电子枪发出的电子束强度成正比。为了避免咔嗒声过分密集,不容易计数,我们将电子枪的加热电流减弱,减少电子束的强度。甚至我们可以设想:让入射的电子束弱到电子几乎一个一个地入射,每次只有单个电子通过仪器。如果我们在屏幕上各处布满探测器,则会发现每次只有一个探测器发出咔嗒声,所有的咔嗒声都一样强,从来不会发生两个或两个以上的探测器同时发出哪怕是较弱的咔嗒声。这说明,与子弹一样,电子是以"粒子"的形式被检测到的。

我们发现,如果仅打开缝 1 或缝 2,经过长时间的数据积累,我们得到如图 13-33 所示的概率分布曲线 I_1 或 I_2,可以发现,电子和子弹具有相似的分布规律。但是如果同时打开缝 1 和缝 2 时,只要时间足够长,到达屏上的电子数足够多,积累起来的闪光点仍呈现与强电子数入射时完全一样的干涉图样,其电子数的分布如图 13-33 中的 I_{12} 所示,和我们熟悉的光双缝干涉具有相似的强度分布规律。这表明,粒子的波动性并不依赖于分布空间的有相互作用的大量粒子,而是粒子自身的固有属性,即单个粒子也具有波动性。因此,把"波动性"看成"由大量粒子分布于空间形成疏密波"的观点,也是不正确的。一直以来,以上描述的是"思想实验"。直到 1976 年,莫里等人发表了真实电子双缝干涉实验的结果。

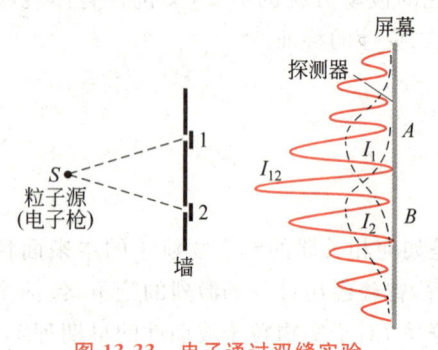

图 13-33 电子通过双缝实验

怎样理解电子在双缝干涉实验中的行为?如果说电子是"粒子",我们能否说:每个电子不是通过缝 1,就是通过缝 2,两者必居其一。那么干涉效应又是如何产生的呢?也许电子在通过双缝时分成了两半,每缝通过一半。为什么探测器接收的总是整个的电子,从未发现半个,会不会电子在通过双缝后又合二为一呢?

可以考虑这样的实验:在图 13-33 的电子通过双缝实验中,在缝 1 和缝 2 后面增加一个电子探测器,这样我们就可以知道电子到底是从哪个缝经过了。实验发现,电子不是通过缝 1,就是通过缝 2,从来未发生每个缝同时通过半个电子的情况。现在回过头来检查一下电子数分布曲线,我们惊讶地发现:干涉条纹不见了。这时电子数的分布曲线竟变成和图 13-32 中子弹的分布规律相似了。这个实验说明了,当我们知道了电子是如何通过双缝时,也就是得到了电子粒子的信息,必定丧失其波动的信息,干涉条纹消失了。

玻尔认为,微观粒子的波动性和粒子性相互补充、同时存在,粒子总是存在互补互斥的两种经典特征,正是它们的互补构成了量子力学的基本特征。互补原理的基本思想是:任何事物都有不同的侧面,对于同一研究对象,一方面承认了它的一些侧面就不得不放弃另一侧面,在这种意义上它们是互斥的;另一方面,要完整认识和理解对象,哪个侧面都不能废除,在这种意义上说二者又是互补的。这也就是玻尔的互补原理。

那么,电子究竟是什么东西?是粒子?还是波?确切地说,电子既不是经典粒子,也不是经典的波,它是粒子和波动两重性矛盾的统一。在经典力学中谈到一个"粒子"时,总意味着这样一个客体——它具有一定的质量、电荷属性,而且在空间运动时有一条确切的轨道,即在每一时刻都有一定的位置和速度。在经典物理中谈到"波"时,也是意味着存在某种实际的物理量在空间的分布,并作周期性的变化,能呈现干涉与衍射现象。在经典概念下,波和粒子难以统一到同一个客体上。那么我们究竟应该怎样正确理解实物粒子的波粒二象性呢?

1926年,波恩用"概率波"的概念来说明实物粒子的波动性和粒子性的关联,把这两个互相矛盾的方面辨证地统一起来了。

2. 概率波

为了说明"概率波"的概念,先从我们已经熟悉的光的二象性谈起,用光子的概念来说明双缝衍射的条纹分布。如图13-33所示,从光源S出发的光,经过双缝1和2后在屏幕形成明暗条纹。按照波动理论,这明暗条纹是光波通过双缝后干涉和衍射的结果,条纹的明暗表示光强度的不同。若用光子概念来说明,条纹明暗的分布就是到达屏幕上的光子数量的分布。如果光源S非常微弱,间断地一个一个地发射光子,那么此时每个光子又将如何运动呢?显然,由于每个光子都是独立单元,它只能通过双缝中的某一个缝,而不能被分成"两半"分别通过双缝,然后再由这"两半"相互干涉形成干涉条纹。那么,一个光子通过一个缝后到底会落在哪一点呢?按照波恩的思想,只能说:不能确定,光子落在屏幕哪一点都有可能,但是由屏幕上各处明暗分布可知,落在各处的可能性是不同的,即落点有一定的概率分布,这种概率分布就是由波的干涉和衍射所确定的强度分布。这就是说,某处光波的强度(光波振幅的平方),就是光子到达该处的概率。强度大的地方,光子到达的概率也大。所以,光波(即与光子相联系的波)是"概率波",它描述了光子到达空间各处的概率,概率大的地方光子多,光强大,从而就显示出由光波的干涉和衍射所确定的明暗条纹。

值得注意的是:波恩提出的波函数的概率诠释与经典物理中的概率有着本质的区别。比如,一个硬币抛向空中落在地面上,正面朝上或朝下,存在着一定的概率,也有一定的不确定度,但是这种不确定度是由于初始条件和边界条件描述的不精确引起的。如果能精确描述硬币的初始条件和边界条件,可以通过求解牛顿方程,准确求得硬币运动的轨迹,从而得知硬币哪面朝上。波恩的概率是微观粒子波粒二象性的反映,是一种全新的物理图像,因而可以概括为量子力学关于状态描述的一个基本原理。

3. 波函数的物理意义

按照量子力学理论,微观粒子的运动状态应该由波函数$\Psi(r,t)$来描述。然而,这种波函数$\Psi(r,t)$与经典的波函数不同,$\Psi(r,t)$本身并不是一个可测的物理量,没有什么直观的物理意义的,有意义的是它的模的平方$|\Psi(r,t)|^2$,由它可以算出粒子在空间的分布规律,它是一个可测定的量,例如电子衍射条纹的"亮度"就是与该处的$|\Psi(r,t)|^2$成正比的。

由波动知识可知,波振幅的平方代表波的强度。所以,波函数模的平方$|\Psi(r,t)|^2$就是波函数的强度,它等于波函数Ψ与其共轭复数Ψ^*的乘积。例如一维自由粒子波函数模的平方为

$$|\Psi(x,t)|^2 = \Psi(x,t) \cdot \Psi^*(x,t) = \psi_0 e^{-\frac{i}{\hbar}(Et-px)} \cdot \psi_0 e^{\frac{i}{\hbar}(Et-px)} = \psi_0^2$$

根据波恩的解释,物质波与经典波完全不同,它不代表任何实在的物理量的波动,它的波函数的模方$|\Psi|^2$对应着粒子在空间的概率分布。这也就是说,在t时刻到达空间某体积元dV内的粒子数dN为

$$dN \propto N \cdot |\Psi|^2 \cdot dV \quad (\text{式中 } N \text{ 为粒子总数})$$

于是有

$$|\Psi|^2 \propto \frac{dN}{N \cdot dV}$$

上式表明：波函数的模方正比于在空间某处单位体积内出现的粒子数(dN/dV)与粒子总数(N)的比值，即正比于粒子在该单位体积内的概率。我们把 t 时刻粒子在某点附近单位体积内出现的概率，称为粒子在该点的"概率密度"。于是，某时刻、空间某点处的波函数模的平方描述了该时刻粒子在该处的概率密度。这就是波函数的统计解释。

波恩的统计观点很快被大多数人所接受，1954 年，波恩因此而获得诺贝尔物理学奖。在获奖演讲中，他谦虚地把他作出统计诠释的灵感归功于爱因斯坦的一个观点，他说："爱因斯坦的观点又一次引导了我，他曾经把光波的振幅二次方解释为光子出现的概率密度，从而使粒子(光子)和波的二象性得以理解。"由此，我们又一次看到了爱因斯坦高度敏锐的洞察力，他经常一针见血地触及事物的本质。

4. 函数应满足的条件

（1）归一化条件

由于粒子必定在整个空间中的某一位置出现，因此在任意时刻粒子在整个空间中出现的概率等于 1，即

$$\int_V |\Psi|^2 \cdot dV = 1$$

上式称为波函数的归一化条件。满足这个条件的波函数，称为已归一化的波函数。

（2）标准条件

由于粒子在空间的概率分布不会发生突变，所以波函数必须是连续的。由于在某一时刻，在空间的给定点，粒子的概率密度是唯一确定的，所以波函数必须是单值的。又由于概率不能无限大，所以波函数必须是有限的。因此，波函数必须是"单值、连续、有限"的函数，这就是波函数的标准条件。

（3）态叠加原理

如果 $\Psi_1, \Psi_2, \cdots, \Psi_n$ 所描写的都是体系可能实现的状态，那么它们的线性叠加 $\Psi = \sum_{i=1}^{n} c_i \Psi_i$（$c_i$ 为任意常数）所描写的也是体系的一个可能实现的状态。这就是量子力学中态的叠加原理。

我们知道，一切经典波动过程都服从叠加原理，声波、光波的干涉和衍射都是利用这一原理进行解释的。通过描写微观粒子状态的波函数，也能成功地解释粒子的干涉和衍射实验，这说明在量子力学中态的叠加原理也是成立的。

例如，当粒子穿过双缝时，设通过一个缝的粒子的状态由 Ψ_1 描述，通过另一个缝的粒子状态用 Ψ_2 描述，那么，穿过双缝的粒子既可以处于 Ψ_1 态，也可以处于 Ψ_2 态，所以穿过双缝后，粒子的状态由叠加后的波函数 Ψ 来描述

$$\Psi = \Psi_1 + \Psi_2$$

于是，在接收屏上粒子在某点出现的概率为

$$|\Psi|^2 = |\Psi_1 + \Psi_2|^2 = (\Psi_1 + \Psi_2) \cdot (\Psi_1^* + \Psi_2^*)$$

$$= \Psi_1 \cdot \Psi_1^* + \Psi_2 \cdot \Psi_2^* + \Psi_1 \cdot \Psi_2^* + \Psi_2 \cdot \Psi_1^*$$
$$= |\Psi_1|^2 + |\Psi_2|^2 + (\Psi_1 \cdot \Psi_2^* + \Psi_2 \cdot \Psi_1^*)$$

上式中最后两项,称为"干涉项"。

量子力学中态的叠加,虽然在数学上与经典波的叠加原理相同,但在物理本质上却有根本的不同。在经典力学中,当谈及一个波由若干子波相干叠加而成时,只不过表明这个合成的波中含有各种成分(具有不同的波长、频率、相位)的子波而已。量子态的叠加是指一个粒子的两个态的叠加,其干涉也是自己与自己干涉,绝不是两个粒子互相干涉,而且这种态的叠加将导致在叠加态下测量结果的不确定性。例如,在光的双缝干涉实验中,相干的入射光束中光子数目各一半分配给两束,然后一束中的光子与另一束中的另一个光子干涉,这就要求,有时候两个光子干涉而湮灭,有时候两个光子因干涉而变成 4 个光子,这显然与能量守恒定律相违背。若按量子力学的态叠加原理来理解,则无此困难。波函数给出的是一个光子出现在空间某处的概率,在双缝衍射中是一个光子自己与自己干涉,有些地方由于干涉而概率为零,有些地方则由于干涉而概率加强。

此外,在量子力学中的波函数 Ψ 具有独特的性质,即波函数 Ψ 与波函数 $\Psi' = c\Psi$(c 为任意常数)所描写的是同一状态。这是因为:$|\Psi'|^2 = c^2 |\Psi|^2$ 所给出的概率比 $|\Psi|^2$ 给出的概率处处大了 c^2 倍,但是粒子在空间各点的概率分布(相对比例)并没有变化。这点与经典的波动不同,经典波动的振幅若增大了 c 倍,则其强度(或能量)就增大了 c^2 倍,这完全成为另一种不同的波动状态。正由于波函数具有这种性质,所以一个量子态与本身叠加后不能形成任何新的态。这一点也和经典波的叠加是不同的。

5. 定态波函数

如果一个波函数 $\Psi(x,y,z,t)$ 可以表示为
$$\Psi(x,y,z,t) = \psi(x,y,z) \cdot e^{-\frac{i}{\hbar}Et}$$
即波函数为一个空间坐标的函数 $\psi(x,y,z)$ 与一个时间函数的乘积,整个波函数随时间的改变由因子 $e^{-iEt/\hbar}$ 决定,那么这种形式的波函数就称为"定态波函数",它所描写的状态称为"定态"。

如果粒子处于定态,那么
$$|\Psi(x,y,z,t)|^2 = |\psi(x,y,z) \cdot e^{-\frac{i}{\hbar}Et}|^2 = |\psi(x,y,z)|^2$$
上式表明,粒子在空间某点出现的概率不随时间而改变,这是定态的一个很重要的特点。

在解决实际问题时,我们最感兴趣的并不是 $\Psi(x,y,z,t)$ 本身,而是它的模 $|\Psi(x,y,z,t)|^2$,所以如果粒子处于定态,只要求出波函数的空间部分 $\psi(x,y,z)$,而不必再去考虑时间因子 $e^{-iEt/\hbar}$。$\psi(x,y,z)$ 通常称为"定态波函数"。

13.5.3 粒子的力学量的平均值

如果一个粒子的状态是由已经归一化的波函数 $\Psi(x,y,z,t)$ 所描写,那么 $\Psi(x,y,z,t)$ 就是 t 时刻在 (x,y,z) 处的概率分布函数。由此我们可以按照由概率求平均值的公式,求出粒子力学量的平均值。例如,t 时刻粒子坐标的平均值为
$$\bar{x} = \int_V x \cdot |\Psi(x,y,z,t)|^2 \cdot dV$$

式中，$dV = dx \cdot dy \cdot dz$，事实上，粒子的任何一个仅仅是坐标函数的力学量 $f(x,y,z)$，其平均值都可以由 $\Psi(x,y,z,t)$ 求出。即

$$\bar{f}(x,y,z) = \int f(x,y,z) \mid \Psi(x,y,z,t) \mid^2 \cdot dx \cdot dy \cdot dz$$

或简写为

$$\bar{f}(\boldsymbol{r}) = \int f(\boldsymbol{r}) \mid \Psi(\boldsymbol{r},t) \mid^2 \cdot dV \tag{13-56}$$

【例 13-11】 假若粒子只在一维空间运动，它的状态可以用波函数

$$\Psi(x,t) = \begin{cases} 0, & x \leqslant 0, x \geqslant a \\ A e^{-\frac{i}{\hbar}Et} \cdot \sin\frac{\pi}{a}x, & 0 \leqslant x \leqslant a \end{cases}$$

来描写，在 $t=0$ 时函数曲线如图 13-34 中实线所示。式中 E 和 a 分别为确定的常数，而 A 是待定的常数（称为"归一化因子"，或"归一化常数"）。

求：(1) 归一化波函数；
(2) 概率分布函数（即概率密度）ω；
(3) $\bar{x}$、$\overline{x^2}$ 的平均值。

解 (1) 在一维空间里，归一化条件为

$$\int_{-\infty}^{\infty} \mid \Psi(x,t) \mid^2 dx = 1$$

亦即

$$\int_{-\infty}^{0} \mid \Psi(x,t) \mid^2 dx + \int_{0}^{a} \mid \Psi(x,t) \mid^2 dx + \int_{a}^{\infty} \mid \Psi(x,t) \mid^2 dx = 1$$

将 $\Psi(x,t)$ 代入上式，得

$$A^2 \int_{0}^{a} \left(e^{-\frac{i}{\hbar}Et} \cdot \sin\frac{\pi}{a}x \right) \cdot \left(e^{+\frac{i}{\hbar}Et} \cdot \sin\frac{\pi}{a}x \right) dx = 1$$

即

$$A^2 \int_{0}^{a} \sin^2\left(\frac{\pi}{a}x\right) dx$$

$$A^2 \int_{0}^{a} \frac{1 - \cos\left(2\frac{\pi}{a}x\right)}{2} dx = 1$$

积分后有

$$A^2 \cdot \frac{1}{2} a = 1$$

所以归一化因子

$$A = \sqrt{\frac{2}{a}}$$

则归一化波函数为

$$\Psi(x,t) = \begin{cases} 0, & x \leqslant 0, x \geqslant a \\ \sqrt{\frac{2}{a}} e^{-\frac{i}{\hbar}Et} \cdot \sin\frac{\pi}{a}x, & 0 \leqslant x \leqslant a \end{cases}$$

图 13-34

（2）概率分布函数为

$$\omega(x) = |\Psi(x,t)|^2 = \begin{cases} 0, & x \leqslant 0, x \geqslant a \\ \dfrac{2}{a}\sin^2 \dfrac{\pi}{a}x, & 0 \leqslant x \leqslant a \end{cases}$$

概率分布曲线如图 13-34 中虚线所示。从图中可以看出，在区间 $[0,a]$ 以外找不到粒子，而在区间 $(0,a)$ 以内各处都有可能找到粒子，在 $x \sim x+\mathrm{d}x$ 内发现粒子的概率为

$$\omega(x)\mathrm{d}x = \dfrac{2}{a}\sin^2 \dfrac{\pi}{a}x \cdot \mathrm{d}x, \quad 0 \leqslant x \leqslant a$$

如果要算出在何处找到粒子的概率最大，则可令

$$\dfrac{\mathrm{d}}{\mathrm{d}x}\left(\dfrac{2}{a}\sin^2 \dfrac{\pi}{a}x\right) = 0$$

求解并进行分析，可知在 $x=a/2$ 处找到粒子的概率最大。

（3）$\bar{x} = \displaystyle\int_{-\infty}^{\infty} x \cdot |\Psi(x,t)|^2 \mathrm{d}x = \dfrac{2}{a}\int_0^a x \sin^2 \dfrac{\pi}{a}x \mathrm{d}x = \dfrac{a}{2}$

$\overline{x^2} = \displaystyle\int_{-\infty}^{\infty} x^2 \cdot |\Psi(x,t)|^2 \mathrm{d}x = \dfrac{2}{a}\int_0^a x^2 \sin^2 \dfrac{\pi}{a}x \mathrm{d}x = \dfrac{a^2}{2} - \dfrac{a^2}{2\pi^2}$

【例 13-12】 下列波函数所描写的状态是不是定态？

(1) $\Psi_1(x,t) = u(x)\mathrm{e}^{\frac{i}{\hbar}px - \frac{i}{\hbar}Et} + V(x)\mathrm{e}^{\frac{i}{\hbar}px - \frac{i}{\hbar}Et}$

(2) $\Psi_2(x,t) = u(x)\mathrm{e}^{-i\frac{E_1}{\hbar}t} + u(x)\mathrm{e}^{-i\frac{E_2}{\hbar}t}$

(3) $\Psi_3(x,t) = u(x)\mathrm{e}^{-i\frac{E}{\hbar}t} + u(x)\mathrm{e}^{i\frac{E}{\hbar}t}$

解 从波函数判断它所描写的状态是否定态，就是分析所给波函数是否具有形式

$$\Psi(x,t) = \psi(x) \cdot \mathrm{e}^{-i\frac{E}{\hbar}t}$$

因而 (1) $\Psi_1(x,t) = [u(x)\mathrm{e}^{\frac{i}{\hbar}px} + V(x)\mathrm{e}^{\frac{i}{\hbar}px}] \cdot \mathrm{e}^{-\frac{i}{\hbar}Et}$ 是定态

(2) $\Psi_2(x,t) = u(x)[\mathrm{e}^{-i\frac{E_1}{\hbar}t} + \mathrm{e}^{-i\frac{E_2}{\hbar}t}]$ 不是定态

(3) $\Psi_3(x,t) = u(x)[\mathrm{e}^{-i\frac{E}{\hbar}t} + \mathrm{e}^{i\frac{E}{\hbar}t}]$ 也不是定态

【例 13-13】 若波函数的形式为

$$\Psi(x,t) = \psi(x)\mathrm{e}^{\frac{i}{\hbar}Et} + \psi(x)\mathrm{e}^{-\frac{i}{\hbar}Et}$$

求：t 时刻粒子位置的概率密度 $\omega = |\Psi|^2 = ?$

解 $\Psi(x,t) = \psi(x) \cdot [\mathrm{e}^{\frac{i}{\hbar}Et} + \mathrm{e}^{-\frac{i}{\hbar}Et}]$

$\omega = |\Psi(x,t)|^2 = \Psi(x,t) \cdot \Psi(x,t)^*$

$= \psi(x) \cdot [\mathrm{e}^{\frac{i}{\hbar}Et} + \mathrm{e}^{-\frac{i}{\hbar}Et}] \cdot \psi^*(x) \cdot [\mathrm{e}^{-\frac{i}{\hbar}Et} + \mathrm{e}^{\frac{i}{\hbar}Et}]$

$= |\psi(x)|^2 \cdot [\mathrm{e}^0 + \mathrm{e}^{\frac{2i}{\hbar}Et} + \mathrm{e}^{-\frac{2i}{\hbar}Et} + \mathrm{e}^0]$

$= 2|\psi(x)|^2 \cdot \left[1 + \dfrac{1}{2}(\mathrm{e}^{\frac{2i}{\hbar}Et} + \mathrm{e}^{-\frac{2i}{\hbar}Et})\right]$

$= 2|\psi(x)|^2 \cdot [1 + \cos(2Et/\hbar)]$

计算结果表明，此概率密度与时间 t 有关，所以 $\Psi(x,t)$ 所描写的状态不是定态。事实上，在这个状态中，能量的可能值为 $+E$ 和 $-E$，且各以一半的概率出现。

13.5.4 不确定关系

波恩对波函数的统计诠释,把物质的粒子-波动二象性统一到概率波的概念上。在此概念中,经典波的概念只是部分地被保留下来(主要是波的相干叠加性),而一部分概念则被摒弃,例如,概率波并不是什么实在的物理量在三维空间中的波动,而是三维空间中的概率波。同样,经典粒子的概念也是部分地被保留下来(主要指原子性或颗粒性以及力学量之间某些关系),而一部分概念则被摒弃,例如,轨道的概念,即粒子的运动状态用每一时刻粒子的位置 $r(t)$ 和动量 $p(t)$ 来描述的概念。由于粒子-波动二象性的存在,经典粒子的概念对于微观世界在多大程度上适用?1927 年,海森伯以其著名的"不确定关系"对此做了最集中和形象的概括。

1. 位置与动量的不确定关系

下面我们借助于电子单缝衍射实验,来粗略地推导位置与动量的不确定关系。

如图 13-35 所示,一束动量为 p 的电子通过宽度为 Δx 的单缝后,发生衍射而在屏上形成衍射条纹。对于一个电子来说,我们不能确定地判定它是从缝中的哪一点通过的,所以它在通过单缝时位置的不确定量就等于缝宽 Δx。如果忽略衍射的次级极大,可以认为电子都落在中央条纹内,因而电子通过缝时,其运动方向可以有大到 θ_1 角的偏转。于是电子动量的 x 分量 p_x 的大小为 $0 \leqslant p_x \leqslant p\sin\theta_1$。这表明,电子通过缝时在 x 方向上的动量的不确定量为 $\Delta p_x = p\sin\theta_1$。再考虑到衍射条纹的次极大,可得 $\Delta p_x \geqslant p\sin\theta_1$。由单缝衍射公式,第一级暗纹中心的角位置 θ_1 由下式决定:$\Delta x \cdot \sin\theta_1 = \lambda$。于是有 $\Delta p_x \geqslant p \cdot \lambda / \Delta x$,式中 λ 为德布罗意波长:$\lambda = h/p$。

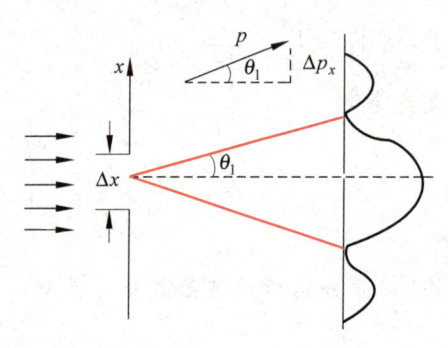

图 13-35 电子单缝衍射

由此可得

$$\Delta p_x \geqslant \frac{p \cdot h/p}{\Delta x} = \frac{h}{\Delta x}$$

即

$$\Delta p_x \cdot \Delta x \geqslant h \tag{13-57}$$

式(13-57)的推导只是借助一个特例的粗略计算。更严格的推导给出

$$\Delta x \cdot \Delta p_x \geqslant \frac{h}{4\pi} = \frac{\hbar}{2} \tag{13-58}$$

式中,$\hbar = h/2\pi = 1.0545887 \times 10^{-34}$ J·s,也叫做普朗克常数。由于此公式通常只用于数量级的估计,所以它又常写为

$$\Delta x \cdot \Delta p_x \geqslant \hbar$$

上式告诉我们:微观粒子的坐标和动量不可能同时进行准确的测定。也就是说,微观粒子不可能同时具有确定的位置和动量,它是物质的波动-粒子二象性矛盾的反映。我们可以如下理解,按照德布罗意关系式 $p = h/\lambda$,其中波长是描述波在空间变化快慢的一个量,

是与整个波动相联系的量。因此,正如"在空间某一点 x 的波长"的提法是没有意义的,"微观粒子在空间某一点 x 的动量"的提法也同样没有意义,因此粒子运动轨道的概念也没有意义。这对于长期习惯适用经典力学以及日常生活中关于粒子运动的概念的人是很难接受的,但它却是物质的波动-粒子二象性的必然结果。这种不确定关系并不来自实验原理的不完美,或测量的不精确,换言之,对于微观粒子来说,无论我们采用何种完美的实验原理、精密的仪器及测量技术,都不可能同时精确地测定其"位置和动量"。

在其他两个坐标方向上也存在类似的关系

$$\Delta y \cdot \Delta p_y \geqslant \hbar, \quad \Delta z \cdot \Delta p_z \geqslant \hbar \tag{13-59}$$

2. 时间和能量的不确定关系

如果我们要借助于波长为 λ 的光来观察某粒子以确定它的位置,那么粒子就必然要受到光子的作用(例如吸收一个光子)。这样,粒子能量的不确定量 ΔE 就等于光子能量 $h\nu$,即 $\Delta E = h\nu$。而粒子位置的不确定量至少是光子的波列长度,即 $\Delta x \approx \lambda$。光子撞击粒子的时间至少在光子移动 λ 距离所需时间的范围内是不确定的。于是时间的不确定量为

$$\Delta t \geqslant \frac{\lambda}{c} = \frac{1}{\nu} = \frac{h}{h\nu} = \frac{h}{\Delta E}$$

即

$$\Delta E \cdot \Delta t \geqslant h$$

用 $\hbar$ 代替 h,就可得到时间和能量的不确定关系

$$\Delta E \cdot \Delta t \geqslant \hbar \tag{13-60}$$

上式 ΔE 表示粒子能量的不确定量,而 Δt 表示粒子处于该能态的平均时间(寿命)。

式(13-60)可用来估算原子能级跃迁时的谱线宽度。我们知道,原子基态是稳定的,$\Delta t \to \infty$,于是有 $\Delta E \to 0$,即原子基态能量有确定的值,而原子的激发态是不稳定的,$\Delta t \neq 0$($\propto 10^{-8}$ s),于是激发态能量的不确定量 $\Delta E = \hbar/\Delta t$,即该能级的能量在 $E - \Delta E/2$ 和 $E + \Delta E/2$ 之间,ΔE 称为该能级的宽度。由此可见,原子在两定态间跃迁时放出或吸收的能量不是完全确定的;从而由激发态跃迁到低能态时,所发射光子的频率也不是单一的,这就是原子光谱存在自然宽度的根源。

【例 13-14】 设子弹的质量为 0.01 kg,枪口的直径为 0.5 cm,试用不确定关系计算子弹射出枪口时的横向速度。

解 枪口直径可以当作子弹射出枪口时的位置不确定量 Δx,由不确定关系

$$\Delta x \cdot \Delta p_x = \Delta x \cdot m \Delta v_x \geqslant \hbar$$

取等号计算

$$\Delta v_x = \frac{\hbar}{m \Delta x} = \frac{1.05 \times 10^{-34}}{0.01 \times 0.5 \times 10^{-2}} = 2.1 \times 10^{-30} \, (\text{m/s})$$

这就是子弹速度的不确定量,和子弹飞行速度每秒几百米相比,这一速度引起的运动方向的偏转是微不足道的。因此对于子弹这种宏观粒子,它的波动性不会对它的"经典式"运动以及射击时的瞄准带来任何实际的影响。

【例 13-15】 用"不确定关系"说明：电子不可能是原子核的成员。

解 如果粒子被限制在直径为 a 的球内运动，其位置的偏差估计为 $\Delta x \approx a$
由不确定关系

$$\Delta x \cdot \Delta p_x \approx \hbar$$

得到

$$\Delta p_x = p_x = \hbar/\Delta x = \hbar/a$$

即

$$p_x^2 \approx \hbar^2/a^2$$

同样有

$$p_y^2 = p_z^2 \approx \hbar^2/a^2$$

则

$$p^2 = p_x^2 + p_y^2 + p_z^2 \approx 3\hbar^2/a^2$$

粒子动能

$$E = \frac{p^2}{2m} = \frac{3\hbar^2}{2ma^2}$$

核直径约为 $a \approx 10^{-15}$ m，若电子在核内，则核中电子的动能最小为

$$E \approx 1.14 \times 10^{11} \text{ eV}$$

这是不可能的，因为从未发现电子有如此高的能量。这说明电子不可能被束缚在原子核那样小的范围中，即电子不可能成为原子核的成员。由此可见，β射线不能认为是直接从原子核中逸出的电子的射线，而只能是核子反应时新产生出来的。

【例 13-16】 某原子的第一激发态的能级宽度 $\Delta E = 6 \times 10^{-8}$ eV，试估算原子处于第一激发态的寿命 Δt。

解 根据时间与能量的不确定关系，有

$$\Delta t = \frac{\hbar}{\Delta E} \approx 1.09 \times 10^{-8} \text{ s}$$

13.5.5 不确定关系的物理意义

1. 世界观的改变

经典科学的世界模型：每个事件都由初始条件决定，这些初始条件至少在原则上是可以精确给出的。世界是一个钟表机器，行星在其轨道上永不休止地运转，所有系统在平衡中按决定论而运行，所有这一切都服从于外部观察者能够发现的普适规律。因此，在这样的世界中偶然性不起任何作用，观察者与世界相疏离而不在系统中。

这种宿命论的最典型例子就是拉普拉斯之妖：对一个具有非凡计算能力的妖来说，只要给它一个初始条件，它就可以知道宇宙的过去、现在和未来的一切，这个妖史称拉普拉斯之妖，这种精灵拥有无限的运算能力，因而可能依照牛顿运动方程把宇宙的过去、现在和未来全部计算出来。这种情形下的宿命论是显而易见的，但拉普拉斯进一步假定存在着某些定律，它们类似地制约其他每一件东西，包括人类的行为。

而不确定原理对人类的世界观带来了根本性的变化。霍金在他的《时间简史》中这样

描述：

为了预言一个粒子未来的位置和速度,人们必须能准确地测量它现在的位置和速度。显而易见的办法是将光照到这粒子上,一部分光波被此粒子散射开来,由此指明它的位置。然而,人们不可能将粒子的位置确定到比光的两个波峰之间距离更小的程度,所以必须用短波长的光来测量粒子的位置。现在,由普朗克的量子假设,人们不能用任意少的光的数量,至少要用一个光量子。这量子会扰动这粒子,并以一种不能预见的方式改变粒子的速度。而且,位置测量得越准确,所需的波长就越短,单独量子的能量就越大,这样粒子的速度就被扰动得越厉害。换言之,你对粒子的位置测量得越准确,你对速度的测量就越不准确,反之亦然。海森伯不确定性原理是世界的一个基本的不可回避的性质。

不确定性原理使拉普拉斯科学理论,即一个完全宿命论的宇宙模型的梦想寿终正寝:如果人们甚至不能准确地测量宇宙现在的态,就肯定不能准确地预言将来的事件了!

2. 微观粒子不可能静止不动

根据经典理论,在绝对零度(0 K)时,热运动消失,微粒静止不动。然而,根据不确定关系可知,在任何情况下 Δx 和 Δp_x 不可能同时为零,亦即微观粒子的运动永远也不会停止,即使在绝对零度,粒子也不可能静止不动。粒子在绝对零度时所具有的能量,称为零点能。不确定关系说明,任何一个原子、分子系统都存在着零点能。

3. 宏观物理与微观物理的分界线

通过前面有关"不确定关系"例题的计算,我们可以看到：在某个具体问题中,粒子是否可作为经典粒子来处理,起关键作用的是普朗克常数 h 的大小。如果 h 小到等于零,则将有 $\Delta x \cdot \Delta p_x \geq 0$,这时 Δx 和 Δp_x 可以同时为零,这样任何粒子都可以同时具有确定的位置和动量,那么任何粒子将都是经典粒子,波粒二象性在大自然中消失,宏观世界与微观世界的根本区别也将不存在了。反之,如果普朗克常数很大,假定 $h = 6.63 \times 10^{-2}$ J·s,则在例 13-14 中子弹出口的速度不确定量将等于 210 m/s,和出口速度每秒几百米相比,子弹出枪口后将发生严重的偏离,而这种偏离正是子弹本身的波动性所决定的。这也就是说,如果普朗克常数很大,宏观粒子也将表现出波粒二象性,波粒二象性的统治将明显地扩大到宏观领域。由此可见,正是普朗克常数 $h = 6.63 \times 10^{-34}$ J·s 划分了现实中宏观世界和微观世界的界限,"不确定关系"确定了宏观物理的应用范围。

13.6 薛定谔方程及其应用

在经典力学中,我们用运动学的"语言"来描述质点的运动,其运动规律由牛顿动力学方程决定。在量子力学中,我们同样需要用与牛顿定律或电磁学理论中的麦克斯韦方程组相当的基本方程来确定波函数。那么如何求得描述微观粒子运动的波函数呢? 1926 年,奥地利物理学家薛定谔提出波函数所满足的微分方程式,即薛定谔方程,解决了这一重大课题,薛定谔方程是量子力学最基本的方程,其地位与牛顿方程在经典力学中的地位相当。应该认为,薛定谔方程是量子力学的一个基本假设,它并不能从什么更根本的假定来证明,它的正确性只能靠实践来检验。

13.6.1 薛定谔方程

1. 自由粒子的薛定谔方程

为了建立微观粒子的运动方程,让我们首先来考虑一个特殊的情况,即自由粒子波函数满足什么样的微分方程。

由一维自由粒子的波函数式(13-55),即

$$\Psi(x,t) = \psi_0 e^{-\frac{i}{\hbar}(Et-px)}$$

因此

$$\frac{\partial \Psi(x,t)}{\partial t} = -\frac{i}{\hbar} E \psi_0 e^{-\frac{i}{\hbar}(Et-px)} = -\frac{i}{\hbar} E \Psi(x,t) \tag{13-61}$$

$$\frac{\partial \Psi(x,t)}{\partial x} = \frac{i}{\hbar} p \psi_0 e^{-\frac{i}{\hbar}(Et-px)} = \frac{i}{\hbar} p \Psi(x,t)$$

$$\frac{\partial \Psi^2(x,t)}{\partial x^2} = -\frac{p^2}{\hbar^2} \psi_0 e^{-\frac{i}{\hbar}(Et-px)} = -\frac{p^2}{\hbar^2} \Psi(x,t) \tag{13-62}$$

由式(13-61)可得

$$i\hbar \frac{\partial \Psi(x,t)}{\partial t} = E\Psi(x,t) \tag{13-63}$$

由式(13-62)可得

$$-\frac{\hbar^2}{2m} \frac{\partial^2 \Psi(x,t)}{\partial x^2} = \frac{p^2}{2m} \Psi(x,t) \tag{13-64}$$

因为自由粒子的势能为零,所以其总能量 $E=E_k$,在非相对论情况下($v \ll c$) $E_k = \frac{p^2}{2m}$,即 $E = \frac{p^2}{2m}$,于是,由式(13-63)、式(13-64)可得

$$-\frac{\hbar^2}{2m} \frac{\partial^2 \Psi(x,t)}{\partial x^2} = i\hbar \frac{\partial \Psi(x,t)}{\partial t} \tag{13-65}$$

上式为一维自由粒子的薛定谔方程。

对于三维自由粒子,其波函数为

$$\Psi(\boldsymbol{r},t) = \psi_0 e^{-\frac{i}{\hbar}(Et-\boldsymbol{p}\cdot\boldsymbol{r})}$$

同理可得,非相对论情况下三维空间自由粒子的薛定谔方程

$$-\frac{\hbar^2}{2m} \left[\frac{\partial^2 \Psi(\boldsymbol{r},t)}{\partial x^2} + \frac{\partial^2 \Psi(\boldsymbol{r},t)}{\partial y^2} + \frac{\partial^2 \Psi(\boldsymbol{r},t)}{\partial z^2} \right] = i\hbar \frac{\partial \Psi(\boldsymbol{r},t)}{\partial t} \tag{13-66}$$

为书写方便,我们引入"拉普拉斯算符"

$$\nabla^2 = \frac{\partial^2}{\partial x^2} + \frac{\partial^2}{\partial y^2} + \frac{\partial^2}{\partial z^2}$$

则式(13-66)可写成

$$-\frac{\hbar^2}{2m} \nabla^2 \Psi(\boldsymbol{r},t) = i\hbar \frac{\partial \Psi(\boldsymbol{r},t)}{\partial t} \tag{13-67}$$

2. 薛定谔方程的一般形式

由式(13-67),可以看出:总能 E 与"$i\hbar \frac{\partial}{\partial t}$"相当,$p^2$ 与 $-\hbar^2 \nabla^2$ 相当,这时就出现了一种

新的数学工具——算符。令

$$\hat{E} = i\hbar\frac{\partial}{\partial t}, \quad \hat{p}^2 = -\hbar^2\nabla^2 \tag{13-68}$$

或

$$\hat{p} = -i\hbar\nabla$$

如果粒子不是自由的，而是在某力场中运动，粒子的势能 $E_p = U(x,y,z,t) = U(\boldsymbol{r},t)$，粒子的总能 $E = E_k + E_p = \dfrac{p^2}{2m} + U$。在这种情况下，薛定谔方程是含时的，由 $\dfrac{\hat{p}^2}{2m} + U = \hat{E}$，有

$$\left(\frac{\hat{p}^2}{2m} + U\right)\Psi = \hat{E}\Psi$$

再利用式(13-68)，可得

$$-\frac{\hbar^2}{2m}\nabla^2\Psi + U\Psi = i\hbar\frac{\partial\Psi}{\partial t}$$

即

$$-\frac{\hbar^2}{2m}\nabla^2\Psi(\boldsymbol{r},t) + U(\boldsymbol{r},t)\Psi(\boldsymbol{r},t) = i\hbar\frac{\partial\Psi(\boldsymbol{r},t)}{\partial t} \tag{13-69}$$

引入哈密顿算符 $\hat{H} = -\dfrac{\hbar^2}{2m}\nabla^2 + U$，则上式可写为

$$\hat{H}\Psi = i\hbar\frac{\partial\Psi}{\partial t} \tag{13-70}$$

式(13-70)即为薛定谔方程的一般形式。

3. 建立薛定谔方程的一般方法

要写出粒子所满足的薛定谔方程，首先应找出粒子总能 E 与其动量 p 的关系式，然后把式中的 E 与 p 算符化（即 $\hat{E} = i\hbar\dfrac{\partial}{\partial t}$，$\hat{p} = -i\hbar\nabla$），最后把经算符化后的关系式分别作用在 Ψ 上，即可得到所需的薛定谔方程。

【例13-17】 试由相对论能量-动量关系 $E^2 = c^2p^2 + m_0^2c^4$ 出发，建立一维自由粒子波函数所满足的薛定谔方程。

解 把 $E^2 = c^2p^2 + m_0^2c^4$ 算符化，可得

$$\left(i\hbar\frac{\partial}{\partial t}\right)^2 = c^2(-i\hbar\nabla)^2 + m_0^2c^4$$

即有

$$-\hbar^2\frac{\partial^2}{\partial t^2} = -c^2\hbar^2\nabla^2 + m_0^2c^4$$

再把上式作用在波函数 Ψ 上，则有

$$-\hbar^2\frac{\partial^2}{\partial t^2}\Psi = -c^2\hbar^2\nabla^2\Psi + m_0^2c^4\Psi$$

在一维情况下，$\nabla^2 \to \dfrac{\partial^2}{\partial x^2}$，于是上式可写成

$$\hbar^2 \frac{\partial^2 \Psi}{\partial t^2} = c^2 \hbar^2 \frac{\partial^2 \Psi}{\partial x^2} - m_0^2 c^4 \Psi$$

上式称为克莱因-戈登方程，它是一维自由粒子的相对论波动方程，可以用来准确描述某些高速微观粒子的运动。

4. 定态薛定谔方程

在许多实际问题中，作用在粒子上的力场是不随时间改变的，粒子的势能可用 $U(\mathbf{r})$ 来表征，它不显含时间。在这种情况下，可用分离变量法来求解。为此，令

$$\Psi(\mathbf{r},t) = \psi(\mathbf{r}) \cdot f(t) \tag{13-71}$$

带入薛定谔方程式(13-70)，得

$$-\frac{\hbar^2}{2m}\nabla^2[\psi(\mathbf{r}) \cdot f(t)] + U(\mathbf{r})\psi(\mathbf{r})f(t) = i\hbar\frac{\partial}{\partial t}[\psi(\mathbf{r}) \cdot f(t)]$$

经整理后可得

$$i\hbar\frac{1}{f(t)}\frac{\partial f(t)}{\partial t} = \frac{1}{\psi(\mathbf{r})}\left[-\frac{\hbar^2}{2m}\nabla^2\psi(\mathbf{r}) + U(\mathbf{r})\psi(\mathbf{r})\right]$$

很明显，上式右边只是 $\mathbf{r}$ 的函数，而左边只是 t 的函数，为了使上式成立，必须两边恒等于某一个常数。设以 E 表示此常数，则有

$$i\hbar\frac{\partial f(t)}{\partial t} = Ef(t) \tag{13-72}$$

$$-\frac{\hbar^2}{2m}\nabla^2\psi(\mathbf{r}) + U(\mathbf{r})\psi(\mathbf{r}) = E\psi(\mathbf{r}) \tag{13-73}$$

式(13-72)的解为

$$f(t) = c e^{-\frac{i}{\hbar}Et} \tag{13-74}$$

式中，c 为任意常数。把式(13-74)代入式(13-71)中，并把常数 c 包含在 $\psi(\mathbf{r})$ 中，这样就得到薛定谔方程的特解

$$\Psi(\mathbf{r},t) = \psi(\mathbf{r})e^{-\frac{i}{\hbar}Et} \tag{13-75}$$

上式所示的波函数，称为定态波函数。式(13-73)所示的方程称为定态薛定谔方程，其每一个解表示粒子的一个稳定状态。与这个解相应的常数 E，就是该粒子在这个稳定状态下的能量。由其解所得出的粒子在空间的概率密度 $|\Psi|^2$，与时间 t 无关，这是定态的一个很重要的特点。

5. 应用薛定谔方程处理实际问题的一般步骤

(1) 找出问题中势能函数 U 的具体形式，代入相应的薛定谔方程；
(2) 用分离变量法求解；
(3) 由波函数的归一化条件和标准条件，确定积分常数；
(4) 求概率密度 $|\Psi|^2$，并讨论其物理意义。

13.6.2 薛定谔方程的简单应用

1. 一维无限深势阱

在许多情况中，例如金属中的电子，原子中的电子，原子核中的质子和中子等粒子的运

动都有一个共同特点,即粒子的运动都被限制在一个很小的空间范围内,或者说,粒子处于束缚态。为了分析束缚态粒子的共同特点,我们提出一个简单的理想化模型,即假设粒子被关在一个具有理想反射壁的方匣里,在匣内不受其他外力的作用,粒子将不能穿过匣壁而只能在匣内自由运动。为了简单起见,我们仅讨论一维运动的情况。

(1) 写出定解问题

如图 13-36 所示,一维无限深势阱的势能函数表达式为

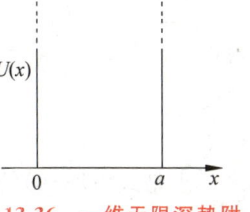

图 13-36 一维无限深势阱

$$U(x) = \begin{cases} \infty, & x \leqslant 0, x \geqslant a \\ 0, & 0 < x < a \end{cases} \tag{13-76}$$

由于势能与时间无关,所以是定态问题。把式(13-76)代入式(13-73),可得

$$-\frac{\hbar^2}{2m}\frac{\partial^2 \psi(x)}{\partial x^2} + \infty \cdot \psi(x) = E\psi(x), \quad 阱外 \; x \leqslant 0, x \geqslant a \tag{13-77}$$

$$-\frac{\hbar^2}{2m}\frac{\partial^2 \psi(x)}{\partial x^2} + 0 \cdot \psi(x) = E\psi(x), \quad 阱内 \; 0 < x < a \tag{13-78}$$

要使式(13-77)成立,只有 $\psi(x) = 0$,即粒子在势阱外出现的概率为零,由此可得式(13-78)的边值条件

$$\psi(0) = 0, \quad \psi(a) = 0$$

(2) 求解定态薛定谔方程

式(13-78)可整理为

$$\frac{d^2 \psi(x)}{dx^2} + \frac{2mE}{\hbar^2}\psi(x) = 0 \tag{13-79}$$

令 $k^2 = \frac{2mE}{\hbar^2}$,则式(13-79)为

$$\frac{d^2 \psi(x)}{dx^2} + k^2 \psi(x) = 0, \quad 0 < x < a \tag{13-80}$$

上式是一个二阶齐次常系数微分方程,其通解为

$$\psi(x) = A\sin kx + B\cos kx$$

由波函数的标准条件,在 $x = 0$ 和 $x = a$ 处,波函数是单值、连续的,由边值条件有

$$\begin{cases} \psi(0) = A\sin 0 + B\cos 0 = 0 \\ \psi(a) = A\sin ka + B\cos ka = 0 \end{cases}$$

得

$$B = 0, \quad A\sin ka = 0$$

若取 $A = 0$,则 $\psi(x) = 0$,表示粒子不在势阱内出现,这违反粒子在势阱内运动的条件。所以只能是

$$\sin ka = 0$$

可得

$$ka = n\pi, \quad n = 1, 2, 3, \cdots$$

波函数为

$$\psi(x) = A\sin\frac{n\pi}{a}x$$

根据归一化条件

$$1 = \int_{-\infty}^{\infty} |\phi|^2 \mathrm{d}x = \int_0^a A^2 \sin^2 \frac{n\pi}{a}x \mathrm{d}x = A^2 \cdot \frac{a}{2}$$

得

$$A = \sqrt{\frac{2}{a}}$$

于是式(13-80)的解为

$$\psi(x) = \sqrt{\frac{2}{a}} \sin \frac{n\pi}{a}x, \quad n = 1,2,3,\cdots; \quad 0 < x < a \tag{13-81}$$

于是,一维无限深势阱问题的定态波函数为

$$\Psi(x,t) = \begin{cases} 0, & x \leqslant 0, x \geqslant a \\ \sqrt{\frac{2}{a}} \sin \frac{n\pi}{a}x \cdot \mathrm{e}^{-\frac{\mathrm{i}}{\hbar}Et}, & n = 1,2,3,\cdots; \quad 0 < x < a \end{cases} \tag{13-82}$$

(3) 下面讨论解的物理意义

① 势阱中自由粒子能量量子化

由 $k^2 = 2mE/\hbar^2$ 及 $k = n\pi/a$,得

$$E_n = n^2 \cdot \frac{\hbar^2 \pi^2}{2ma^2}, \quad n = 1,2,3\cdots \tag{13-83}$$

即势阱中粒子的能量是量子化的,只能取一系列不连续的值。$n \neq 0$ 是由于根据不确定关系,微观粒子不可能静止,一定存在零点能 $E \neq 0$,其最小值(零点能)为

$$E_1 = \frac{\hbar^2 \pi^2}{2ma^2}$$

由上式,还可得到两相邻能级的能量差

$$\Delta E = E_{n+1} - E_n = [(n+1)^2 - n^2]E_1 = (2n+1)\frac{\hbar^2 \pi^2}{2ma^2} \tag{13-84}$$

粒子在势阱中的能级如图 13-37(a)所示。在这里,我们可以看到,能量的量子化是解薛定谔方程得出的自然结果,而非人为的强行假设;当 ma^2 与 $\hbar^2$ 的数量级相近时,能量的量子化比较明显。对于经典粒子 $ma^2 \gg \hbar^2$,所以 $\Delta E \to 0$,从而可认为能量是连续的。

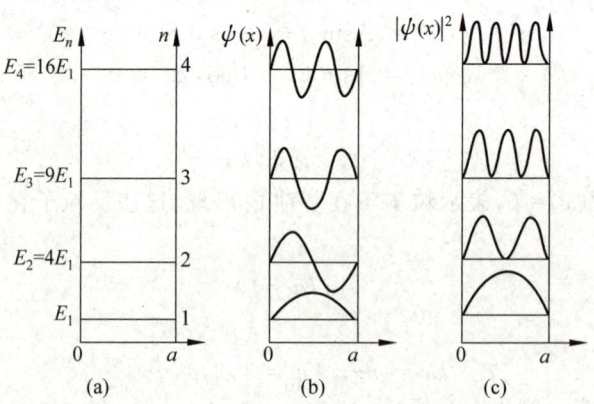

图 13-37 一维无限深势阱

(a) 能级分布;(b) 波函数;(c) 概率分布

② 粒子在势阱中的波函数为驻波,如图 13-37(b)所示。驻波的波长随能级的增高而缩短。

③ 粒子在势阱中各处的概率密度$|\psi(x)|^2$分布曲线如图 13-37(c)所示。随着能级的增高,$|\psi(x)|^2$的峰值增多,当 $n\to\infty$ 时,粒子在势阱内各处出现的概率相等,量子力学的结果过渡到经典力学情况。

【例 13-18】 一个质量为 1 mg 的微粒被限制在 1 cm 宽的两个刚性壁之间。(1)试用量子力学的方法计算它的第一个能级的能量,并由此确定该微粒的最小速度;(2)假设该微粒的速度为 3×10^{-2} m/s,试计算与之相应的能量及量子数。

解 (1) 由 $E_n = n^2 \cdot \dfrac{\hbar^2\pi^2}{2ma^2}$,有

$$E_1 = \frac{\hbar^2\pi^2}{2ma^2} = \frac{h^2}{8ma^2} = 5.49\times10^{-58} \text{ J}$$

$$v_1 = \sqrt{\frac{2E_1}{m}} = 3.31\times10^{-26} \text{ m/s}$$

这一速度小到无法测量,因而微粒可以认为处于静止状态。

(2) $E_n = \dfrac{1}{2}mv^2 = 4.5\times10^{-10}$ J

由 $E_n = n^2 \cdot E_1$,有

$$n = \sqrt{\frac{E_n}{E_1}} \approx 9.1\times10^{23}$$

这是一个非常大的数字,考虑相邻能级之差

$$\Delta E = E_{n+1} - E_n = (2n+1)E_1$$

$$\frac{\Delta E}{E_n} = \frac{2n+1}{n^2}$$

当 $n\to\infty$ 时,上式 $\to 0$。

因此能量实际上可认为是连续变化的,亦即量子化效应可以忽略,经典力学的方法可以适用。从而,验证了玻尔的对应性原理:在量子数 n 很大时量子理论与经典理论是一致的。

【例 13-19】 粒子处于三维深势阱中,势阱的形状为

$$U = \begin{cases} \infty, & 0<x<a, 0<y<b, 0<z<c \\ 0, & x\leqslant 0, x\geqslant a, y\leqslant 0, y\geqslant b, z\leqslant 0, z\geqslant c \end{cases}$$

求粒子的能级和波函数。

解 利用一维无限深势阱的计算结果,有

$$\psi(x) = \sqrt{\frac{2}{a}}\sin\frac{n_1\pi x}{a}, \quad E_{n1} = n_1^2 \cdot \frac{\hbar^2\pi^2}{2ma^2}, \quad n_1 = 1,2,3,\cdots$$

$$\psi(y) = \sqrt{\frac{2}{b}}\sin\frac{n_2\pi y}{b}, \quad E_{n2} = n_2^2 \cdot \frac{\hbar^2\pi^2}{2mb^2}, \quad n_2 = 1,2,3,\cdots$$

$$\psi(z) = \sqrt{\frac{2}{c}}\sin\frac{n_1\pi z}{c}, \quad E_{n3} = n_3^2 \cdot \frac{\hbar^2\pi^2}{2mc^2}, \quad n_3 = 1,2,3,\cdots$$

在三维深势阱中,粒子在 x、y、z 方向独立地运动,其总波函数是三方向上波函数的乘积,即

$$\psi(x,y,z) = \psi(x) \cdot \psi(y) \cdot \psi(z) = \sqrt{\frac{8}{abc}} \cdot \sin\frac{n_1\pi x}{a} \cdot \sin\frac{n_2\pi y}{b} \cdot \sin\frac{n_3\pi z}{c}$$

而粒子的能量是三个自由度上能量之和

$$E_n = E_{n1} + E_{n2} + E_{n3} = \frac{\pi^2\hbar^2}{2m}\left(\frac{n_1^2}{a^2} + \frac{n_2^2}{b^2} + \frac{n_3^2}{c^2}\right)$$

特别是当 $a=b=c$ 时,有

$$\psi(x,y,z) = \sqrt{\frac{2^3}{a^3}} \cdot \sin\frac{n_1\pi x}{a} \cdot \sin\frac{n_2\pi y}{a} \cdot \sin\frac{n_3\pi z}{a}$$

$$E_n = \frac{\pi^2\hbar^2}{2ma^2}(n_1^2 + n_2^2 + n_3^2)$$

令 $n^2 = (n_1^2 + n_2^2 + n_3^2)$,有

$$E_n = n^2\frac{\pi^2\hbar^2}{2ma^2}, \quad n^2 = 3,6,9,\cdots$$

【例 13-20】 设质量 $m=1.675\times10^{-27}$ kg 的中子,被限制在限度 $a=10^{-14}$ m 的立方深势阱中运动,求零点能。

解 利用上题结果,有 $E_n = \frac{\pi^2\hbar^2}{2ma^2}(n_1^2 + n_2^2 + n_3^2)$,零点能为粒子的最低能级,对应于 $n_1=n_2=n_3=1$,于是

$$(零点能)E_0 = \frac{\pi^2\hbar^2}{2ma^2}(1^2+1^2+1^2) = 3\cdot\frac{\pi^2\hbar^2}{2ma^2} = 6.14 \text{ MeV}$$

2. 势垒贯穿——隧道效应

现在我们应用定态薛定谔方程,来考查粒子的势垒贯穿问题。

设一个质量为 m 的粒子,如图 13-38(a)所示的势场中沿 x 方向运动,其势能为

$$U(x) = \begin{cases} 0, & x \leqslant 0, x \geqslant a \\ U_0, & 0 < x < a \end{cases}$$

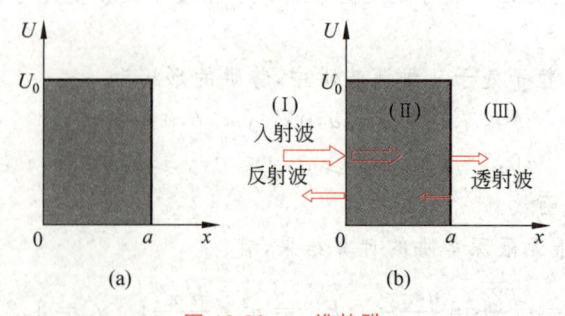

图 13-38 一维势阱

这样的势能分布称为一维势垒。为了讨论问题方便,我们将整个空间分成三个区域,如图 13-38(b)所示。把在区域(Ⅰ)、(Ⅱ)、(Ⅲ)的波函数分别用 ψ_1、ψ_2 和 ψ_3 表示,则它们所满足的定态薛定谔方程分别为

$$\begin{cases} -\dfrac{\hbar^2}{2m}\dfrac{d^2\psi_1}{dx^2} = E\psi_1, & x \leqslant 0 \\ -\dfrac{\hbar^2}{2m}\dfrac{d^2\psi_2}{dx^2} + U_0\psi_2 = E\psi_2, & 0 \leqslant x \leqslant a \\ -\dfrac{\hbar^2}{2m}\dfrac{d^2\psi_3}{dx^2} = E\psi_3, & x \geqslant a \end{cases} \quad (13\text{-}85)$$

令

$$k_1^2 = \frac{2mE}{\hbar}, \quad k_2^2 = \frac{2m(E-U_0)}{\hbar^2}$$

则式(13-85)可化为

$$\begin{cases} \dfrac{d^2\psi_1}{dx^2} + k_1^2\psi_1 = 0, & x \leqslant 0 \\ \dfrac{d^2\psi_2}{dx^2} + k_2^2\psi_2 = 0, & 0 \leqslant x \leqslant a \\ \dfrac{d^2\psi_3}{dx^2} + k_1^2\psi_3 = 0, & x \geqslant a \end{cases} \quad (13\text{-}86)$$

方程(13-86)的通解为

$$\begin{cases} \psi_1 = Ae^{ik_1x} + A'e^{-ik_1x}, & x \leqslant 0 \\ \psi_2 = Be^{ik_2x} + B'e^{-ik_2x}, & 0 \leqslant x \leqslant a \\ \psi_3 = Ce^{ik_1x} + C'e^{-ik_1x}, & x \geqslant a \end{cases} \quad (13\text{-}87)$$

如果我们用因子 $e^{-iEt/\hbar}$ 乘以上面的三个式子后，则立即可以看出，三式的右边第一项表示沿 x 方向传播的平面波，第二项为沿 x 反方向传播的平面波。也就是说，ψ_1 的第一项表示射向势垒的入射波，ψ_1 的第二项表示被"界面"($x=0$)反射的反射波；ψ_2 的第一项表示穿入势垒的透射波，ψ_2 的第二项表示被"界面"($x=a$)反射的反射波；ψ_3 的第一项表示穿出势垒的透射波，ψ_3 的第二项为零，因为在 $x>a$ 区域不存在反射波，故须令 $C'=0$。

下面，我们讨论这个解的物理意义。

(1) $E>U_0$

按经典力学观点，在 $E>U_0$ 情况下，粒子应畅通无阻地全部通过势垒，而不会在势垒壁上发生反射。然而，从薛定谔方程的解来看，因 $A'\neq 0$ 且为实数，故在 $E>U_0$ 情况下，也可能发生反射。

(2) $E<U_0$

按经典力学观点，在这种情况下粒子不能越过势垒而进入 $x>0$ 区域。然而从薛定谔方程的解来看，在势垒内部存在波函数 ψ_2，即在势垒中找到粒子的概率不为零。同时由于 $C\neq 0$，故粒子还可能穿过势垒进入 $x>a$ 区域。这种总能量低于势能高度的粒子也能穿过势垒另一侧的现象，称为隧道效应。

隧道效应的强弱，可用"贯穿系数"来表示。我们把透射波的概率密度与入射波概率密度的比值，称为贯穿系数，用 T 表示。则可有

$$T = \frac{|\psi_3|^2_{x=a}}{|\psi_1|^2_{x=0}} = \frac{|\psi_2|^2_{x=a}}{|\psi_2|^2_{x=0}} = e^{-\frac{2a}{\hbar}\sqrt{2m(U_0-E)}}$$

计算中利用了波函数在边界上的"连续"条件。由上式可以看出，势垒高度 U_0 越低，势垒宽度越小，则粒子穿过势垒的概率就越大。如果 a 或 m 为宏观大小时，则 $T\to 0$，即粒子

在实际上将不能穿透势垒。因此,隧道效应是一种微观效应。

隧道效应是经典物理无法理解的。当粒子在Ⅱ区($0 \leqslant x \leqslant a$)时,由于$E<U_0$,而一个经典粒子的总能量$E$又等于动能与势能之和,从而粒子的动能将小于零,动量将是虚数,这当然是不允许的。然而按照量子力学的概念,这一现象是可以理解的。由于微观粒子遵守"不确定关系",粒子的坐标x和p不可能同时具有确定的值,那么作为坐标函数的势能和作为动量函数的动能当然也不能同时有确定的值。因此,对微观粒子而言,"总能量等于势能和动能之和",这一概念就不具有明确的意义。

事实上,这种隧道效应是微观粒子波动性的表现,它类似于光波在均匀介质的传播,不同的U值可类比于不同的折射率。对光波而言,在两种不同介质的交界面上,既有反射的可能,也有透过界面的可能。因此,隧道效应可认为是粒子的波动性的表现。

隧道效应已完全被实验所证实,并在现代科学技术中获得了广泛的应用。它不仅可以解释一些经典理论无法解释的物理现象(如α衰变、金属冷反射等),而且它还是制造隧道二极管、扫描隧道显微镜的理论基础。

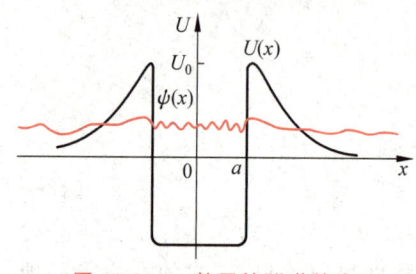

核子与核子之间有核力的相互作用,核力是短程的吸引力,大约在10^{-15} m的距离内,核力作用远比库仑力强得多。在原子核半径范围内,α粒子的势能随距离x的增加而迅速增大;但当α粒子离开原子核后,就不再受核力作用,它只受到原子核的库仑斥力作用,因此整个势能曲线形成一个势垒,如图13-39所示。实验发现,许多原子核衰变所放出的α粒子的能量要比势垒U_0小得多。例如U^{238}衰变的α粒子的能量为4.2 MeV,但其势垒高度至少比它大了8.8 MeV。这一现象是经典理论无法说明的,但用"隧道效应"就不难理解了。

图13-39 α粒子的隧道效应

图13-40是荣获1986年诺贝尔物理学奖的扫描隧道显微镜原理图。探针与样品之间的绝缘构成了势垒,由于隧道电流对探针与样品之间的距离非常敏感。因此,样品表面的凹凸不平将会引起隧道电流的激烈变化,从而得到样品表面状况的图样。

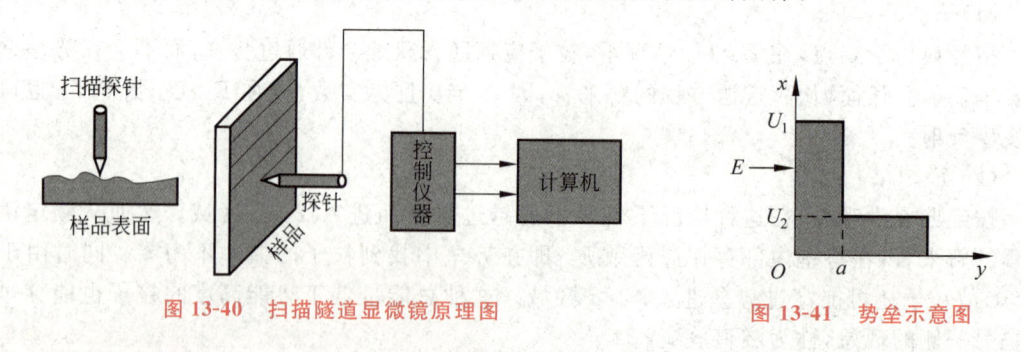

图13-40 扫描隧道显微镜原理图

图13-41 势垒示意图

【例13-21】 如图13-41所示,势垒为
$$\begin{cases} 0, & x \leqslant 0 \\ U_1, & 0 \leqslant x \leqslant a \\ U_2, & x \geqslant a \end{cases}$$
求质量为m,能量为E的粒子($U_2<E<U_1$)对此势垒的通过率(穿透系数)。

解 按 x 的不同区域写出薛定谔方程

$$\begin{cases} \dfrac{d^2\psi_1}{dx^2} + \dfrac{2mE}{\hbar^2}\psi_1 = 0, & x \leqslant 0 \\ \dfrac{d^2\psi_2}{dx^2} + \dfrac{2m}{\hbar^2}(E-U_1)\psi_2 = 0, & 0 \leqslant x \leqslant a \\ \dfrac{d^2\psi_3}{dx^2} + \dfrac{2m}{\hbar^2}(E-U_2)\psi_3 = 0, & x \geqslant a \end{cases} \quad ①$$

令 $k = \sqrt{\dfrac{2mE}{\hbar^2}} > 0, \delta = \sqrt{\dfrac{2m}{\hbar^2}(U_1-E)} > 0, \beta = \sqrt{\dfrac{2m}{\hbar^2}(E-U_2)} > 0$

于是，上面①中三个方程的解分别为

$$\begin{cases} \psi_1 = A_1 e^{ikx} + B_1 e^{-ikx}, & x \leqslant 0 \\ \psi_2 = A_2 e^{\delta x} + B_2 e^{-\delta x}, & 0 \leqslant x \leqslant a \\ \psi_3 = A_3 e^{i\beta_1 x}, & x \geqslant a \end{cases}$$

由 ψ 及 $d\psi/dx$ 在势垒交界处的连续条件

$$\begin{cases} \psi_1(0) = \psi_2(0); & \left.\dfrac{d\psi_1}{dx}\right|_{x=0} = \left.\dfrac{d\psi_2}{dx}\right|_{x=0} \\ \psi_2(a) = \psi_3(a); & \left.\dfrac{d\psi_2}{dx}\right|_{x=a} = \left.\dfrac{d\psi_3}{dx}\right|_{x=a} \end{cases}$$

可得

$$\begin{cases} A_1 + B_1 = A_2 + B_2; & ik(A_1-B_1) = \delta(A_2-B_2) \\ A_2 e^{\delta a} + B_2 e^{-\delta a} = A_3 e^{i\beta a}; & \delta(A_2 e^{\delta a} - B_2 e^{-\delta a}) = i\beta A_3 \cdot e^{i\beta a} \end{cases} \quad ②$$

设入射强度 $|A_1|^2 = 1$，则通过率 D 表示为

$$D = \dfrac{|A_3|^2}{|A_1|^2} = |A_3|^2$$

以下来求 A_3。

式②的四个方程可变为

$$B_1 = A_2 + B_2 - 1 \quad ③$$

$$ik(1-B_1) = \delta(A_2-B_2) \quad ④$$

$$A_2 e^{\delta a} + B_2 e^{-\delta a} = A_3 e^{i\beta a} \quad ⑤$$

$$A_2 e^{\delta a} - B_2 e^{-\delta a} = \dfrac{i\beta}{\delta} A_3 \cdot e^{i\beta a} \quad ⑥$$

把式③代入式④得 $\quad ik(2-A_2-B_2) = \delta(A_2-B_2) \quad ⑦$

⑤+⑥得

$$A_2 = \dfrac{1}{2} A_3 e^{i\beta a}\left(1+\dfrac{i\beta}{\delta}\right)e^{-\delta a} \quad ⑧$$

⑤-⑥得

$$B_2 = \dfrac{1}{2} A_3 e^{i\beta a}\left(1-\dfrac{i\beta}{\delta}\right)e^{\delta a} \quad ⑨$$

由式⑦：

$$(ik+\delta)A_2 + (ik-\delta)B_2 = 2ik \quad ⑩$$

将式⑧、式⑨代入式⑩

$$A_3 = 4\mathrm{i}k\mathrm{e}^{-\mathrm{i}\delta a} \cdot \left[(\mathrm{i}k+\delta)\left(1+\frac{\mathrm{i}\beta}{\delta}\right)\mathrm{e}^{-\delta a} + (\mathrm{i}k-\delta)\left(1-\frac{\mathrm{i}\beta}{\delta}\right)\mathrm{e}^{\delta a}\right]^{-1}$$

考虑到 $\mathrm{e}^{\delta a} \gg \mathrm{e}^{-\delta a}$，则上式中 $\mathrm{e}^{-\delta a}$ 项可忽略，于是有

$$A_3 = \frac{4\mathrm{i}k\delta}{(\mathrm{i}k-\delta)(\delta-\mathrm{i}\beta)}\mathrm{e}^{-\delta a} \cdot \mathrm{e}^{-\mathrm{i}\delta a}$$

最后，求得透过率为

$$D = |A_3|^2 = \frac{16k^2\delta^2}{(k^2+\delta^2)(\delta^2+\beta^2)} \cdot \mathrm{e}^{-2\delta a}$$

*13.7　氢原子结构

氢原子是最简单的原子，它由一个质子和一个电子组成。由于电子是微观粒子，具有波粒二象性，因此要正确地描述电子在氢原子中的运动，必须采用量子力学的方法。氢原子系统地处理在历史上是薛定谔方程正确性的第一次证明。它不仅能自然地得出量子化条件，正确地描述氢原子的结构，算出光谱线的频率和强度，而且还能推广到更复杂的原子系统中去。

13.7.1　氢原子中电子的定态薛定谔方程

在氢原子中，原子核（质子）的质量远大于核外电子的质量（$m_\mathrm{p}/m_\mathrm{e}=1836$），核与电子的平均距离（$10^{-10}$ m）远大于核的线度（10^{-14} m），于是我们可把原子核看成静止的点电荷。选取原子核所在位置为坐标原点，则在氢原子中，电子受到原子核的库仑力场的作用，其势能函数为

$$U(r) = -\frac{e^2}{4\pi\varepsilon_0 r}$$

将 $U(r)$ 的值代入定态薛定谔方程(13-73)，即得

$$-\frac{\hbar^2}{2m}\nabla^2\psi - \frac{e^2}{4\pi\varepsilon_0 r}\psi = E\psi$$

即

$$\nabla^2\psi + \frac{2m}{\hbar^2}\left(E+\frac{e^2}{4\pi\varepsilon_0 r}\right)\cdot\psi = 0 \tag{13-88}$$

采用球坐标，上式可写为

$$\frac{1}{r^2}\cdot\frac{\partial}{\partial r}\left(r^2\frac{\partial\psi}{\partial r}\right) + \frac{1}{r^2\sin\theta}\frac{\partial}{\partial\theta}\left(\sin\theta\frac{\partial\psi}{\partial\theta}\right)$$

$$+ \frac{1}{r^2\sin^2\theta}\frac{\partial^2\psi}{\partial\varphi^2} + \frac{2m}{\hbar}\left(E+\frac{e^2}{4\pi\varepsilon_0 r}\right)\cdot\psi = 0 \tag{13-89}$$

利用分离变量法，令氢原子中电子的波函数为

$$\psi(r,\theta,\varphi) = R(r)\cdot\Theta(\theta)\cdot\Phi(\varphi) \tag{13-90}$$

把上式代入式(13-89)中，可得到三个常微分方程

$$\begin{cases} \dfrac{1}{r^2}\dfrac{\mathrm{d}}{\mathrm{d}r}\left(r^2\dfrac{\mathrm{d}R}{\mathrm{d}r}\right)+\left[\dfrac{2m}{\hbar}\left(E+\dfrac{e^2}{4\pi\varepsilon_0 r}\right)-\dfrac{l(l+1)}{r^2}\right]R=0 \\ \dfrac{1}{\sin\theta}\dfrac{\mathrm{d}}{\mathrm{d}\theta}\left(\sin\theta\dfrac{\mathrm{d}\Theta}{\mathrm{d}\theta}\right)+\left[l(l+1)-\dfrac{m_l^2}{\sin^2\theta}\right]\cdot\Theta=0 \\ \dfrac{\mathrm{d}^2\Phi}{\mathrm{d}\varphi^2}+m_l^2\Phi=0 \end{cases} \quad (13\text{-}91)$$

式中 m_l 和 l 都是常数,其取值及物理意义将在后面说明。求解该方程组可得 $R(r)$、$\Theta(\theta)$、$\Phi(\varphi)$ 的具体形式,再将它们的乘积进行归一化后,即可得到氢原子的波函数。参看表 13-3,表中的常数 a_0 是第一玻尔轨道半径。

13.7.2 三个量子数及其物理意义

1. 能量量子化和主量子数 n

在求解薛定谔方程(13-90)的过程中,可以知道,当能量 $E>0$ 时,不管 E 取什么值,方程都有解。这时电子不受原子的束缚,成为自由电子,氢原子处于电离态,E 可以连续地取所有的值。但当 $E<0$ 时,要使方程有解,E 只能取一系列分立的值,即

$$E_n=-\dfrac{1}{n^2}\cdot\dfrac{me^4}{8\varepsilon_0^2 h^2},\quad n=1,2,3\cdots \quad (13\text{-}92)$$

上式与玻尔理论的能级公式(13-30)是一致的,然而玻尔理论中的量子化条件是人为加上去的,而式(13-92)则是解薛定谔方程的自然结果。这里 n 称为主量子数,它决定氢原子系统处于束缚状态下的能量。当 $n=1$ 时,$E_1=-13.6\text{ eV}$,是氢原子基态的能量。当 $n\geqslant 2$ 时,E_n 就是氢原子处于激发态的能量。

2. "轨道"角动量量子化和角量子数 l

要使方程(13-91)有解,电子绕核的角动量 L 也应是量子化的,只能取下列分立的值

$$L=\sqrt{l(l+1)}\cdot\hbar,\quad l=0,1,2,\cdots,n-1 \quad (13\text{-}93)$$

即

$$l=0,\sqrt{2}\,\hbar,\cdots,\sqrt{n(n-1)}\,\hbar$$

式中 l 称为轨道量子数或角量子数。由式(13-93),我们可以看到,玻尔理论中的轨道角动量量子化假设 $L=n\hbar$,并不正确,只有 n 和 l 的取值都很大时,$L=\sqrt{n(n+1)}\,\hbar\approx n\hbar$,玻尔理论中的角动量关系才近似成立。

更细致的理论发现,氢原子系统的能量除了由主量子数 n 决定以外,还要受到角量子数 l 的影响。同一个 n,对应的角量子态($l=0,1,2,\cdots,n-1$)有 n 个,可以具有不同的能量。

3. 角动量的空间量子化和磁量子数 m_l

角动量 L 是一个矢量,式(13-93)仅给出它的大小,而没有指出方向。为了使方程(13-91)有解,角动量 L 的方向在空间的取向不能连续地改变,而只能取一些特定的方向,这称为空间量子化。角动量 L 在外磁场方向(取 z 轴方向)的投影 L_z 只能取以下分立的值

表 13-3 氢原子的一些归一化波函数（其中 a_0 为玻尔半径）

n	l	m_l	$\Phi(\varphi)$	$\Theta(\theta)$	$R(r)$	$\psi(r,\theta,\varphi)$
1	0	0	$\dfrac{1}{\sqrt{2\pi}}$	$\dfrac{1}{\sqrt{2}}$	$\dfrac{2}{a_0^{3/2}}\mathrm{e}^{-r/a_0}$	$\dfrac{1}{\sqrt{\pi}a_0^{3/2}}\mathrm{e}^{-r/a_0}$
2	0	0	$\dfrac{1}{\sqrt{2\pi}}$	$\dfrac{1}{\sqrt{2}}$	$\dfrac{1}{3\sqrt{2}a_0^{3/2}}\left(2-\dfrac{r}{a_0}\right)\mathrm{e}^{-r/2a_0}$	$\dfrac{1}{4\sqrt{2\pi}a_0^{3/2}}\left(2-\dfrac{r}{a_0}\right)\mathrm{e}^{-r/2a_0}$
2	1	0	$\dfrac{1}{\sqrt{2\pi}}$	$\dfrac{\sqrt{6}}{2}\cos\theta$	$\dfrac{1}{3\sqrt{6}a_0^{3/2}}\dfrac{r}{a_0}\mathrm{e}^{-r/2a_0}$	$\dfrac{1}{4\sqrt{2\pi}a_0^{3/2}}\dfrac{r}{a_0}\mathrm{e}^{-r/2a_0}\cos\theta$
2	1	±1	$\dfrac{1}{\sqrt{2\pi}}\mathrm{e}^{\pm\mathrm{i}\varphi}$	$\dfrac{\sqrt{3}}{2}\sin\theta$	$\dfrac{1}{3\sqrt{6}a_0^{3/2}}\dfrac{r}{a_0}\mathrm{e}^{-r/2a_0}$	$\dfrac{1}{8\sqrt{\pi}a_0^{3/2}}\dfrac{r}{a_0}\mathrm{e}^{-r/2a_0}\sin\theta\mathrm{e}^{\pm\mathrm{i}\varphi}$
3	0	0	$\dfrac{1}{\sqrt{2\pi}}$	$\dfrac{1}{\sqrt{2}}$	$\dfrac{2}{81\sqrt{3}a_0^{3/2}}\left(27-18\dfrac{r}{a_0}+2\dfrac{r^2}{a_0^2}\right)\mathrm{e}^{-r/3a_0}$	$\dfrac{1}{81\sqrt{3\pi}a_0^{3/2}}\left(27-18\dfrac{r}{a_0}+2\dfrac{r^2}{a_0^2}\right)\mathrm{e}^{-r/3a_0}$
3	1	0	$\dfrac{1}{\sqrt{2\pi}}$	$\dfrac{\sqrt{6}}{2}\cos\theta$	$\dfrac{4}{81\sqrt{6}a_0^{3/2}}\left(6-\dfrac{r}{a_0}\right)\dfrac{r}{a_0}\mathrm{e}^{-r/3a_0}$	$\dfrac{\sqrt{2}}{81\sqrt{\pi}a_0^{3/2}}\left(6-\dfrac{r}{a_0}\right)\dfrac{r}{a_0}\mathrm{e}^{-r/3a_0}\cos\theta$
3	1	±1	$\dfrac{1}{\sqrt{2\pi}}\mathrm{e}^{\pm\mathrm{i}\varphi}$	$\dfrac{\sqrt{3}}{2}\sin\theta$	$\dfrac{4}{81\sqrt{6}a_0^{3/2}}\left(6-\dfrac{r}{a_0}\right)\dfrac{r}{a_0}\mathrm{e}^{-r/3a_0}$	$\dfrac{1}{81\sqrt{\pi}a_0^{3/2}}\left(6-\dfrac{r}{a_0}\right)\dfrac{r}{a_0}\mathrm{e}^{-r/3a_0}\sin\theta\mathrm{e}^{\pm\mathrm{i}\varphi}$
3	2	0	$\dfrac{1}{\sqrt{2\pi}}$	$\dfrac{\sqrt{10}}{4}(3\cos^2\theta-1)$	$\dfrac{4}{18\sqrt{30}a_0^{3/2}}\dfrac{r^2}{a_0^2}\mathrm{e}^{-r/3a_0}$	$\dfrac{4}{81\sqrt{6\pi}a_0^{3/2}}\dfrac{r^2}{a_0^2}\mathrm{e}^{-r/3a_0}(3\cos^2\theta-1)$
3	2	±1	$\dfrac{1}{\sqrt{2\pi}}\mathrm{e}^{\pm\mathrm{i}\varphi}$	$\dfrac{\sqrt{15}}{2}\sin\theta\cos\theta$	$\dfrac{4}{18\sqrt{30}a_0^{3/2}}\dfrac{r^2}{a_0^2}\mathrm{e}^{-r/3a_0}$	$\dfrac{1}{81\sqrt{\pi}a_0^{3/2}}\dfrac{r^2}{a_0^2}\mathrm{e}^{-r/3a_0}\sin\theta\cos\theta\mathrm{e}^{\pm\mathrm{i}\varphi}$
3	2	±2	$\dfrac{1}{\sqrt{2\pi}}\mathrm{e}^{\pm 2\mathrm{i}\varphi}$	$\dfrac{\sqrt{15}}{2}\sin^2\theta$	$\dfrac{4}{18\sqrt{30}a_0^{3/2}}\dfrac{r^2}{a_0^2}\mathrm{e}^{-r/3a_0}$	$\dfrac{1}{162\sqrt{\pi}a_0^{3/2}}\dfrac{r^2}{a_0^2}\mathrm{e}^{-r/3a_0}\sin^2\theta\mathrm{e}^{\pm 2\mathrm{i}\varphi}$

$$L_z = m_l \hbar, \quad m_l = 0, \pm 1, \pm 2, \cdots, \pm l \tag{13-94}$$

式中 m_l 称为磁量子数。对于一定的角量子数 l，m_l 可取 $(2l+1)$ 种可能。图 13-42 中，画出了 $l=2$ 时 $\boldsymbol{L}$ 的 5 种可能取向。实验证明，处于外磁场的原子，其能级 E_n 将发生分裂（塞曼效应），其分裂成的次能级决定于 l 和 m_l 的值，因此把 m_l 称为磁量子数。

角动量在空间的取向可以如下理解：由于电子云的转动相当于圆电流，而圆电流具有一定的磁矩。由于电子带负电，所以电子云磁矩的方向总是与其角动量方向相反，磁矩在外磁场的作用下是有一定取向的，因而使得电子云转动的角动量方向也有一定的取向。$\boldsymbol{L}$ 的量子化，决定了电子轨道磁矩及其在空间的取向也是量子化的。

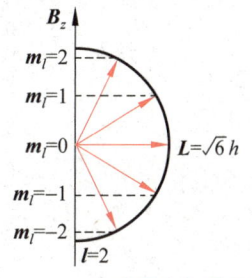

图 13-42 角动量空间量子化

$$M = \frac{e}{2m}\sqrt{(l+1)l}\,\hbar, \quad l = 0, 1, 2, \cdots, n-1$$

$$M_z = \frac{e}{2m}L_z = \frac{e\hbar}{2m} \cdot m_l, \quad m_l = 0, \pm 1, \pm 2, \cdots, \pm l$$

令 $M_B = \dfrac{e\hbar}{2m}$ 为玻尔磁子，则

$$M_z = \pm M_B = \pm \frac{e\hbar}{2m} = 9.274 \times 10^{-24}\ \text{J/T}$$

$$M_z = m_l \cdot M_B, \quad m_l = 0, \pm 1, \pm 2, \cdots, \pm l$$

13.7.3 概率密度和电子云

在量子力学中，电子的状态用波函数来描述，而波函数又与上述的几个量子数有关，因此可把式(13-90)加上脚标，得

$$\psi_{n,l,m_l}(r,\theta,\varphi) = R_{n,l}(r) \cdot \Theta_{l,m_l}(\theta) \Phi_{m_l}(\varphi) \tag{13-95}$$

由于 $|\psi|^2$ 表示电子在核外的概率密度，在球坐标中，体积元 $\mathrm{d}V = r^2 \sin\theta \cdot \mathrm{d}r \cdot \mathrm{d}\theta \cdot \mathrm{d}\varphi$，所以电子在体积元 $\mathrm{d}V$ 中出现的概率为

$$|\psi|^2 \mathrm{d}V = |R|^2 \cdot r^2 \mathrm{d}r \cdot |\Theta \cdot \Phi|^2 \sin\theta \cdot \mathrm{d}\theta \cdot \mathrm{d}\varphi \tag{13-96}$$

由式(13-96)可知，电子在核外半径 $r \to (r+\mathrm{d}r)$ 的两球面间出现的概率为 $|R|^2 \cdot r^2 \cdot \mathrm{d}r$，我们把 $P(r) = |R|^2 \cdot r^2$ 称为电子的"径向概率密度"。图 13-43 画出了主量子数 $n=1,2,3$ 时的径向概率速度。

由式(13-96)我们还可得出，电子在立体角 $\mathrm{d}\Omega = \sin\theta \cdot \mathrm{d}\theta \cdot \mathrm{d}\varphi$ 中出现的概率为 $|\Theta \cdot \Phi|^2 \mathrm{d}\Omega$，电子在单位立体角中出现的概率 $|\Theta \cdot \Phi|^2$ 称为电子的"角向概率密度"。图 13-44 画出了角量子数 $l=0,1,2$ 时电子的角向概率随 θ 的分布。计算表明，电子的概率密度与 φ 无关，即概率绕 z 轴旋转对称分布。

由以上讨论我们可以知道，电子在核外不是按一定的轨道运动的，我们不能确定电子出现的确切位置，而只能知道它在核外各处出现的概率，因此，人们常用"电子云"来形象地描述电子在核外的概率分布。

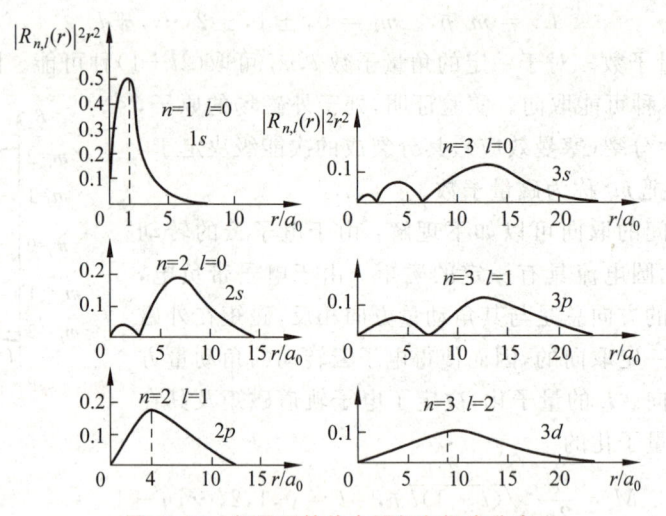

图 13-43　氢原子核外电子径向概率分布

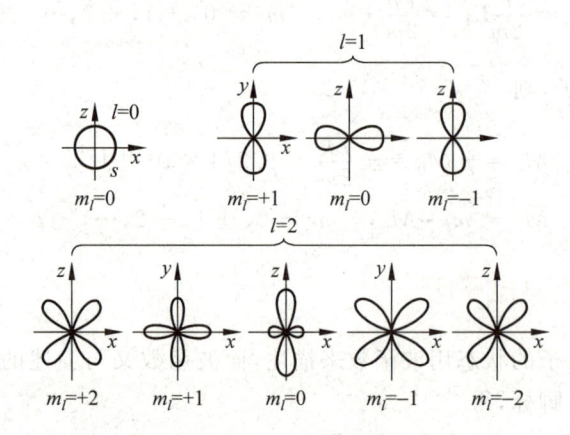

图 13-44　氢原子核外电子的角向概率分布

【例 13-22】 试利用氢原子的波函数表，求其在基态时电子的分布。

解　由表(13-3)可知，在基态时氢原子的波函数为

$$\psi(r,\theta,\varphi) = \frac{1}{\sqrt{\pi} a_0^{\frac{3}{2}}} e^{-\frac{r}{a_0}}$$

由于 ψ 仅是 r 的函数，所以原子中电子的分布具有球对称性。在 $r \to (r+\mathrm{d}r)$ 球壳内，电子出现的概率为

$$|\psi|^2 \cdot 4\pi r^2 \mathrm{d}r = \frac{4r^2}{a_0^3} e^{-\frac{2r}{a_0}} \cdot \mathrm{d}r$$

作 $r - r^2 \cdot e^{-2r/a_0}$ 的曲线如图 13-45，可以看出在基态时，氢原子中的电子可以在 $r=0$ 到 $r=\infty$ 区间中的任何位置出现，但在 $r=r_0$ 处的电子概率最大。r_0 值可用以下方法求出。

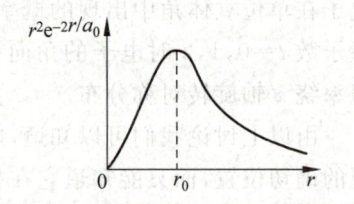

图 13-45　基态氢原子径向电子分布

令 $\dfrac{d}{dr}(r^2 e^{-2r/a_0}) = 0$，得

$$r_0 = a_0$$

这就是玻尔理论中 $n=1$ 所对应的轨道半径。从玻尔理论来看，电子应在 $r=a_0$ 的圆轨道上，而从量子力学来看，电子可处于 $r=0$ 到 $r=\infty$ 之间，只不过是电子在半径 $r=0.053$ nm 附近的相对概率最大而已。

13.8 原子的壳层结构

13.8.1 自旋

1. 电子的自旋

证明电子具有自旋的重要实验之一，是 1921 年斯特恩和盖拉赫进行的实验，其实验装置如图 13-46 所示。

在高度真空的容器中，使一束处于 s 态的氢原子通过非均匀磁场。实验发现，线束发生偏转，并分裂为两条。这个说明原子具有磁矩 M，它在通过非均匀磁场时受力而改变了方向，由于分裂为两条，因此磁矩也只有两个朝向，也就是说磁矩是空间量子化的。但由于实验用的氢原子是处于 s 态（$l=0$），其轨道角动量为零，从而无轨道磁矩，所以这磁矩只能是电子的固有磁矩。实验进一步测得它在磁场方向（设为 z 方向）的两个投影的数值是

$$M_z = \pm M_B = \pm \dfrac{e\hbar}{2m} = 9.274 \times 10^{-24} \text{ J/T}$$

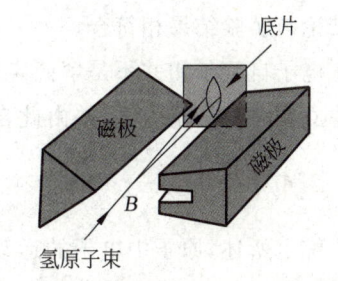

图 13-46 斯特恩-盖拉赫实验装置图

上式中，M_B 为"玻尔磁子"。

此外，人们还发现类氢原子光谱中的每一条谱线实际上都是有两条十分靠近的谱线组成的，即光谱线具有精细结构。斯特恩-盖拉赫实验的原子束在磁场中的分裂以及光谱线的精细结构，都无法通过解薛定谔方程的方法加以解释。

为了解释斯特恩-盖拉赫实验和光谱线精细结构问题，1925 年荷兰的两位大学生乌伦贝克和歌德斯密脱提出电子具有"自旋"运动的假设，并人为地规定了自旋运动所产生的自旋角动量 L_s 也遵从量子化条件

$$L_s = \sqrt{s(s+1)} \cdot \hbar$$

上式中 s 称为"自旋量子数"。L_s 在外场方向上的分量 L_{sz} 只能取下列值

$$L_{sz} = m_s \hbar, \quad |m_s| \leqslant s$$

式中 m_s 称为"自旋磁量子数"，它只能取 $(2s+1)$ 个值。鉴于上述一线分裂成两线的事实，所以令

$$2s + 1 = 2$$

于是有

$$s = \frac{1}{2}, \quad m_s = \pm \frac{1}{2}$$

这表明，电子的自旋角动量只能取一个确定值

$$L_s = \sqrt{s(s+1)} \cdot \hbar = \sqrt{\frac{1}{2}\left(\frac{1}{2}+1\right)} \cdot \hbar = \frac{\sqrt{3}}{2}\hbar$$

而自旋角动量在外场方向只有两个取向，如图 13-47 所示。

$$L_{sz} = \pm \frac{1}{2}\hbar$$

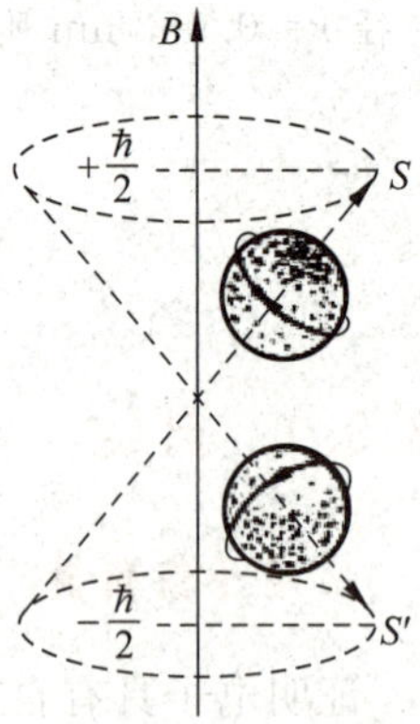

用电子自旋的假设，可以解释斯特恩-盖拉赫的实验结果。实验中处于 s 态的原子，虽然没有轨道磁矩，但却有自旋磁矩，由于自旋磁矩在外场方向中有两个取向，使原子束分裂为两条。每个电子所具有的磁矩 M 与自旋角动量 L_s 的关系是

$$M = -\frac{e}{m}L_s$$

因而自旋磁矩在 z 方向上的投影也只可能取两个数值

$$M = -\frac{e}{m}L_{sz} = -\frac{e}{m}\left(\pm \frac{1}{2}\hbar\right) = \mp \frac{e\hbar}{2m} = \mp M_B$$

图 13-47 电子自旋

这结论与实验结果相符合。

电子自旋最初并不是解薛定谔方程的结果，而是人为提出的经典图像。1928 年，狄拉克建立相对论量子力学，并由此自然地得到 n、l、m_l、m_s 四个量子数。

2. 4 个量子数

综上所述，原子中电子的运动状态应由 4 个量子数来确定，即原子中的电子具有四个自由度。

(1) 主量子数 n，$n = 1, 2, 3, \cdots$

原子的能级 E_n，主要取决于主量子数 n，n 越大，E_n 也越大。

(2) 角量子数 l，$l = 0, 1, 2, \cdots, n-1$

角量子数 l，决定电子"轨道"角动量 L

$$|L| = \sqrt{l(l+1)} \cdot \hbar$$

它对电子能量有影响。

(3) 磁量子数 m_l，$m_l = 0, \pm 1, \pm 2, \cdots, \pm l$

电子角动量在空间的取向决定于磁量子数 m_l，当 l 给定时，m_l 共有 $2l+1$ 个取值，即电子"轨道"角动量 L 在外磁场方向上的分量

$$L_z = m_l \hbar$$

有 $2l+1$ 个不同的值。

(4) 自旋磁量子数 m_s，$m_s = \pm \frac{1}{2}$

电子自旋角动量 L_s 在空间的取向，由自旋磁量子数来决定。自旋角动量在外磁场方向

的分量 $L_{sz}=m_s\hbar$,只能取两个可能值。$m_s=\frac{1}{2}$ 对应于 $\boldsymbol{L}_{sz}$ 与外磁场平行,而 $m_s=-\frac{1}{2}$ 对应于 $\boldsymbol{L}_{sz}$ 外磁场反向平行。

3. 泡利不相容原理

1925 年,泡利在仔细地分析了原子光谱和其他事实后提出:在原子中要完全确定各个电子的运动状态需要用四个量子数 n,l,m_l,m_s,并且在一个原子中不可能有两个或两个以上的电子处于相同的状态,亦即它们不可能具有完全相同的四个量子数。这个结论称为泡利不相容原理,这一原理是微观粒子运动的基本规律之一。现代物理的理论和实验证明,凡自旋为半整数的粒子(费米子)都遵从泡利不相容原理,而自旋为整数的粒子(玻色子)则不受泡利不相容原理的限制。

利用泡利不相容原理,可以计算出原子中具有相同主量子数 n 的最多电子数。对于一个给定的 n,l 可取 $0,1,2,\cdots,n-1$,共有 n 个可能值;给定 l,m_l 可取 $0,\pm 1,\pm 2,\cdots,\pm l$,共有 $2l+1$ 个可能值;给定 n,l,m_l,m_s 可取 $\pm\frac{1}{2}$,共有 2 个可能值。所以具有相同 n 的电子数最多为

$$Z_n=\sum_{l=0}^{n-1}2(2l+1)=2n^2$$

1916 年柯赛尔在玻尔之后,提出了原子的壳层结构。n 相同的电子组成一个"壳层"。对应于 $n=1,2,3,\cdots$ 状态的壳层分别用大写字母 K,L,M,N,O,P,L 等表示。l 相同的电子组成支壳层或分壳层。对应于 $l=1,2,\cdots$ 状态分别用小写字母 $s,p,d,f,g,h,\cdots$ 表示。根据泡利不相容原理,可算出原子内各壳层和支壳层上最多容纳的电子数,如表 13-4 所示。

表 13-4 原子中各壳层和支壳层上最多可容纳的电子数

n \ l	0 s	1 p	2 d	3 f	4 g	5 h	6 i	总数 $Z_n=2n^2$
1 K	2							2
2 L	2	6						8
3 M	2	6	10					18
4 N	2	6	10	14				32
5 O	2	6	10	14	18			50
6 P	2	6	10	14	18	22		72
7 Q	2	6	10	14	18	22	26	98

4. 能量最小原理

当原子处于正常状态时,其中每个电子总是尽可能占有最低的能量状态,从而使整个原子系统的能量最低,即原子系统能量最小时最稳定。这个结论称为"能量最小原理"。根据能量最小原理,电子一般按 n 由小到大的次序填入各能级。但由于能级还和角量子数 l 有

关，所以在有些情况下，n 较小的壳层尚未填满时，n 较大的壳层上就开始有电子填入了。关于 n 和 l 都不同的状态的能级高低问题，我国学者徐光宪总结出一个规律，对于原子的外层电子，能级高低以 $n+0.7l$ 来确定，$n+0.7l$ 越大，能级越高。按照这个规律，可以得到能级由低到高的顺序是

$$1s,2s,2p,3s,3p,4s,3d,4p,5s,4d,5p,6s,4f,5d,6p,7s,5f,6d,7p,\cdots$$

表 13-5 原子中电子排布实例

原子序数	元素	K	L		M			N	
		s	s	p	s	p	d	s	p
1	H	1							
2	He	2							
3	Li	2	1						
4	Be	2	2						
5	B	2	2	1					
6	C	2	2	2					
7	N	2	2	3					
8	O	2	2	4					
9	F	2	2	5					
10	Ne	2	2	6					
11	Na	2	2	6	1				
12	Mg	2	2	6	2				
13	Al	2	2	6	2	1			
14	Si	2	2	6	2	2			
15	P	2	2	6	2	3			
16	S	2	2	6	2	4			
17	Cl	2	2	6	2	5			
18	Ar	2	2	6	2	6			
19	K	2	2	6	2	6		1	
20	Ca	2	2	6	2	6		2	

例如，$4s$（即 $n=4,l=0$）和 $3d$（即 $n=4,l=2$）两个状态，前者的 $n+0.7l=4$，后者的 $n+0.7l=4.4$，所以 $4s$ 态比 $3d$ 态先填入电子。钾、钙的原子就是这样。原子序数大的原子，这种情况更多。表 13-5 列出了周期表中前 20 个元素的原子处于基态时电子的填充情况。

能级由低到高的顺序还可用图 13-48 来表示。按照这个顺序，除极少数外，都能与实验相符合。

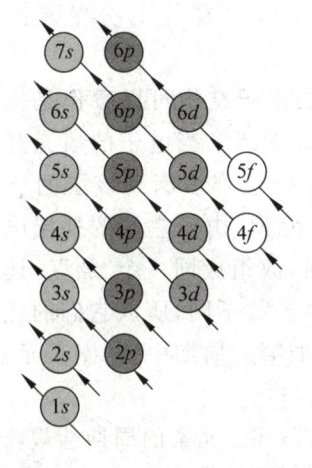

图 13-48 能级的填充次序

图 13-49 元素周期表中前 8 种元素的电子填充情况和电子组态

13.8.2 元素周期表

有了上面这些准备知识,我们就可以讨论这种元素的原子核外电子的分布或组态了。现在我们先讨论几种简单元素的电子组态(见图 13-49)。

氢原子外层只有一个电子,其基态可用量子数 $\left\{1,0,0,\dfrac{1}{2}\right\}$ 或 $\left\{1,0,0,-\dfrac{1}{2}\right\}$ 来描述。由于主量子数为 1,角量子数为 0,而填充电子数为 1,故电子的组态记为 $1s^1$。氦原子基态的量子数与氢原子相同,但有 2 个电子占据同一轨道,故其电子组态为 $1s^2$。锂有 3 个电子,其中 2 个占据 $1s$ 支壳层,所以它的电子组态为 $1s^22s^1$。碳有 6 个电子,其中 2 个占据 $2s$ 支壳层,但剩下的 2 个电子却并不是进入同一个 p 轨道使它们的自旋配对(↑↓)。而是分别占据不同的 p 轨道(碳的电子组态为 $1s^22s^22p^2$)。一般说来,当原子中有许多能量相同的轨道时,电子的填充总要使尽可能多的电子成为不配对的电子,这称为"洪德原则"。例如,氮原子的核外共有 7 个电子,其中 2 个占据 $1s$ 支壳层,2 个占据 $2s$ 支壳层,剩下的 3 个在 $2p$ 壳层的电子则分别占据了三个不同的轨道,因而它们的自旋全部不配对。不过洪德规则对于有些支壳层接近于填满半满的元素也有例外的时候。

各元素的物理性质和化学性质的周期性变化,是核外电子壳层结构的结果,例如,对于 H, $Z=1$,只有一个核外电子,它占据着最低能级,即处在 $1s$ 态。对于 He, $Z=2$,核外有 2 个电子,都处于 $1s$ 态,但二者自旋取向相反,由于 $n=1$ 的壳层被填满了,所以氦成为第一种惰性气体。氢与氦构成了第一周期。第二周期从 Li, $Z=3$ 开始到 Ne, $Z=10$ 结束,共有 8 种元素。在这一周期里,电子依次填充 $1s$、$2s$ 和 $2p$ 分壳层。氖(其电子组态为 $1s^22s^22p^6$)的核外电子,有 2 个占据 $1s$ 壳层,2 个占据 $2s$ 分壳层,6 个占据 $2p$ 分壳层。氖是满壳层,它是第二种惰性气体。第三周期从 Na, $Z=11$ 至 Ar, $Z=18$。钠的核外电子有 10 个填满了 $n=1$ 和 $n=2$ 两个壳层,剩下一个填充在 $n=3$ 壳层的 $3s$ 分壳层上,氩(电子组态为 $1s^22s^22p^63s^23p^6$)的电子占满了 $n=1$、$n=2$、$n=3$ 的壳层,$3s$ 分壳层上有 2 个电子,$3p$ 分壳层上有 6 个电子。从 K, $Z=19$ 开始,能级的次序和壳层的次序不一致了,钾第 19 个电子不是去占据 $3d$ 分壳层,而是填充到 $4s$ 分壳层上,因而开始了第四周期。Rb, $Z=37$,其第 37 个电子不是填充到 4d 或 4f 分壳层上,而是填充在 n=5 壳层的 5s 分壳层上,从而开始了第五周期。

元素的周期性,完全是原子结构的反映,基态原子的电子结构可以看作是按周期表顺序逐一增加电子而成。这些电子由低能级依次填到高能级。当电子的填充开始一个新的壳层时,就标志着一个新周期的开始。而当每一个壳层都填满到该层的 p 分壳层时,元素的化学性质就很稳定。周期表中同一列的各个元素,由于它们的外层电子结构都很相似,只是所在壳层不同,因此具有相似的化学性质,故组成同一个"族"。还有一些元素,它们外层电子的排列都基本相同,只是较内层的电子数不同,所以它们的化学性质十分接近,自成一体,在周期表中把它们列入同一格内,如第六周期中的"镧系元素"和第七周期中的"锕系元素"。

原子的电子壳层结构,解释了化学元素周期表,见表 13-6。元素的周期性规律完全是原子内部由量变到质变的反映。这表明,元素之间并非是彼此毫无关系的,而是有着深刻的内在联系。元素周期表的发现,在实践上和理论上都有着十分巨大的意义。

表 13-6 元素周期表

第一周期	1 H																2 He
第二周期	3 Li	4 Be										5 B	6 C	7 N	8 O	9 F	10 Ne
第三周期	11 Na	12 Mg										13 Al	14 Si	15 P	16 S	17 Cl	18 Ar
第四周期	19 K	20 Ca	21 Sc	22 Ti	23 V	24 Cr	25 Mn	26 Fe	27 Co	28 Ni	29 Cu	30 Zn	31 Ga	32 Ge	33 As	34 Se	35 Br	36 Kr
第五周期	37 Rb	38 Sr	39 Y	40 Zr	41 Nb	42 Mo	43 Tc	44 Ru	45 Rh	46 Pd	47 Ag	48 Cd	49 In	50 Sn	51 Sb	52 Te	53 I	54 Xe
第六周期	55 Cs	56 Ba	57~71*	72 Hf	73 Ta	74 W	75 Re	76 Os	77 Ir	78 Pt	79 Au	80 Hg	81 Tl	82 Pb	83 Bi	84 Po	85 At	86 Rn
第七周期	87 Fr	88 Ra	89~103	104 Rf	105 Db	106 Sg*	107 Bh	108 Hs*	109 Mt*	110 Uun*	111 Uuu*	112 Uub*	……					
镧系	57 La	58 Ce	59 Pr	60 Nd	61 Pm	62 Sm	63 Eu	64 Gd	65 Tb	66 Dy	67 Ho	68 Er	69 Tm	70 Yb	71 Lu			
锕系	89 Ac	90 Th	91 Pa	92 U	93 Np	94 Pu	95 Am*	96 Cm*	97 Bk*	98 Cf*	99 Es*	100 Fm*	101 Md*	102 No*	103 Lr*			

注:加星号为人造元素。

【例 13-23】 试分别计算 $n=7$ 的壳层及其所属各分壳层内所能容纳的电子数。

解 (1) $n=7$ 壳层所能容纳的电子数为

$$Z_n = 2n^2 = 2 \times 7^2 = 98(个)$$

(2) $l=0,1,2,\cdots,n-1, m_l=0,\pm 1,\pm 2,\cdots,\pm l, m_s=\pm\dfrac{1}{2}$

在 l 分壳层内可容纳的电子数 $Z_n=2(2l+1)$,故 $n=7$ 各 l 分壳层所能容纳的电子数分别如表 13-7 所示。

表 13-7 $n=7$ 各壳层所能容纳的电子数

l	0	1	2	3	4	5	6
电子数	2	6	10	14	18	22	26

【例 13-24】 原子中能够有下列量子数相同的电子最多有多少？
(1) n,l,m_l,m_s；(2) n,l,m_l；(3) n,l；(4) n；(5) n,m_l,m_s；(6) n,m_s；(7) n,l,m_s。

解 (1) 根据泡利不相容原理，同一个原子中不可能有两个或两个以上电子具有完全相同的四个量子数 (n,l,m_l,m_s)，因此在原子内量子数为 n,l,m_l,m_s 的电子数
$$Z_{n,l,m_l,m_s}=1(\text{个})$$

(2) n,l,m_l 已定，但 $m_s=+1/2,-1/2$，故 n,l,m_l 相同的电子数 $Z_{(n,l,m_l)}=2(\text{个})$。

(3) n,l 已定，但 $m_l=0,\pm 1,\pm 2,\cdots,\pm l$，$m_s=\pm 1/2$，所以 n,l 相同的电子数 $Z_{n,l}=2(2l+1)$。

(4) n 已定，而 $l=0,1,2,\cdots,n-1$，$m_l=0,\pm 1,\pm 2,\cdots,\pm l$，$m_s=\pm 1/2$，所以 n 相同的电子数 $Z_{(n)}=\sum_{l=0}^{n-1}2(2l+1)=2n^2$。

(5) n,m_l,m_s 已定，但 $l=0,1,2,\cdots,n-1$，所以 n,m_l,m_s 相同的最多电子数 $Z_{(n,m_l,m_s)}=n$。

(6) n,m_s 已定，而 $l=0,1,2,\cdots,n-1$，$m_l=0,\pm 1,\pm 2,\cdots,\pm l$，所以 $Z_{(n,m_s)}=\sum_{l=0}^{n-1}(2l+1)=1+3+5+\cdots+(2n-1)=n^2$。

(7) n,l,m_s 已定，但 $m_l=0,\pm 1,\pm 2,\cdots,\pm l$（有 $2l+1$ 个），所以 $Z_{(n,l,m_s)}=2l+1$。

【例 13-25】 已知 As($Z=33$) 的电子组态为 $1s^2 2s^2 2p^6 3s^2 3p^6 3d^{10} 4s^2 4p^3$。
求：(1) As 原子中有哪些电子主壳层？
(2) 在 $n=3$ 主壳层中有哪几个分壳层？这些分壳层中的电子数分别为多少？
(3) As 的最外主壳层中的总电子数为多少？

解 (1) 由 As 的电子组态可以看出，As 的电子主壳层有：$n=1,n=2,n=3,n=4$ 共 4 个主壳层。

(2) 在 $n=3$ 主壳层中有：$3s,3p,3d$ 三个分壳层。其中，在 $3s$ 分壳层上有 2 个电子；在 $3p$ 分壳层有 6 个电子；在 $3d$ 分壳层上有 10 个电子。

(3) As 的最外主壳层为 $n=4$ 主壳层，壳层内含有 $4s$ 和 $4p$ 两个分壳层，相应的电子数分别为 2 个和 3 个，因此最外主壳层内总电子数为 $Z_4=2+3=5(\text{个})$。

【例 13-26】 原子中的电子处于 $n=2$ 状态。试写出：
(1) 与之相应的一切量子态；
(2) 各量子态相应的角动量 $\boldsymbol{L}$ 及其在外磁场方向的投影值 $\boldsymbol{L}_z$。

解 (1) 对于一个 $n,l=0,1,2,\cdots,n-1$；对于一个 $l,m_l=0,\pm 1,\pm 2,\cdots,\pm l$；而 $m_s=\pm 1/2$，电子的量子态共有 $2n^2=8$ 个，它们是
① $\{2,0,0,1/2\}$；② $\{2,0,0,-1/2\}$；③ $\{2,1,0,1/2\}$；④ $\{2,1,0,-1/2\}$；
⑤ $\{2,1,1,1/2\}$；⑥ $\{2,1,1,-1/2\}$；⑦ $\{2,1,-1,1/2\}$；⑧ $\{2,1,-1,-1/2\}$

(2) 角动量 $L=\sqrt{l(l+1)}\hbar, L_z=m_l\hbar$

与以上 8 个量子态相应的 L、L_z 分别如表 13-8。

表 13-8 各量子态相应的 L、L_z

量子态	①	②	③	④	⑤	⑥	⑦	⑧
n, l, m_l, m_s	$\{2,0,0,\frac{1}{2}\}$	$\{2,0,0,-\frac{1}{2}\}$	$\{2,1,0,\frac{1}{2}\}$	$\{2,1,0,-\frac{1}{2}\}$	$\{2,1,1,\frac{1}{2}\}$	$\{2,1,1,-\frac{1}{2}\}$	$\{2,1,-1,\frac{1}{2}\}$	$\{2,1,-1,-\frac{1}{2}\}$
$L=\sqrt{l(l+1)}\hbar$	0	0	$\sqrt{2}\hbar$	$\sqrt{2}\hbar$	$\sqrt{2}\hbar$	$\sqrt{2}\hbar$	$\sqrt{2}\hbar$	$\sqrt{2}\hbar$
$L_z=m_s\hbar$	0	0	0	0	$\hbar$	$\hbar$	$-\hbar$	$-\hbar$

专题 G

量子光学

1. 概述

量子光学最初是从量子电动力学理论中发展、演变而来的。它是以辐射的量子理论研究光的产生、传输、检测及光与物质相互作用的学科。量子光学内容主要包括：①研究光场的各种经典和非经典现象的物理本质；②揭示光场的各种线性和非线性效应的物理机制；③揭示光场与物质(原子、分子或者离子)相互作用的各种动力学特性及其与物质结构之间的关系；④揭示光子自身相互作用的基本特征、机理、规律以及光子的深层次结构等。

激光(laser)是辐射受激发射的光放大的缩写，光的受激辐射和自发辐射都是典型的量子力学过程。因此激光理论是一个量子理论，激光理论的建立推动了量子光学的发展。激光理论包括半经典理论和全量子理论。半经典理论把物质看成是遵守量子力学规律的粒子集合体，而激光光场则遵守经典的麦克斯韦电磁方程组。此理论能较好地解决有关激光与物质相互作用的许多问题，但不能解释与辐射场量子化有关的现象。在全量子理论中，把激光场看成是量子化了的光子群，这种理论体系能对辐射场的量子涨落现象以及涉及激光与物质相互作用的各种现象给予严格而全面的描述。对激光的产生机理，包括对自发辐射和受激辐射的研究以及对激光的传输、检测和统计性等的研究是量子光学的主要研究内容。

真正将量子光学的理论研究工作推向深入的，是 E. T. Jaynes 和 F. W. Cummings 两个人。1963 年，Jaynes 和 Cummings 提出了表征单模光场与单个理想二能级原子相互作用的 Jaynes-Cummings 模型，它是一个在电偶极及旋波近似下精确可解的全量子化模型。自 Jaynes 和 Cummings 提出这个模型后，人们对它的各个方面进行了深入而全面的研究，发现了许多由于辐射场量子化所引起的量子效应。近年来，由于实验技术的不断提高，Jaynes-Cummings 模型的许多量子特征已得到证实。

随着研究对象、研究内容和研究范围的拓展，随着研究方法和研究手段的更新与改进，今天的量子光学领域已经出现了一系列全新的、重大突破性的进展。1997 年，S. Chu, C. C.

Tannoudji 和 W. D. Phillips 等人因研究原子的激光冷却与捕获分别获得 1997 年度诺贝尔物理学奖,将量子光学领域的研究工作推向了第一个高潮。2001 年瑞典皇家科学院决定将 2001 年度的诺贝尔物理学奖授予对实现玻色-爱因斯坦凝聚态而作出杰出贡献的 3 位科学家,将量子光学领域的研究工作推向了第二个新的高潮。到了 2005 年,瑞典皇家科学院再次决定将 2005 年度的诺贝尔物理学奖授予对光学相干态和光谱学研究作出杰出贡献的 3 位科学家。其中,发现光学相干态(Glouber 相干态)、并在此基础上进一步建立起光场相干性的全量子理论的美国科学家 Glouber 一个人获得了该年度诺贝尔物理学奖金的 50%,而另外的两位科学家则共享该年度诺贝尔物理学奖金的另外的 50%。这足以说明量子光学研究的重要性、重要地位和重要作用以及国际科学界对量子光学学科的重视程度。这又将量子光学领域的研究工作推向了第三个新的高潮。

2. 量子信息

目前,与量子光学比较密切的研究领域是量子信息科学。量子信息学是量子力学和信息科学相结合而产生的一门新兴的前沿交叉学科,主要包括量子通信和量子计算,是当前国际上重要前沿领域之一。量子信息学用量子态作为信息的载体,它利用量子力学的基本原理来实现信息的传递和处理,即信息的提取、传输、处理和控制都是通过对量子态及其演化的操纵来实现的。量子信息具有许多经典信息不具备的优点,其优点基于量子力学的各种量子相干性(如量子纠缠和量子不可克隆性等)。运用量子态作为信息载体,量子存储器的数据存储能力呈指数增长,运用适合算法,量子计算机可攻破现有的密钥体系,而量子密码则可提供绝对安全保密通信。

为什么要研究量子信息呢?我们知道根据摩尔(Moore)定律,每 18 个月计算机微处理器的速度就增长 1 倍,其中单位面积(或体积)上集成的元件数目会相应地增加。可以预见,在不久的将来,芯片元件就会达到它能以经典方式工作的极限尺度。因此,突破这种尺度极限是当代信息科学所面临的一个重大科学问题。在这样的前提下,量子信息学应运而生。量子信息学是量子力学与信息科学结合的学科,不仅充分显示了学科交叉的重要性,而且量子信息的最终物理实现,会导致信息科学观念和模式的重大变革。

(1) 量子纠缠

量子纠缠是量子理论最重要的特性之一,它本质上来源于量子力学的态叠加原理。根据态叠加原理,一个量子系统可以处在某一力学量的不同本征态的线性叠加态,当此叠加原理应用到复合系统时,就会出现一种非常奇特的现象——量子纠缠。

在量子力学中,微观体系的状态用量子态 ψ 来表示。两个子系统量子纠缠态的定义为:对于由 A、B 两个子系统组成的量子体系,如果整个体系的态矢量 $\psi(A,B)$ 不能写成子系统态矢量的直积形式 $\psi(A) \otimes \psi(B)$ 时,称态 $\psi(A,B)$ 为纠缠态,A、B 两个子系统被称为是相互纠缠的。这个定义可以扩展到多个子系统,若整个系统的量子态不能表示为各个子系统态的直积形式,则称为纠缠态。

量子纠缠有两个独特的非经典性质,其一,有很强的量子相关性,就是说,对纠缠态中一个子系统状态的测量同时决定了纠缠态中所有其他子系统的状态;其二,非定域性,即处于量子纠缠态的各个子系统不管被分隔多远,它们之间超强的量子关联性都不会改变。

有了量子纠缠态,才使量子通信与量子计算成为可能。

（2）量子通信

量子通信是指利用量子纠缠效应进行信息传递的一种新型的通信方式。量子通信主要涉及：量子密码通信、量子远程传态和量子密集编码等。量子通信系统的基本部件包括：量子态发生器、量子通道和量子测量装置。按其所传输的信息是经典还是量子而分为两类。前者主要用于量子密钥的传输，后者则可用于量子隐形传态和量子纠缠的分发。

1993年，6位来自不同国家的科学家，提出了利用经典与量子相结合的方法实现量子隐形传态的方案：将某个粒子的未知量子态传送到另一个地方，把另一个粒子制备到该量子态上，而原来的粒子仍留在原处。其基本思想是：将原物的信息分成经典信息和量子信息两部分，它们分别经由经典通道和量子通道传送给接收者。经典信息是发送者对原物进行某种测量而获得的，量子信息是发送者在测量中未提取的其余信息；接收者在获得这两种信息后，就可以制备出原物量子态的完全复制品。该过程中传送的仅仅是原物的量子态，而不是原物本身。发送者甚至可以对这个量子态一无所知，而接收者是将别的粒子处于原物的量子态上。

量子隐形传态不仅在物理学领域对人们认识与揭示自然界的神秘规律具有重要意义，而且可以用量子态作为信息载体，通过量子态的传送完成大容量信息的传输，实现原则上不可破译的量子保密通信。

（3）量子计算

量子计算是基于量子态的相干叠加原理，根据量子算法要求，对由量子叠加态描述的输入信号进行量子逻辑门操作。这是一个人为控制的、以输入态为初态的量子物理演化过程。对输出态进行量子测量，给出量子计算的结果。

量子计算机的概念最早源于20世纪六、七十年代对克服能耗问题的可逆机的研究。1985年，牛津大学的D. Deutsch初步阐述了量子计算机的概念，并指出量子计算机可能比经典计算机具有更强大的功能。1995年，P. Shor提出了大数因子化量子算法，并由其他人演示了量子计算在冷却离子系统中实现的可能性，量子计算机的研究才变成物理学家、计算机专家和数学家共同关心的交叉领域研究课题。

由于量子态叠加原理，量子计算机能够对处于叠加态的所有分量同时进行操作，这就是量子并行性。基于量子并行性，量子计算机只要一个处理器就能够同时进行非常大规模的运算。比如量子计算机可以实现大数的因子分解。大数因子分解是经典计算机无法解决的难题，因而也是目前广泛使用的利用公开密钥体制进行保密通信的安全性的保证。但P. Shor已经证明，利用量子计算机可轻易地攻破这一难题，对传统的保密通信提出挑战。量子计算机的另一个重要功能是Grover搜索。在有N项没有排序的数据库中找出一个有标记的态，用经典计算机平均要找$N/2$次，但用量子计算机则只需找$\sqrt{N}$次。

（4）量子信息的物理实现

量子信息之所以有意义，是因为量子信息处理器可以在现实中实现，否则，该领域就只是引起数学上的好奇心而已。量子信息处理器必须具备以下条件：①量子比特可以被任意地初始化；②必须很好地隔离量子处理器，以保持它的量子相干性；③量子比特必须是可访问的，以便量子比特完成量子信息处理；④量子比特容易被读取。

很多物理系统原则上都可以满足以上条件，并用来实现量子信息处理。目前，人们主要在光学系统、囚禁离子系统、腔量子电动力学系统、核磁共振系统、超导系统、半导体量子点、半导体中的自旋等物理系统中研究量子信息处理。以上这些物理系统在实现量子信息处理方面，各有优劣。现在人们还不能确定未来量子信息处理的物理系统会是其中的哪一个，或者是其中几个的结合，或者是其他的物理系统。

无论是量子计算还是量子通信，本质上都是利用了量子相干性。遗憾的是，在实际物理系统中量子相干性很难保持。量子比特不是一个孤立的系统，它会与外部环境发生相互作用，导致量子相干性的衰减，即消相干。因此，要使量子信息成为现实，一个核心问题就是克服消相干。为了保持好的相干性，人们试图去克服消相干效应，量子编码是迄今发现的克服消相干最有效的方法。

自20世纪末开始，量子信息科学无论在理论上，还是在实验上都在不断取得重要突破，从而激发了人们的研究热情。但是，实现实用的量子信息系统还是十分困难的。

习 题

13-1 设太阳是黑体，试求地球表面受阳光垂直照射时每平方米的面积上每秒钟得到的辐射能。如果认为太阳的辐射是常数，再求太阳在一年内由于辐射而损失的质量。已知太阳的直径为 1.4×10^9 m，太阳与地球的距离为 1.5×10^{11} m，太阳表面的温度为 6100 K。

13-2 用辐射高温计测得炉壁小孔的辐出度为 22.8 W/cm²，试求炉内温度。

13-3 黑体的温度 $T_1 = 6000$ K，问 $\lambda_1 = 350$ nm 和 $\lambda_2 = 700$ nm 的单色辐出度之比为多少？当黑体温度上升到 $T_2 = 7000$ K 时，$\lambda_1 = 350$ nm 的单色辐出度增加了几倍？

13-4 在真空中均匀磁场（$B = 1.5 \times 10^{-4}$ T）内放置一金属薄片，其红限波长为 $\lambda_0 = 10^{-2}$ nm。今用单色 γ 射线照射时，发现有电子被击出。放出的电子在垂直于磁场的平面内作半径为 $R = 0.10$ m 的圆周运动。假定 γ 光子的能量全部被电子吸收，试求该 γ 射线的能量、波长和频率。

13-5 以钠作为光电管阴极，把它与电源的正极相连，而把光电管阳极与电源负极相连，这反向电压会降低以至消除电路中的光电流。当入射光波长为 433.9 nm 时，测得截止电压为 0.81 V，当入射光波长为 312 nm 时，测得截止电压为 1.93 V，试计算普朗克常数 h 并与公认值比较。

13-6 若有波长为 $\lambda = 0.10$ nm 的 X 射线束和波长为 $\lambda = 1.88 \times 10^{-3}$ nm 的 γ 射线，分别和自由电子碰撞，问散射角为 $\pi/2$ 时，(1)波长的改变量为多少？(2)反冲电子的动能是多少？(3)入射光在碰撞时失去的能量占总能量的百分比。

13-7 在康普顿实验中，当能量为 0.50 MeV 的 X 射线射中一个电子时，该电子会获得 0.10 MeV 的动能，若电子原来是静止的。试求：(1)散射光子的波长；(2)散射光子与入射方向的夹角。

13-8 一个波长 $\lambda = 5$ Å 的光子与原子中电子碰撞，碰撞后光子以与入射方向成 150° 角方向反射，求碰撞后光子的波长与电子的速率。

13-9 如图所示，设 λ_0 和 λ 分别为康普顿散射中入射光子与散射光子的波长，E_k 为反冲电子动能,φ 为反冲电子与入射光子运动方向夹角,θ 为散射光子与入射光子运动方向的夹角,试证明:

(1) $E_k = hc \dfrac{\lambda_0 - \lambda}{\lambda_0 \lambda}$;

(2) 当 $\theta = \dfrac{\pi}{2}$ 时,$\varphi = \arccos \dfrac{1}{\sqrt{1+\left(\dfrac{\lambda_0}{\lambda}\right)^2}}$。

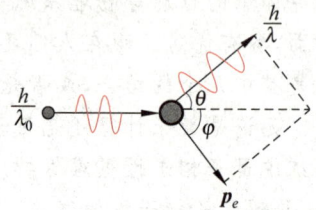

习题 13-9 图

13-10 根据玻尔理论计算氢原子中的电子在第一至第四轨道上运动的速度以及这些轨道的半径。

13-11 处于基态的氢原子被外来单色光激发后发出的巴耳末系,仅观察到三条光谱线,试求这三条谱线的波长以及外来光的频率。

13-12 动能为 20 eV 的电子与处于基态的氢原子相碰,并使氢原子激发,当氢原子返回基态时,辐射出波长为 121.6 nm 的光子,求碰撞后电子的速度。

13-13 具有能量为 15 eV 的光子,被氢原子中处于第一玻尔轨道上的电子所吸收,然后电子被释放出来,试求放出电子的速度。

13-14 原则上讲,玻尔理论也适用于太阳系,地球相当于电子,太阳相当于核,而万有引力相当于库仑力。

(1) 求地球绕太阳运动的允许半径公式;

(2) 地球运动实际半径为 1.5×10^{11} m,与此半径对应的量子数 n 多大?

(3) 地球实际轨道和它的下一个较大可能轨道半径差值多大?

($M_{地} = 5.98 \times 10^{24}$ kg,$M_{日} = 1.99 \times 10^{30}$ kg,$G = 6.67 \times 10^{-11}$ N·m²/kg²)

13-15 一质子经 206 V 的电压加速后,德布罗意波长为 2.0×10^{-12} m。试求:

(1) 质子的质量 m_p;

(2) 如果质子的位置不确定量等于其波长,则其速度的不确定量必不小于多少?

13-16 若已知运动电子的质量比其静止质量大 1‰,试确定其德布罗意波长。

13-17 试证明电子经过电压 U 加速后,其德布罗意波长为:

(1) $\lambda = \dfrac{h}{\sqrt{2m_0 e}} \cdot \dfrac{1}{\sqrt{U}} = \dfrac{1.23}{\sqrt{U}}$ nm ($v \ll c$);

(2) $\lambda = \dfrac{h}{\sqrt{2m_0 e}} \cdot \dfrac{1}{\sqrt{U}} \left(1 + \dfrac{eU}{6m_0 e^2}\right)^{\frac{1}{2}}$ ($v \approx c$)。

13-18 电子显像管的加速电压为 20 kV,电子枪口径为 0.5 mm,试问此时电子的波动性是否会影响画面的清晰度? 为什么?

13-19 求下列情况中实物粒子的德布罗意波长。

(1) $E_k = 100$ eV 的自由电子;

(2) $E_k = 0.1$ eV 的自由中子;

(3) 温度 $T = 1.0$ K,$E_k = \dfrac{3}{2}kT$ 的氦原子。

13-20 设有一微观粒子沿 x 轴自由运动,并在 $t=0$ 时,测定了这个粒子的位置不确定量

为 Δx_0,试计算在以后某一时刻 t 测定这个粒子的位置不确定量。

13-21 粒子运动的波函数如图(a)、(b)所示,试问哪种情况下确定动量的准确度较高？哪种情况下确定位置的准确度较高？

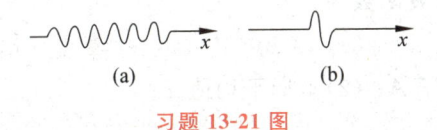

习题 13-21 图

13-22 电子被 100 kV 的电场加速,如果考虑相对论效应,其德布罗意波长多大？若不用相对论计算,相对误差是多少？

13-23 同时测量能量为 1 keV 的作一维运动的电子的位置与动量时,若位置的不确定值在 0.1 nm 内,则动量的不确定值的百分比 $\Delta p/p$ 至少为多大？

13-24 若一个电子处于原子某能态的时间为 10^{-8} s。求：
(1) 这个原子能态的能量的最小不确定量是多少？
(2) 如果原子从上述能态跃迁到基态所辐射的能量为 3.39 eV,计算所辐射的光子波长,并讨论这波长的最小不确定量。

13-25 已知粒子在无限深势阱中运动,其波函数 $\varphi(x) = \sqrt{\dfrac{2}{a}} \sin \dfrac{\pi x}{a} (0 \leqslant x \leqslant a)$,求发现粒子概率最大的位置。

13-26 一粒子被限制在相距为 L 的两个不可穿透的壁之间,描写粒子状态的波函数为：$\varphi = cx(L-x)$,其中 c 为待定常数,求在 $0 \sim L/3$ 区间发现粒子的概率。

13-27 粒子在一维无限深势阱中运动,其波函数 $\varphi_n(x) = \sqrt{\dfrac{2}{a}} \sin\left(\dfrac{n\pi x}{a}\right) (0 < x < a)$,若粒子处于 $n=1$ 状态,在 $0 \sim a/4$ 区间发现该粒子的概率是多少？

13-28 设一粒子沿 x 方向运动,其波函数为 $\varphi(x) = \dfrac{A}{1+\mathrm{i}x}$。
(1) 将此函数归一化；
(2) 求出此粒子按坐标的概率分布函数；
(3) 在何处找到粒子的概率最大？

13-29 原子和分子中的电子可以粗略地看成一维无限深势阱中的粒子,设势阱的宽度为 1 nm,求：
(1) 两个最低能级之间的间隔；
(2) 电子在这两个能级之间跃迁,发出的光的波长是多少？

13-30 判断下列波函数所描写的状态是不是定态？
(1) $\varphi_1 = (x,t) = u(x)\mathrm{e}^{-\frac{\mathrm{i}}{\hbar}E_1 t} + u(x)\mathrm{e}^{-\frac{\mathrm{i}}{\hbar}E_2 t} (E_1 \neq E_2)$；
(2) $\varphi_2 = (x,t) = x^3 \mathrm{e}^{-\frac{\mathrm{i}}{\hbar}E t} + u(x)\mathrm{e}^{\mathrm{i}x - \frac{\mathrm{i}}{\hbar}E t}$。

13-31 若有一质量 $m = 0.001$ kg 的粒子,以速度 $v = 10^{-2}$ m/s 在宽度 $a = 10^{-2}$ m 的一维无限深势阱中运动,求其量子数 n。

13-32 晶体中原子在平衡位置附近的微振动，可以近似地看成一维谐振动，其势能为 $U(x) = \frac{1}{2}Kx^2$，K 为弹性系数，试写出该粒子所满足的定态薛定谔方程。

13-33 线性谐振子的基态波函数为
$$\varphi(x) = Ae^{-\frac{1}{2}a^2x^2}, \quad -\infty \leqslant x \leqslant \infty$$
求：(1) 归一化因子 A；(2) 坐标平均值 $\bar{x}$。

13-34 在一维无限深势阱中，粒子处于 $\varphi_2(x) = \sqrt{\frac{2}{a}}\sin\left(\frac{2\pi x}{a}\right)(0 \leqslant x \leqslant a)$，试求发现粒子最大概率的位置。

13-35 在一维无限深势阱中，由于边界条件的限制，势阱宽度 a 必须等于粒子德布罗意半波长的整数倍。试利用这一条件导出能量量子化的公式
$$E = \frac{h^2}{8ma^2} \cdot n^2$$

13-36 试分别计算在壳层 $n=5$ 中有下列量子数相同的电子最多为多少个？

(1) $m_s = \frac{1}{2}$；   (2) $m_l = +1$；

(3) $m_l = -1, m_s = -\frac{1}{2}$；   (4) $l = 3, m_s = \frac{1}{2}$。

13-37 原子中 $n=5$ 的电子可以处于哪些量子态？

13-38 如果氢原子中的电子处于 $n=2$ 的状态。试写出：

(1) 与其相应的一切量子态；

(2) 各量子态相应的能量、轨道角动量及其在外磁场方向的投影值；

(3) 各量子态相应的自旋角动量及其在外场方向的投影值。

13-39 试画出原子在 $l=3$ 的电子角动量 $\mathbf{L}$ 在磁场中空间量子化的示意图。并写出 $\mathbf{L}$ 在磁场方向的分量 L_z 的各种可能值。

13-40 原子中能够有下列量子数相同的电子最多有几个？

(1) $n=3, m_l=1, m_s=-\frac{1}{2}$；   (2) $n=2, l=1, m_l=0, m_s=\frac{1}{2}$；

(2) n, l；   (4) $n=3, l=2, m_s=\frac{1}{2}$。

13-41 In($Z=49$)的电子组态为 $1s^2 2s^2 2p^6 3s^2 3p^6 3d^{10} 4s^2 4p^6 4d^{10} 5s^2 5p^1$，试问：

(1) In 原子中有几个主壳层？

(2) In 的最外主壳层内有多少个电子？

(3) 在 $n=4$ 主壳层内有哪几个分壳层？

(4) 处于 $3d$ 分壳层内有几个电子？它们的轨道角动量等于多少？

13-42 原子中电子处于 $n=3, l=2, m_l=-1, m_s=\frac{1}{2}$ 量子态，试求：

(1) 它的轨道角动量 $\mathbf{L}$；

(2) 轨道角动量在外磁场方向的分量 L_z；

（3）电子的自旋角动量 L_s 在外磁场方向的分量 L_{sz}。

13-43 你对"超距作用"和"场"有什么看法？如果在同一惯性系中有两个相距 10 光年的被关在静电屏蔽金属中的带电粒子（如图所示），当它们被同时放出后需经多少时间才有相互作用力？为什么？

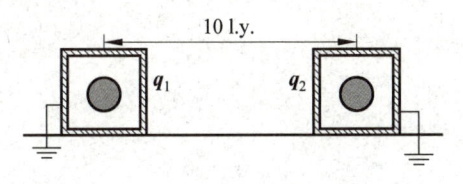

习题 13-43 图

第 14 章 固体物理简介

固体物理研究固体的结构及其组成粒子(原子、离子、电子等)之间相互作用与运动规律,并阐明其性能与用途。固体分为晶体、多晶和非晶。固体的性质与其组成和结构密切相关。本章将简要介绍晶体的微观结构及其性能。

14.1 晶体结构

组成晶体的粒子按照周期性无限地空间排列,形成长程有序的固体。这种周期性排列,具有平移不变性,导致许多物理性质也具有周期性。例如,电荷分布、势能函数……。描述晶体周期性排列的方式有两种:布拉维格子和晶面。

把组成晶体的每个基元抽象为一个结点,由这些结点构成的点阵,称为布拉维点阵(格子)。晶体可以看作是在布拉维格子的每一个格点上放上一组原子(基元)构成的。因此,晶体结构可以表示为:晶体结构=基元+点阵。

如果选定某一个结点为原点,那么,布拉维格子可表示为

$$T = ma + nb + lc \tag{14-1}$$

图 14-1(a)和 14-1(b)所示的基元有 2 个原子,布拉维格子是二维斜方格子时晶体的构成,由于受到晶体具有平移不变性的限制,三维晶体只有 14 种布拉维格子。

图 14-1 二维晶体示意图
(a)基元和点阵;(b)晶体结构

常见晶体结构有以下几种。

1. 体心立方晶格

体心立方晶格结构如图 14-2(a)所示,其原子球排列形式如图 14-2(b)所示。原子球排

列的方式可以表示为：AB AB AB⋯体心立方晶格中，A 层中原子球的距离等于 A－A 层之间的距离。对于体心立方，A 原子球的间隙：$\Delta = 0.31 r_0$，r_0 为原子球的半径。具有体心立方晶格结构的金属有 Li、Na、K、Rb、Cs、Fe 等。

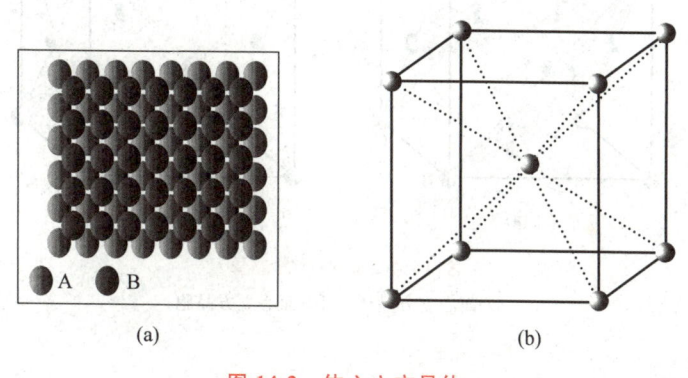

(a)
(b)

图 14-2　体心立方晶体
(a) 体心立方；(b) 体心立方晶胞

2. 六角密排晶格

六角密排晶体由两层原子构成：第一层密排原子计为 A 层，第二层为 B 层，它是把球放在 A 层相间的 3 个空隙里，第三层放在 B 层相间的 3 个空隙里，且与 A 层对应。这样第二层的每个球和第一层的三个球紧密相切，如图 14-3(a)。

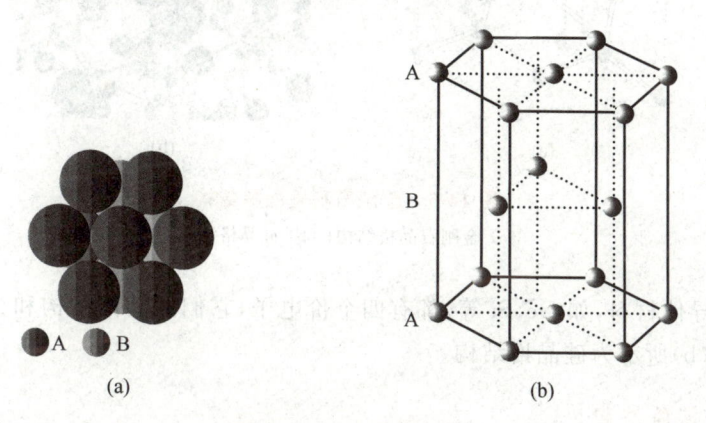

(a)
(b)

图 14-3　六角密排晶体
(a) 六角密排晶体；(b) 六角密排晶胞

原子球排列方式：AB AB AB⋯形式。在层的垂直方向有 6 度对称性的旋转轴，这个垂直方向的轴就是六角晶系中的 c 轴，图 14-3(b) 是该晶体的晶胞。Be、Mg、Zn、Cd 具有六角密排晶格结构。

3. 面心立方晶格

面心立方晶格如图 14-4 所示，每个晶胞的面心有一个原子，原子以 A、B、C 三层方式堆垛。层的垂直方向是对称性为 3 的轴，就是立方体的空间对角线。Cu、Ag、Au、Al 具有面心立方晶格结构。

(a)

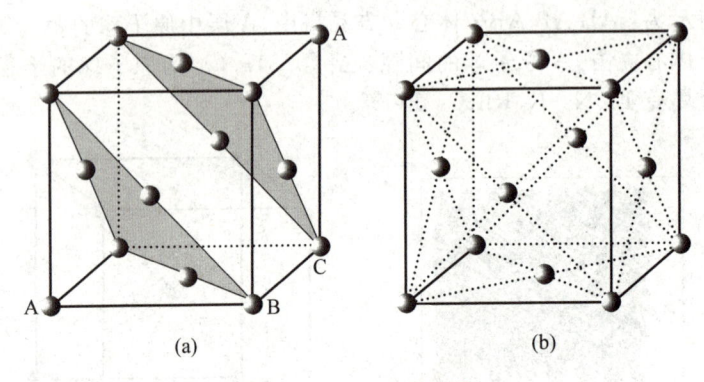

(b)

图 14-4　面心立方晶体

(a) 面心立方晶体；(b) 面心立方晶胞

4. 金刚石晶格结构

金刚石由碳原子构成，在一个面心立方原胞内还有 4 个原子，这 4 个原子分别位于 4 个空间对角线的 1/4 处。一个碳原子和其他 4 个碳原子构成一个正四面体。如图 14-5(a)所示。

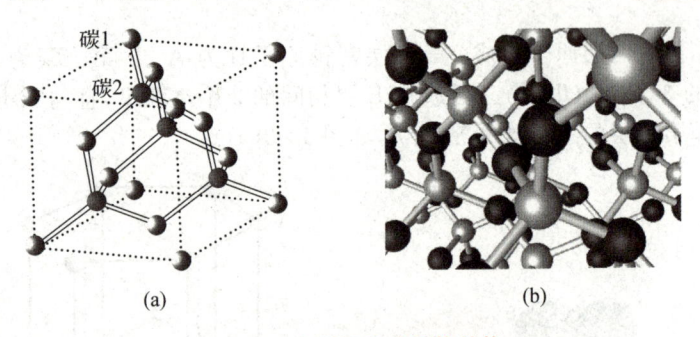

(a)

(b)

图 14-5　金刚石和硅晶格结构

(a) 金刚石晶格结构；(b) 硅晶格结构

重要的半导体材料，如 Ge、Si 等，都有四个价电子，它们的晶体结构和金刚石的结构相同。如图 14-5(b)所示为硅晶格结构。

5. NaCl 晶体的结构

氯化钠由 Na^+ 和 Cl^- 结合而成，它是一种典型的离子晶体，它的结晶学原胞如图 14-6(a)所示。Na^+ 构成面心立方格子；Cl^- 也构成面心立方格子。两个面心立方子晶格各自的原胞具有相同的基矢，只不过互相有一位移矢量，如图 14-6(b)。

6. ZnS 晶体的结构

立方系的硫化锌具有和金刚石类似的结构，其中硫和锌分别组成面心立方结构的子晶格而沿空间对角线位移 1/4 的长度套构而成。这样的结构统称闪锌矿结构。如图 14-7 所示。许多重要的化合物半导体，如锑化铟、砷化镓等都是闪锌矿结构，在集成光学上显得很重要的磷化铟也属于闪锌矿结构。

(a) (b)

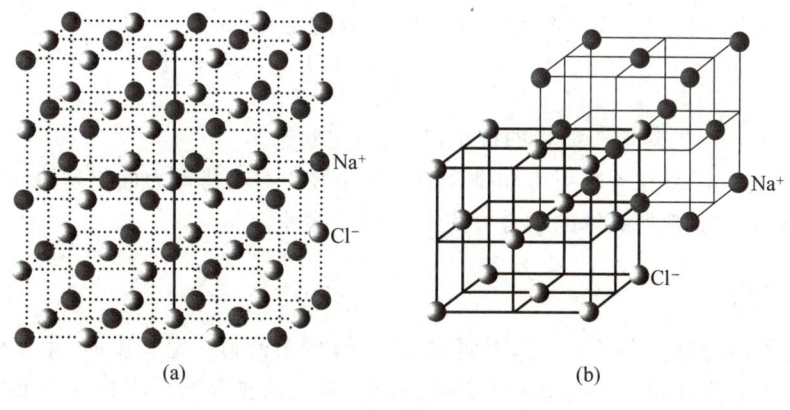

图 14-6　NaCl 晶体的结构

（a）结晶学原胞；（b）Na⁺ 和 Cl⁻ 面心立方子晶格有一位移

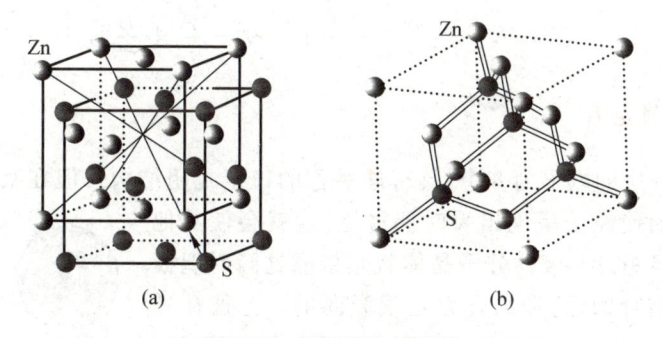

(a) (b)

图 14-7　ZnS 晶体的结构

（a）闪锌矿结构；（b）ZnS 晶体原胞

在布拉维格子中作一族平行的平面，这些相互平行、等间距的平面可以将所有的格点包括无遗，这些相互平行的平面称为晶体的晶面。如图 14-8 所示的是同一个格子，两组不同的晶面族。

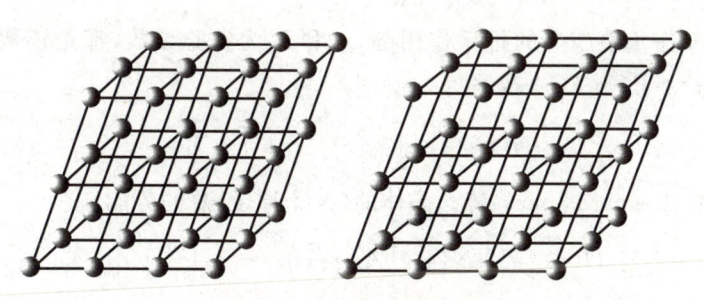

图 14-8　晶面的排列示意图

14.2　晶体的结合

大量原子、分子聚集在一起而构成晶体的原因是系统能量的降低，降低的能量称为内聚能或结合能。此能量与晶体的力学、热学性质存在一定的关系，也与结合的方式有关。晶体

中粒子间的相互作用势 $U(r)$ 与相互作用力 $F(r)$ 间满足关系

$$F(r) = -\frac{\partial U(r)}{\partial r} \tag{14-2}$$

当 $r=r_0$ 时，$F(r_0)=0$，对应于能量的极小值，为稳定状态。

原子间总是同时存在着吸引力和排斥力。产生吸引力与排斥力的物理原因与晶体的具体结合方式有关。通常把晶体的结合方式分为以下五种。

1. 离子结合

正、负离子之间靠库仑吸引力作用而相互靠近，当靠近到一定程度时，由于泡利不相容原理，两个离子的闭合壳层的电子云的交叠会产生强大的排斥力。当排斥力和吸引力相互平衡时，形成稳定的离子晶体。

假设晶体中有 N 个基元，系统的相互作用能

$$U = N\left(-\frac{\alpha q^2}{4\pi\varepsilon_0 r} + \frac{B}{r^n}\right) = N\left(-\frac{A}{r} + \frac{B}{r^n}\right) \tag{14-3}$$

2. 范德瓦耳斯结合

惰性元素最外层的电子为 8 个，具有球对称的稳定封闭结构。但在某一瞬时，由于正、负电中心不重合而使原子呈现出瞬时偶极矩，这就会使其他原子产生感应偶极矩。非极性分子晶体就是依靠这瞬时偶极矩的相互作用而结合的，这种结合力是很微弱的。范德瓦耳斯(Van der Waals)提出在实际气体分子中，两个中性分子间存在着"分子力"。其物理本质是瞬时偶极矩引起的力。

依靠范德瓦耳斯力相互作用结合的两个原子的相互作用势能可以表示为

$$u(r) = -\frac{A}{r^6} + \frac{B}{r^{12}} \tag{14-4}$$

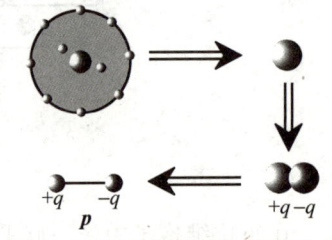

图 14-9 原子瞬时偶极矩的形成

式中，B/r^{12} 为电子态重叠产生的排斥作用势，A 和 B 为经验参数，都是正数。引入新的参量：$4\varepsilon\sigma^6 = A$，$4\varepsilon\sigma^{12} = B$，则 $u(r)$ 改写为

$$u(r) = 4\varepsilon\left[\left(\frac{\sigma}{r}\right)^{12} - \left(\frac{\sigma}{r}\right)^6\right] \tag{14-5}$$

称为雷纳德-琼斯(Lennard-Jones)势。晶体的(N 个原子)总的势能

$$U(r) = \frac{1}{2}N(4\varepsilon)\left[A_{12}\left(\frac{\sigma}{r}\right)^{12} - A_6\left(\frac{\sigma}{r}\right)^6\right] \tag{14-6}$$

3. 共价结合

靠两个原子各贡献一个电子，形成一个共用轨道结合，这种结合方式称为共价键。共价键结合具有两个基本特征：饱和性和方向性。

饱和性：以共价键形式结合的原子所能形成的共价键数目有一个最大值，因为每个键含有 2 个电子，分别来自两个原子。

共价键是由未配对的电子形成，价电子壳层如果不到半满，所有的电子都可以是不配对

的,因此成键的数目就是价电子数目;当价电子壳层超过半满时,根据泡利原理,部分电子必须自旋相反配对,因此能形成的共价键数目小于价电子数目;Ⅳ族—Ⅶ族的元素依靠共价键结合。

方向性:原子只沿着特定的方向上形成共价键,各个共价键之间有确定的相对取向。根据共价键的量子理论,共价键的强弱取决于形成共价键的两个电子轨道相互交叠的程度,即一个原子在价电子波函数最大的方向上形成共价键。

在金刚石中C原子形成的共价键,要用"轨道杂化"理论进行解释。每个C原子有6个电子,$1s^2$、$2s^2$和$2p^2$。在这种情况下只有2个电子是未配对的。而在金刚石中每个C原子和4个近邻的C原子形成共价键。在金刚石中共价键的基态是以$2s$和$2p$波函数组成的新的电子状态组成的,如图14-10所示。

杂化轨道的特点使它们的电子云分别集中在四面体的4个顶角方向上,4个$2s$和$2p$电子都成为未配对的,可以在四面体顶角方向上形成4个共价键。两个键之间的夹角为$109°28'$。

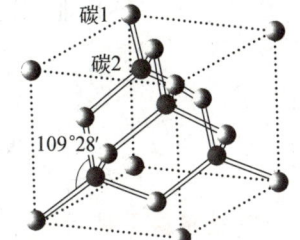

图14-10 金刚石共价键

4. 金属结合

主要是原子实和电子云之间的静电库仑力,对晶体结构没有特殊的要求,只要求排列最紧密,这样势能最低,结合最稳定。因此大多数金属具有面心立方结构,即立方密积或六角密积,配位数均为12。

5. 氢键结合

一个氢原子先与一个电负性较大的原子形成极性共价键,由于氢原子只有一个价电子,因此,极性共价键的形成,使氢原子成为部分正离子,这种正离子又可与另一个电负性大的原子通过库仑力相结合。结果是一个氢原子可以同时与两个电负性大的原子相结合,称为氢键。

由于共价键的结合很强,键长较短,而通过库仑作用的键长可以比较长,键也较弱,因此,氢键包含一个强σ键和一个弱π键。通过氢键结合而成的晶体成为氢键晶体。雪花和冰凌都是氢键结合。

14.3 晶体的能带及其应用

14.3.1 固体能带

1. 晶体中的电子状态——电子的共有化

在固体中存在着大量的电子,它们的运动是相互关联的,每个电子的运动都要受其他电子运动的影响,这种多电子系统严格的解显然是不可能的。能带理论采用单电子近似,把每个电子的运动看成是独立的,在一个等效势场中的运动,如图14-11所示。在大多数情况下,人们最关心的是价电子,在原子结合成固体的过程中价电子的运动状态发生了很大的变化,而内层电子的变化是比较小的,可以把原子核和内层电子近似看成是一个离子实。这样价电子的等效势场,包括离子实的势场,其他价电子的平均势场以及考虑电子波函数反对称性而带来的交换作用。

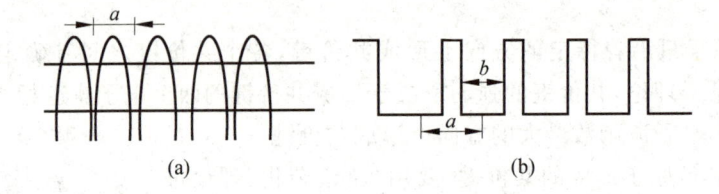

图 14-11 能带理论单电子近似
(a) 晶体内电子的一维势场;(b) 晶体内电子的一维势场简化形式

2. 能带的形成

在单电子近似中,电子具有的能量是量子化的,常用一系列的能级表示。在晶体中,价电子共有化后,原来原子的能级也要发生变化,利用量子力学的知识,由方形势阱和势垒交替组成无线长周期性势场,来模拟晶体中的电子所处的周期性原子势场,设势阱宽度为 l,势垒宽度为 b,则 $a=b+l$,a 为晶格常数。利用薛定谔方程,此方程的解有如下特性:在一定范围内,存在薛定谔方程的行波(即调幅度)解,这种能量范围称为能带,它们被行波不能存在的能隙分裂开,一个电子在周期性势场中能隙产生的位置为

$$Ka = \pm n\pi \tag{14-7}$$

由此可见,在晶体的这种周期场中,电子的能量状态不是一些分立的能级,而是一些能带。

3. 能带中的电子分布

根据原子壳层理论,每个 s 分壳层只能容纳一对自旋相反的电子。所以由 N 个原子组成的晶体,其 s 带是由 N 个原子的 s 能级分裂成的,其中有 $2N$ 个不同的能态,即最多可容纳 $2N$ 个电子,同理对于原子的 P 能级,其中又可以分为 3 个支能级,每个能级只能容纳一对自旋相反的电子,一共可容纳 6 个电子,所以由 N 个原子组成的晶体,整个 P 能级最多可容纳 $6N$ 个电子,以此类推,所以由 N 个原子组成的晶体,l(自旋)一定的一条能带中最多可容纳电子的数目为 $2(2l+1)N$ 个。如图 14-12 所示。

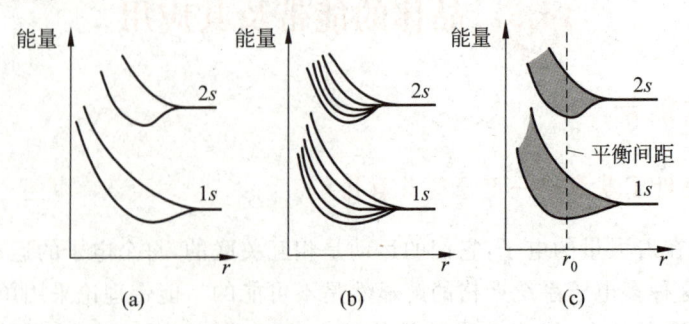

图 14-12 原子能级与固体能带
(a) 原子能级分裂;(b) 固体能级;(c) 固体能带

14.3.2 导体、绝缘体和半导体的能带论解释

所有固体都包含大量的电子,但电子的导电性却相差非常大。

导体的电阻率：ρ 约为 10^{-6} $\Omega\cdot cm$；半导体的电阻率：ρ 约为 $10^{-2} \sim 10^{9}$ $\Omega\cdot cm$；绝缘体的电阻率：ρ 约为 $10^{14} \sim 10^{22}$ $\Omega\cdot cm$。固体电子的能带理论能够很好地解释导体、半导体和绝缘体的导电区别。

1. 满带、空带和导带

晶体中的电子应该由低到高依次占据能带中的各能级。如果能带中的所有能级都被电子填满,这种能带称为满带。有的能带只填充部分电子,还有一些空着的能态,能带中的电子在外电场的作用下得到能量后,可进入本能带中未被电子填充的高能态。这样未填满电子的能带称为导带。此外,与各原子激发态相应的能带,在原子未被激发的正常情况下,往往没有被电子填充,这种能带称为空带。

2. 满带中的电子对导电没有贡献

在能带中,电子的速度与波矢有关,且满足 $v(k) = -v(-k)$,即波矢为 k 的状态和波矢为 $-k$ 的状态中电子的速度大小相等、方向相反。

在无外场时：波矢为 k 的状态和波矢为 $-k$ 的状态中电子的速度大小相等、方向相反,每个电子产生的电流为 $-qv$,对电流的贡献相互抵消。

在热平衡状态下,电子占据波矢为 k 的状态和占据波矢为 $-k$ 的状态的几率相等。所以晶体中的满带在无外场作用时,不会产生电流。如图 14-13 所示。

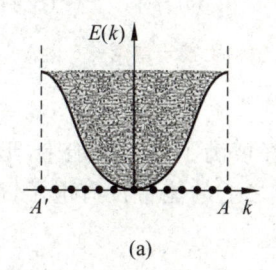

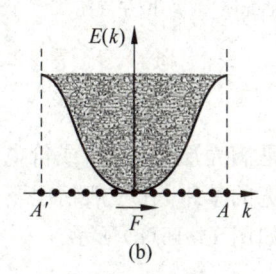

图 14-13 满带中的电子
(a) 无外场的满带电子分布；(b) 有外场的满带电子分布

在有外电场作用时,所有的电子状态以相同的速度沿着电场的反方向运动。在满带的情形中,电子的运动不改变布里渊区中电子的分布。所以在有外场作用的情形时,满带中的电子不产生宏观的电流。

3. 导带中的电子对导电的贡献

无外场存在时,虽然只有部分状态被电子填充,但是波矢为 k 的状态和波矢为 $-k$ 的状态中电子的速度大小相等、方向相反,对电流的贡献相互抵消。在热平衡状态下,电子占据波矢为 k 的状态和占据波矢为 $-k$ 的状态的几率相等。晶体导带中的电子在无外场作用

时,不产生电流。如图 14-14(a)所示。

在有外场 E 作用时,导带中部分状态被电子填充,外加电场的作用使布里渊区的状态分布发生变化。可以看出所有的电子状态以相同的速度沿着电场的反方向运动。由于能带是不满带,逆电场方向上运动的电子较多,因此产生电流。如图 14-14(b)所示。

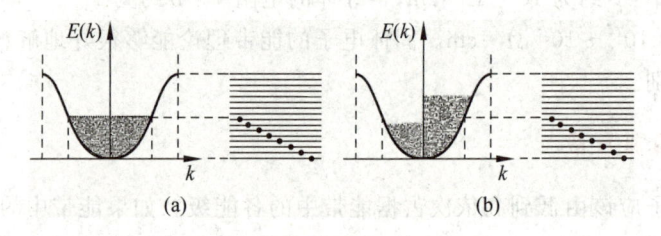

图 14-14 导带中的电子
(a) 无外场的导带电子分布;(b) 有外场的导带电子分布

4. 导体、半导体、绝缘体模型

根据物体导电性将物体分为绝缘体、半导体和导体,不同导电性是由能带结构决定的,导电性与能带结构关系如图 14-15 所示。

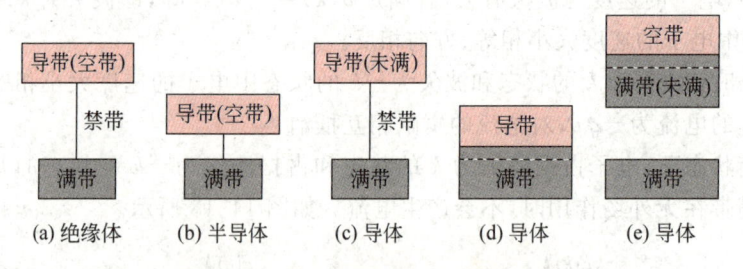

图 14-15 导电性与能带结构关系示意图

(1) 绝缘体

原子中的电子是满壳层分布的,或价电子刚好填满了许可的能带,形成满带,导带和价带之间存在一个很宽的禁带,在一般情况下,价带之上的能带没有电子,所以在电场的作用下没有电流产生。如图 14-15(a)所示。

(2) 导体

导体能带的特点是:其价带只填入部分电子;或价带虽已经填满,但与另一相邻空带紧密相连或部分重叠,也形成一未满的能带;或其价电子能带本来就未填满,又与其他能带重叠。如图 14-15(c)(d)(e)所示。在外电场的作用下,这些未满的能带中能量较大的价电子在电场中受到加速,动能增加,可进入同一能带中略高的空能级,从而形成电子流而具有导电性。

(3) 半导体(Si、Ge)

从能带结构来看与绝缘体的相似,但半导体禁带宽度较绝缘体的窄,约为 3 eV 以下。如图 14-15(b)所示。所以依靠热激发即可以将满带中的电子激发到导带中,因而具有导电能力。理论计算和实验表明:由于热激发到导带中的电子数目随温度按指数规律变化,所以半导体的电导率随温度的升高也按指数形式变大。

满带中的少数电子受热或光激发从满带跃迁到空带中去,使原来的满带变为近满带。

通常引入空穴的概念来描述近满带的导电性。

固体中导带底部少量电子引起的导电称为电子导电性。固体中满带顶部缺少一些电子引起的导电称为空穴导电性。

空穴：满带顶附近有空状态 k 时，整个能带中的电流以及电流在外电磁场中的变化相当于一个带正电 q、具有正质量 $|m^*|$、速度 $v(k)$ 的粒子，这样一个准粒子称为空穴。

5. 本征半导体和杂质半导体

半导体能带特点是：最高的满带与最低的满带间的禁带宽较窄，因此较小的激发能量就可以把价带中的电子激发到空带中去，结果在价带顶部附近，由于电子受激进入空带而留下空着的能带，即空穴。在外电场的作用下，价带中的电子就可以受电场的作用而填补这些空穴，但没有产生新的空穴，只是空穴不断转移。这样半导体中有来自受激电子的导电和空穴导电。若将满带中的少量电子激发到导带中，产生的本征导电就是由相同数目的电子和空穴构成的混合导电性。通常定义：

(1) 没有任何外来杂质和晶体缺陷的理想半导体称为本征半导体。

(2) 半导体中掺入一定量的其他元素（杂质），这种半导体称为杂质半导体。

14.3.3 半导体 PN 结

1. 杂质半导体

在本征半导体中掺入某些微量的杂质，就会使半导体的导电性能发生显著变化。其原因是掺杂半导体的某种载流子浓度大大增加。

(1) N 型半导体

若在 4 价的硅或锗的晶体中掺入少量的 5 价元素（如磷、锑、砷等），则晶体点阵中的某些半导体原子被杂质取代，磷原子的最外层有 5 个价电子，其中 4 个与相邻的半导体原子形成共价键，必定多出一个电子，这个电子几乎不受束缚，很容易被激发而成为自由电子，这样，在该半导体中就存在大量的自由电子载流子，空穴是少数载流子，这种半导体就是 N 型半导体，如图 14-16(a)所示。

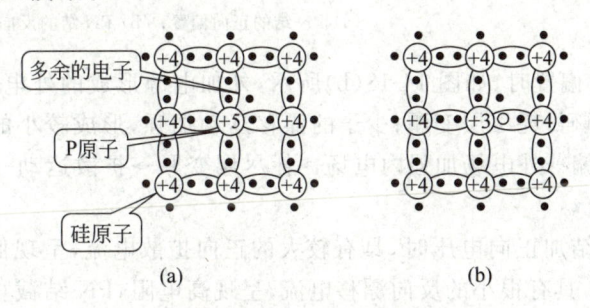

图 14-16 半导体结构

(a) N 型半导体结构；(b) P 型半导体结构

(2) P 型半导体

若在 4 价的硅或锗的晶体中掺入少量的 3 价元素，如硼。晶体点阵中的某些半导体原子被杂质取代,硼原子的最外层有 3 个价电子,与相邻的半导体原子形成共价键时,产生一个空穴。这个空穴可能吸引束缚电子来填补,使得硼原子成为不能移动的带负电的离子,因而在该半导体中就存在大量的空穴载流子,当然,其中还有少数由于本征激发而产生的自由电子,如图 14-16(b)所示。

2. PN 结

(1) PN 结的形成

在同一片半导体基片上,分别制造 P 型半导体和 N 型半导体,经过载流子的扩散,在它们的交界面处就形成了 PN 结(见图 14-17)。PN 结是多数载流子的扩散运动和少数载流子的漂移运动相较量,最终达到动态平衡的必然结果,相当于两个区之间没有电荷运动,空间电荷区的厚度固定不变。

(2) PN 结的单向导电性

PN 结加上正向电压(正向偏置)的意思是:P 区加正、N 区加负电压。

PN 结加上反向电压(反向偏置)的意思是:P 区加负、N 区加正电压。

如图 14-18(a)所示,当 PN 结正偏时,外加电源形成的电场加强了载流子的扩散运动,削弱了内电场,耗尽层变薄,因而多子的扩散运动形成了较大的扩散电流。用流程图表述如下:PN 结正偏→外电场削弱内电场→耗尽层变薄→扩散运动→漂移运动→多子扩散运动形成正向电流。

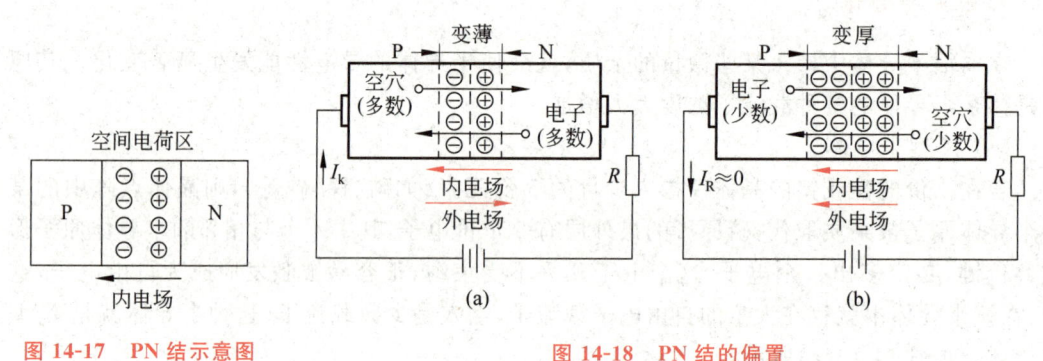

图 14-17 PN 结示意图

图 14-18 PN 结的偏置
(a) PN 结的正向偏置;(b) PN 结的反向偏置

在 PN 结加反向偏置时,如图 14-18(b)所示,外加电源形成的外电场加强了内电场,多子的扩散运动受到阻碍,耗尽层变厚;少子的漂移运动加强,形成较小的漂移电流。其过程表述如下:PN 结反偏→外电场加强内电场→耗尽层变厚→扩散运动→漂移运动→少子漂移运动形成反向电流。

综上所述:PN 结加正向电压时,具有较大的正向扩散电流,呈现低电阻,PN 结导通;PN 结加反向电压时,具有很小的反向漂移电流,呈现高电阻,PN 结截止。假设外加电压为 V,I_0 是反向饱和电流,则电流-电压满足以下关系

$$I = I_0(e^{qV/kT} - 1) \tag{14-8}$$

3. 二极管的伏-安特性

半导体二极管的核心是 PN 结,它的特性就是 PN 结的单向导电特性。常利用伏-安特

性曲线来形象地描述二极管的单向导电性。所谓伏安特性,是指二极管两端电压和流过二极管电流的关系,可用电路图来测量。若以电压为横坐标,电流为纵坐标,用作图法把电压、电流的对应值用平滑曲线连接起来,就构成二极管的伏-安特性曲线,如图 14-19 所示(图中虚线为锗管的伏-安特性,实线为硅管的伏-安特性),下面对二极管的伏-安特性曲线加以说明。

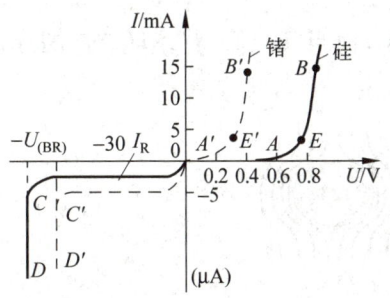

图 14-19 PN 结的伏-安特性曲线

当二极管两端加正向电压时,就产生正向电流,正向电压较小时,正向电流极小(几乎为零),如图 4-19 所示,这一部分称为死区,相应的 $A(A')$ 点的电压命名为死区电压。随着正向电压增加,开始出现正向电流,并按指数规律增长,如图 14-19 中 $AE(A'E')$ 段所示。正向电压达到一定值时,正向电流增长很快,且正向电压随正向电流增长而增长很小,如图 14-19 中 $EB(E'B')$ 段所示。在 $EB(E'B')$ 段,二极管处于导通状态。

当二极管两端加上反向电压时,在开始很大范围内,二极管相当于非常大的电阻,反向电流很小,且不随反向电压而变化。此时的电流称之为反向饱和电流,如图 14-19 中 OC(或 OC')段所示。

二极管反向电压加到一定数值时,反向电流急剧增大,这种现象称为反向击穿。此时的电压称为反向击穿电压,如图 14-19 中 CD(或 $C'D'$)段所示。

14.4 超导电性

14.4.1 超导体的两个基本特征

1. 超导电性

1911 年荷兰物理学家 H. 卡末林·昂内斯发现汞在温度降至 4.2 K 附近时突然进入一种新状态,其电阻小到实际上测不出来,他把汞的这一新状态称为超导态。后来陆续发现,一些元素、化合物、合金等,当温度下降到某临界值 T_c(临界温度)以下时,电阻率下降为零的现象称为超导电性。

在 1986 年以前,人们所发现的超导材料的临界温度都非常低(大约在 3~5 K)。1986 年以来,人们陆续发现了一系列有较高临界温度的超导材料,这些高温超导材料具有非常广阔的应用前景。

2. 迈斯纳效应

该效应在 1933 年被发现。超导体内部(不包括导体的表面层)的磁感应强度 $B=0$ 与超导体之前的状态无关。若物体原来处于超导态,当加上外磁场时,只要磁场强度不超过 H_c,则 B 就不能进入超导体。这一效应表示超导体不能简单地看作通常导体在电导率 $\sigma \to \infty (\rho \to 0)$ 时的极限。

T_c 以下的状态称为超导态。如果加上外加磁场,则临界磁场

$$H_c(T) = H_c(0)\left[1-\left(\frac{T}{T_c}\right)^2\right] \tag{14-9}$$

这说明,当 $T<T_c$,而且 $H<H_c$ 时,物质处于超导态;而当 $T<T_c,H>H_c$ 时,超导性将被破坏。

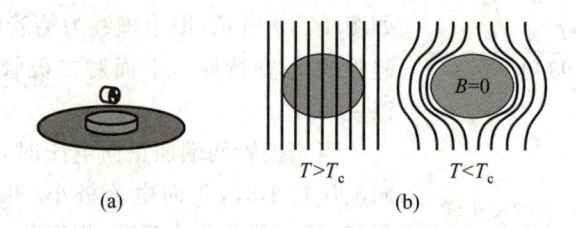

图 14-20 超导与磁性
(a) 低温超导磁性实验;(b) 迈斯纳效应

超导体的主要性质表现为以下几个方面。

(1) 超导体进入超导态时,其电阻率实际上等于零。从电阻不为零的正常态转变为超导态的温度称为超导转变温度或超导临界温度,用 T_c 表示。

(2) 外磁场可破坏超导态。只有当外加磁场小于某一量值 H_c 时才能维持超导电性,否则超导态将转变为正常态,H_c 称为临界磁场强度。H_c 与温度的关系为 $H_c \approx H_0[1-(T/T_c)^2]$,$H_0$ 是 $T=0$ K 时的临界磁场强度。

(3) 超导体内的电流强度超过某一量值 I_c 时,超导体转变为正常导体,I_c 称为临界电流。

(4) 不论开始时有无外磁场,只有 $T<T_c$,超导体变为超导态后,体内的磁感应强度恒为零,即超导体能把磁力线全部排斥到体外,具有完全的抗磁性。此现象首先由 W. 迈斯纳和 R. 奥克森菲尔德两人于 1933 年发现,称为迈斯纳效应。一个小的永久磁体降落到超导体表面附近时,由于永久磁体的磁力线不能进入超导体,在永久磁体与超导体间产生排斥力,使永久磁体悬浮于超导体上。

14.4.2 超导的基本理论

1. 超导体的宏观电磁理论

1935 年,F. 伦敦和 H. 伦敦两兄弟在二流体模型的基础上运用麦克斯韦电磁理论提出了超导体的宏观电磁理论,成功地解释了超导体的零电阻现象和迈斯纳效应。根据伦敦的理论,磁场可穿入超导体的表面层内,磁感应强度随着深入体内的深度 x 指数地衰减:$B(x) \propto e^{-x/\lambda}$,衰减常数 λ 称为穿透深度。当超导体的线度小于穿透深度时,体内的磁感应强度并不等于零,故只有当超导体的线度比穿透深度大得多时,才能把超导体看成具有完全的抗磁性。实际测量证实了存在穿透深度这一理论预言,但理论数值与实验不符。1953 年 A.B. 皮帕德对伦敦的理论进行了修正。伦敦的理论未考虑到超导电子间的关联作用,皮帕德认为超导电子在一定空间范围内是相互关联的,并引进相干长度的概念来描述超导电子相互关联的距离(即超导电子波函数的空间范围）。皮帕德得到了与实验相符的穿透深度。

2. BCS 理论

J. 巴丁、L. N. 库珀和 J. R. 施里弗三人于 1957 年建立了关于超导态的微观理论，简称 BCS 理论，以费米液体为基础，在电子、声子作用很弱的前提下建立起来的理论。它认为超导电性的起因是费米面附近的电子之间存在着通过交换声子而发生的吸引作用，由于这种吸引作用，费米面附近的电子两两结合成对，叫库珀对。BCS 理论可以导出与伦敦方程、皮帕德方程以及京茨堡-朗道方程相类似的方程，能解释大量的超导现象和实验事实。对于某些超导体，例如汞和铅，有一些现象不能用它解释，在 BCS 理论的基础上发展起来的超导强耦合理论可以解释。

14.4.3 高温超导

1973 年，人们发现了超导合金——铌锗合金，其临界超导温度为 23.2 K，该记录保持了 13 年。1986 年，设在瑞士苏黎世的美国 IBM 公司的研究中心报道了一种氧化物（镧-钡-铜-氧）具有 35 K 的高温超导性，打破了传统"氧化物陶瓷是绝缘体"的观念，引起世界科学界的轰动。此后，科学家们争分夺秒地攻关，几乎每隔几天，就有新的研究成果出现。

1986 年底，美国贝尔实验室研究的氧化物超导材料，其临界超导温度达到 40 K，液氢的"温度壁垒"（40 K）被跨越。1987 年 2 月，美国华裔科学家朱经武和中国科学家赵忠贤相继在钇-钡-铜-氧系材料上把临界超导温度提高到 90 K 以上，液氮的禁区（77 K）也奇迹般地被突破了。1987 年底，铊-钡-钙-铜-氧系材料又把临界超导温度的记录提高到 125 K。从 1986—1987 年的短短一年多的时间里，临界超导温度竟然提高了 100 K 以上，这在材料发展史，乃至科技发展史上都堪称是一大奇迹！

14.4.4 超导体的应用

超导材料的用途非常广阔，大致可分为三类：大电流应用（强电应用）、电子学应用（弱电应用）和抗磁性应用。超导材料最诱人的应用是大电流应用，即超导发电、输电和储能；电子学应用包括超导计算机、超导天线、超导微波器件等；抗磁性主要应用于磁悬浮列车和热核聚变反应堆等。

1. 超导发电机

在电力领域，利用超导线圈磁体可以将发电机的磁场强度提高到 5 万～6 万高斯，并且几乎没有能量损失，这种发电机就是交流超导发电机。超导发电机的单机发电容量比常规发电机提高 5～10 倍，达 1 万兆瓦，而体积却减少 1/2，整机重量减轻 1/3，发电效率提高 50%。

2. 磁流体发电机

磁流体发电机同样离不开超导强磁体的帮助。磁流体发电，是利用高温导电性气体（等离子体）作导体，并高速通过磁场强度为 5 万～6 万高斯的强磁场而发电。磁流体发电机的结构非常简单,用于磁流体发电的高温导电性气体还可重复利用。

3. 超导输电线路

超导材料还可以用于制作超导电线和超导变压器,从而把电力几乎无损耗地输送给用户。据统计,目前的铜或铝导线输电,约有 15% 的电能损耗在输电线路上,光是在中国,每年传输中的电力损失即达 1000 多亿度。若改为超导输电,节省的电能相当于新建数十个大型发电厂。

4. 超导计算机

高速计算机要求集成电路芯片上的元件和连接线密集排列,但密集排列的电路在工作时会产生大量的热,而散热是超大规模集成电路面临的难题。超导计算机中的超大规模集成电路,其元件间的互连线用接近零电阻和超微发热的超导器件来制作,不存在散热问题,同时计算机的运算速度大大提高。此外,科学家正研究用半导体和超导体来制造晶体管,甚至完全用超导体来制作晶体管。

5. 超导磁悬浮列车

利用超导材料的抗磁性,将超导材料放在一块永久磁体的上方,由于磁体的磁力线不能穿过超导体,磁体和超导体之间会产生排斥力,使超导体悬浮在磁体上方。利用这种磁悬浮效应可以制作高速超导磁悬浮列车。

6. 核聚变反应堆"磁封闭体"

核聚变反应时,内部温度高达 1 亿～2 亿 ℃,没有任何常规材料可以包容这些物质。而超导体产生的强磁场可以作为"磁封闭体",将热核反应堆中的超高温等离子体包围、约束起来,然后慢慢释放,从而使受控核聚变能源成为 21 世纪前景广阔的新能源。

习 题

14-1 试述晶态、非晶态、准晶、多晶和单晶的特征性质。

14-2 晶格点阵与实际晶体有何区别和联系?

14-3 试述离子键、共价键、金属键和范德瓦耳斯键结合的基本特征。

14-4 当两个原子由相距很远而逐渐接近时,两原子间的力与势能是如何逐渐变化的?

14-5 设系统包含 N 个原子,则系统的内能可以写成

$$U = \frac{N}{2}u(r) = \frac{N}{2}\left(-\frac{\alpha}{r^m} + \frac{\beta}{r^n}\right)$$

若 $m=2, n=10$,且两原子构成稳定分子时间距为 3×10^{-10} m,离解能为 4 eV,试计算 α 和 β 之值。

14-6 由 N 个原子(离子)所组成的晶体的体积可写成 $V = Nv = N\beta r^3$。式中 v 为每个原子(离子)平均所占据的体积;r 为粒子间的最短距离;β 为与结构有关的常数。试求下

列各种结构的 β 值：(1)简单立方点阵；(2)面心立方点阵；(3)体心立方点阵；(4)金刚石点阵；(5) NaCl 点阵。

14-7 对于由 N 个惰性气体原子组成的一维单原子链,设平均每两个原子势为

$$u(x) = u_0\left[\left(\frac{\sigma}{x}\right)^{12} - 2\left(\frac{\sigma}{x}\right)^{6}\right]$$

求：(1)原子间的平均距离 x_0；(2)每个原子的平均晶格能。

14-8 考查一条直线,其上载有 $\pm q$ 交错的 $2N$ 个离子,最近邻之间的排斥能为 $\frac{A}{R^n}$。

(1) 试证明在平衡时,

$$U(R_0) = -\frac{2Nq^2\ln 2}{4\pi\varepsilon_0 R_0}\left(1 - \frac{1}{n}\right)$$

(2) 令晶体被压缩,使 $R_0 \to R_0(1-\delta)$。试证明在晶体被压缩过程中,外力做功的主项对每个离子平均为 $\frac{1}{2}C\delta^2$。其中,$C = \frac{(n-1)q^2\ln 2}{4\pi\varepsilon_0 R_0}$。

14-9 一个能带有 N 个准连续能级的物理原因是什么？

14-10 禁带是如何形成的？你能否用一物理图像来描述？

14-11 试述导体、半导体和绝缘体能带结构的基本特征。

14-12 已知一维晶体的电子能带可写成

$$E(k) = \frac{\hbar^2}{ma^2}\left(\frac{7}{8} - \cos ka + \frac{1}{8}\cos 2ka\right)$$

式中,a 是晶格常数。试求：(1)能带的宽度；(2)电子在波矢 k 的状态时的速度。

14-13 若某半导体样品呈现出本征行为,这是否意味着它必定是纯净的？

14-14 试描述施主与受主的电离过程。

14-15 有哪些实验可以确定超导临界温度 T_c？

14-16 介绍超导的应用及其现状。

参 考 文 献

1. 邱雄,吴敬标.大学物理.福州:福建教育出版社,2001
2. 张三慧.大学基础物理学(第2版).北京:清华大学出版社,2006
3. 陈信义.大学物理教程.北京:清华大学出版社,2005
4. 吴锡珑.大学物理教程.北京:高等教育出版社,1999
5. 毛骏健,顾牡.大学物理学.北京:高等教育出版社,2006
6. 秦允豪.普通物理学教程:热学.北京:高等教育出版社,1999
7. 赵凯华.罗蔚英.新概念物理教程:热学(第2版).北京:高等教育出版社,2005
8. 姚启钧原著.华东师大光学教材编写组改编.光学教程.北京:高等教育出版社,2002
9. R. W. Boyd. Nonlinear optics. New York:Academic Press,1992
10. Y. R. Shen. The Principles of Nonlinear Optics. New York:Wiley,1984
11. 钱士雄,王恭明.非线性光学.上海:复旦大学出版社,2001
12. 石顺祥等.非线性光学.西安:西安电子科技大学出版社,2003
13. A. Yariv. Optical Electronics. New York:Holt Saunders,1985
14. 蓝信钜等.激光技术.北京:科学出版社,2000
15. 张兰,马会中.多层薄膜的巨磁电阻效应及其应用.科技资讯,2007,(16):8
16. 姜宏伟,周云松.巨磁电阻效应.首都师范大学学报,2007,28(6):1
17. 冯志刚,张临杰,李安玲等.等超冷中性等离子体的研究进展.物理,2008,37(4):247
18. 郑春开.等离子体物理.北京:北京大学出版社,2009
19. 张谷令,敖玲,胡建芳等.应用等离子体物理学.北京:首都师范大学出版社,2008
20. 安东尼·黑,帕特里克·沃尔特斯著.雷奕安译.新量子世界.长沙:湖南科学技术出版社,2006
21. 褚圣麟.原子物理学.北京:高等教育出版社,1979
22. 曾谨言.量子力学卷Ⅰ(第4版).北京:科学出版社,2007
23. 阎守胜.现代固体物理学导论.北京:北京大学出版社,2008
24. 沈柯.量子光学导论.北京:北京理工大学出版社,1994
25. 杨伯君.量子光学基础.北京:北京邮电大学出版社,1996
26. Michael A. Nielsen. Isaac L. Chuang 著.赵千川 译.量子计算和量子信息(一)——量子计算部分.北京:清华大学出版社,2004
27. Michael A. Nielsen, Isaac L. Chuang 著.赵千川 译.量子计算和量子信息(二)——量子信息部分.北京:清华大学出版社,2004